JN033738

シリーズ **現代の天文学**［第2版］ 第II·巻

天体物理学の基礎I

観山正見・野本憲一・二間瀬敏史［編］

日本評論社

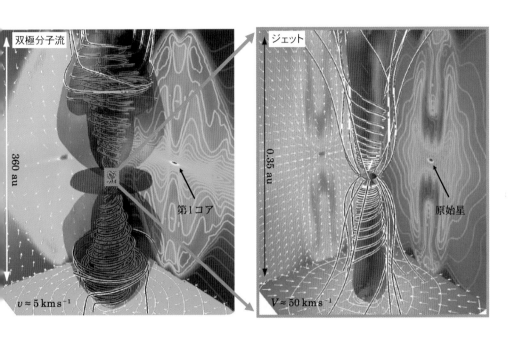

双極分子流

360 au

第1コア

$v \approx 5\,\mathrm{km\,s^{-1}}$

ジェット

0.35 au

原始星

$V \approx 50\,\mathrm{km\,s^{-1}}$

口絵1　第1コアが形成されたときに駆動される双極分子流（左）と第2コア（原始星）が形成されたときに駆動する高速ジェット．いずれの高速流もそれぞれの天体表面での脱出速度程度の速度を持って放出される（p.341）

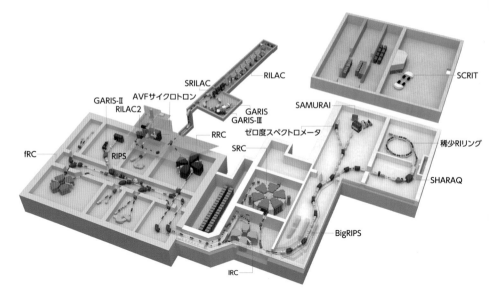

口絵2 （上）理化学研究所のRIBF (Radioactive Ion Beam Factory; RIビームファクトリー) (p.158, 理化学研究所提供)

（下）RIビームファクトリーの心臓部, 世界最大のリングサイクロトロン (SRC). 宇宙のさまざまな爆発現象における元素合成過程で重要な役割を果たすと考えられる短寿命核の構造や反応過程の研究に使われている

シリーズ第2版刊行によせて

　本シリーズの第1巻が刊行されて10年が経過しましたが，この間も天文学のめざましい発展は続きました．2015年9月14日に，アメリカの重力波望遠鏡LIGOによってブラックホール同士の合体から発せられた重力波が検出されました．これによって人類は，電磁波とニュートリノなどの粒子に加えて，宇宙を観測する第三の手段を獲得しました．太陽系外惑星の探査も進み，今や太陽以外の恒星の周りを回る3500個を越す惑星が知られています．生物の住む惑星はもとより究極の夢である高等文明の探査さえ人類の視野に入ろうとしています．観測された最遠方の銀河の距離は134億光年へと伸びました．宇宙の年齢は138億年ですから，この銀河はビッグバンからわずか4億年後の宇宙にあるのです．また，身近な太陽系の探査でも，冥王星の表面に見られる複数の若い地形や土星の衛星エンケラドス表面からの水の噴き出しなど，驚きの発見が相次いでいます．

　さまざまな最先端の観測装置の建設も盛んでした．チリのアタカマ高原にある日本（東アジア），アメリカ，ヨーロッパの三極が運用する電波干渉計アルマ（ALMA）と，銀河系の星全体の1%にあたる10億個の星の位置を精密に測るヨーロッパのGaia衛星が観測を始めています．今後に向けても，我が国の重力波望遠鏡KAGRA，口径30mの望遠鏡TMT，長波長帯の電波干渉計SKA，ハッブル宇宙望遠鏡の後継機JWSTなどの建設が始まっています．

　このような天文学の発展を反映させるべく，日本天文学会の事業として，本シリーズの第2版化を行うことになりました．第1巻から始めて適切な巻から順次全17巻を2版化して行く予定です．「新版シリーズ現代の天文学」が多くの方々に宇宙への夢を育む座右の教科書として使っていただければ幸いです．

　2017年1月

日本天文学会第2版化WG　岡村定矩・茂山俊和

シリーズ刊行によせて

　近年めざましい勢いで発展している天文学は，多くの人々の関心を集めています．これは，観測技術の進歩によって，人類の見ることができる宇宙が大きく広がったためです．宇宙の果てに向かう努力は，ついに129億光年彼方の銀河にまでたどり着きました．この銀河は，ビッグバンからわずか8億年後の姿を見せています．2006年8月に，冥王星を惑星とは異なる天体に分類する「惑星の定義」が国際天文学連合で採択されたのも，太陽系の外縁部の様子が次第に明らかになったことによるものです．

　このような時期に，日本天文学会の創立100周年記念出版事業として，天文学のすべての分野を網羅する教科書「シリーズ現代の天文学」を刊行できることは大きな喜びです．

　このシリーズでは，第一線の研究者が，天文学の基礎を解説するとともに，みずからの体験を含めた最新の研究成果を語ります．できれば意欲のある高校生にも読んでいただきたいと考え，平易な文章で記述することを心がけました．特にシリーズの導入となる第1巻は，天文学を，宇宙－地球－人間という観点から俯瞰して，世界の成り立ちとその中での人類の位置づけを明らかにすることを目指しています．本編である第2－第17巻では，宇宙から太陽まで多岐にわたる天文学の研究対象，研究に必要な基礎知識，天体現象のシミュレーションの基礎と応用，およびさまざまな波長での観測技術が解説されています．

　このシリーズは，「天文学の教科書を出してほしい」という趣旨で，篤志家から日本天文学会に寄せられたご寄付によって可能となりました．このご厚意に深く感謝申し上げるとともに，多くの方々がこのシリーズにより，生き生きとした天文学の「現在」にふれ，宇宙への夢を育んでいただくことを願っています．

2006年11月

編集委員長　岡村定矩

第2版 はじめに

　「シリーズ現代の天文学」第11巻の『天体物理学の基礎I』第2版を上梓する.
　天体物理学は,宇宙の中で,我々はどこにいて,どこから来て,どのような将来を迎えるかに答えを見いだす試みであり,人間の根源的な知的活動である.宇宙は,ビッグバン以後の長大な時間と,膨大な空間を表し,その中には,さまざまな天体を有する.宇宙は,その大きさゆえに,多様でかつ複雑さを内在していると思われるが,巨視的に見るならばきわめてシンプルなシステムである.すなわち,この巨大なスケールや,長大な時間スケールで見る限り,さまざまな微視的複雑さは消え,物理学の基礎法則に直接反映された世界が見えてくる.

　本シリーズは,現在最先端の天体物理学や天文学を理解するための教科書であるが,その中で,宇宙を支配する基礎過程や基礎方程式を『天体物理学の基礎I』とIIで示す.我が国の天文学の教科書において,これまで,天体物理学に必要な基礎過程等に集中して記したものはあまりなかった.したがって,このシリーズの刊行の機会に,天文学をただ知識として知るだけでなく,さまざまな現象を深く解析・理解することが重要で,そのための一助となることを願って本巻を出版することとした.

　『天体物理学の基礎I』初版が出版されたのは,2009年であった.それから今日まで,数々の天文学的・天体物理学的な発見があった.たとえば,太陽系外の多様な惑星の発見が続き,「はやぶさ」や「はやぶさ2」による小惑星からのサンプルリターンの成功,ブラックホールまたは中性子星同士の衝突による重力波の初検出,EHT(Event Horizon Telescope)によるブラックホールの直接撮像,ALMA(Atacama Large Millimeter and sub-millimeter Array)の完成と,それによる原始惑星系円盤や惑星形成過程の撮像成功など数々の進展があった.現代の天文学は飛躍的に進展しているため,このシリーズの教科書も改訂する必要が多数あるであろう.

　一方,天文学及び天体物理学は,基本的に物理学を基盤としている.このため,本書では,その基盤となる物理学について,基本方程式の導出もふくめて必

要最小限を示したから，それら観測的進展に比べれば，第 2 版において大改訂が
なされたわけではない．しかし，初版を見返すと，さまざまな誤記も見つかり，
また，新たな理論的知見に基づき，表現を変えることが良いと判断した箇所もあ
り，それらは適切に変更が加えられている．

　本書の第 1 章では，基礎理論として，力学と天体力学，熱過程・統計力学，ボ
ルツマン方程式，特殊相対論と，現代天文学・天体力学における必須の項目につ
いて述べた．力学の例として記述されたケプラー回転軌道における春分点や近日
点などが現れる部分を除いて，この章は天文学として特徴のある部分は少なく，
物理の基礎教科書である．

　引き続く第 2 章は，「物質」について述べた．宇宙においては，さまざまな密
度や温度状態の物質が存在する．したがって，天体の誕生や進化をとらえると
き，その物質状態の基礎知識は必須の要件と思われる．また，宇宙初期，恒星内
部，超新星爆発などにおいて，核反応や元素合成が基礎物理過程として重要であ
る．これによって，星で生成されるエネルギーの本質や，宇宙における元素の展
開を学んでほしい．さらにミクロな世界の物理として場の理論を示したが，宇宙
初期の物理を学習する上での基礎となる．最後に，星間化学を述べた．星間化学
は，きわめて希薄な星間ガスの中で展開する分子化学であるが，宇宙空間には，
さまざまな種類の分子が存在することが，電波天文学の発見によって解明されて
きた．さまざまな分子の存在は，星間ガスの物理状態のプローブとなるととも
に，観測によって星間ガスの構造や運動が明らかになる．

　第 3 章は，「流体」について述べた．天体を構成する実体として，電離ガスと
してのプラズマも含んで流体が基本である．したがって，本書では，流体につい
て，基本方程式の導出とその不安定性について述べた．本章を学習することで，
流体の基礎と，宇宙物理学に現れる基本的不安定性はすべて学習できると考え
る．宇宙におけるさまざまな階層の形成や，構造形成は，特徴的な不安定性がか
かわっているため，この章の学習は重要である．特に，構造のスケールや，時間
は，それに特徴的な不安定性のスケールや時間が決めている場合が多い．このた
め，さまざまな天体現象の基礎的理解にとって，重要な部分と思われる．

　以上，本書の内容を概観したが，編集者は，この書籍の刊行が天体物理学を志
す若い研究者にとって，何度も振り返って参照できるような教科書となることを

望みたい.

　また，この巻の発行に際して協力していただいたすべての方に深く感謝する.
特に著者との連絡に協力いただいた岐阜聖徳学園大学の学長室竹市由里氏，校正
及び出版に尽力いただいた日本評論社の佐藤大器氏には深く感謝する.

2023 年 7 月

編集者を代表して　観山正見

第I章

基礎理論

1.1 力学と天文学

1.1.1 解析力学

　天文学の理論研究において，力学のなかでも数学的な色彩の強い解析力学の手法がその有用性のためしばしば使われる．歴史的経緯から元々，力学自体が天文学，特に天体力学とよばれる分野と密接に結び付いている．そのため，本シリーズにおいても随所に力学の用語が用いられている．力学に関する多数の良書が出版されている現在，この節では，天文学における活用を念頭におきながら，解析力学の入門的な内容を簡潔にまとめる．太陽系における惑星軌道の正確な計算を行なうためには，2体問題の解である楕円軌道からのずれを考慮しなければならない．このずれは多体の惑星からの摂動に起因するもので，それを取り扱う摂動論を論ずるには解析力学の知識は必須であるが，本節ではそこまで踏み込まない．惑星摂動論への応用に関しては，第13巻を参照のこと．

1.1.2 オイラー–ラグランジュ方程式

　かつて自然科学が現在のように細分化していなかった時代，力学と天文学はとても近接した学問分野であった．まず，17世紀に遡ろう．チコ・ブラーエ（T. Brahe）の観測事実に基づいてヨハネス・ケプラー（J. Kepler）が天体運動

に関する法則を見出した．その法則（経験則）をアイザック・ニュートン（I. Newton）が，彼の著書『プリンキピア』の中で力学の立場から万有引力の法則を用いて理論的に説明した．

ニュートンの運動方程式は次のように書ける．

$$m\frac{d^2\boldsymbol{x}}{dt^2} = \boldsymbol{F} \tag{1.1}$$

ここで，m は物体の質量，$\boldsymbol{x}$ は物体の位置，$\boldsymbol{F}$ は物体に働く力である．特に，重力のような場合，力は物体の位置に依存したポテンシャル $V(\boldsymbol{x})$ を使って表すことができる．

直交座標 (x, y, z) では，運動方程式の左辺は質量と加速度（座標の時間に関する 2 階微分）の積という単純な形になる．しかし，極座標 (r, θ, ϕ) で考えると，r, θ, ϕ の時間に関する 2 階微分に正比例する簡潔な形ではなく，1 階微分も含み r, θ, ϕ が互いに混じり合った複雑な形になってしまう．

ニュートンの運動方程式と等価，正しくは，それよりも広範に適用できる定式化が知られている．それを紹介していこう．

物体の速度に依存する運動エネルギーは，ニュートン力学においては

$$T(\dot{\boldsymbol{x}}) = \frac{1}{2}m\left|\frac{d\boldsymbol{x}}{dt}\right|^2 \tag{1.2}$$

と書ける．ここで，上付きのドットは時間に関する微分を表す．全エネルギー E は，運動エネルギー $T(\dot{\boldsymbol{x}})$ と位置エネルギー $V(\boldsymbol{x})$ の和である．

$$E(\boldsymbol{x}, \dot{\boldsymbol{x}}) = T(\dot{\boldsymbol{x}}) + V(\boldsymbol{x}) \tag{1.3}$$

右辺の第 1 項は速度，第 2 項は位置に依存する．各項は時間変化するが，合計である全エネルギー E は保存することが運動方程式を用いて示せる．

さて，解析力学における重要な量であるラグランジアン（Lagrangian）を導入しよう．

$$L(\boldsymbol{x}, \dot{\boldsymbol{x}}) = T(\dot{\boldsymbol{x}}) - V(\boldsymbol{x}) \tag{1.4}$$

この段階では位置 $\boldsymbol{x}$ と速度 $\dot{\boldsymbol{x}}$ は別のベクトルとして互いに独立とみなす．最終的に軌道が唯一に決定された段階で，位置と速度は互いに関係がつくのである．

今の場合，

$$\frac{\partial L}{\partial \boldsymbol{x}} = -\frac{\partial V}{\partial \boldsymbol{x}} \tag{1.5}$$

$$\frac{\partial L}{\partial \dot{\boldsymbol{x}}} = \frac{\partial T}{\partial \dot{\boldsymbol{x}}} = m\frac{d\boldsymbol{x}}{dt} \tag{1.6}$$

ただし，$\partial/\partial \boldsymbol{x}$ と $\partial/\partial \dot{\boldsymbol{x}}$ は，おのおの，位置 $\boldsymbol{x}$ と速度 $\dot{\boldsymbol{x}}$ に関する偏微分を表す．これら二つの式に対して，ニュートンの運動方程式を用いれば，オイラー–ラグランジュ（Euler–Lagrange）方程式が得られる．

$$\frac{d}{dt}\left(\frac{\partial L}{\partial \dot{\boldsymbol{x}}}\right) = \frac{\partial L}{\partial \boldsymbol{x}} \tag{1.7}$$

ラグランジアンの例を見よう．地表付近での自由落体を考える．

$$L = \frac{1}{2}m|\dot{\boldsymbol{x}}|^2 + m\boldsymbol{g}\cdot\boldsymbol{x} \tag{1.8}$$

m は質点の質量，$\boldsymbol{g}$ は地上での重力加速度を表す．オイラー–ラグランジュ方程式は $d^2\boldsymbol{x}/dt^2 = \boldsymbol{g}$ という自明な結果を与える．この方程式を解けば，たとえば放物運動の軌跡が得られる．

　ここでは深く立ち入らないが，一般相対性理論において，ある質量をもった天体まわりの運動に関するラグランジアンを考察することができる．たとえば，そのラグランジアンを用いれば，太陽まわりの惑星の運動における相対論的な効果による「近日点移動」を求めることができる．水星の場合の近日点移動は1世紀あたり43秒角である．また，光の場合，光線の曲がり角（重力レンズ効果のひとつ）が求められる．

　ここまでの段階では，オイラー–ラグランジュ方程式はニュートンの運動方程式の単なる書き換えにしか見えない．しかし，これからその一般化を通して，その有効性が分かるであろう．直交座標や極座標などの座標には特定しない．

　N 個の質点に対して3次元空間の位置を考えるので，$3N$ 個の空間座標が必要である．$f = 3N$ に対して，$q_1, q_2, \cdots, q_f$ でそれらの空間座標を表すこととする．これらは「一般座標」とよばれる．このときのオイラー–ラグランジュ方程式は次のように定義される．

$$\frac{d}{dt}\left(\frac{\partial L}{\partial \dot{q}_1}\right) = \frac{\partial L}{\partial q_1} \tag{1.9}$$

$$\cdots$$

$$\frac{d}{dt}\left(\frac{\partial L}{\partial \dot{q}_f}\right) = \frac{\partial L}{\partial q_f} \tag{1.10}$$

もとの一般座標 q_i $(i = 1, \cdots, f)$ の関数である別の一般座標 $Q_k = Q_k(q_i)$ $(k = 1, \cdots, f)$ を考える。このとき，q_i でのオイラー–ラグランジュ方程式を仮定すれば，Q_k でも同じ形のオイラー–ラグランジュ方程式を導出することができる。つまり，ニュートンの運動方程式が座標によって形が変わってしまう問題は，オイラー–ラグランジュ方程式を用いれば回避できる。

ここで，オイラー–ラグランジュ方程式のおもな利点を挙げておこう。

（1） 一般座標の選び方によらず，方程式の形が同じ。

（2） いろいろな保存量（時間的に変化しない量）が見やすい場合が多い。

（3） ニュートンの力学以外にも使える。

まず，(2) に関して。ニュートンの運動方程式を用いる場合，ある量が保存することを示すのに長い計算を必要とする場合が多い。一方，軸対称などの対称性がある場合，オイラー–ラグランジュ方程式の形式では，比較的に容易に保存量を見出すことができる。たとえば，軸対称な場合，その対称軸まわりの角度（地球でいう経度に相当）がラグランジアンには含まれない。このことからただちに，オイラー–ラグランジュ方程式を見れば，その軸まわりの角運動量の保存が分かる。次に，(3) に関しては，ニュートン力学でのラグランジアンは先に見た通りである。

一方，相対論的な力学の場合にも，適切な形のラグランジアンさえ用いれば，オイラー–ラグランジュ方程式はそのまま使えるのである。さらに，電磁気学の場合，電磁場のラグランジアンを使えば，オイラー–ラグランジュ方程式は電磁気学の基礎方程式であるマクスウェル（Maxwell）方程式を与える。

このように，ラグランジアンから出発すれば，いろいろな物理を統一的に扱うことができるのが，オイラー–ラグランジュ方程式の魅力なのである。

1.1.3 最小作用の原理

ここでは，オイラー–ラグランジュ方程式を与える基礎的な考え方を紹介しよう。まず，ある物体のラグランジアン L に対して，作用積分を次のように定義する。

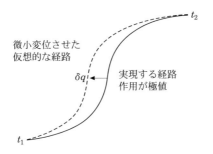

図 **1.1**　作用が極値をとる軌道（実線）と仮想的に微小変位させた軌道（破線）の概念図.

$$I \equiv \int_{t_1}^{t_2} L\, dt \tag{1.11}$$

以下では，これを単に作用とよぶ．ここで，t_1 と t_2 は初期時刻と終端時刻を表す．実際には，経路を決めないと作用の積分は計算できない．この時点では，「いろいろな経路」があり得る．ここで指導原理となるのが，「最小作用の原理」である．すなわち，「実現する経路は作用が極値をとる」という原理である．

　さて，この「最小作用の原理」が正しくオイラー–ラグランジュ方程式を与えることを確かめるために，作用の極値を調べる．まず，極値を与える物体の軌道 q_i から微小に δq_i だけ変位させた q_i' に対する作用 I' を作る（図 1.1 参照）．ただし，軌道の両端である始点と終点は同じとする．すなわち，$\delta q_i\,(t = t_1) = \delta q_i\,(t = t_2) = 0$ とする．極値の条件から，作用 I は δq_i に関する 1 次の変位に対してゼロとなる．この条件式を部分積分を用いて書き直すと，オイラー–ラグランジュ方程式が得られる．

　最小作用の原理の応用範囲は，重力場中における質点の軌道のような力学の問題にとどまらない．光線に沿って議論すれば，「フェルマー（Fermat）の原理」とよばれるものになる．この場合，作用は光線に沿う経過時間になり，最小作用の原理は光線が直線的に進むことを意味する．さらに，一般相対論的な重力場でも，フェルマーの原理を用いることが可能である．そして，この曲がった時空におけるフェルマーの原理を調べれば，重力場中での光の曲がり角を求めることができる．この曲がり角は，重力レンズ効果を議論する際に大変有用である．重力レンズに関するくわしい解説については第 3 巻を参照されたい．

1.1.4 ハミルトン形式

さきほど，オイラー–ラグランジュ方程式の利点のひとつとして，いろいろな一般座標でも同じ形を保つことをあげた．しかし，そこで考察したのは，$q_i \longrightarrow Q_i(q_k)$ の型であった．座標と速度が混ざるようなもっと広い変換に対しては，オイラー–ラグランジュ方程式も形を変えてしまう．ここでは，別の定式化を考える．

重力場中の質点に対するニュートンの運動方程式

$$m\frac{d^2 \boldsymbol{x}}{dt^2} = -\frac{\partial}{\partial \boldsymbol{x}}V(\boldsymbol{x}) \tag{1.12}$$

を考える．ただし，質点の質量は m，位置は $\boldsymbol{x}$，ポテンシャルは $V(\boldsymbol{x})$ である．運動量は

$$\boldsymbol{p} = m\frac{d\boldsymbol{x}}{dt} \tag{1.13}$$

と定義される．

ここで，ハミルトニアン（Hamiltonian）関数 H を定義する．

$$H(\boldsymbol{x}, \boldsymbol{p}) = T(\boldsymbol{p}) + V(\boldsymbol{x}) \tag{1.14}$$

ここで，右辺は物体の運動量に依存する運動エネルギー関数 $T(\boldsymbol{p})$ と位置に依存するポテンシャルエネルギー関数 $V(\boldsymbol{x})$ の和で，力学的な全エネルギー E を表している．特に，ニュートンの力学の場合，$T(\boldsymbol{p}) = |\boldsymbol{p}|^2/2m$ である．いま，上のニュートンの運動方程式（1.12）は，次の連立方程式の形に書き直せる．

$$\frac{d\boldsymbol{x}}{dt} = \frac{\partial H}{\partial \boldsymbol{p}} \tag{1.15}$$

$$\frac{d\boldsymbol{p}}{dt} = -\frac{\partial H}{\partial \boldsymbol{x}} \tag{1.16}$$

これはハミルトン（Hamilton）方程式，あるいは正準方程式とよばれる．ここで，$\partial/\partial \boldsymbol{p}$ は $\boldsymbol{x}$ を一定にして $\boldsymbol{p}$ に関する偏微分をとることを表す．

しかし，上のハミルトン方程式は，直交座標を前提としている．よって，ここでは一般座標 q_i に基づいた形式に拡張しよう．まず，ラグランジアン L から出発して「共役運動量」を

$$P_i = \frac{\partial L}{\partial \dot{q}_i} \tag{1.17}$$

で定義する．このとき，共役運動量 P_i と一般座標 q_i は互いに独立とみなし，ハミルトニアンを次のように定義する．

$$H(P_i, q_i) \equiv \sum_i P_i \dot{q}_i - L \tag{1.18}$$

このとき，ハミルトン方程式（正準方程式）は

$$\frac{dq_i}{dt} = \frac{\partial H}{\partial P_i} \tag{1.19}$$

$$\frac{dP_i}{dt} = -\frac{\partial H}{\partial q_i} \tag{1.20}$$

と書ける．後者の式は，共役運動量の定義式を時間微分して，そこでオイラー–ラグランジュ方程式を用いることで得られる．

　ハミルトン方程式を用いるおもな利点は以下の通りである．

(1)　運動量（速度）を含む一般座標の広い変換に対して，方程式の形が同じ．

(2)　エネルギー保存を尊重した形式である．

(3)　ニュートンの力学以外にも使える．

　まず，(1) の点であるが，残念ながら，位置座標と速度（または運動量）が混ざった任意の変換に対して形を保つわけではない．それでも，「正準変換」とよばれる変換に対しては，形を保つのである．

　(2) に関して，1.1.5 節でくわしく述べるように，時間を陽に含まないラグランジアンの場合，ハミルトニアンも時間によらない．つまり，力学的全エネルギーは保存する．たとえば，数値計算において，時間に関する 2 階微分を含むニュートンの運動方程式をそのまま解く場合は，数値誤差が大きくなりやすい．この点で，数値的天文学分野において，ハミルトン方程式の形式が好まれる場合が多い．

　(3) に関して，たとえば，ブラックホール形成や重力波の数値シミュレーションでは，一般相対論におけるアインシュタイン方程式をハミルトン方程式の形にしたもの，あるいはその改良版が用いられることがある．この場合のラグランジアンは，時空の曲がりを表す幾何学量と物体のエネルギー・運動量を表す量との

和で表される．数値相対論とよばれる分野に関するくわしい説明は，第 14 巻を参照されたい．

　本節では，オイラー–ラグランジュ方程式やハミルトン方程式といった形式を，古典力学の範囲で議論している．しかし，量子力学や場の量子論とよばれる現代物理学の分野でもそれらの形式は大変有用である．

1.1.5　保存則

　考える系の性質に応じて，いろいろな量が保存する．ここでは，3 つの保存量「エネルギー」「運動量」「角運動量」を考える．実は，これらの力学的な量の保存は，時間や空間の対称性を起源としている．

エネルギー

　物理法則（あるいは自然科学の法則）は，いつでも同じく成り立っていると考えられている．言い換えれば，「どの時刻も対等である」と考えるのが自然であろう．この「時間の一様性」とよばれる対称性の下では，以下の要領で「力学的全エネルギーの保存」が示される．

　まず，どの時刻も対等であるから，ラグランジアンは時間 t を陽に含まない．したがって，ラグランジアンは物体の位置と速度で書けるとしよう．すなわち，$L(q_i, \dot{q}_i)$ の形を仮定できる．この場合，オイラー–ラグランジュ方程式を用いて，以下の全エネルギーが時間的に一定であることを証明することができる．

$$E \equiv \sum_i \frac{\partial L}{\partial \dot{q}_i} \frac{dq_i}{dt} - L \tag{1.21}$$

この右辺こそ，一般座標でのハミルトニアン，式（1.18）に他ならない．

　ここでのエネルギー保存に関する議論の利点は，

　（1）　直交座標に限らない一般座標で適用可能である．

　（2）　ニュートンの力学以外にも使える．

　（2）に関しては，1.1.4 節までに述べてきた通り，相対論的な力学や電磁気力を含む場合にも使える．

運動量

物理法則はどこでも同じく成り立っていると考えられている．言い換えれば，「どの場所も対等である」と考えるのが自然であろう．この「空間の一様性」とよばれる対称性の下では，以下の要領で「全運動量の保存」が示される．

まず，どの場所も対等であるから，空間座標の選び方は自由である．したがって，無限小ベクトル ε の分だけ一般座標をずらしても，すなわち，$q \to q + \varepsilon$ の無限小変換に対してラグランジアンは不変である．このことから，N 個の質点系に対して，

$$\sum_A \frac{\partial L}{\partial q_A} = 0 \tag{1.22}$$

が得られる．ただし，q_A は A 番目の質点の位置ベクトルを表す．これは，オイラー–ラグランジュ方程式を用いれば，

$$\frac{d}{dt} \sum_A P_A = 0 \tag{1.23}$$

に書き直せる．P_A は共役運動量なので，これは「全運動量が保存する」ことを示している．

エネルギー保存に関する項で紹介したのと同様の利点，つまり，座標の一般性や適用できる物理の広範さが「全運動量の保存」にも当てはまる．

角運動量

最後に，角運動量を議論する．関係する対称性は，「空間の等方性」である．「空間の等方性」とは，「どの方向も対等である」という空間に関する性質である．この対称性の下では，以下の要領で「全角運動量の保存」が示される．

運動量の議論と同様に，無限小の変換を考える．今回の変換は，ある点のまわりの無限小角の回転である．「空間の等方性」から，この無限小回転に対してラグランジアンは不変である．このことから，オイラー–ラグランジュ方程式を用いれば，

$$\frac{d}{dt} \sum_A (r_A \times P_A) = 0 \tag{1.24}$$

が得られる．ここで，r_A は原点から A 番目の質点の位置に向かうベクトルを表

し，左辺のかっこの中は A 番目の質点の角運動量である．こうして，「全運動量が保存する」ことが分かる．

エネルギーと運動量の保存に関する項で説明したのと同様に，座標の一般性や適用できる物理の広範さがここでの議論にも当てはまる．

1.1.6 簡単な例: 2 体問題とケプラー軌道

以上では，解析力学に関する一般論を見てきた．ここでは，力学の簡単な例として，万有引力を及ぼしあう 2 個の質点の運動を考える．それらの質量はおのおの m_1 と m_2, 位置ベクトルは x_1 と x_2 とする．

2 体問題

まず，この 2 個の質点に対する運動方程式を立てる．重心の位置ベクトル $(m_1x_1 + m_2x_2)/(m_1 + m_2)$ と 2 体の相対ベクトル $x \equiv x_2 - x_1$ を導入する．2 体の運動方程式は，重心に対するものと相対ベクトルに関するものに分離できる．重心に対する方程式はただちに解くことができて，重心が等速度運動することが分かる．相対ベクトルの運動方程式は，1 質点の運動に帰着される．

$$\frac{d^2 x}{dt^2} = -\frac{GMx}{|x|^3} \tag{1.25}$$

ここで，G はニュートンの万有引力定数，M は全質量 $m_1 + m_2$ である．加速度ベクトルは相対ベクトル x に平行なので，$x \times d^2 x/dt^2 = 0$ が分かる．よって，（単位質量あたりの）角運動量ベクトル $x \times \dot{x}$ が一定であることが示せる．さらに，つねに $x \cdot (x \times \dot{x}) = 0$ なので，この一定の角運動量ベクトルと x の内積は必ずゼロ，すなわち両者は直交する．このことは 2 体の相対運動は平面運動であることを示している．もちろん，その平面の法線が角運動量ベクトルである．

ここからは，極座標 (r, θ, ϕ) を導入する．平面運動なのでその面を赤道面に選び，$\theta = \pi/2$ とする．この場合，相対運動を表すラグランジアンは

$$L = \frac{1}{2}(\dot{r}^2 + r^2 \dot{\phi}^2) + \frac{\mu}{r} \tag{1.26}$$

となる．ただし，$\mu = GM$ である．

角度成分 ϕ に関するオイラー–ラグランジュ方程式を書き下せば，ただちに，

積分定数を h とおいて，

$$r^2\dot{\phi} = h \tag{1.27}$$

が得られる．これは角運動量保存を表す．ここで，積分定数 h は単位質量あたりの角運動量を表す．$h = 0$ の特別な場合は，$\dot{\phi} = 0$ より，直線運動となり，2 体が衝突する解を表す．以下では，一般的な $h \neq 0$ の場合を考える．ちなみに，この角運動量保存の式は，面積速度一定の式を 2 倍したものである．これこそ，惑星運動に関するケプラーの第 2 法則を示している．

　さて，もう一方の r 成分に関するオイラー–ラグランジュ方程式は時間に関する 2 階の微分方程式である．よって，その方程式の代わりに，時間に関する 1 階微分しか含まないエネルギー保存の式を用いるのが便利である．その保存の式は

$$\frac{1}{2}(\dot{r}^2 + r^2\dot{\phi}^2) - \frac{\mu}{r} = E \tag{1.28}$$

と書ける．この左辺はラグラジアンの 2 項目の符号を逆にしたものである．ただし，本節での E は単位質量あたりの全エネルギーを表す．

　角運動量保存の式 (1.27) を用いれば，時間微分を ϕ に関する微分に書き直せる．具体的には，$hd/d\phi = r^2 d/dt$ となる．したがって，エネルギー保存の式 (1.28) は，r と ϕ との間の 1 階の微分方程式に帰着できる．こうして初等的な積分法で一般解が求まる．

$$r = \frac{h^2/\mu}{1 + \sqrt{1 + 2Eh^2/\mu^2}\cos(\phi - \omega)} \tag{1.29}$$

ここで，ω は積分定数で，天体力学では近日点引数とよばれる（図 1.2 参照）．くわしくは第 13 巻を参照されたい．

ケプラーの法則

　ここでは，以上で調べた「2 体問題」と「ケプラーの法則」の関係を見る．

　まず，楕円とは，2 定点からの距離の和が一定となる点の軌跡である．2 定点を $F(c, 0)$ と $F'(-c, 0)$ とすると，これらからの距離の和が一定となる条件は，$a > c$ となる定数 a を用いて

$$\sqrt{(x-c)^2 + y^2} + \sqrt{(x+c)^2 + y^2} = 2a \tag{1.30}$$

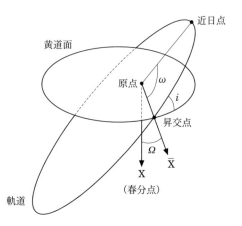

図 1.2　黄道面に対して角度 i だけ傾斜した軌道面.　昇交点から近日点までの角度が近日点引数 ω である.　楕円のひとつの焦点（太陽の位置に相当）を原点に選んだ.

と書ける.

　これを書き直すと，楕円の標準型

$$\frac{x^2}{a^2} + \frac{y^2}{b^2} = 1 \tag{1.31}$$

が得られる.　ただし，短半径は $b = \sqrt{a^2 - c^2}$，離心率は $e = c/a$ であり，$a > c$ より $e < 1$ を満たす.

　次に，楕円の焦点 F $(c = ae, 0)$ を原点とする極座標 (r, ψ) を導入する.　すなわち，$(x, y) = (r\cos\psi + ae, r\sin\psi)$ で定義する（図 1.3 参照）.　この関係式を楕円の式（1.31）に代入して整理すると，楕円を表す別の表式

$$r = \frac{a(1 - e^2)}{1 + e\cos\psi} \tag{1.32}$$

が得られる.　これと 2 体問題の解である式（1.29）と比較すれば，

$$e = \sqrt{1 + \frac{2Eh^2}{\mu^2}} \tag{1.33}$$

$$a = -\frac{GM}{2E} \tag{1.34}$$

の対応関係が分かる.　ただし，$\phi - \omega = \psi$ とおいた.　全エネルギー E が負のと

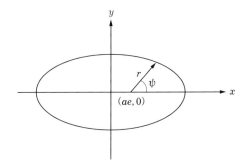

図 **1.3** 楕円のひとつの焦点を原点とする極座標 (r, ψ).

きのみ，$a > 0$ を満たし楕円軌道となる．なお，2体問題において E がゼロや負の場合，おのおの放物軌道や双曲軌道となる．

ケプラーの3法則とは

(1) 第1法則: 惑星は太陽を焦点とする楕円上を運動する．
(2) 第2法則: 面積速度は一定である．
(3) 第3法則: 公転周期の2乗と楕円運動の長半径の3乗は比例する．

すでに，第1法則と第2法則は力学によって説明されている．以下で，残る第3法則を調べる．

楕円の面積は $S = \pi ab = \pi a^2 \sqrt{1 - e^2}$ であり，面積速度は $h/2$ である．よって，面積速度一定（あるいは角運動量保存）より，一周するのにかかる時間は $S/(h/2)$ で与えられ，これが公転周期 T である．ここで，エネルギーと長半径の間の関係式（1.34）を用いて式変形すれば

$$T = 2\pi \sqrt{\frac{a^3}{GM}} \tag{1.35}$$

が得られる．これはケプラーの第3法則を示す．

1.1.7 剛体の解析力学

これまでは物体を質点とみなしてきた．天体の運動を論じる際に各天体を質点として扱うのは，厳密に言えば一種のモデル化であり近似である．実際の星や惑星などの天体には大きさがあり内部構造もある．

　力学において大きさをもった物体を扱うために「剛体」を考えると便利である．剛体とは質点の集合でその質点間の距離が変わらない，すなわち変形しない質量をもった仮想的な物体である．ちなみに，天体の変形等を論ずる場合，流体力学的な取り扱いがとても有用である．詳しくは，本巻 3 章および第 14 巻を参照されたい．

　剛体の運動エネルギーは，構成する質点からの寄与を足し上げればよく，

$$T = \sum_i \frac{1}{2} m_i |\boldsymbol{v}_i|^2 \tag{1.36}$$

である．ただし，i 番目の質点の質量を m_i, 速度を $\boldsymbol{v}_i$ と表す．

　剛体の慣性中心（重心）を $\boldsymbol{R}$ と表す．そして，この重心に対する各質点の相対位置ベクトルを $\boldsymbol{r}_i$ で表す．剛体は変形しないので，剛体の運動は並進と回転からのみなる．よって，各質点の位置の微小な変化は

$$d\boldsymbol{r}_i = d\boldsymbol{R} + d\boldsymbol{\varphi} \times \boldsymbol{r}_i \tag{1.37}$$

と表せる．ただし，右辺の第 1 項は剛体の並進，第 2 項は回転を表す．ここで，$d\boldsymbol{\varphi}$ は剛体の重心まわりの無限小回転を表すベクトルを表す．すなわち，その向きと大きさが回転軸と回転角に相当する．

　この微小変位が微小時間 dt で起こったと考えれば，質点の速度は

$$\begin{aligned} \boldsymbol{v}_i &= \frac{d\boldsymbol{r}_i}{dt} \\ &= \frac{d\boldsymbol{R}}{dt} + \boldsymbol{\Omega} \times \boldsymbol{r}_i \end{aligned} \tag{1.38}$$

と書ける．ただし，$\boldsymbol{V} = d\boldsymbol{R}/dt$ であり，$\boldsymbol{\Omega} = d\boldsymbol{\varphi}/dt$ は剛体の自転角速度ベクトルである．

　剛体の運動エネルギーの式（1.36）は

$$T = \sum_i \frac{1}{2} m_i |\boldsymbol{V}|^2 + \sum_i \frac{1}{2} m_i |\boldsymbol{\Omega} \times \boldsymbol{r}_i|^2 \tag{1.39}$$

のように分解できる．ただし，右辺の第 1 項は剛体全体の並進による運動エネルギー $T_{並進}$, 第 2 項は回転による運動エネルギー $T_{回転}$ を表し，$\sum m_i \boldsymbol{r}_i = 0$ を用いた．物体の大きさに起因する話に限定するため，以下では回転による運動エネルギーのみに着目する．

　回転のベクトルを成分 $\boldsymbol{\Omega} = (\Omega_x, \Omega_y, \Omega_z)$ で表す．すると，剛体の回転による
エネルギーは

$$T_{\text{回転}} = \frac{1}{2} \sum_a \sum_b \Omega_a I_{ab} \Omega_b \tag{1.40}$$

と書ける．ただし，a, b は x, y, z を表す．ここで，I_{ab} は慣性モーメント・テン
ソルとよばれる．

　この I_{ab} は対称行列をなすので，うまく座標を選べば対角化できる．

$$(I_{ab}) = \begin{pmatrix} I_1 & 0 & 0 \\ 0 & I_2 & 0 \\ 0 & 0 & I_3 \end{pmatrix} \tag{1.41}$$

この I_1, I_2, I_3 は主慣性モーメントとよばれる．このとき，回転エネルギーは次
のような簡潔な形をとる．

$$T_{\text{回転}} = \frac{1}{2}(I_1 \Omega_1^2 + I_2 \Omega_2^2 + I_3 \Omega_3^2) \tag{1.42}$$

　並進による寄与を無視したラグランジアンは

$$L(\theta_i, \dot{\theta}_i) = T_{\text{回転}}(\dot{\theta}_i) - V(\theta_i) \tag{1.43}$$

と書ける．ここで，自転角速度ベクトル Ω_i を与える角度ベクトルを θ_i と記す．
この θ_i はオイラー（Euler）角とよばれる量に対応する．

　$\theta_i, \dot{\theta}_i \, (= \Omega_i)$ に関するオイラー–ラグランジュ方程式は

$$\frac{d}{dt}\left(\frac{\partial L}{\partial \Omega_i}\right) = \frac{\partial L}{\partial \theta_i} \tag{1.44}$$

となる．ここで，$N_i = \partial L/\partial \theta_i = -\partial V/\partial \theta_i$ は力のモーメントとよばれる．

　慣性モーメントが対角化されている座標系は，剛体の自転とともに回転する．
よって，式（1.44）における時間微分は回転系（非慣性系）での時間微分であ
る．ベクトル $\boldsymbol{A}$ に対する時間微分を慣性系での表現に戻すには，

$$\left(\frac{d}{dt}\right)_{\text{回転系}} \boldsymbol{A} \longrightarrow \frac{d}{dt}\boldsymbol{A} + \boldsymbol{\Omega} \times \boldsymbol{A} \tag{1.45}$$

とすればよい．したがって，式（1.44）は

$$\frac{d}{dt}\left(\frac{\partial L}{\partial \boldsymbol{\Omega}}\right) + \boldsymbol{\Omega} \times \left(\frac{\partial L}{\partial \boldsymbol{\Omega}}\right) = \frac{\partial L}{\partial \boldsymbol{\theta}} \tag{1.46}$$

と書き直される．剛体の慣性モーメントは時間的に変化しないので，式 (1.46) を成分で書けば，たとえば，

$$I_1 \frac{d}{dt}\Omega_1 + (I_3 - I_2)\Omega_2\Omega_3 = N_1 \tag{1.47}$$

となる．そして，$1 \to 2 \to 3 \to 1$ の置き換えを順次行なえば，Ω_2, Ω_3 の時間発展の式も得られる．この 3 本の式は「剛体のオイラー方程式」とよばれる．剛体のオイラー方程式は天体の歳差運動を論ずる際，有用である．

1.2　熱過程・統計力学

　宇宙で観測される物質は，原子，イオン，分子，電子，原子核などの微視的な粒子の集合であり，天文学・宇宙物理学の目標は，これらの天体の構造や成り立ちを理解することである．もろもろの天体の形成と進化は，これらの物質の離合集散に伴う状態の変化である．これを記述するのが熱力学的な関係であり，統計力学は，熱力学的諸量と構成する物質の基本的な性質との関係を与える．最近の宇宙膨張の観測から，我々の宇宙では，我々の自身や日常的な世界を構成する原子や分子などはたかだか 4% を占めるに過ぎず，電磁相互作用をせず重力だけが作用する暗黒物質や宇宙膨張を加速する暗黒エネルギーが大半を占めるとされる．本節では，電磁波との相互作用を通して宇宙で直接観測できる原子・分子からなる通常の物質を対象として議論を進めるが，熱力学や統計力学の枠組みは暗黒物質や暗黒エネルギーなどの未知の物質にも原理的には適用できると考えられている．

　宇宙では，恒星内部での核反応や重力源の周囲での物質の凝縮を通して，核エネルギーや重力エネルギーが解放され，それが，粒子や電磁波に分配されてさまざまな形態をとる．熱がエネルギーのひとつの存在形態であり，粒子の無秩序な運動エネルギーや放射のエネルギーなどの形をとるという発見は熱力学・統計力学の成果である．

　熱力学は，熱とその他の形態のエネルギーとの機械的な仕事を通しての変換を主たる対象として発展してきた．我々の観測するさまざまな天体もこの熱的なエ

ネルギーの機械的な仕事への転化によって形成される．熱力学の諸法則は，熱エネルギーの仕事に変換する際の限界，効率についての考察から導かれた．一方，統計力学は，物質を構成する多数の粒子のふるまいの解析を基礎に，熱力学で用いるさまざまな状態量を構成粒子の物理的な性質に結び付けて導出することを可能とした．これから熱力学的な状態と構成粒子の運動との関連を明らかにする．

1.2.1 熱力学的状態と分子運動

　熱力学，統計力学の対象は，周囲の物質（＝外界）から切り取られた巨視的な物質の系であり，多数の原子，分子等の粒子から構成される．1モルの物質にはアボガドロ数（$N_A = 6.022 \times 10^{23}$）の粒子が含まれ，個々の粒子は，おのおの，電磁相互作用，強い相互作用，弱い相互作用を通して運動状態を変化させる[*1]．粒子の内部構造が無視できる場合，N 個の粒子からなる系の微視的な状態は，個々の粒子の位置と速度 $6N$ 個の値で指定されるが，その値は個々の粒子の運動，あるいは，衝突・相互作用とともに，刻々と変化している．一方，日常的な観察や実験からは，外部から指定する条件（系の境界条件という）を一定にしておくと，巨視的な物質の状態は，その条件に対応する特定の状態に到達し，それ以上変化しなくなることが知られている．この状態を熱力学的平衡状態というが，このときの物質の状態は，多数の粒子の運動が関わっているにもかかわらず，温度，密度，圧力など状態量（あるいは，状態変数）と呼ばれる少数の巨視的な物理量で記述することができることが経験的に分かっている．

　微視的な粒子の状態の変動にもかかわらず，巨視的には一定の状態に見えるのは，我々の観察が一瞬ではなく，必ず時間的な幅を持ち，したがって，刻々と微視的な状態が変わる多数の粒子の運動を時間的に平均したふるまいを観察しているためである．

理想気体

　熱力学では物質の巨視的な諸性質を扱う．熱力学的な状態は，少数の状態変数で指定される．たとえば，一定量の物質（あるいは一定の粒子数）からなる系に対しては，圧力 P，温度 T，体積 V などの諸量が測定されるが，このうちどれ

　[*1] ここでは，重力が除かれていることに注意．粒子同士の自己重力を考慮した場合は，負の比熱等の熱力学とは異なったふるまいを示すことになる．

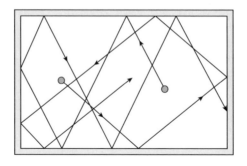

図 **1.4**　気体粒子の運動.

か 2 つを与えると物質の熱力学的な状態は決定される．これらの状態変数の間の
関数関係は状態方程式と呼ばれ，理想気体の場合はボイル–シャルルの法則

$$PV = (N/N_{\mathrm{A}})RT \quad \text{あるいは} \quad P = nk_{\mathrm{B}}T \qquad (1.48)$$

で記述される．ここで，N は粒子数，n は数密度（$= N/V$），k_{B} と R はそれ
ぞれボルツマン定数と気体定数（$R = N_{\mathrm{A}}k_{\mathrm{B}}$）であり，また，$T$ は 絶対温度で
ある．理想気体は，内部構造を持たず，かつ，衝突等を通して運動量やエネル
ギーを交換する以外にはほとんど相互作用をしない粒子で構成されるので，系の
物理的なふるまいの見通しが容易である．熱力学の諸法則，統計力学について論
じる前に，熱力学的な状態量と個々の微視的な粒子の運動との関係を理想気体を
例に考えてみよう．

圧力と温度

　容器に閉じ込めた気体の粒子は，図 1.4 のように側面と衝突しながら運動す
る．圧力は，側面の単位面積当たりに働く力であり，各粒子との衝突によって壁
が受ける力積の単位時間当たりの総和の平均値である．

　内部構造が無視できる場合，粒子は完全弾性衝突をするので，x 方向の速度
v_x で壁と衝突すると速度 $-v_x$ で跳ね返され，壁に $2mv_x$ の力積を与えること
になる．単位時間あたりの衝突数は，粒子の運動の向きを考慮すると $nv_x/2$ で
与えられる．粒子は無秩序な運動をしていてさまざまな速度を持っているので，
速度分布についての平均をとり，$\langle\ \rangle$ で表す．等方性を満たす気体の場合，座標

軸の方向は任意にとれるので，壁が受ける圧力は，壁の向きによらず x, y, z の各軸方向で同じ値をとり

$$P = n\langle mv_x^2 \rangle = n\langle mv_y^2 \rangle = n\langle mv_z^2 \rangle = \frac{1}{3}n\langle mv^2 \rangle \tag{1.49}$$

となる．ここで，$\langle v_x^2 \rangle = \langle v_y^2 \rangle = \langle v_z^2 \rangle = \langle v^2 \rangle/3$ となる関係を使った．

　上式は圧力と粒子の平均運動エネルギーとの関係を与えるが，理想気体の状態方程式（1.48）との比較から，温度と粒子の平均の運動エネルギーの関係

$$\left\langle \frac{1}{2}mv^2 \right\rangle = \frac{3}{2}k_{\mathrm{B}}T, \tag{1.50}$$

が導かれる．この関係は，温度の微視的な物理的意味を与える．すなわち，温度は個々の粒子の無秩序な運動エネルギーの平均値の大きさを表し，その比例定数は，粒子の種類によらず共通でボルツマン定数を用いて表される．とくに，単原子分子の場合，x, y, z 方向とも同等なので，

$$\left\langle \frac{1}{2}mv_x^2 \right\rangle = \left\langle \frac{1}{2}mv_y^2 \right\rangle = \left\langle \frac{1}{2}mv_z^2 \right\rangle = \frac{1}{2}k_{\mathrm{B}}T \tag{1.51}$$

となり，1自由度あたりに $\frac{1}{2}k_{\mathrm{B}}T$ の運動エネルギーが等しく分配されることを表している．これは統計力学で導かれるエネルギー等分配の法則である．

　気体の運動エネルギーの平均値が，粒子の種類によらないことをみるために，質量 m と M の2種類の単原子分子からなる気体の衝突によるエネルギーのやり取りを考える．簡単のため運動は，x 方向の1次元のみとし，それぞれ，v_x と V_x で衝突し，v_x' と V_x' で跳ね返ったとする．完全弾性衝突の場合，運動量とエネルギー保存則

$$mv_x + MV_x = mv_x' + MV_x' \tag{1.52}$$

$$\frac{1}{2}mv_x^2 + \frac{1}{2}MV_x^2 = \frac{1}{2}mv_x'^2 + \frac{1}{2}MV_x'^2 \tag{1.53}$$

が成り立つので，各粒子の衝突前後での運動エネルギーの変化は，衝突前の速度で決まり，質量 m の粒子の運動エネルギーの減少分，あるいは，質量 M の粒子のエネルギーの増加分は，

$$\Delta\varepsilon = \frac{1}{2}mv_x^2 - \frac{1}{2}mv_x'^2 = \frac{1}{2}MV_x'^2 - \frac{1}{2}MV_x^2 \tag{1.54}$$

$$= \frac{4mM}{(m+M)^2} \left(\frac{M-m}{2} v_x V_x + \frac{1}{2} m v_x^2 - \frac{1}{2} M V_x^2 \right) \tag{1.55}$$

となる．各粒子の運動に応じて，$\Delta\varepsilon$ は正負のさまざまな値を取ことになるが，各粒子の運動は独立であり，$\langle v_x \rangle = \langle V_x \rangle = 0$ を考慮すると，その平均値は，

$$\langle \Delta\varepsilon \rangle = \frac{4mM}{(m+M)^2} \left(\left\langle \frac{1}{2} m v_x^2 \right\rangle - \left\langle \frac{1}{2} M V_x^2 \right\rangle \right) \tag{1.56}$$

となる．したがって，質量 m の粒子の運動エネルギーが質量 M の粒子の運動エネルギーより大きい（小さい）ときは，$\langle \Delta\varepsilon \rangle > 0$ ($\langle \Delta\varepsilon \rangle < 0$) で質量 m の粒子から質量 M の粒子（質量 M の粒子から質量 m の粒子）へエネルギーが供給される．この結果は，衝突によるエネルギーの交換を通して，平衡状態では，$\langle \Delta\varepsilon \rangle = 0$，すなわち，運動エネルギーの等分配 $\left\langle \frac{1}{2} m v_x^2 \right\rangle = \left\langle \frac{1}{2} M V_x^2 \right\rangle$ が実現することを示している．

等分配の法則によると，粒子の運動エネルギーの理想気体の内部エネルギーへの寄与は，構成分子の運動の自由度で決まることになる．単原子分子の場合は，自由度は 3 なので，内部エネルギーは

$$U = \frac{3}{2} N k_B T + N u_0 \tag{1.57}$$

である．u_0 は運動エネルギー以外の 1 粒子あたりの内部エネルギーで，理想気体の場合は無視できる．定積熱容量 C_V は体積一定のもとで系の温度を 1 度上げるのに必要なエネルギーとして定義されるが，理想気体の場合，定数であり，単原子分子の場合，

$$C_V \equiv \left(\frac{\partial U}{\partial T} \right)_V = \frac{dU}{dT} = \frac{3}{2} N k_B \tag{1.58}$$

となる．2 原子分子の場合，2 粒子の運動が関与するので自由度は増加する．粒子の位置座標の成分の数は合計すると 6 であるが，2 分子間の間隔から決まる 1 成分を除いて，自由度は 5（重心の並進運動の自由度 3 と重心の周りの回転の自由度 2) となり，内部エネルギーと熱容量は，

$$U = \frac{5}{2} N k_B T, \quad C_V = \frac{5}{2} N k_B \tag{1.59}$$

となる．高温では，2 原子分子間の間隔の振動運動が励起され，振動の運動エネ

ルギーにも $(1/2)k_{\mathrm{B}}T$ が分配されるようになる.さらに,振動運動には,位置エネルギーが関与するが,その平均値は運動エネルギーに等しいので,振動モードには合計で $1\,k_{\mathrm{B}}T$ が分配される.したがって,高温になると,2 原子分子の内部エネルギーと熱容量は,

$$U = \frac{7}{2}Nk_{\mathrm{B}}T, \quad C_V = \frac{7}{2}Nk_{\mathrm{B}} \tag{1.60}$$

に増加する.等分配の法則は,一般的に成り立つことが証明されている.たとえば,N 個の原子からなる固体の場合,格子結晶の振動の自由度は,$3N-6$（6 は重心の並進運動とその周りの回転の自由度）であり,固体の熱容量は,

$$C_V = 3Nk_{\mathrm{B}} \tag{1.61}$$

となる.これは,デュローン–プティ（Dulong–Petit）の法則とよばれ,常温の固体で成り立つ.ただし,低温では,量子力学の効果が効くので,等分配の法則からはずれ,固体の比熱は T^3 に比例して小さくなる.

速度のマクスウェル分布

圧力や温度では,平均値を扱ったが,個々の分子・原子は,無秩序な運動をしているので,その運動はさまざまな状態に分布しているはずである.マクスウェル（J.C. Maxwell）は,基本的な仮定からこの分布関数を推定することができることを示した.

単位体積あたり n 個の粒子のうち速度の成分が (v_x, v_y, v_z) と $(v_x + dv_x, v_y + dv_y, v_z + dv_z)$ の間にある粒子の数 dn を

$$dn = f(v_x, v_y, v_z)dv_x dv_y dv_z \tag{1.62}$$

で表す.等方気体の場合,各座標のとり方は任意なので,分布関数 f は,方向によらず,速度の大きさのみの関数となり,$f(v_x, v_y, v_z) = f(v_x^2 + v_y^2 + v_z^2)$ とおける.また,各方向の運動は独立なので,おのおのの成分についての分布関数は,各成分の大きさのみで決まっていて,他の成分を固定したときの f と同じ関数形をとることになる.したがって,分布関数は

$$f(v_x^2 + v_y^2 + v_z^2) = a^3 f(v_x^2)f(v_y^2)f(v_z^2) \tag{1.63}$$

の関係を満たすことになる（a は理想気体の性質によって異なる定数）.速度成

分の2乗の和の関数が各速度成分の2乗の同じ関数の積で置き換えられることになるが，これは，指数関数の性質なので，この関係式を満たす関数形として，

$$f(v_x, v_y, v_z) = A \exp\left[-\beta \frac{m}{2}(v_x^2 + v_y^2 + v_z^2)\right] \tag{1.64}$$

が導かれる．ここで，m は粒子の質量，A と β は任意の定数で，それぞれ，数密度の規格化条件，および，式（1.50）の内部エネルギーと温度の関係

$$n = \iiint_{-\infty}^{\infty} f(v_x, v_y, v_z) dv_x dv_y dv_z$$

$$\frac{3}{2}nk_{\mathrm{B}}T = \iiint_{-\infty}^{\infty} \frac{1}{2}m(v_x^2 + v_y^2 + v_z^2)f(v_x, v_y, v_z) dv_x dv_y dv_z \tag{1.65}$$

から決まる．ガウス積分

$$\int_{-\infty}^{\infty} \exp(-x^2) dx = \sqrt{\pi} \tag{1.66}$$

を使うと，これらの積分は実行できて，

$$A = n\left(\frac{m}{2\pi k_{\mathrm{B}}T}\right)^{3/2}, \quad \beta = \frac{1}{k_{\mathrm{B}}T} \tag{1.67}$$

を得る．したがって，温度 T のときの速度の分布関数は，

$$f(v_x, v_y, v_z) = n\left(\frac{m}{2\pi k_{\mathrm{B}}T}\right)^{3/2} \exp\left[-\frac{m}{2k_{\mathrm{B}}T}(v_x^2 + v_y^2 + v_z^2)\right]. \tag{1.68}$$

これを，マクスウェル分布といい，理想気体で近似できる場合については，成り立つことが実験的に確かめられている．

　マクスウェル分布は速度の方向にはよらず，大きさのみの関数となる．速度ベクトルの大きさを v とし，v_z 軸となす角度を θ，v_x–v_y 平面上で v_x 軸から計った方位角を ϕ とする極座標 (v, θ, ϕ) を用いると各速度成分は

$$v_x = v\sin\theta\cos\phi, \qquad v_y = v\sin\theta\sin\phi, \qquad v_z = v\cos\theta$$

で表され，また，速度空間の体積要素は

$$dv_x dv_y dv_z = v^2 \sin\theta \, dv d\theta d\phi \tag{1.69}$$

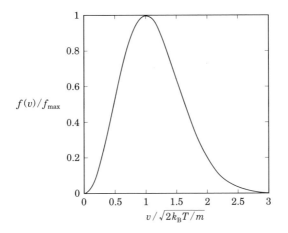

図 1.5 気体粒子の速度のマクスウェル分布. f の最大値で規格化している.

で関係づけられる. 分布 f は 等方なので θ と ϕ 方向は積分できて,

$$dv_x dv_y dv_z = 4\pi v^2 dv. \tag{1.70}$$

したがって, 速度の大きさが v と $v + dv$ の間にある単位体積あたりの粒子の数は,

$$f(v)dv = n \left(\frac{m}{2\pi k_B T} \right)^{3/2} e^{-\frac{mv^2}{2k_B T}} 4\pi v^2 dv \tag{1.71}$$

となる. あるいは, 粒子のエネルギー $\varepsilon = (1/2)mv^2$ を独立変数とすると,

$$f(\varepsilon)d\varepsilon = n \left(\frac{1}{\pi k_B T} \right)^{3/2} e^{-\frac{\varepsilon}{k_B T}} 2\pi \varepsilon^{1/2} d\varepsilon. \tag{1.72}$$

図 1.5 にマクスウェル分布を示した. 低エネルギーでは, 粒子数 $f(v)$ は v^2 あるいは $\varepsilon^{1/2}$ に比例して増加, $(1/2)mv^2 = k_B T$ あるいは $\varepsilon = (1/2)k_B T$ で最大になり, それを超えると指数関数的に急激に減少する.

ゆらぎと輸送係数

マクスウェル分布では, 1 粒子あたりの運動エネルギーの平均値は $\langle \varepsilon \rangle = (3/2)k_B T$ であるが, 個々の粒子の運動の変動に伴い, 平均値からのずれが発生する. この平均値からのずれをゆらぎというが, その大きさは分散で評価でき,

$$\langle (\varepsilon - \langle \varepsilon \rangle)^2 \rangle = \langle \varepsilon^2 \rangle - \langle \varepsilon \rangle^2 = \frac{3}{2}(k_{\mathrm{B}}T)^2 \tag{1.73}$$

で与えられる．粒子数 N からなる系の内部エネルギーの平均値は $U = (3/2)Nk_{\mathrm{B}}T = C_V T$ であり，粒子数とともに増加する．一方，その標準偏差であるゆらぎは，

$$\langle (\Delta U)^2 \rangle^{1/2} = \left\langle \left(\sum_{i=1}^{N} \varepsilon_i - N \langle \varepsilon \rangle \right)^2 \right\rangle^{1/2} = \left\langle \sum_{i=1}^{N} (\varepsilon_i - \langle \varepsilon \rangle)^2 \right\rangle^{1/2}$$

$$= \left(\frac{3}{2}N \right)^{1/2} k_{\mathrm{B}}T = C_V^{1/2} k_{\mathrm{B}}^{1/2} T \tag{1.74}$$

となるので，内部エネルギーの相対的なゆらぎの大きさは $\langle (\Delta U)^2 \rangle^{1/2}/U \propto N^{-1/2}$ で粒子数の平方根に反比例する．通常，熱力学では $N \sim N_{\mathrm{A}}$ 程度の系を対象とするので，相対的なゆらぎは非常に小さくなり，実際上無視できることになる．

　多数の粒子が無秩序に運動していれば，当然粒子同士は衝突する．粒子の半径を a とすると，粒子の中心間の距離が $2a$ になると粒子は衝突するので，衝突の断面積は $\pi(2a)^2$ であり，単位体積あたり n 個の粒子が分布するなかを速度 $\langle v \rangle$ で走る粒子は，平均時間間隔

$$\tau = \frac{1}{n\pi(2a)^2 \langle v \rangle} \tag{1.75}$$

で衝突を繰り返すことになる．したがって，粒子は相続く衝突の間に平均

$$l_M = \langle v \rangle \tau = \frac{1}{n\pi(2a)^2} \tag{1.76}$$

の距離だけ動くことができる．この l_M を平均自由行程（mean free path）と呼ぶ．粒子は単位時間あたり平均 $\langle v \rangle / l_M$ 回衝突することになるが，ランダム・ウォークとするともとの位置から移動距離は衝突回数の平方根に比例するので，平均距離 $d = l_M (\langle v \rangle / l_M)^{1/2}$ を移動することになる．この移動は，粒子の拡散や混合，それに伴うエネルギーや運動量の輸送である熱伝導や粘性に関わり，その効率は輸送係数 $D = l_M \langle v \rangle$ で与えられる．平均自由行程は粒子の大きさと数密度で決まるので，輸送係数の測定から粒子数，粒子の質量等についての情報が得られることになる．

1.2.2 熱力学の法則

　熱力学は，多数の粒子からなる物質の系を対象とするが，その微視的な内部構造には立ち入ることなく，少数の巨視的な状態量（状態変数）のみを扱う．物質の性質は，物質の量に比例するエネルギー，体積，粒子数のような示量変数と平均的な量に関係し物質の量によらない圧力や温度のような示強変数の2種類の状態量（状態変数）で表される．このような扱いが意味を持つのは，熱平衡状態が存在するからであり，熱力学は，その存在を前提とする．系はおかれた条件を一定に保っておくと，やがて熱平衡状態に落ち着きそれ以上変化しなくなるが，この熱平衡に達した系を分離しても変化は起こらないし，またその後ふたたび接触させても平衡は保たれる．また，熱平衡は推移律を満たし，系 A と B が熱平衡であり系 A と C が熱平衡であれば系 B と C は熱平衡である．これを熱力学第 0 法則とよぶ．

　熱力学は，熱平衡状態にある物質の性質や状態量（状態変数）の間に成り立つ関係や法則を議論する．熱は理想気体の場合にみたように粒子の無秩序な運動のエネルギーにあたる．蒸気機関や内燃機関のように，石炭や石油を燃焼して発生させた熱を機械的なエネルギーに変換して仕事にする装置を熱機関というが，熱力学は，この熱機関の効率についての理解を通して構築されてきた．最初に議論の対象となったのは，熱を加えなくても仕事をし続けることができる熱機関の可能性である．これは無からエネルギーを生み出すことを意味する．この第 1 種永久機関と呼ばれる熱機関が不可能であるとの認識から，熱と機械的な仕事が等価であることが導かれ，エネルギー保存則の発見に至った．これが熱力学第 1 法則である．

　ついで，熱機関で発生させた熱を仕事に変換する効率の問題で，発生した熱を100 % 仕事に変えることができる熱機関の可能性が追求された．これは第 2 種永久機関と呼ばれるが，やはり不可能であるとの認識にいたった．変換の効率には熱機関の種類によらず温度で決まる上限値があることが示され，この結果から，系の不可逆な変化の方向を特徴付けるエントロピーが導かれた．これが熱力学第 2 法則である．熱力学第 3 法則は，ネルンスト（Walther Hermann Nernst）によって唱えられたもので，ここで導入されたエントロピーについて絶対温度零度でゼロになることを要請する．

　対象となる系は，外界との間で熱や仕事をやり取りし，さらには，物質の出入りもあり得る．系のふるまいは，これらの外界との交渉にも依存するので，外界との交渉の条件に応じて，対象となる系を区別する．周囲の物質や他の系からまったく切り離された系を孤立系，エネルギーのみの出入りのある場合を閉じた系，これに対して，物質の出入りを含めた場合を開いた系として分類，それぞれ，系の扱いが異なる．以下では，粒子数が一定の孤立系と閉じた系の議論から始め，系を構成する粒子数が変化する場合は 1.2.4 節 で述べる．

熱力学第 1 法則

　熱力学の第 1 法則はエネルギー保存則であるが，その定式化のためには，系のエネルギーと外界とのエネルギーのやり取りを定義する必要がある．系のエネルギーとしては，構成する系の物質の全エネルギーが対象であり，物質の静止エネルギーも含めて，運動エネルギーと相互作用のポテンシャルエネルギーの総和を扱う．ただし，系のエネルギーの変化を議論するので，基準点の取り方に任意性があり，問題とする過程に関与しないものはあらかじめ除いておくことができる．

　エネルギーの交換には，加熱や冷却による熱の移動に加えて，系に外力が働いている場合は，仕事を通してのものがある．熱の移動に関しては，系の隔壁が熱の移動を遮断できる場合も考える．これは，断熱過程とよばれ，系の変化は力と変位の積で決まる機械的な仕事を通してのみ起きることになる．

　系のエネルギー（内部エネルギー）を U とすると，その変化 dU は，系に供給される熱エネルギー δQ と系が受ける仕事 δW との和に等しく，第 1 法則は，

$$dU = \delta Q + \delta W \tag{1.77}$$

で表される．

　粒子数が一定の閉じた系では，内部エネルギー U は，温度，体積と圧力のうち 2 変数で記述できる．仕事は，力と変位により決まる．圧力 P の系で体積を微小量 dV 変化させたとき，系が受ける仕事は，微小変化に伴う圧力変化を無視して，

$$\delta W = -PdV \tag{1.78}$$

と書ける．系の変化速度が十分に小さい場合，系はつねに熱平衡状態を保ちなが

ら変化するとみなすことができ，このような変化を準静的過程とよぶ．この場合，系に働く力は，温度，体積や圧力などの系の状態の関数として一意的に決まるので，系の変化を逆にたどることによって，変化に関与したのと同量の仕事と熱を使って系と外界をともにもとの状態に復することができる．すなわち，準静的過程は可逆過程である．

準静的過程では，熱の収支はエネルギー保存則から状態量の変化量と関係づけることができる．たとえば温度と体積を独立変数にとると，内部エネルギーと圧力が $U = U(T, V)$，$P = P(T, V)$ で与えられ，

$$\delta Q = \left(\frac{\partial U}{\partial T}\right)_V dT + \left(\frac{\partial U}{\partial V}\right)_T dV + P dV \tag{1.79}$$

と表される．これから，系の温度を 1 度上げるのに必要なエネルギーである熱容量が導かれる．系の質量を単位質量にとると，これは比熱になる．熱の収支は，体積の変化にも依存しているので，熱容量は条件によって異なる．体積一定の場合の定積熱容量 C_V は，

$$C_V = \left(\frac{\partial U}{\partial T}\right)_V \tag{1.80}$$

で与えられる．また，圧力を一定に保った場合の定圧熱容量 C_P は，温度の上昇に伴う系の膨張による仕事分の熱量が加わるので，

$$C_P = C_V + \left[P + \left(\frac{\partial U}{\partial V}\right)_T\right]\left(\frac{\partial V}{\partial T}\right)_P \tag{1.81}$$

となる．理想気体の場合は，前項で見たように，C_V は定数で，$(\partial U/\partial T)_V = 0$ である．したがって，状態方程式より $(\partial V/\partial T)_P = N k_B/P$ を代入すると，理想気体の比熱についてのマイヤーの関係

$$C_P - C_V = (N/N_A)R \tag{1.82}$$

が導かれる．

エントロピー

上記のエネルギー保存則で，内部エネルギー U は始状態と終状態で決まる状態量であるが，仕事と熱の授受は変化の経路にも依存する．上の式 (1.77)，(1.79) のように，状態量の変化量と変化の経路に依存する変化量をそれぞれ d

と δ で表して区別した．しかしながら，準静的過程の場合は，後者も状態量の変化に関係づけられているので，適当な関数（積分因子）で除することで状態量の完全微分で表すことができる．たとえば，理想気体の場合は，U は温度だけの関数で $dU = C_V dT$ と書けるので，状態方程式 $PV = Nk_\mathrm{B}T$ を用いて，式 (1.79) を変形すると

$$\delta Q = Td(C_V \ln T + Nk_\mathrm{B} \ln V) \tag{1.83}$$

となり，δQ を温度で割ったものが，右辺の括弧の中の温度と体積の関数の微分で表されることになる．この関係によって導かれる新しい状態量はエントロピーと呼ばれる．エントロピーは内部エネルギーや体積と同様に物質の量に比例する示量変数である．理想気体の場合は

$$S(T, V, N) = C_V \ln T + Nk_\mathrm{B} \ln(V/N) + NS_0 \tag{1.84}$$

で与えられる．ここで，S_0 は物質による定数である．

　上記の議論は理想気体の場合についてであるが，一般の物質についても，準静的過程の熱の収支は，積分因子が存在して，状態量変数の完全微分で表せる．すなわち，熱力学的な状態量であるエントロピーが定義され，閉じた系の準静的過程での熱の授受は，絶対温度 T を積分因子として，

$$\delta Q = TdS \tag{1.85}$$

とエントロピーの変化量で表される．したがって，系が状態 A から状態 B へ準静的過程を通して変化するときの熱の収支は，積分

$$Q = \int_\mathrm{A}^\mathrm{B} TdS(T, V, N) \tag{1.86}$$

で与えられ，始状態と終状態のエントロピーの差 $S(T_\mathrm{A}, V_\mathrm{A}, N) - S(T_\mathrm{B}, V_\mathrm{B}, N)$ では決まらず，状態変化の経路の温度に依存する．とくに，断熱準静的過程では，エントロピーは一定となり，理想気体の場合，断熱の状態方程式

$$PV^\gamma = 一定, \quad TV^{\gamma-1} = 一定 \tag{1.87}$$

を与える．ここで，γ は断熱指数とよばれ

$$\gamma \equiv C_P/C_V \tag{1.88}$$

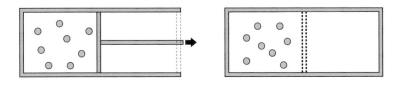

図 **1.6** 気体の断熱膨張．準静的過程（左）と自由膨張（右）．

で定義され，単原子分子気体の場合は，$\gamma = 5/3$ となる．

図 1.6 は断熱の条件のもとでの理想気体の膨張を準静的過程と自由膨張の 2 つの場合について比較したものである．左図の準静的過程では，ピストンは系が平衡状態を保つようにゆっくりと移動するので，気体分子は後退するピストンと衝突して跳ね返され，そのときピストンに運動エネルギーの一部を与えエネルギーを失うことになる．この仕事の結果，気体の温度は下がるが，熱の出入りはないので系のエントロピーは変化しない．これに対して，右図は気体を左房に閉じ込め真空の右房とのあいだの仕切りを取り払う場合で，仕切りがなくなると分子は自由に膨張し左右の房に一様に拡散するので，気体は運動エネルギーを失うことなく，温度は変化しない．この場合，左図と同じ断熱過程ではあるが，エントロピーは，粒子数を N，膨張前と膨張後の体積をそれぞれ V_1, V_2 とすると

$$\Delta S = N k_\mathrm{B} \ln(V_2/V_1) \tag{1.89}$$

だけ増加することになる．これは，ピストンが気体分子の運動速度よりも速く後退する場合も同じで，膨張に際して系は仕事をしないためである．準静的過程の場合は，可逆過程であり，系を断熱で圧縮することによって，膨張過程を逆にたどり，引き出したときと同じ量の仕事でもとの状態に戻すことができる．これに対して，自由膨張の場合は，もとの体積に戻すためには圧縮過程で系に与えた余分なエネルギーを引き抜くための冷却を必要とすることになり，不可逆過程である．この不可逆過程の存在が，熱力学第 2 法則の主題である．

熱力学第 2 法則

第 2 法則の基礎は現実に実現できないある種の物理過程が存在することの認識にあり，いくつかの等価な原理として表現される．ケルヴィンの原理では「温度の決まったひとつの熱源から熱を受けとってそれをすべて仕事に変え，それ以

外に何の変化も残さないような過程は実現不可能である」と表現され，クラウジウスの原理では「同時に仕事を熱に変えることなく，低温の物体から高温の物体に熱を移動することはできない」と表現される．また，より抽象的な形では，「任意の熱平衡状態の近傍に断熱変化によっては到達できない状態が必ず存在する」というカラテオドリの原理がある．

　カラテオドリの原理からは，準静的過程での熱の授受 δQ が式（1.85）の形に表せることが導かれる．粒子数の一定の閉じた系の場合，任意の熱平衡状態 A に対し，その近傍で断熱準静的過程で到達できる熱平衡状態は，等エントロピーの条件 $S(T, V, N) = S(T_A, V_A, N)$ を満たし，それ以外の近傍の熱平衡状態はこの面でエントロピーが大きいか小さいかの領域に2分される．一方，断熱自由膨張の場合，エントロピーは増加するので，カラデオドリの原理でいうところの断熱過程では到達できない近傍の状態はエントロピーの低い状態ということになる．すなわち，閉じた系の断熱変化では，エントロピーは決して減少することはなく，

$$S(T, V, N) = S(T_A, V_A, N) \quad \text{（準静的過程）} \tag{1.90}$$

$$S(T, V, N) > S(T_A, V_A, N) \quad \text{（非静的過程）} \tag{1.91}$$

である．したがって，孤立系や閉じた断熱系の内部では，エントロピーの増加は不可逆である．

カルノーサイクル

　上記の熱力学第2法則の原理からは，熱を発生させ仕事に換える効率に上限値があることが導かれる．ケルヴィンの原理によれば，熱を仕事に変えるには2つ以上の温度の異なる熱源が必要となる．カルノーは，2つの熱源と理想気体を媒体とした熱機関の準静的過程の循環（サイクル）を用いて，熱の仕事への変換の効率が一般的に考察できることを示した．

　カルノーサイクルは，図1.7に示したように2つの熱源による等温過程と2つの断熱過程の組み合わせからなる．最初の過程は，高温の熱源を用いた等温膨張である．このとき，シリンダー内部の理想気体は熱源と同じ温度 T_h を保ちながら膨張する，等温では理想気体の内部エネルギーは変化しないので，系に熱源から供給された Q_h の熱はすべて仕事に転換される．理想気体が体積 V_1 から V_2 に膨張するときにする仕事 W_1 は熱の供給 Q_h に等しく，

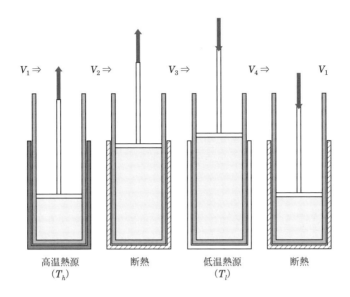

$V_1 \Rightarrow$ $V_2 \Rightarrow$ $V_3 \Rightarrow$ $V_4 \Rightarrow$ V_1

高温熱源
(T_h)

断熱

低温熱源
(T_l)

断熱

図 **1.7** カルノーサイクル.

$$Q_h = W_1 = \int_{V_1}^{V_2} P dV = N k_B T_h \ln(V_2/V_1). \tag{1.92}$$

ついで，断熱膨張で気体の温度を低温熱源の温度 T_l まで下げる．このときの体積 V_2 から V_3 への膨張に伴う仕事は内部エネルギーの減少分に等しいので温度差だけで決まる．残りの 2 つの過程は，系を温度 T_h と体積 V_1 の最初の状態に戻す収縮である．まず，温度 T_l の低温熱源に接したまま，体積 V_3 から V_4 に圧縮する．このときの系が低温熱源に放出する熱 Q_l は系が受ける仕事 W_2 と等しく，

$$Q_l = W_2 = \int_{V_3}^{V_4} P dV = N k_B T_l \ln(V_3/V_4) \tag{1.93}$$

となる．体積 V_2 と V_3 および V_4 と V_1 は断熱の関係式（1.87）を満たすことから，$V_2/V_3 = V_1/V_4 \ [= (T_l/T_h)^{1/(\gamma-1)}]$，すなわち，$V_2/V_1 = V_3/V_4$ なので，Q_h と Q_l の間には

$$Q_h/T_h = Q_l/T_l \tag{1.94}$$

の関係が成り立つ.

したがって,カルノーサイクルは 1 循環するあいだに,高温熱源から Q_h の熱を受け取り,低温の熱源に Q_l の熱を捨てて,$W = Q_h - Q_l$ の仕事をする.これから,高温熱源から受け取った熱量のうち仕事に変換される効率は

$$\eta = \frac{W}{Q_h} = \frac{Q_h - Q_l}{Q_h} = 1 - \frac{T_l}{T_h} < 1 \tag{1.95}$$

となり,熱源の温度の比で決まり,熱源の温度は有限であることを考慮すると,効率は 1 以下にとどまることになる.

熱力学第 2 法則は,この値が準静的過程以外のすべての過程を含めて熱機関の効率の上限値であることを指示している.もしカルノーサイクルよりも効率のよい熱機関があれば,高温熱源から Q_h の熱を供給されたとき低温熱源に放出する熱 Q_l' は Q_l より小さい.一方,カルノーサイクルは可逆なので,この熱機関のした仕事の一部を使ってサイクルを逆に運転することによって,低温熱源から熱 Q_l' を吸い上げて,高温熱源に運ぶことができる.このとき必要な仕事は,$W_r' = Q_l'(T_h/T_l - 1)$ で熱機関のした仕事 $W' = Q_h - Q_l'$ より小さく,また,高温熱源にもたらされる熱も $Q_h' = Q_l'(T_h/T_l)$ で Q_h より小さい.この結果,2 つの熱機関を合わせると,高温熱源のみから $Q_h - Q_h'$ の熱をとり,仕事 $W' - W_r'$ に変換することになり,これは,ケルヴィンの原理に反することになる.このこと,すなわち,$Q_l > 0$ でなければならないことは,同時に,絶対温度零度が物理過程で到達できないことを意味している.

カルノーサイクルでは,熱源は 2 つの場合を扱ったが,式 (1.94) の関係は,熱源の数が増加しても変わらない.熱源と系との熱の移動に符号をつけ,系が熱源から熱を得る場合を正に,系が熱源に熱を与える場合を負にとり,また,サイクルを通しての熱の移動を無限小過程に分割すると,熱の収支とエントロピーの変化量の関係は,積分形で

$$\oint_{非静的過程} \frac{\delta Q}{T} < \oint_{準静的過程} \frac{\delta Q}{T} = \oint dS = 0 \tag{1.96}$$

となる.ここで,積分は,もとの状態に戻る閉じた変化の 1 循環に沿って行い,最左辺は不可逆過程が含まれる場合で,2 番目は準静的過程のみからなる場合に対応する.この関係は任意の循環について成り立つので,エントロピーの変分と

熱の収支の関係を微分形式で表すと,

$$TdS \geqq \delta Q \tag{1.97}$$

と不等式となる. これは式 (1.85) を非静的過程も含めて拡張したもので, 熱力学第 2 法則の表現である.

1.2.3 熱平衡の条件と熱力学ポテンシャル

熱力学系の状態変化は, 第 1 法則と第 2 法則で特徴づけられる. 式 (1.97) と第 1 法則の式 (1.77) および式 (1.78) から

$$TdS \geq dU + PdV. \tag{1.98}$$

等号は準静的過程の場合である. この関係は, 断熱系では, エントロピーは不可逆過程がおきれば増大し, したがって, 与えられた境界条件のもとで系が取りうる状態のうちで, エントロピーが最大値に達するとそれ以上変化することはないことを意味する. このエントロピー最大の状態が熱平衡状態である.

系を 2 つの部分系からなるとすると, 系のエントロピー S は部分系のエントロピーの和となる. 部分系はおのおの均質で, 境界は熱を通し, 自由に動き圧力を伝達するが, 表面張力等の余分な力は働かず, 境界を通しての粒子の出入りはないとすると, 各部分系のエントロピーの変化は

$$dS_{\mathrm{I}} = \frac{dU_{\mathrm{I}}}{T_{\mathrm{I}}} + \frac{P_{\mathrm{I}}}{T_{\mathrm{I}}}dV_{\mathrm{I}} \tag{1.99}$$

$$dS_{\mathrm{II}} = \frac{dU_{\mathrm{II}}}{T_{\mathrm{II}}} + \frac{P_{\mathrm{II}}}{T_{\mathrm{II}}}dV_{\mathrm{II}} \tag{1.100}$$

と書ける. 系全体は体積一定で断熱壁で囲まれているとすると, $dU_{\mathrm{I}} + dU_{\mathrm{II}} = 0, dV_{\mathrm{I}} + dV_{\mathrm{II}} = 0$ が成り立つので, 系全体のエントロピーの変化は

$$dS = dS_{\mathrm{I}} + dS_{\mathrm{II}} \tag{1.101}$$

$$= \left(\frac{1}{T_{\mathrm{I}}} - \frac{1}{T_{\mathrm{II}}}\right)dU_{\mathrm{I}} + \left(\frac{P_{\mathrm{I}}}{T_{\mathrm{I}}} - \frac{P_{\mathrm{II}}}{T_{\mathrm{II}}}\right)dV_{\mathrm{I}} \tag{1.102}$$

となる. $T_{\mathrm{I}} > T_{\mathrm{II}}$ のときは, $dU_{\mathrm{I}} < 0$ で部分系 I から II へ熱が流れ, $T_{\mathrm{II}} > T_{\mathrm{I}}$ のときは, 逆に部分系 II から I に熱が流れて, エントロピーは増加する. また, $P_{\mathrm{I}} \neq P_{\mathrm{II}}$ の場合は, 部分系の体積が変化してエントロピーが増加する. し

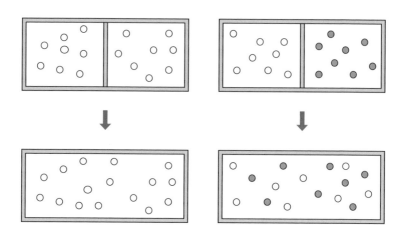

図 **1.8** 気体の混合.

たがって，熱平衡状態では部分系の温度と圧力が等しくなり，

$$T_\mathrm{I} = T_\mathrm{II}, \quad P_\mathrm{I} = P_\mathrm{II} \tag{1.103}$$

が成り立つ．圧力に関する条件は，力学的なつりあいの結果であるが，この場合は，熱力学的な平衡条件からも出てくることになる．

エントロピーの増加については，図 1.6 では自由断熱膨張についてみたが，熱伝導など熱の移動に伴う過程以外に，物質の混合や拡散でもおきる．図 1.8 のように隔壁で仕切られた 2 房室を温度と圧力が等しい気体で満たし，隔壁を取り払った場合，結果は，2 つの房室の気体が同じ種類か，違う種類かで異なってくる．同種の気体の場合は，隔壁を再び挿入すれば，もとの状態に戻るので，隔壁を取り払う操作によってエントロピーの合計は変わらない．したがって可逆過程である．一方，異種の気体の場合は，各気体は 2 つの房室全体に一様に広がる．エントロピーはおのおのの成分の和なので，2 つの房室の体積が等しく，各房室の粒子数が N であったとすると，式（1.84）より，エントロピーの増加分は

$$\Delta S = 2Nk_\mathrm{B} \ln 2 \tag{1.104}$$

となる．したがって不可逆過程であり，この増加分を混合のエントロピーとよぶ．2 気体の分離はそれぞれ一方の気体のみを通す半透膜を使うことによって可能であるが，混合前の状態に戻すには，圧縮による仕事と熱の放出によるエント

ロピーの減少が必要である.

　上記の議論は内部エネルギーと体積を独立変数にとった場合であるが, 式 (1.98) はエントロピーと体積を独立変数にとると,

$$dU \leqq TdS - PdV \tag{1.105}$$

と書ける. これは, 体積とエントロピーを与えた場合は, 内部エネルギーが最小の状態が平衡状態に対応することを示している. このエネルギー最小の条件は, 上記のエントロピー最大の条件と等価であり, いずれの過程によろうとも, 最終的に到達した平衡状態では双方の条件が満たされる.

　式 (1.98) と式 (1.105) ではエントロピーおよび内部エネルギーは示量変数の関数として与えられるが, 式 (1.105) の両辺から $d(TS)$ を引くと

$$d(U - TS) \leqq -SdT - PdV \tag{1.106}$$

となり, 独立変数を温度と体積に変換できる. 左辺の示量変数

$$F(T, V, N) \equiv U(T, V, N) - TS(T, V, N) \tag{1.107}$$

は新たな熱力学関数, ヘルムホルツの自由エネルギーとして定義される. 体積と温度が一定の条件の下では, 熱平衡状態は F が最小値をとる状態であることを示している. それとともに, 等温過程では,

$$dF + PdV = dF - \delta W \leqq 0 \tag{1.108}$$

となり, 系に仕事がなされないと F は増加できない, あるいは, F の減少分が系から引き出せる仕事の上限を与えることになる.

　このように示量変数と共役な示強変数を用いて独立変数を変える方法をルジャンドル変換という. 同様に V と P を用いたルジャンドル変換によって体積の代わりに圧力を独立変数とする熱力学関数, エンタルピー H とギブスの自由エネルギー G が導かれる. これらの熱力学関数の変化は

$$dH = d(U + PV) \leqq TdS + VdP \tag{1.109}$$

$$dG = d(F + PV) \leqq -SdT + VdP \tag{1.110}$$

で与えられ, 熱平衡状態は, それぞれの条件のもとで, 最小値をとる状態に対応することになる.

　これらの熱平衡状態の条件に関与する熱力学関数（熱力学ポテンシャルともいう）は，独立変数が異なるだけで等価であり，実現した平衡状態では，各熱力学関数についての平衡条件が満たされている．それとともに，ひとつの熱力学関数が独立変数の関数として求まると，残りのすべての熱力学状態量を導くことができる．たとえば，エントロピーはヘルムホルツの自由エネルギーおよびギブスの自由エネルギーから

$$S = -\left(\frac{\partial F}{\partial T}\right)_{V,N} = -\left(\frac{\partial G}{\partial T}\right)_{P,N} \tag{1.111}$$

で導かれる．内部エネルギーとエンタルピーも温度の微分で

$$U = -T^2 \frac{\partial}{\partial T}\left(\frac{F}{T}\right)_{V,N}, \quad H = -T^2 \frac{\partial}{\partial T}\left(\frac{G}{T}\right)_{P,N} \tag{1.112}$$

で与えられる．

　一方，示強変数は熱力学ポテンシャルをそれぞれ対応する示量変数で微分することで求められる．

$$T = \left(\frac{\partial S}{\partial U}\right)_{V,N} = \left(\frac{\partial U}{\partial S}\right)_{V,N}^{-1} = \left(\frac{\partial H}{\partial S}\right)_{P,N}^{-1} \tag{1.113}$$

$$P = \left(\frac{\partial S}{\partial V}\right)_{U,N} = -\left(\frac{\partial U}{\partial V}\right)_{S,N} = -\left(\frac{\partial F}{\partial V}\right)_{T,N}. \tag{1.114}$$

　さらに，熱力学関数の全微分形式からは，熱力学変数間の関係についての一般的な制約であるマクスウェルの関係式が導かれる．熱力学関数, U, H, F, G の完全微分からはそれぞれ

$$\left(\frac{\partial P}{\partial S}\right)_V = -\left(\frac{\partial T}{\partial V}\right)_S, \quad \left(\frac{\partial V}{\partial S}\right)_P = \left(\frac{\partial T}{\partial P}\right)_S,$$
$$\left(\frac{\partial S}{\partial V}\right)_T = \left(\frac{\partial P}{\partial T}\right)_V, \quad \left(\frac{\partial S}{\partial P}\right)_T = -\left(\frac{\partial V}{\partial T}\right)_P. \tag{1.115}$$

これらの式はエントロピーを含む微分が右辺の実験で測定可能な量から求まることを示している．また関数関係

$$(\partial x/\partial y)_z(\partial y/\partial z)_x(\partial z/\partial x)_y = -1 \tag{1.116}$$

あるいは，ヤコビアンを使った変数変換によっても独立変数を取り替えることができて，マクスウェルの関係と独立な関係式が導かれる．たとえば，断熱変化に

ついては

$$\left(\frac{\partial P}{\partial \rho}\right)_S = \frac{\partial(P,S)}{\partial(\rho,S)} = \frac{\partial(P,S)/\partial(P,T)}{\partial(\rho,S)/\partial(\rho,T)} \times \frac{\partial(P,T)}{\partial(\rho,T)} \tag{1.117}$$

$$\left(\frac{\partial P}{\partial T}\right)_S = \frac{\partial(P,S)}{\partial(T,S)} = \frac{\partial(P,S)/\partial(P,T)}{\partial(T,S)/\partial(P,T)} \tag{1.118}$$

の関係が得られる．これらの関係を用いると断熱圧縮率 Γ_1 と断熱温度勾配 ∇_{ad}
はそれぞれ

$$\Gamma_1 \equiv \left(\frac{\partial \ln P}{\partial \ln \rho}\right)_S = \left(\frac{\partial \ln P}{\partial \ln \rho}\right)_T \frac{C_P}{C_V} \tag{1.119}$$

$$\nabla_{\mathrm{ad}} \equiv \left(\frac{\partial \ln T}{\partial \ln P}\right)_S = -\frac{PV}{TC_P}\left(\frac{\partial \ln \rho}{\partial \ln T}\right)_P \tag{1.120}$$

となり，比熱比 $C_P/C_V\ (=\gamma)$，等温圧縮率 $(\partial \ln \rho/\partial \ln P)_T$，定圧膨張率
$-(\partial \ln \rho/\partial \ln T)_P$ と関連づけられる．添え字の ad は断熱的（= adiabatic）を
意味する．Γ_1 と ∇_{ad} は系の力学的なふるまいおよび熱的な特性を決める重要
な変数であり，理想気体の場合は，$(\partial \ln P/\partial \ln \rho)_T = 1$ であり，$\Gamma_1 = \gamma\ (\equiv C_P/C_V)$ および $\nabla_{\mathrm{ad}} = Nk_{\mathrm{B}}/C_P$ となる．

1.2.4 多成分系の平衡と化学ポテンシャル

これまでは粒子数が一定の孤立系と閉じた系を扱ってきたが，開いた系の場合
は粒子の出入によっても熱力学関数が変化する．粒子数の変化には，粒子同士が
反応する場合や同一物質の電離の場合も含まれ，解離や結合に関与する粒子を異
なる成分としてその間の移動を扱うことになる．また，同一組成の物質でも気体
と液体，固体などの異なる相に分かれて共存する場合は，異なる相にある物質は
別々の成分として，境界を通しての蒸発・凝固などによる相変化を粒子の移動と
して扱う．

各成分の粒子数を $N_i\ (i = 1, 2, \cdots, m)$ とし，粒子数に対する依存性も考慮す
ると内部エネルギーの変化は

$$dU(S, V, N_1, N_2, \cdots, N_m) = TdS - PdV + \sum_{i=1}^{m} \mu_i dN_i \tag{1.121}$$

で表される．ここで，μ_i は化学ポテンシャルとよばれ，i 成分の粒子が 1 粒子
増えたときの内部エネルギーの増加量であるが，S と V が一定の条件の下での

ものであり，単なる 1 粒子あたりの平均エネルギーではない．エントロピーについてはこの式を変形して

$$dS = \frac{1}{T}dU + \frac{P}{T}dV - \frac{1}{T}\sum_{i=1}^{m}\mu_i dN_i \tag{1.122}$$

となる．他の熱力学関数についても，ルジャンドル変換によって

$$dF = -SdT - PdV + \sum_{i=1}^{m}\mu_i dN_i \tag{1.123}$$

$$dG = -SdT + VdP + \sum_{i=1}^{m}\mu_i dN_i \tag{1.124}$$

の関係が与えられる．

化学ポテンシャルは示強変数であり，粒子数を連続量とみなして各熱力学関数を微分することによって

$$\mu_i = \left(\frac{\partial U}{\partial N_i}\right)_{S,V,N_{j\neq i}} = -\left(T\frac{\partial S}{\partial N_i}\right)_{U,V,N_{j\neq i}}$$
$$= \left(\frac{\partial F}{\partial N_i}\right)_{T,V,N_{j\neq i}} = \left(\frac{\partial G}{\partial N_i}\right)_{T,P,N_{j\neq i}} \tag{1.125}$$

として表される．ここで，$N_{j\neq i}$ は i 成分以外の粒子数を一定とすることを指す．最後の式から，ギブスの自由エネルギーが粒子数以外は示強変数の関数で粒子数に比例することを考慮すると，

$$G = U - TS + PV = \sum_{i=1}^{m}N_i\mu_i \tag{1.126}$$

の関係が導かれる．これを G の微分の式（1.124）に代入すると，

$$\sum_{i=1}^{m}N_i d\mu_i + SdT - VdP = 0 \tag{1.127}$$

となり，示強変数間のギブス–デューエムの関係を得る．この関係からは，T, V と化学ポテンシャルを独立変数とする熱力学関数

$$d\left(\frac{PV}{T}\right) = -Ud\left(\frac{1}{T}\right) + \left(\frac{P}{T}\right)dV + \sum_{i=1}^{m}N_i d\left(\frac{\mu_i}{T}\right) \tag{1.128}$$

が導かれる．この熱力学量は後の統計力学の議論で出てくる．

相平衡

系の熱平衡条件については 1.2.3 節で議論したが，粒子数の変化がある場合は化学ポテンシャルに関する条件が加わる．温度，圧力が一定のもとでの熱平衡状態はギブスの自由エネルギーが最小値をとる状態であるが，相変化の場合，これは各成分の粒子が相間を移動しても G が変化しないことを意味する．m 成分，r 種の相が関与する場合，成分を下付きの添え字で，相を上付きの添え字で区別し，i 成分，k 相の数密度と化学ポテンシャルを $n_i^{(k)}$ と $\mu_i^{(k)}$ と記すと，平衡条件は

$$\delta G = \sum_{i=1}^{m} \sum_{k=1}^{r} \mu_i^{(k)} \delta n_i^{(k)} = 0 \tag{1.129}$$

で与えられる．各成分について，任意のひとつの相から他の相への相変化 $\delta n_i^{(k)}$ に対してこの条件が満たされるためには，

$$\mu_i^{(1)} = \mu_i^{(2)} = \cdots = \mu_i^{(r)} \tag{1.130}$$

でなければならない．したがって，m 成分の場合，$m(r-1)$ の条件が課せられることになる．化学ポテンシャルは温度と圧力に加えて各成分，各相の数密度 $n_i^{(k)}$ $(i = 1, \cdots, m;\ k = 1, \cdots, r)$ の関数であるが，各相の化学ポテンシャルは組成比で決まることを考慮すると，独立変数は $(m-1)r+2$ となる．したがって，この平衡状態の条件が満たされるためには，独立変数の数は条件式の数より大きくなければならないので，

$$f = m + 2 - r \geqq 0 \tag{1.131}$$

の関係を得る．この式はギブスの相律とよばれ，成分数 m が与えられたときの共存できる相の数 r の上限値を定め，また，f は平衡条件を満たしながら自由に選べる変数の数を表す．1 成分のとき共存できる相の数は最大 3 で，1 つの相であれば $f = 2$ で P と T を自由に変えられるが，2 相が共存するときは，$f = 1$ で T あるいは P の一方で決まることになる．また，3 相が共存する場合は，$f = 0$ で P，T とも唯一に決まる．後者は水の場合，固相の氷，液相の水，気相の水蒸気が共存する 3 重点にあたる（温度と圧力は $T = 273.13\,\mathrm{K}$ と $P = 611.73\,\mathrm{Pa}$）．

2 相が平衡にあるときは，圧力と温度に加えて化学ポテンシャルが等しいこと

が条件となる．各相の化学ポテンシャルを $\mu^{(1)}(P,T)$, $\mu^{(2)}(P,T)$ とすると，これらが等しいという条件から 2 相が共存する圧力と温度の関係が導かれ，P–T 平面上の曲線を描くことになる．この平衡曲線上の任意の点で $\mu^{(1)}(P,T) - \mu^{(2)}(P,T) = 0$ が成り立つことから，平衡曲線に沿って

$$\left[\left(\frac{\partial \mu^{(1)}}{\partial P}\right)_T - \left(\frac{\partial \mu^{(2)}}{\partial P}\right)_T\right] dP + \left[\left(\frac{\partial \mu^{(1)}}{\partial T}\right)_P - \left(\frac{\partial \mu^{(2)}}{\partial T}\right)_P\right] dT = 0 \quad (1.132)$$

の関係が成り立つ．ここで，1 粒子あたりの体積とエントロピーを $v = \left(\frac{\partial \mu}{\partial P}\right)_T = V/N$, $s = \left(\frac{\partial \mu}{\partial T}\right)_P = S/N$ で定義すると

$$\frac{dP}{dT} = \frac{s^{(2)} - s^{(1)}}{v^{(2)} - v^{(1)}} \quad (1.133)$$

を得る．これをクラペイロン–クラウジウスの式とよぶ，2 相が気相と液相の場合は，この関係は蒸発曲線を与える．この場合 (1) を液相，(2) を気相とすると，エントロピーの差と気化熱とは $L = T(s^{(2)} - s^{(1)})$ の関係にあり，また $v^{(2)} \gg v^{(1)}$ なので，$dP/dT = L/v^{(2)}T$ と近似できる．状態方程式 $Pv^{(2)} = k_{\mathrm{B}}T$ を用いると積分できて，平衡曲線は

$$P = K_0 \exp(-L/k_{\mathrm{B}}T) \quad (1.134)$$

で与えられ，蒸気圧の温度依存関係が導かれる．ここで L や 定数項 K_0 は物質の系に固有の値で，構成物質の性質に依存する量である．

化学平衡

　化学反応や電離なども同様に扱える．ある物質を生成する反応は，一般にその生成物を分解してもとの物質に戻す逆反応を伴い，両方向への反応が同時に起きる．したがって，反応物質が多ければ最初は反応生成物を形成する方向の反応が進むが，その結果反応生成物が増加し，逆方向の反応生成物が分解してもとの物質に戻る逆方向の反応が速くなる．この両方向への反応がつりあっておのおのの粒子数が変化しなくなった状態が化学平衡であり，このときの物質の組成も化学ポテンシャルから求められる．

　反応物質を A_i $(i = 1, \cdots, r)$，反応生成物を B_i $(i = 1, \cdots, s)$ とすると，反

応の式は，一般に

$$a_1 A_1 + a_2 A_2 + \cdots + a_r A_r \rightleftharpoons b_1 B_1 + b_2 B_2 + \cdots + b_s B_s \tag{1.135}$$

の形に書ける．ここで，$a_i\ (i=1,\cdots,r)$ と $b_i\ (i=1,\cdots,s)$ は反応の整数係数で，両矢印は右方向への反応とともに左方向への反応の両方向への反応が起きることを示す．物質 A_i と B_j の数密度をそれぞれ n_{Ai} と n_{Bj} とすると，反応の進行に伴う各粒子の数密度の変化量，δn_{Ai} と δn_{Bj}，は反応係数に比例するので，反応の進行度を表す適当なパラメータ λ を選び，

$$\delta n_{Ai} = a_i \delta\lambda, \quad \delta n_{Bj} = -b_j \delta\lambda \tag{1.136}$$

と書くことができる．反応が圧力と温度一定の条件下で起きるとき，化学平衡は，ギブスの自由エネルギーが最小になるように n_{Ai} と n_{Bj} が分布する状態である．G が極値をとる条件は

$$\delta G = (\sum_i a_i \mu_{Ai} - \sum_j b_j \mu_{Bj})\delta\lambda = 0. \tag{1.137}$$

理想気体の場合 $G = U + PV - TS$ に U と S の式（1.57）と（1.84）を代入すると，化学ポテンシャルは

$$\mu_i = c_{Pi} T(1 + \ln T) + u_{0i} + Ts_{0i} - k_B T \left[\ln P + \ln \frac{n_i}{\sum_i n_i} \right] \tag{1.138}$$

で与えられる．これを化学平衡の式（1.137）に代入すると質量作用の式が導かれる．各成分の組成比 x_{Ai} と x_{Bj} を

$$x_{Ai} = \frac{n_{Ai}}{\sum_i n_{Ai} + \sum_j n_{Bj}},$$

$$x_{Bj} = \frac{n_{Bj}}{\sum_i n_{Ai} + \sum_j n_{Bj}} \tag{1.139}$$

で定義し，反応係数の総和を

$$\nu = \sum_i^r a_i - \sum_j^s b_j \tag{1.140}$$

とおくと質量作用の法則

$$\frac{x_{A1}^{a_1} x_{A2}^{a_2} \cdots x_{Ar}^{a_r}}{x_{B1}^{b_1} x_{B2}^{b_2} \cdots x_{Bs}^{b_s}} = K(T, P) = K'(T)P^{-\nu} \tag{1.141}$$

を得る. ここで, K は平衡定数であり, その温度および圧力依存性からルシャ
テリエの原理が導かれる. たとえば, 温度一定で圧力を上げた場合, $\nu > 0$ であ
れば, 右辺は減少するので, 反応は A_i を減らして B_j を増やす方向に進むが,
これは, 粒子数が減少し, 圧力が下がることを意味する. すなわち, 平衡からず
れる変化が与えられた場合, 系は, その原因を打ち消す方向に変化することにな
る. この平衡定数には, 定数項 u_{0i}, s_{0i} や c_{Pi} が含まれているが, これらが分
かるとこの式から反応や電離による組成が決まることになる. しかし, これらの
量は構成物質の性質によって異なり, その評価は統計力学によって求められる.
この点については, 電離の場合に後で議論する.

1.2.5 統計力学の枠組み

熱力学では, 物質の内部構造に立ち入らずその巨視的な性質やふるまいのみを
対象とし, それらの間に成り立つ法則, 関係について議論してきた. これに対
し, 統計力学は, 物質の構成要素である分子, 原子, 電子などの微視的な粒子の
持つ性質を基にして, それらの多数の集合として物質の性質, ふるまいを理解
し, 説明することを目指す. もちろん, 巨視的な系は膨大な数の粒子からなるた
め, これらの構成粒子の運動方程式の解を求め, 必要な初期条件を確定すること
は不可能である. したがって, 統計的な方法を採用し確率を扱うことになり, 加
えて何らかの形での粗視化が不可避となる.

統計力学の主要な課題は, 第 1 に, 巨視的な対象を特徴付ける比熱などの物
質の性質や状態方程式, また, 温度やエントロピーなどの熱力学の概念を微視的
な粒子の運動と構造およびその法則から導き出すことである. これについては,
1.2.1 節 で気体運動論について紹介した. それとともに第 2 の課題としては, 巨
視的な物理法則を微視的な世界の物理法則に基づいて理解することである. とり
わけ, 熱力学第 2 法則の微視的立場からの解釈の問題である. 熱力学第 2 法則
によると孤立系, 断熱系のエントロピーは増加することはあるが減少することは
ない. 一方, 微視的な世界の物理法則は, ニュートン力学にせよ, 電磁気学にせ
よ, 量子力学にせよ, 可逆的である. つまり, 時間を反転しても方程式は不変で

ある．巨視的な世界における不可逆性を可逆な微視的物理とどう折り合いをつけるかという問題である．

この橋渡しを可能にしたのがエントロピーは巨視的な系のとりうる微視的な状態の数の対数で与えられるというボルツマンの原理の発見である．本節では，熱平衡状態のみを扱う．非平衡状態や非可逆的な仮定については1.3節のボルツマン方程式などの運動論的な扱いが必要となる．

エルゴード仮説と等重率の原理

古典力学では系を構成する各粒子の運動状態は位置と運動量で指定される．したがって，N 個の粒子からなる系の状態は $6N$ 個の位置と運動量を座標とする空間を考え，この $6N$ 次元の位相空間の点で代表させることができる．この $6N$ 次元の位相空間を Γ 空間といい，1 個の粒子の 6 次元の μ 空間と区別する（1.3.3 節参照）．各粒子は運動方程式にしたがって刻々状態を変えるが，それに応じて代表点は Γ 空間を移動していく．孤立系の場合は，代表点の Γ 空間での軌跡は，運動方程式の解の一意性から交わることはなく，また，時間が経つにつれて，エネルギーが保存する面を埋め尽くしていくことになると考えられる．これをエルゴード仮説という．

巨視的な物理量は Γ 空間での系の代表点の 1 点 1 点に対応するのではなく，その軌跡に沿っての時間的な平均として観測される．個々の粒子の変動につれてたえず揺らぐが，長時間にわたって平均をとれば初期条件によらない一定値をとると考える．熱平衡状態では有限の時間でこの平均値に近い測定値を得られるということである．

時間的な平均は Γ 空間での軌跡に沿っての代表点の分布について求めることになるが，系を構成する全粒子の運動を実際に解くことは不可能である．代わりに，系とまったく同じ構造をもつ力学系の集合を想定し，その代表点の Γ 空間での分布についての集団平均で代替することを考える．代表点の分布に関しては，周囲との相互作用のない孤立系の場合，リウヴィルの定理（1.3.3 節参照）によると位相空間での粒子の軌跡に沿って体積要素は不変に保たれるので，分布密度は変化しない．したがって，エルゴード仮説が成り立つとすると，代表点はエネルギーが一定である各領域を同じ停留時間で動いていくと考えられる．このことは，量子力学に従う系ではエネルギーの等しい微視的状態は同じ確率で実現

するということになる．この等重率の仮定を基本原理として採用する．

　エルゴード仮説と等重率の原理の力学的な基礎についての研究はエルゴード問題とよばれている．これまで，いくつかの条件のもとに成り立つことが示されているが，実際の系についての厳密な証明はまだなされていない．むしろ，これらの仮定の妥当性は統計力学の有効性によっていると考えられる．

熱力学量とボルツマンの原理

　次の課題は，熱力学法則を統計力学から導くことである．粒子数 N，体積 V の孤立系で，エネルギーが E と $E + \Delta E$ の間にある可能な微視的な状態の数を $W(E, V, N, \Delta E)$ とする．エネルギーの幅 ΔE は量子力学的な不連続な状態が連続的に分布しているとみなすことができる任意の量でよく，後で見るように結果には効かない．ボルツマン（L.E. Boltzmann）はこの系のエントロピー S が微視的状態の数 W を用いて

$$S(E, V, N) = k_B \ln W(E, V, N, \Delta E) \tag{1.142}$$

で与えられると提唱した．これが，ボルツマンの原理と呼ばれ，熱力学量 S と微視的物理量を結び付ける基本的な式である．この式から，温度 T，圧力 P，化学ポテンシャル μ を，それぞれ，

$$\frac{\partial S}{\partial E} = \frac{1}{T}, \quad \frac{\partial S}{\partial V} = \frac{P}{T}, \quad \frac{\partial S}{\partial N} = -\frac{\mu}{T} \tag{1.143}$$

で与えると，熱力学で導いたものと同じ関係が得られる．

　第 2 法則については，根拠としてボルツマンの H 定理があげられる．ボルツマンは，気体運動論の立場から，分子の分布に関する簡単な仮定（分布は位置によらず，また，衝突する以外は分子間に位置と速度の相関がない）のもとに，

$$H(t) = \iiint\limits_{-\infty}^{\infty} f(v_x, v_y, v_z, t) \ln f(v_x, v_y, v_z, t) dv_x dv_y dv_z \tag{1.144}$$

が時間とともに単調に減少することを示した．したがって，H 関数を最小にする分布が平衡状態を特徴づけることになるが，マクスウェル分布がこれにあたる．上記の関係は，指定したエネルギーの範囲について $f \propto 1/W$ とおき，符号を逆にした場合に対応する．

一般に，2つの部分系からなる結合系の場合，可能な微視的状態の総数 W は2つの部分系の微視的な状態の数 W_{I} と W_{II} の積で与えられる．このとき，部分系の間の熱の移動を許すと部分系の間でのエネルギーの配分の自由度が生じるため，結合系の微視的な状態の総数は，熱的に接触する以前の部分系の微視的な状態の数の積より大きくなる．すなわち，

$$\sum_{E'_{\mathrm{I}}, E'_{\mathrm{II}}} W_{\mathrm{I}}(E'_{\mathrm{I}}, V_{\mathrm{I}}, N_{\mathrm{I}}, \Delta E_{\mathrm{I}}) \times W_{\mathrm{II}}(E'_{\mathrm{II}}, V_{\mathrm{II}}, N_{\mathrm{II}}, \Delta E_{\mathrm{II}})$$

$$\geqq W_{\mathrm{I}}(E_{\mathrm{I}}, V_{\mathrm{I}}, N_{\mathrm{I}}, \Delta E_{\mathrm{I}}) \times W_{\mathrm{II}}(E_{\mathrm{II}}, V_{\mathrm{II}}, N_{\mathrm{II}}, \Delta E_{\mathrm{II}}). \tag{1.145}$$

ただし総和は $E'_{\mathrm{I}} + E'_{\mathrm{II}} = E_{\mathrm{I}} + E_{\mathrm{II}}$ についてとる．これは不可逆過程によるエントロピーの増大にあたる．部分系が同じ温度の場合熱の移動を許してもエントロピーは変化しないが，これは W_{I} と W_{II} がもともと E^*_{I}, E^*_{II} ($E^*_{\mathrm{I}} + E^*_{\mathrm{II}} = E_{\mathrm{I}} + E_{\mathrm{II}}$) で鋭いピークをもち，取りうる微視的な状態がほぼこれらのエネルギー付近だけに集中していると考えれば説明できる．

統計母集団の種類

等重率と集団平均が時間平均に等しいという2つの要請が統計力学の基礎であり，集団平均には同じ構造をもつ多数の系からなる母集団の設定が必要となる．最初に考えられるのは，上で議論した，体積，粒子数とエネルギーを与えた孤立系の集合である．この母集団を小正準集団（ミクロカノニカル・アンサンブル）という．この場合等重率の原理を直接適用できるので，エネルギーを指定して微視的な状態数を計算することになる．

小正準集団は示量変数で指定されるが，エネルギーの代わりに示強変数である温度を指定して母集団を設定することができる．これは正準集団（カノニカル・アンサンブル）とよばれ，熱力学の (T, V, N) を独立変数とする閉じた系に対応する．この場合，母集団の各系は同じ温度の熱浴と接触していると考えられ，系のエネルギーは熱浴との交換を通して変動することになる．したがって，等重率は直接系には適用できないが，系と熱浴をあわせた全体を孤立系とみなすことによって，母集団のひとつひとつの系が実現する確率は等重率から導くことができて，系のエネルギー E の関数として

$$P(E) \propto e^{-E/k_{\mathrm{B}}T} \tag{1.146}$$

で与えられる.

さらには,粒子数の条件もはずし,体積以外は,示強変数である温度と化学ポテンシャルで指定される母集団を設定する.これは大正準集団(グランドカノニカル・アンサンブル)と呼ばれ,熱力学の開放系に対応する.この場合,母集団の系はエネルギーも粒子数もばらつくことになるが,系が実現する確率は,系のエネルギー E と粒子数 N の関数として,

$$P(E, N) \propto e^{-(E-\mu N)/k_{\mathrm{B}}T} \tag{1.147}$$

となる.

1.2.6 小正準集団とエントロピー

等重率の仮定は,粒子数 N,体積 V の孤立系の熱平衡状態は,指定したエネルギーをもつ微視的状態のすべてが等しい確率で寄与するということである.系のエネルギーとしては,前述のように E と $E + \Delta E$ の幅をとる.小正準集団は,同じ粒子数と体積の多数の系を想定し,Γ 空間でこのエネルギーの範囲にあるすべての微視的状態を等しい確率でとる母集団を考える.熱平衡状態での系の物理量は,この母集団の集団平均で与えられることになる.

理想気体のモデルとして,相互作用をしない N 個の同種の自由な粒子からなる系を考える.この場合,エネルギーが E 以下の Γ 空間の体積は,

$$\frac{1}{2m} \sum_{j=1}^{N} (p_{xj}^2 + p_{yj}^2 + p_{zj}^2) \leqq E \tag{1.148}$$

で与えられ,半径 $p = \sqrt{2mE}$ の $3N$ 次元の運動量空間の球の体積に空間座標の体積を乗した $\pi^{3N/2} p^{3N}/\Gamma(3N/2+1) V^N$ に等しい.ここで,$\Gamma(z)$ は

$$\Gamma(z) = \int_0^\infty x^{z-1} e^{-x} dx \tag{1.149}$$

で定義されるガンマ関数である[*2].位相空間の体積を h^{3N} の単位で測ると量子状態の数に対応させることができる.さらに,量子力学では同種粒子は識別できないため粒子を入れ替えた状態は同一とみなされるので,その重複を取り除くた

[*2] 漸化式 $\Gamma(z) = (z-1)\Gamma(z-1)$ を満たし,z が整数の場合は $\Gamma(z) = (z-1)!$ に等しい.また,z が半奇数の場合は $\Gamma(1/2) = \sqrt{\pi}$ で与えられる.

め $1/N!$ の因子をかける必要がある．したがって，エネルギーを 0 と E のあいだにもつ微視的状態の総数 $\Omega_0(E)$ は

$$\Omega_0(E, V, N) \simeq \sqrt{6}\pi N \left(\frac{4\pi}{3} m \frac{E}{3N}\right)^{3N/2} \left(\frac{V}{N}\right)^N \frac{e^{5N/2}}{h^{3N}} \tag{1.150}$$

となる．ここでは，$N \gg 1$ としてスターリングの公式[*3]を用いた．状態密度 $\Omega(E, V, N)$ を

$$\Omega(E) = d\Omega_0/dE \tag{1.151}$$

で定義すると，小正準集団のとりうる微視的状態の総数 W は，

$$W(E, V, N, \Delta E) = \Omega(E, V, N)\Delta E \tag{1.152}$$

で与えられる．

　ボルツマンの原理により，エントロピーは

$$S = k_{\mathrm{B}} N \ln\left[e^{5/2} \left(\frac{4\pi mE}{3h^2 N}\right)^{3/2} \frac{V}{N}\right] \tag{1.153}$$

となる．ここでは，$N \gg 1$ とし，$\ln N$ に比例する項は N に比して小さいので無視した．ΔE もたかだか N のオーダーであり，S の結果には影響を与えない．また，温度については

$$\frac{1}{k_{\mathrm{B}}T} = \frac{\partial \ln \Omega}{\partial E} = \frac{3}{2}\frac{N}{E} \tag{1.154}$$

となり，等分配の法則を与える．また，この温度を代入すると結果は理想気体のエントロピーの式（1.84）と一致する．付加定数 S_0 も決まるが，熱力学第3法則のネルンストの関係を見るには $T \to 0$ での量子力学的効果を考慮に入れなければならない．

[*3] $z \gg 1$ のとき，$\Gamma(z+1)$ の被積分関数 $\exp(z \ln x - x)$ は $x = z$ に鋭い極大値をもつ．指数部を極大値の周りで2次までテイラー展開し $z(\ln z - 1) - (x - z)^2/2z$ とおくと積分できて，スターリングの公式

$$\Gamma(z+1) = z! \simeq \sqrt{2\pi z}(z/e)^z$$

が導かれる．

最尤度分布と熱平衡状態

　理想気体の場合については小正準集団の方法で熱力学関数を導出できることを示した．しかし，エネルギーを与えて微視的状態の数を求めるのは，一般には容易ではない．自由な粒子についても，量子力学による効果が重要となる場合は，粒子の統計性を考慮しなければならない．このような場合には，すべての微視的状態を計算する代わりに，粒子のとりうる状態について，微視的な状態数へのもっとも寄与の多い最大確率の分布を求めることで代替する方法が有効である．

　量子統計からは，粒子は半奇数のスピンをもちフェルミ–ディラック統計に従うフェルミ粒子と整数のスピンをもちボース–アインシュタイン統計に従うボース粒子の 2 つに分類される．前者はパウリの排他律が働きひとつの量子状態に 1 粒子のみしか入れないのに対し，後者は同一の量子状態に入る粒子数に制限がないという異なる性質をもつ．ここでは，粒子の統計以外はほとんど相互作用のない理想的な場合を議論するので，Γ 空間ではなく，1 粒子の位相空間である μ 空間で考える[*4]．μ 空間を微小な体積の区画（$s = 1, 2, 3, \cdots$）に分割，各区画の独立な量子状態の数は G_s で，おのおの n_s の粒子が分布しているとする．この分布は粒子数とエネルギーの条件を満たさなければならない．全粒子数 N については，μ 空間のすべての区画に分布する数を合計して

$$N = \sum_s n_s \tag{1.155}$$

であり，全エネルギー E については，各区画の量子状態は同じエネルギー ε_s をもつとみなして

$$E = \sum_s \varepsilon_s n_s \tag{1.156}$$

となる．

　粒子数 n_s の分布に応じて，対応する微視的状態の数が変わるが，その数がもっとも大きいものが熱平衡状態で実現している確率の高い分布であると考え，2 つの付加条件のもとで，最大の確率を与える分布をもとめる．G_s の量子状態に n_s の粒子を配分する方法は，フェルミ粒子の場合は，組み合わせ ${}_{G_s}\mathrm{C}_{n_s}$ で，

[*4] この節では量子力学の知識を仮定せずに説明していくが，量子統計力学からも同じ結論が得られる．

ボース粒子の場合は，重複を許す組み合わせ $_{G_s}\mathrm{H}_{n_s} = {}_{G_s+n_s-1}\mathrm{C}_{n_s}$ で与えられる．したがって，n_s の分布を与えたとき位相空間における粒子の可能な配分の仕方，すなわち，対応する微視的な状態の数は，それぞれ，

$$W_\mathrm{F}[n_s] = \prod_s \frac{G_s!}{n_s!(G_s - n_s)!}, \quad W_\mathrm{B}[n_s] = \prod_s \frac{(G_s + n_s - 1)!}{n_s!(G_s - 1)!} \tag{1.157}$$

である．全粒子数，全エネルギーを与えたとき，この配分の仕方を最大にする粒子数の分布 n_s を量子状態のエネルギーの関数として求め，この分布を熱平衡状態での粒子の分布関数であると考える．

　この条件付きの変分問題は，ラグランジュの未定係数法で解くことができる．式（1.155）と（1.156）の付加条件に対する未知の係数をそれぞれ α, β とすると，n_s についての変分方程式は

$$\delta[\ln W_{\{\mathrm{F,B}\}} + \alpha(N - \sum_s n_s) + \beta(E - \sum_s \varepsilon_s n_s)] = 0 \tag{1.158}$$

で表される．スターリングの公式を用いると

$$\ln W_{\{\mathrm{F,B}\}} = \sum_s [(\mp G_s + n_s)\ln(G_s \mp n_s) - n_s \ln n_s \pm G_s \ln G_s] \tag{1.159}$$

で近似でき，n_s について変分を実行すると，

$$\sum_s [\ln(G_s \mp n_s) - \ln n_s - \alpha - \beta\varepsilon_s]\delta n_s = 0 \tag{1.160}$$

となる．ここで複号記号は，上がフェルミ粒子，下がボース粒子の場合である．停留値をとるという条件から，平衡状態の分布関数は

$$n_s = n^*_{\{\mathrm{F,B}\}} = \frac{G_s}{\exp(\alpha + \beta\varepsilon_s) \pm 1}, \tag{1.161}$$

1量子状態あたりの分布関数は

$$f_{\{\mathrm{F,B}\}} = \frac{1}{\exp(\alpha + \beta\varepsilon_s) \pm 1} \tag{1.162}$$

となる．変分のパラメータ α と β は付加条件から決まる．すなわち，μ 空間で運動量 $\boldsymbol{p}$ と $\boldsymbol{p}+d^3\boldsymbol{p}$ の微小体積の区画にある量子状態の数は不確定性原理を考慮すると，$gVd^3\boldsymbol{p}/h^3$（g は統計的重み）で与えられるので，エネルギー ε が運動量の大きさ p のみの関数であることから，付加条件（1.155）と（1.156）は

$$N = \frac{4\pi g}{h^3} V \int_0^\infty \frac{p^2 dp}{\exp\left[\alpha + \beta\varepsilon(p)\right] \pm 1} \tag{1.163}$$

$$E = \frac{4\pi g}{h^3} V \int_0^\infty \frac{\varepsilon(p) p^2 dp}{\exp\left[\alpha + \beta\varepsilon(p)\right] \pm 1} \tag{1.164}$$

となる．この 2 つの方程式を解くと，α と β が N, E, V の関数として求まることになる．

求めた分布関数を 式（1.157）あるいは（1.159）に代入して $W_{\{F,B\}}[n^*_{\{F,B\}}]$ を求めると，ボルツマンの原理からエントロピーが決まる．式（1.143）から，温度，圧力，化学ポテンシャルを与えると，変分のパラメータの α と β は，それぞれ，化学ポテンシャルと温度に

$$\alpha = -\mu/k_\mathrm{B}T, \quad \beta = 1/k_\mathrm{B}T \tag{1.165}$$

で関係づけられる．

1.2.7　正準集団と分配関数

正準集団の場合は，系として温度が指定された母集団を考えるが，これは系が同じ温度の熱浴に接触しているとみなすことができる．熱浴は系と比べると微視的状態の数がはるかに大きな力学系で，系との相互作用によってその温度がほとんど変わらない．この場合，系と熱浴が一体として孤立系を構成すると考えると，系をエネルギー E と $E + dE$ の間に見いだす確率 $P(E)dE$ を等重率から導くことができる．系と熱浴の状態密度を Ω と Ω_r，系と熱浴をあわせた結合系の状態密度を Ω_t で表すと，

$$P(E)dE = \frac{\Omega_r(E_t - E)\Delta E_r}{\Omega_t(E_t)\Delta E_t} \times \Omega(E)dE \tag{1.166}$$

となる．E_t は結合系のエネルギーで，$\Omega_r(E) = \exp[S_r(E)/k_\mathrm{B}]$ より

$$\Omega_r(E_t - E) \propto \exp\left[-\frac{1}{k_\mathrm{B}}\left(\frac{\partial S_r}{\partial E}\right) E\right]. \tag{1.167}$$

ここで，指数部の微分は熱浴の温度 T_r を与え，

$$\frac{\partial S_r}{\partial E} = \frac{1}{T_r} > 0 \tag{1.168}$$

である．$P(E)$ は E が増加するとともに急激に減少するので，熱浴が系より十分大きい場合は温度はほとんど影響を受けない．したがって，熱浴に接触している系のエネルギー分布は

$$P(E)dE \propto \exp\left(-\frac{E}{k_\mathrm{B}T_r}\right)\Omega(E)dE. \tag{1.169}$$

同様の結論は小正準集団の場合に μ 空間で粒子の分布を考えたのと同じように，Γ 空間での系の分布を考えることによっても導くことができる．対象とする系とまったく同じ構造を持つ系の母集団を考え，系の間には弱い相互作用がありエネルギーを交換できるとすると個々の系は Γ 空間に分布することになる．母集団の系の総数を M とし，Γ 空間でエネルギー E_s の状態 s にある系の数を M_s とすると，M 個の系を $M_1, M_2, \cdots, M_s, \cdots$ に分配する仕方は

$$W = \frac{M!}{M_1!M_2!\cdots M_s!\cdots} \tag{1.170}$$

で与えられる．母集団の系がエルゴード仮説に従うとすると，可能なあらゆる組み合わせをとることになるが，小正準集団最尤度分布を求めたのと同様に，W が最大になる組み合わせで代替することができる．W を最大にする分布 M_s $(s = 1, 2, \cdots)$ を付加条件

$$M = \sum_s M_s, \quad \overline{E} = \sum_s E_s M_s/M \tag{1.171}$$

のもとで，上と同じように，ラグランジュの未定係数法でもとめると

$$M_s = \exp(-\alpha - \beta E_s) \tag{1.172}$$

となる．対象となる系を状態 s に見いだす確率 $P(E_s)$ は母集団での出現確率 M_s/M で与えられるので $\exp(-\beta E_s)$ に比例することになる．

分配関数と熱力学量

温度が与えられた系では，エネルギー E の1つの状態が実現する相対的確率は $\exp(-E/k_\mathrm{B}T)$ であり，これをボルツマン因子という．したがって，規格化した分布関数は，

$$P(E_s) = \exp(-\beta E_s)/Z(\beta), \tag{1.173}$$

$$Z(\beta) = \sum_s \exp(-\beta E_s) \tag{1.174}$$

となる. ここで, $\beta = 1/k_BT$ であり, 総和はすべての状態に関する和をとる.

式 (1.174) で与えられる Z は分配関数 あるいは状態和と呼ばれ, 熱力学関数との対応付けで基本的な役割を担う. 式 (1.171) の第2式に 式 (1.172) の M_s を代入すると, 系の平均エネルギーとして

$$\overline{E} = \frac{\sum E_s \exp(-\beta E_s)}{Z} = -\frac{d\ln Z}{d\beta} = k_BT^2\frac{d\ln Z}{dT} \tag{1.175}$$

が得られる. 一方, ヘルムホルツの自由エネルギーについての温度微分 $d(F/T) = -UdT/T^2$ との比較から,

$$F = -k_BT\ln Z \tag{1.176}$$

の関係が導かれる.

正準集団の方法は, エネルギーの異なる系に重みをつけて足しあわせるのであり, したがって, 温度 T の熱平衡状態にある系のエネルギーは平均値 $\overline{E}$ の周りに揺らぐことになる. エネルギーのゆらぎは

$$\Delta E^2 = \overline{(E - \overline{E})^2} = \overline{E^2} - (\overline{E})^2 \tag{1.177}$$

で与えられる. 一方, 定積比熱は

$$C_V = \frac{d\overline{E}}{dT} = \frac{d\beta}{dT}\frac{d}{d\beta}\left(\frac{\sum E_s e^{-\beta E_s}}{Z}\right) = \frac{1}{k_BT^2}(\overline{E^2} - \overline{E}^2) \tag{1.178}$$

と表されるので,

$$\Delta E = (k_BT^2 C_V)^{1/2} \tag{1.179}$$

と書け, 式 (1.74) と同じ結果を得る. したがって, 「ゆらぎと輸送係数」の項 (23ページ) でみたように, $\overline{E} \propto N$ に対し, $\Delta E = \sqrt{N}$ となり, 相対的なゆらぎの大きさは $\Delta E/\overline{E} \propto N^{-1/2}$ で N の増加とともに減少する. すなわち, 粒子数の大きい熱力学的な極限では, 系のエネルギーはほとんど平均値に一致することになり, 正準集団で求めた熱平衡状態が小正準集団で求めたものと等価であることを意味している.

1.2.8 大正準集団と大分配関数

大正準集団の方法は，粒子数の変動を許すことになる．したがって，分布関数の導出には，熱浴に加えて化学ポテンシャルを指定した粒子溜を考え，その状態密度の粒子数依存性を考慮に入れる必要がある．あるいは，エネルギーのみならず粒子数の異なる母集団を設定し，変分に粒子数に関する条件を加えることになるが，方法そのものは正準集団の場合とおなじである．

この場合の大分配関数（大状態和）は

$$\Xi(\alpha, \beta) = \sum_N \sum_s e^{-\alpha N - \beta E_s} \tag{1.180}$$

で与えられる．ここで $\alpha = -\mu/k_B T$, $\beta = 1/k_B T$. 正準集団の場合にエネルギーの平均値 $\overline{E}$ を導いたのと同様に，粒子数の平均値 $\overline{N}$ は

$$\overline{N} = \frac{\sum_N \sum_s N e^{-\alpha N - \beta E_s}}{\Xi} = -\frac{\partial}{\partial \alpha} \ln \Xi \tag{1.181}$$

で与えられるので

$$d \ln \Xi(\alpha, \beta) = -\overline{N} d\alpha - \overline{E} d\beta \tag{1.182}$$

となる．式（1.128）との比較から，熱力学関数との対応関係

$$PV = k_B T \ln \Xi \tag{1.183}$$

が導かれる．

大正準集団の場合，粒子数も変動するが，そのゆらぎの幅は，

$$(\Delta N)^2 = \overline{(N - \overline{N})^2} = k_B T \left(\frac{\partial \overline{N}}{\partial \mu} \right)_{T,V} \tag{1.184}$$

で与えられる．ギブス–デューエムの関係から

$$\left(\frac{\partial \mu}{\partial N} \right)_{T,V} = \frac{1}{nV} \left(\frac{\partial P}{\partial n} \right)_T = -\frac{V^2}{N^2} \left(\frac{\partial P}{\partial V} \right)_{T,N} \tag{1.185}$$

が導かれるので（ただし，$n = N/V$ は数密度），ゆらぎは等温圧縮率 $\kappa_T = -(\partial \ln V/\partial P)_{T,N}$ を用いて

$$(\Delta N)^2 = \kappa_T k_B T (N^2/V) \tag{1.186}$$

と表せる．正準集団でみたエネルギーと同様，粒子数についても，粒子数の大きい熱力学的極限でゆらぎは小さくなり，ほぼ平均値に一致することになり，小正準集団，正準集団と等価な結果を与える．実際，小正準集団で求めたフェルミ粒子，ボース粒子の分布関数も，大分配関数を用いると

$$f_{\mathrm{F}}(\alpha,\beta) = -\frac{\partial}{\partial\alpha}\ln\sum_{n=0}^{1}\exp(-\alpha n - \beta n E_s) = \frac{1}{\exp(\beta E_s + \alpha) + 1}$$

$$f_{\mathrm{B}}(\alpha,\beta) = -\frac{\partial}{\partial\alpha}\ln\sum_{n=0}^{\infty}\exp(-\alpha n - \beta n E_s) = \frac{1}{\exp(\beta E_s + \alpha) - 1}$$

と式（1.162）とおなじ結果が容易に導かれる．

1.2.9 サハの方程式

「化学平衡」の項（40 ページ）で化学平衡に対する質量作用の法則を議論したが，エントロピーなどの付加定数が含まれていた．これらの付加定数が統計力学の議論で決まれば，平衡定数が計算でき，化学平衡が解けることになる．

粒子の分布関数は 式（1.162）で求めたので，最後に，これを用いて，原子の電離のサハの方程式を導いておく．反応として，原子 A が陽イオン A^+ と電子 e^- に電離する

$$\mathrm{A} + \chi \rightleftharpoons \mathrm{A}^+ + \mathrm{e}^- \tag{1.187}$$

を考える．χ は電離エネルギーである．熱平衡の条件は，原子，陽イオンおよび電子の化学ポテンシャルの関係

$$\mu_{\mathrm{A}} = \mu_{\mathrm{A}^+} + \mu_{\mathrm{e}} \tag{1.188}$$

で与えられる．

理想気体を仮定，ただし，陽イオンのエネルギーは原点を原子と同じ値にとり，電離エネルギーを付加する．式（1.163）にならって積分するとそれぞれの数密度は，

$$n_{\mathrm{A}} = g_{\mathrm{e}}\left(\frac{2\pi m_{\mathrm{A}} k_{\mathrm{B}} T}{h^2}\right)^{3/2}\exp\left(\frac{\mu_{\mathrm{A}}}{k_{\mathrm{B}} T}\right), \tag{1.189}$$

$$n_{\mathrm{A}^+} = g_{A^+}\left(\frac{2\pi m_{\mathrm{A}^+} k_{\mathrm{B}} T}{h^2}\right)^{3/2}\exp\left(\frac{\mu_{\mathrm{A}^+}}{k_{\mathrm{B}} T} - \frac{\chi}{k_{\mathrm{B}} T}\right), \tag{1.190}$$

$$n_e = 2 \left(\frac{2\pi m_e k_B T}{h^2} \right)^{3/2} \exp \left(\frac{\mu_e}{k_B T} \right) \tag{1.191}$$

となる．ここで，g_A と g_{A^+} は原子，イオンの統計的重みである．これから，平衡条件（1.188）を用いて化学ポテンシャルを消去すると

$$\frac{n_{A^+} n_e}{n_A} = \frac{g_{A^+}}{g_A} \left(\frac{2\pi m_e k_B T}{h^2} \right)^{3/2} \exp \left(-\frac{\chi}{k_B T} \right) \tag{1.192}$$

が得られる．この方程式は天体現象では重要な電離現象等に幅広く応用される．

1.3 ボルツマン方程式

　流体は，ある時刻と位置における物理量（たとえば，密度や圧力など）で系の巨視的運動を記述することが可能である．しかし，一般の系は，流体のような局所的熱平衡状態が成立し速度に関しては熱平衡分布則にしたがっている系とは限らず，時刻と位置だけではその系の巨視的運動を記述できない場合がある．このような場合，物理量の速度に対する依存性も考慮しなくてはならない．系の構成要素である粒子の分布が，ある時刻，位置，速度で記述する必要がある場合，その分布を表す関数は分布関数とよばれる（1.3.1 節参照）．その分布関数の時間発展を記述する方程式がボルツマン方程式とよばれるものである．以下で，このボルツマン方程式，ならびにボルツマン方程式に密接に関わるリウヴィルの定理，リウヴィル方程式，BBGKY 方程式についても説明を行う．

1.3.1　分布関数

　有限ではあるが，巨視的な体積の中で N 個（$\gg 1$）の同種の粒子からなる系を考える（どの粒子の質量も同じものとする）．宇宙を考える場合，この粒子は天体（星や銀河）と置き換えてもよい．いま，3 次元位置空間 x と 3 次元速度空間 v からなる 6 次元空間を考え，その空間を μ 空間（6 次元位相空間）とよぶ．この系が時間発展していくとき，ある瞬間の N 個の粒子は，その時刻における μ 空間の N 個の点（位相点）として表される（図 1.9 の左図参照）．つまり，この系の時間発展は，μ 空間における N 個の軌道として表される（図 1.9 の右図参照）．

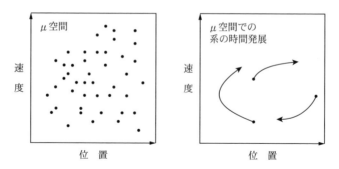

図 1.9　左図は，ある時刻における μ 空間（6 次元位相空間）での位相点の分布を表す．右図は，系の時間発展にしたがって，位相点が μ 空間上を運動し，軌道を描く様子を表す．

ところで，与えられた系と同じ（各時刻での状態だけは異なる）系を仮想的に多数用意する．これらの系は，与えられた系と同じ巨視的な条件のもとにもある．この集団を統計集団，もしくはアンサンブルとよぶ．

さて，位置空間におけるある点を $\boldsymbol{x}$ とし，その点の位置座標を (x_1, x_2, x_3) とする．また，速度空間におけるある点を $\boldsymbol{v}$ とし，座標を (v_1, v_2, v_3) とする．そして，位置空間で微小な長さ dx_1, dx_2, dx_3 をもつ微小体積を $d^3x \ (\equiv d\boldsymbol{x})$ とし，同じく運動空間における微小な長さ dv_1, dv_2, dv_3 をもつ微小体積を $d^3v \ (\equiv d\boldsymbol{v})$ とする．さて，アンサンブルの中からある一つの系を選び出したとする．このとき，ある時刻 t に，位置空間で x_i と $x_i + dx_i \ (i = 1, 2, 3)$ の間の領域にあり，なおかつ速度空間で v_i と $v_i + dv_i \ (i = 1, 2, 3)$ の間の領域にある粒子の個数が，dN 個存在することが期待されるものとする．この dN を用いて，分布関数 $f(\boldsymbol{x}, \boldsymbol{v}, t)$ は，次式で定義される．

$$dN = f(\boldsymbol{x}, \boldsymbol{v}, t)d^3x d^3v. \tag{1.193}$$

つまり，$f(\boldsymbol{x}, \boldsymbol{v}, t)$ は，ある時刻 t での μ 空間（6 次元位相空間）における点 $(\boldsymbol{x}, \boldsymbol{v})$ での位相密度を表す．すると，個数密度 $n(\boldsymbol{x}, t)$ は，分布関数 f を用いて，次式で与えられることが容易に分かる．

$$n(\boldsymbol{x}, t) = \int f(\boldsymbol{x}, \boldsymbol{v}, t)d^3v. \tag{1.194}$$

なお，次式が成り立つことも分かる．

$$N = \int n d^3 x = \int f(\boldsymbol{x}, \boldsymbol{v}, t) d^3 x d^3 v. \tag{1.195}$$

さて，あらたに $\tilde{f} = f/N$ を定義すると $\left(\int \tilde{f} d^3 x d^3 v = 1 \text{ を満たす} \right)$，$\tilde{f}(\boldsymbol{x}, \boldsymbol{v}, t)$ は，時刻 t における $(\boldsymbol{x}, \boldsymbol{v})$ 点での確率密度の意味をもつことも注意すべきである．つまり，アンサンブルの中からある一つの系をとってきたとき，$\tilde{f}$ は，ある時刻 t に位相空間上のある位相点 $(\boldsymbol{x}, \boldsymbol{v})$ に粒子が存在する確率密度を表すものである．

1.3.2　ボルツマン方程式の導出

これから，分布関数 f に関する時間発展の方程式を導く．いま，$dN(\boldsymbol{x}, \boldsymbol{v}, t)$ を，ある時刻 t に $(\boldsymbol{x}, \boldsymbol{v})$ に存在する（実際は，この点の周りの微小領域に存在する）粒子の個数とする．もし，近接粒子による衝突などの影響がなく，外力（正確には，対象としている粒子の場所のみに依存する力）のみで粒子が運動している場合，この時刻から微小時間 dt 経ったときに，粒子は，$\boldsymbol{x}$ から $\boldsymbol{x} + \boldsymbol{v} dt$ 移動し，また速度は $\boldsymbol{v}$ から $\boldsymbol{v} + \boldsymbol{a} dt$ に変化するはずである．ここで，$\boldsymbol{a}$ は，$\boldsymbol{x}$ にある粒子に働く外力による加速度である．したがって，dN 個の粒子は，時刻 $t + dt$ には，$(\boldsymbol{x} + \boldsymbol{v} dt, \boldsymbol{v} + \boldsymbol{a} dt)$ に存在するわけだから，

$$dN(\boldsymbol{x} + \boldsymbol{v} dt, \boldsymbol{v} + \boldsymbol{a} dt, t + dt) = dN(\boldsymbol{x}, \boldsymbol{v}, t), \tag{1.196}$$

となる．したがって，

$$
\begin{aligned}
&dN(\boldsymbol{x} + \boldsymbol{v} dt, \boldsymbol{v} + \boldsymbol{a} dt, t + dt) - dN(\boldsymbol{x}, \boldsymbol{v}, t) \\
&= f(\boldsymbol{x} + \boldsymbol{v} dt, \boldsymbol{v} + \boldsymbol{a} dt, t + dt) d^3 x' d^3 v' - f(\boldsymbol{x}, \boldsymbol{v}, t) d^3 x d^3 v \\
&= 0. \tag{1.197}
\end{aligned}
$$

ここで，$d^3 x' d^3 v'$ は，時刻 $t + dt$ における移動先の位相体積を表す．ところで，リウヴィル（Liuville）の定理より（1.3.3 節を参照），$d^3 x' d^3 v' = d^3 x d^3 v$ が成立するので，式 (1.197) より，$f(\boldsymbol{x} + \boldsymbol{v} dt, \boldsymbol{v} + \boldsymbol{a} dt, t + dt) - f(\boldsymbol{x}, \boldsymbol{v}, t) = 0$ となる．この式の第 1 項をテーラー展開し，dt に関して 1 次の微小量まで考慮すると，

$$f(\boldsymbol{x}, \boldsymbol{v}, t) + \left\{ \sum_{i=1}^{3} \left(v_i \frac{\partial f}{\partial x_i} + a_i \frac{\partial f}{\partial v_i} \right) + \frac{\partial f}{\partial t} \right\} dt - f(\boldsymbol{x}, \boldsymbol{v}, t)$$

$$= \left\{ \sum_{i=1}^{3} \left(v_i \frac{\partial f}{\partial x_i} + a_i \frac{\partial f}{\partial v_i} \right) + \frac{\partial f}{\partial t} \right\} dt = 0. \tag{1.198}$$

したがって，次式が成立する．

$$\frac{\partial f}{\partial t} + \sum_{i=1}^{3} \left(v_i \frac{\partial f}{\partial x_i} + a_i \frac{\partial f}{\partial v_i} \right) = \frac{\partial f}{\partial t} + \boldsymbol{v} \cdot \frac{\partial f}{\partial \boldsymbol{x}} + \dot{\boldsymbol{v}} \cdot \frac{\partial f}{\partial \boldsymbol{v}} = 0. \tag{1.199}$$

これが，衝突がなく外力のみで系が時間発展する場合のボルツマン方程式で無衝突ボルツマン方程式とよばれる．

ところで，もし衝突がある場合，その効果によって粒子数変化が起こる．その効果を導入したのが，ボルツマン方程式とよばれるものであり，次式で与えられる．

$$\frac{\partial f}{\partial t} + \sum_{i=1}^{3} \left(v_i \frac{\partial f}{\partial x_i} + a_i \frac{\partial f}{\partial v_i} \right) = \frac{\partial f}{\partial t} + \boldsymbol{v} \cdot \frac{\partial f}{\partial \boldsymbol{x}} + \dot{\boldsymbol{v}} \cdot \frac{\partial f}{\partial \boldsymbol{v}} = \left(\frac{\delta f}{\delta t} \right)_{\text{c}}. \tag{1.200}$$

ここで，$\left(\dfrac{\delta f}{\delta t} \right)_{\text{c}}$ は，衝突項とよばれ，衝突効果による f の時間変化率を表す．衝突項に関する具体的な例は，1.3.5 節で示す．

さて，たとえば系が，自己重力系のように中心対称 2 体相互作用のポテンシャル $(\phi_{(\alpha,\beta)} \equiv \phi(|\boldsymbol{x}_\alpha - \boldsymbol{x}_\beta|), \ \alpha, \beta = 1, 2, \cdots, N)$ をもつ場合は，$\phi_\alpha \equiv \sum_{\beta \neq \alpha} \phi_{(\alpha,\beta)}$ を用いると，粒子 α の加速度 a_i は，$a_i = \dot{v}_i = -m^{-1} \partial \phi_\alpha / \partial x_i \ (i = 1, 2, 3)$ で与えられるので，ボルツマン方程式は，次式で与えられる．

$$\begin{aligned}
\frac{\partial f}{\partial t} &+ \sum_{i=1}^{3} \left(v_i \frac{\partial f}{\partial x_i} - \frac{1}{m} \frac{\partial \phi_\alpha}{\partial x_i} \frac{\partial f}{\partial v_i} \right) \\
&= \frac{\partial f}{\partial t} + \boldsymbol{v} \cdot \frac{\partial f}{\partial \boldsymbol{x}} - \frac{1}{m} \frac{\partial \phi_\alpha}{\partial \boldsymbol{x}} \cdot \frac{\partial f}{\partial \boldsymbol{v}} \\
&= \left(\frac{\delta f}{\delta t} \right)_{\text{c}}. \tag{1.201}
\end{aligned}$$

無衝突系の場合は，次式となる．

$$\frac{\partial f}{\partial t} + \boldsymbol{v} \cdot \frac{\partial f}{\partial \boldsymbol{x}} - \frac{1}{m} \frac{\partial \phi_\alpha}{\partial \boldsymbol{x}} \cdot \frac{\partial f}{\partial \boldsymbol{v}} = 0. \tag{1.202}$$

最初に述べたように簡単のため，同種の粒子だけから成る系のみを考えているが，多種類の粒子からなる成る系に対して簡単に付記しておく．多種粒子系の場

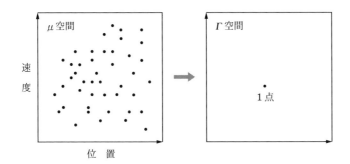

図 1.10 左図は，ある時刻における 1 つの系に対しての μ 空間（6 次元位相空間）での位相点の分布を表す（系に含まれるすべての粒子に対応する N 個の点が存在する）．右図は，Γ 空間（$6N$ 次元位相空間）でのある時刻における位相点であり，1 つの系に対しては 1 点のみが対応する．

合，1 つの種類の粒子の分布を表す分布関数ごとに，同種の粒子系と同様なボルツマン方程式が成立する．しかし，相互作用が入る項では，同種粒子間のみならず，他の種類の粒子との相互作用も考慮に入れねばならないことを注意すべきである．

1.3.3 リウヴィル（**Liouville**）の定理とリウヴィル方程式

さて，ボルツマン方程式を導くにあたっては，あとで定義される N 粒子（N 体）分布関数（式（1.221）参照）に対するリウヴィル方程式から導く方法もある．それを示すために，まずリウヴィルの定理を説明する．

1.3.1 節で導入したアンサンブルを考える．アンサンブルに含まれるある一つの系全体の力学状態は，N 個の粒子の位置座標 $(\boldsymbol{x}_1, \boldsymbol{x}_2, \cdots, \boldsymbol{x}_N)$ と速度 $(\boldsymbol{v}_1, \boldsymbol{v}_2, \cdots, \boldsymbol{v}_N)$ の組によって，つまり $6N$ 次元位相空間内の点 $(\boldsymbol{x}_1, \boldsymbol{x}_2, \cdots, \boldsymbol{x}_N; \boldsymbol{v}_1, \boldsymbol{v}_2, \cdots, \boldsymbol{v}_N)$ によって定義される．この $6N$ 次元位相空間は，Γ 空間ともよばれる．ある時刻における，1 つの系の状態は Γ 空間上ではある 1 点（位相点）で示されることになる（図1.10 の右図参照）．

さて，系の時間発展，つまり力学的運動は次のハミルトン方程式で決まるとする．

$$\frac{md\boldsymbol{x}_\alpha}{dt} = \frac{\partial H}{\partial \boldsymbol{v}_\alpha}, \qquad \frac{md\boldsymbol{v}_\alpha}{dt} = -\frac{\partial H}{\partial \boldsymbol{x}_\alpha} \qquad (\alpha = 1, 2, \cdots, N). \qquad (1.203)$$

ここで，$H = H(\boldsymbol{x}_1, \boldsymbol{x}_2, \cdots, \boldsymbol{x}_N; \boldsymbol{v}_1, \boldsymbol{v}_2, \cdots, \boldsymbol{v}_N)$ は，系のハミルトニアンで，既知とする．また，m は各粒子の質量とする．たとえば系のポテンシャルが，$\phi(|\boldsymbol{x}_\alpha - \boldsymbol{x}_\beta|)$ で表される，中心対称 2 体相互作用のポテンシャルをもつ場合のハミルトニアンは，次の形をとる．

$$H = \sum_\alpha \frac{m\boldsymbol{v}_\alpha^2}{2} + \frac{1}{2} \sum_{\beta \neq \alpha} \phi(|\boldsymbol{x}_\alpha - \boldsymbol{x}_\beta|). \tag{1.204}$$

さて，アンサンブルに含まれるおのおのの系のある時刻での状態は，Γ 空間での位相点 $(\boldsymbol{x}_1, \boldsymbol{x}_2, \cdots, \boldsymbol{x}_N; \boldsymbol{v}_1, \boldsymbol{v}_2, \cdots, \boldsymbol{v}_N)$ で表されるが，時間とともに，各位相点は，式（1.203）にしたがって，Γ 空間で軌道を描く．なお，以後，簡単のため単に $6N$ 次元位相空間上の位相点 $(\boldsymbol{x}_1, \boldsymbol{x}_2, \cdots, \boldsymbol{x}_N; \boldsymbol{v}_1, \boldsymbol{v}_2, \cdots, \boldsymbol{v}_N)$ は，$(\boldsymbol{x}, \boldsymbol{v})$ と記す．異なった系では，異なった軌道を描くが，アンサンブルに含まれる系は非常に多いと考えているので，Γ 空間上での軌道の集まりは，十分に密に分布しており，連続的に存在していると考えて良いとする．したがって，Γ 空間上での密度の分布関数を考えることが可能であり，ある時刻 t での分布関数（確率分布関数）を $\tilde{f}^{(N)}(\boldsymbol{x}, \boldsymbol{v}, t)$ と書くこととする．$\int \tilde{f}^{(N)}(\boldsymbol{x}, \boldsymbol{v}, t) d\boldsymbol{x} d\boldsymbol{v} = 1$ と分布関数を規格化してあれば，

$$dP = \tilde{f}^{(N)}(\boldsymbol{x}, \boldsymbol{v}, t) d\boldsymbol{x} d\boldsymbol{v}, \tag{1.205}$$

で与えられる dP は，点 $(\boldsymbol{x}, \boldsymbol{v})$ 近傍の微小位相体積素片 $d\boldsymbol{x} d\boldsymbol{v}$ に，時刻 t において系を見いだす確率となる．

次にリウヴィル（Liuville）の定理を示し，証明する（巻末の文献 [6] 参照）．リウヴィルの定理とは，ハミルトン方程式（式（1.203））に従う系に対して，位相体積は，系が運動するときに保存されるというものである．もし初期時刻 t_0 において，Γ 空間内のある領域 D_0 内に含まれるおのおのの位相点 $(\boldsymbol{x}_0, \boldsymbol{v}_0)$ が，時刻 t においては，おのおのの位相点 $(\boldsymbol{x}, \boldsymbol{v})$ に移動したとする．また，これら移動先の位相点の集合領域を領域 D_t とする．このとき，対応する 2 つの位相体積が等しい，つまり，次式が成立する（図 1.11 参照）．

$$\int_{D_0} d\boldsymbol{x}_0 d\boldsymbol{v}_0 = \int_{D_t} d\boldsymbol{x} d\boldsymbol{v}. \tag{1.206}$$

あるいは，無限小の位相体積素片に対しては次式が成立する．

初期時刻 t_0

時間発展

時刻 t

領域 D_0

領域 D_t

図 **1.11** $\varGamma$ 空間における位相点の時間発展．リウヴィルの定理によれば，位相体積は保存し，領域 D_0 と領域 D_t の体積は等しい．

$$dx_0 dv_0 = dx dv \tag{1.207}$$

この式（1.206）と式（1.207）が，リウヴィルの定理とよばれているものである．

さて，このリウヴィルの定理を証明する．式（1.206）の右辺を変形すると，

$$\int_{D_t} dx dv = \int_{D_0} \frac{\partial(x, v)}{\partial(x_0, v_0)} dx_0 dv_0, \tag{1.208}$$

となる．ここで，$\partial(x, v)/\partial(x_0, v_0)$ は，変数 (x, v) から (x_0, v_0) への変換のヤコビアンである．

さて，リウヴィルの定理を証明するためには，このヤコビアンが 1 になることを証明できればよいことが分かる．つまり，

$$\frac{\partial(x, v)}{\partial(x_0, v_0)} = 1, \tag{1.209}$$

を示せればよい．そこで，まず次のような関数行列式の性質を用いる．

$$\frac{\partial(x, v)}{\partial(x_0, v_0)} = \frac{\partial(x', v')}{\partial(x_0, v_0)} \cdot \frac{\partial(x, v)}{\partial(x', v')}. \tag{1.210}$$

ただし，x', v' は，任意の時刻 t' での座標と速度である．

さて，t_0 と t' を一定とみなして，この等式を t で微分する．

$$\frac{d}{dt} \frac{\partial(x, v)}{\partial(x_0, v_0)} = \frac{\partial(x', v')}{\partial(x_0, v_0)} \cdot \frac{d}{dt} \frac{\partial(x, v)}{\partial(x', v')}. \tag{1.211}$$

t' は任意だから，微分した後で $t' = t$ と置ける．すると，ヤコビアンの中の主対角成分の項だけが残り次式が得られる．

$$\frac{d}{dt}\frac{\partial(\boldsymbol{x},\boldsymbol{v})}{\partial(\boldsymbol{x}_0,\boldsymbol{v}_0)} = \frac{\partial(\boldsymbol{x},\boldsymbol{v})}{\partial(\boldsymbol{x}_0,\boldsymbol{v}_0)} \cdot \sum_{\alpha=1}^{N}\left(\frac{\partial\dot{\boldsymbol{x}}_\alpha}{\partial\boldsymbol{x}_\alpha} + \frac{\partial\dot{\boldsymbol{v}}_\alpha}{\partial\boldsymbol{v}_\alpha}\right). \tag{1.212}$$

ところで, 運動方程式は, 式 (1.203) を用いると,

$$\frac{md\boldsymbol{x}_\alpha}{dt} = \frac{\partial H}{\partial\boldsymbol{v}_\alpha}, \qquad \frac{md\boldsymbol{v}_\alpha}{dt} = -\frac{\partial H}{\partial\boldsymbol{x}_\alpha} \qquad (\alpha = 1,2,\cdots,N) \tag{1.213}$$

で与えられるので, これを使うと

$$\frac{\partial\dot{\boldsymbol{x}}_\alpha}{\partial\boldsymbol{x}_\alpha} + \frac{\partial\dot{\boldsymbol{v}}_\alpha}{\partial\boldsymbol{v}_\alpha} = \frac{1}{m}\left(\frac{\partial^2 H}{\partial\boldsymbol{x}_\alpha\partial\boldsymbol{v}_\alpha} - \frac{\partial^2 H}{\partial\boldsymbol{v}_\alpha\partial\boldsymbol{x}_\alpha}\right) = 0. \tag{1.214}$$

したがって, 式 (1.212) と式 (1.214) より,

$$\frac{d}{dt}\frac{\partial(\boldsymbol{x},\boldsymbol{v})}{\partial(\boldsymbol{x}_0,\boldsymbol{v}_0)} = 0. \tag{1.215}$$

となる. よって, ヤコビアンは時間に依存しないことが分かる. そして, 初期条件

$$\left.\frac{\partial(\boldsymbol{x},\boldsymbol{v})}{\partial(\boldsymbol{x}_0,\boldsymbol{v}_0)}\right|_{t\to t_0} = 1, \tag{1.216}$$

であることを考えると, 式 (1.209), つまりヤコビアンが時刻にかかわらず 1 であることが分かる. 以上で, リウヴィルの定理が証明された.

さて, リウヴィルの定理から, 分布関数は位相空間上の軌道に沿って, 一定であることが分かる. まず, 系を表す位相点が位相空間上を運動するとき, 位相点の数は不変である. すなわち,

$$\tilde{f}^{(N)}(\boldsymbol{x},\boldsymbol{v},t)d\boldsymbol{x}d\boldsymbol{v} = \tilde{f}^{(N)}(\boldsymbol{x}',\boldsymbol{v}',t')d\boldsymbol{x}'d\boldsymbol{v}', \tag{1.217}$$

が成り立つ. ところが, リウヴィルの定理から, $d\boldsymbol{x}d\boldsymbol{v} = d\boldsymbol{x}'d\boldsymbol{v}'$ なので,

$$\tilde{f}^{(N)}(\boldsymbol{x},\boldsymbol{v},t) = \tilde{f}^{(N)}(\boldsymbol{x}',\boldsymbol{v}',t'), \tag{1.218}$$

が得られる. つまり, 分布関数 $\tilde{f}^{(N)}$ は位相空間上の軌道に沿って一定である. すると, 式 (1.218) をもちいると, 微小な時刻の変位 ($t \to t' = t + dt, \boldsymbol{x}' = \boldsymbol{x} + \dot{\boldsymbol{x}}dt, \boldsymbol{v}' = \boldsymbol{v} + \dot{\boldsymbol{v}}dt$) に対して,

$$\tilde{f}^{(N)}(\boldsymbol{x}',\boldsymbol{v}',t') - \tilde{f}^{(N)}(\boldsymbol{x},\boldsymbol{v},t)$$

$$
\begin{aligned}
&= \tilde{f}^{(N)}(\boldsymbol{x}, \boldsymbol{v}, t) + \left(\frac{\partial \tilde{f}^{(N)}}{\partial t} + \dot{\boldsymbol{x}} \frac{\partial \tilde{f}^{(N)}}{\partial \boldsymbol{x}} + \dot{\boldsymbol{v}} \frac{\partial \tilde{f}^{(N)}}{\partial \boldsymbol{x}} \right) dt - \tilde{f}^{(N)}(\boldsymbol{x}, \boldsymbol{v}, t) \\
&= \left(\frac{\partial \tilde{f}^{(N)}}{\partial t} + \dot{\boldsymbol{x}} \frac{\partial \tilde{f}^{(N)}}{\partial \boldsymbol{x}} + \dot{\boldsymbol{v}} \frac{\partial \tilde{f}^{(N)}}{\partial \boldsymbol{x}} \right) dt \\
&= 0 \tag{1.219}
\end{aligned}
$$

となる. つまり,

$$
\begin{aligned}
\frac{d\tilde{f}^{(N)}}{dt} &\equiv \frac{\partial \tilde{f}^{(N)}}{\partial t} + \dot{\boldsymbol{x}} \frac{\partial \tilde{f}^{(N)}}{\partial \boldsymbol{x}} + \dot{\boldsymbol{v}} \frac{\partial \tilde{f}^{(N)}}{\partial \boldsymbol{v}} \\
&= \frac{\partial \tilde{f}^{(N)}}{\partial t} + \sum_{\alpha=1}^{N} \left\{ \dot{\boldsymbol{x}}_\alpha \frac{\partial \tilde{f}^{(N)}}{\partial \boldsymbol{x}_\alpha} + \dot{\boldsymbol{v}}_\alpha \frac{\partial \tilde{f}^{(N)}}{\partial \boldsymbol{v}_\alpha} \right\} \\
&= 0, \tag{1.220}
\end{aligned}
$$

が成立するが, この方程式がリウヴィル方程式とよばれるものである.

　さて, このリウヴィルの方程式をながめると, $N = 1$ の場合, リウヴィル方程式は, 式 (1.199) で示された無衝突ボルツマン方程式と同じ形であることが分かる. 実は, 無衝突の場合は, 外力 (正確には, 対象とする粒子の存在する場所のみに依存する力) による運動だけなので, 1 粒子の位相点 $(\boldsymbol{x}_1, \boldsymbol{v}_1)$ のみに依存するハミルトニアンが存在し ($H = H(\boldsymbol{x}_1, \boldsymbol{v}_1, t)$), ハミルトン方程式が 1 粒子の位相点情報だけで閉じて成立する. そして, リウヴィルの定理が成立するための条件は証明の過程から分かるように, 対象としている (複数の) 粒子がそれらの粒子だけの位相点 (と時刻) のみに依存しているハミルトン方程式にしたがって運動することであった. よって, 無衝突系の場合は, 1 粒子だけでリウヴィルの定理が成立し, したがって 1 粒子分布関数に対するリウヴィル方程式が満たされる. つまり, 無衝突ボルツマンと同じになるわけである. しかし, 衝突がある場合, ハミルトニアンは一般には, 対象としている 1 粒子のみではなく, 他の粒子の位相点の情報にも依存し, 1 粒子の位相点情報だけで閉じたハミルトン方程式は成り立たない. したがって, 1 粒子分布関数に対してはリウヴィル方程式, つまり無衝突方程式を満たさず, 衝突項を含む方程式になる.

　さて, N 粒子分布関数は, 1 粒子分布関数の情報も含むはずであるから, N 粒子分布関数が満たすリウヴィル方程式から, 1 粒子分布関数に対するボルツマン方程式 (無衝突の場合も含む) が導けるはずであり, それを 1.3.4 節で示すこととする.

1.3.4 BBGKY 方程式とボルツマン方程式

リウヴィル方程式をもとにして，後の式（1.222）で定義される S 粒子（S 体）分布関数 $f^{(S)}(S = 1, 2, \cdots, N)$ に対して成り立つ方程式をまず導く（巻末の文献［7］参照）．なお，この方程式は BBGKY（Bogolyubov, Born, Green, Kirkwood, Yvon）方程式とよばれるものである．

さて 1.3.3 節で，Γ 空間（$6N$ 次元位相空間）での確率分布関数 $\tilde{f}^{(N)}$ を導入した．これは，粒子に番号が付けられるとし，1 番目の粒子が，$d\boldsymbol{x}_1 d\boldsymbol{v}_1$（$\equiv d\boldsymbol{w}_1$）に，2 番目の粒子が，$d\boldsymbol{x}_2 d\boldsymbol{v}_2$（$\equiv d\boldsymbol{w}_2$）に，$\cdots$，最後に N 番目の粒子が，$d\boldsymbol{x}_N d\boldsymbol{v}_N$（$\equiv d\boldsymbol{w}_N$）に存在する確率を表していた．ところが，すべて等しい粒子の場合は，どのように番号を付け替えても同等であり，どの配置に入れても同じである．したがって，どれかの粒子が $d\boldsymbol{w}_1, d\boldsymbol{w}_2, \cdots, d\boldsymbol{w}_N$ の領域内に一つずつ分配される分布は同等である．そのような分布を表すものとして，N 粒子（N 体）分布関数 $f^{(N)}$ を次のように導入する．

$$f^{(N)} \equiv N! \tilde{f}^{(N)}. \tag{1.221}$$

上式の右辺にかかる $N!$ は，粒子を置き換える方法の数である．

次に同様にして，$d\boldsymbol{w}_1, \cdots, d\boldsymbol{w}_S$ の領域の中に N 個の粒子のうち S 個の粒子を分配する方法は，$N!/(N - S)!$ 通りあるので，S 個の粒子のどれかが一つずつ $d\boldsymbol{w}_1, \cdots, d\boldsymbol{w}_S$ の中に存在し，他の $(N - S)$ 個の粒子はどこにあってもよいという分布を表す関数として，S 粒子（S 体）分布関数 $f^{(S)}$ が次のように定義される．

$$f^{(S)} \equiv \frac{N!}{(N - S)!} \int \tilde{f}^{(N)} d\boldsymbol{w}_{S+1} \cdots d\boldsymbol{w}_N. \tag{1.222}$$

次に，この S 粒子分布関数に対する時間発展を導く．まず，リウヴィル方程式（式（1.220））は，次式で与えられるが，

$$\frac{\partial \tilde{f}^{(N)}}{\partial t} + \sum_{\alpha=1}^{N} \left\{ \dot{\boldsymbol{x}}_\alpha \cdot \frac{\partial \tilde{f}^{(N)}}{\partial \boldsymbol{x}_\alpha} + \dot{\boldsymbol{v}}_\alpha \cdot \frac{\partial \tilde{f}^{(N)}}{\partial \boldsymbol{v}_\alpha} \right\} = 0, \tag{1.223}$$

式（1.223）の両辺に，$N!/(N - S)! \, d\boldsymbol{w}_{S+1} \cdots d\boldsymbol{w}_N$ をかけて積分を行う．すると，左辺第 1 項は，S 粒子分布関数の定義式（式（1.222））より，

$$\frac{N!}{(N-S)!} \int \frac{\partial \tilde{f}^{(N)}}{\partial t} d\boldsymbol{w}_{S+1} \cdots d\boldsymbol{w}_N = \frac{\partial f^{(S)}}{\partial t} \qquad (1.224)$$

となる.

第2項は,

$$\frac{N!}{(N-S)!} \int \sum_{\alpha=1}^{N} \dot{\boldsymbol{x}}_\alpha \cdot \frac{\partial \tilde{f}^{(N)}}{\partial \boldsymbol{x}_\alpha} d\boldsymbol{w}_{S+1} \cdots d\boldsymbol{w}_N$$

$$= \frac{N!}{(N-S)!} \Big\{ \sum_{\alpha=1}^{S} \int \dot{\boldsymbol{x}}_\alpha \cdot \frac{\partial \tilde{f}^{(N)}}{\partial \boldsymbol{x}_\alpha} d\boldsymbol{w}_{S+1} \cdots d\boldsymbol{w}_N$$

$$+ \sum_{\alpha=S+1}^{N} \int \dot{\boldsymbol{x}}_\alpha \cdot \frac{\partial \tilde{f}^{(N)}}{\partial \boldsymbol{x}_\alpha} d\boldsymbol{w}_{S+1} \cdots d\boldsymbol{w}_N \Big\} \qquad (1.225)$$

となる. ところで, $\tilde{f}^{(N)}$ が $\boldsymbol{x}_\alpha \to \pm\infty$ でゼロになるとすれば, $\alpha \geqq S+1$ の項は,

$$\int \frac{\partial \tilde{f}^{(N)}}{\partial \boldsymbol{x}_\alpha} d\boldsymbol{x}_\alpha = [\tilde{f}^{(N)}]_{-\infty}^{+\infty} = 0, \qquad (1.226)$$

によって積分は消える. 結局, 残るのは

$$\frac{N!}{(N-S)!} \sum_{\alpha=1}^{S} \int \dot{\boldsymbol{x}}_\alpha \cdot \frac{\partial \tilde{f}^{(N)}}{\partial \boldsymbol{x}_\alpha} d\boldsymbol{w}_{S+1} \cdots d\boldsymbol{w}_N = \sum_{\alpha=1}^{S} \boldsymbol{v}_\alpha \cdot \frac{\partial f^{(S)}}{\partial \boldsymbol{x}_\alpha} \qquad (1.227)$$

となる.

さてこれからは, たとえば系が, 自己重力系のように中心対称2体相互作用のポテンシャル ($\phi_{(\alpha,\beta)} \equiv \phi(|\boldsymbol{x}_\alpha - \boldsymbol{x}_\beta|)$, $\alpha, \beta = 1, 2, \cdots, N$) をもつ場合を考える. つまり, $\dot{\boldsymbol{v}}_\alpha = -m^{-1}\partial\phi_\alpha/\partial\boldsymbol{x}_\alpha$ で与えられる場合について考える. すると, 式 (1.223) の左辺の第3項は, 次のようになる.

$$-\frac{N!}{(N-S)!} \sum_{\alpha=1}^{N} \sum_{\beta=1}^{N} \int \left(\frac{1}{m} \frac{\partial\phi_{(\alpha,\beta)}}{\partial\boldsymbol{x}_\alpha} \cdot \frac{\partial \tilde{f}^{(N)}}{\partial\boldsymbol{v}_\alpha} \right) d\boldsymbol{w}_{S+1} \cdots d\boldsymbol{w}_N. \qquad (1.228)$$

さて, 和を次のように分解する.

$$\sum_{\alpha=1}^{N} \sum_{\beta=1}^{N} = \sum_{\alpha=1}^{S} \sum_{\beta=1}^{S} + \sum_{\alpha=1}^{S} \sum_{\beta=S+1}^{N} + \sum_{\alpha=S+1}^{N} \sum_{\beta=1}^{N}. \qquad (1.229)$$

まず,

$$- \frac{N!}{(N-S)!} \sum_{\alpha=1}^{S} \sum_{\beta=1}^{S} \int \left(\frac{1}{m} \frac{\partial \phi_{(\alpha,\beta)}}{\partial \boldsymbol{x}_\alpha} \cdot \frac{\partial \tilde{f}^{(N)}}{\partial \boldsymbol{v}_\alpha} \right) d\boldsymbol{w}_{S+1} \cdots d\boldsymbol{w}_N$$

$$= - \frac{1}{m} \sum_{\alpha=1}^{S} \sum_{\beta=1}^{S} \frac{\partial \phi_{(\alpha,\beta)}}{\partial \boldsymbol{x}_\alpha} \cdot \frac{\partial f^{(S)}}{\partial \boldsymbol{v}_\alpha}. \tag{1.230}$$

次に，$\phi_{(\alpha,\beta)}$ が，$|\boldsymbol{x}_\alpha - \boldsymbol{x}_\beta|$ だけの関数であり，$\tilde{f}^{(N)}$ が，空間座標について対称であることより，

$$\int \frac{\partial \phi_{(\alpha,S+2)}}{\partial \boldsymbol{x}_\alpha} \cdot \frac{\partial \tilde{f}^{(N)}}{\partial \boldsymbol{v}_\alpha} d\boldsymbol{w}_{S+1} d\boldsymbol{w}_{S+2} = \int \frac{\partial \phi_{(\alpha,S+1)}}{\partial \boldsymbol{x}_\alpha} \cdot \frac{\partial \tilde{f}^{(N)}}{\partial \boldsymbol{v}_\alpha} d\boldsymbol{w}_{S+2} d\boldsymbol{w}_{S+1}$$
$$\tag{1.231}$$

などが成り立つ．したがって，

$$- \frac{N!}{(N-S)!} \frac{1}{m} \sum_{\alpha=1}^{S} \sum_{\beta=S+1}^{N} \int \frac{\partial \phi_{(\alpha,\beta)}}{\partial \boldsymbol{x}_\alpha} \cdot \frac{\partial \tilde{f}^{(N)}}{\partial \boldsymbol{v}_\alpha} d\boldsymbol{w}_{S+1} \cdots d\boldsymbol{w}_N$$

$$= - \frac{N!(N-S)}{(N-S)!} \frac{1}{m} \sum_{\alpha=1}^{S} \int \frac{\partial \phi_{(\alpha,S+1)}}{\partial \boldsymbol{x}_\alpha} \frac{\partial \tilde{f}^{(N)}}{\partial \boldsymbol{v}_\alpha} d\boldsymbol{w}_{S+1} \cdots d\boldsymbol{w}_N$$

$$= - \frac{N!}{\{N-(S+1)\}!} \frac{1}{m} \times \sum_{\alpha=1}^{S} \int \frac{\partial \phi_{(\alpha,S+1)}}{\partial \boldsymbol{x}_\alpha} \cdot \frac{\partial \tilde{f}^{(N)}}{\partial \boldsymbol{v}_\alpha} d\boldsymbol{w}_{S+1} \cdots d\boldsymbol{w}_N \tag{1.232}$$

となるが，$\phi_{(\alpha,S+1)}$ は $\boldsymbol{x}_{S+1}$ を含むので，$d\boldsymbol{w}_{S+2} \cdots d\boldsymbol{w}_N$ のみの積分を行い，式 (1.222) で，$S \to S+1$ とした式

$$f^{(S+1)} = \frac{N!}{\{N-(S+1)\}!} \int \tilde{f}^{(N)} d\boldsymbol{w}_{S+2} \cdots d\boldsymbol{w}_N, \tag{1.233}$$

を使うと，式 (1.232) は，

$$- \frac{1}{m} \sum_{\alpha=1}^{S} \int \frac{\partial \phi_{(\alpha,S+1)}}{\partial \boldsymbol{x}_\alpha} \cdot \frac{\partial f^{(S+1)}}{\partial \boldsymbol{v}_\alpha} d\boldsymbol{w}_{S+1}, \tag{1.234}$$

となる．さて，最後に $\alpha \geqq S+1$ の項に対しては，$\tilde{f}^{(N)}$ が $\boldsymbol{v}_\alpha \to \pm\infty$ でゼロになるとすれば，

$$\int \frac{\partial \tilde{f}^{(N)}}{\partial \boldsymbol{v}_\alpha} d\boldsymbol{v}_\alpha = [\tilde{f}^{(N)}]_{-\infty}^{+\infty} = 0, \tag{1.235}$$

となるので，$\displaystyle\sum_{\alpha=S+1}^{N} \sum_{\beta=1}^{N}$ がある項は消える．

以上より，求めるものは，次のようになる.

$$\frac{\partial f^{(S)}}{\partial t} + \sum_{\alpha=1}^{S} \boldsymbol{v}_\alpha \cdot \frac{\partial f^{(S)}}{\partial \boldsymbol{x}_\alpha} - \frac{1}{m} \sum_{\alpha=1}^{S} \sum_{\beta=1}^{S} \frac{\partial \phi_{(\alpha,\beta)}}{\partial \boldsymbol{x}_\alpha} \cdot \frac{\partial f^{(S)}}{\partial \boldsymbol{v}_\alpha}$$
$$= \frac{1}{m} \sum_{\alpha=1}^{S} \int \frac{\partial \phi_{(\alpha,S+1)}}{\partial \boldsymbol{x}_\alpha} \cdot \frac{\partial f^{(S+1)}}{\partial \boldsymbol{v}_\alpha} d\boldsymbol{w}_{S+1}. \tag{1.236}$$

この方程式は，S 粒子（S 体）分布関数が従う方程式であり，BBGKY 方程式とよばれる．この方程式を解けば，S 粒子分布関数の時間発展が解けることになるが，式（1.236）の右辺には，$(S+1)$ 粒子分布関数が含まれていることに注意すべきである．したがって，S 粒子分布関数の時間発展を解くためには，なんらかの方法で $(S+1)$ 粒子分布関数の情報が必要である．厳密には，$(S+1)$ 粒子分布関数の BBGKY 方程式を解く必要があるが，そのためには，次に $(S+2)$ 粒子分布関数の情報が必要となる．これを順次さかのぼっていくと，結局 N 粒子分布関数の情報が必要となり，N 粒子分布関数に対するリウヴィル方程式を解く必要がでてくる．しかし，通常はこれは大変困難な作業である．したがって，多くは，ある $(S+1)$ 粒子分布関数に関しての近似や仮定を用いて，S 粒子分布関数までで閉じた方程式系に直し，それを解くことが多い．

さて，たとえば，$S=1$ のとき，式（1.236）は，次式になる.

$$\frac{\partial f^{(1)}}{\partial t} + \boldsymbol{v}_1 \cdot \frac{\partial f^{(1)}}{\partial \boldsymbol{x}_1} = \frac{1}{m} \int \frac{\partial \phi_{(1,2)}}{\partial \boldsymbol{x}_1} \cdot \frac{\partial f^{(2)}}{\partial \boldsymbol{v}_1} d\boldsymbol{w}_2. \tag{1.237}$$

いま，2 粒子分布関数 $f^{(2)}$ を 1 粒子分布関数の積で書ける部分とそれ以外の 2 粒子の相関に関わる部分に分けて記述する．つまり，

$$f^{(2)}(\boldsymbol{w}_1, \boldsymbol{w}_2, t) = f^{(1)}(\boldsymbol{w}_1, t) f^{(1)}(\boldsymbol{w}_2, t) + g(\boldsymbol{w}_1, \boldsymbol{w}_2, t), \tag{1.238}$$

とする．すると，式（1.237）は，

$$\frac{\partial f^{(1)}}{\partial t} + \boldsymbol{v}_1 \cdot \frac{\partial f^{(1)}}{\partial \boldsymbol{x}_1} = \frac{1}{m} \frac{\partial f^{(1)}(\boldsymbol{w}_1, t)}{\partial \boldsymbol{v}_1} \cdot \frac{\partial}{\partial \boldsymbol{x}_1} \int \phi_{(1,2)} f^{(1)}(\boldsymbol{w}_2, t) d\boldsymbol{w}_2$$
$$+ \frac{1}{m} \int \frac{\partial \phi_{(1,2)}}{\partial \boldsymbol{x}_1} \frac{\partial}{\partial \boldsymbol{v}_1} g(\boldsymbol{w}_1, \boldsymbol{w}_2, t) d\boldsymbol{w}_2, \tag{1.239}$$

となる．次に，

$$\int \phi_{(1,2)} f^{(1)}(\boldsymbol{w}_2, t) d\boldsymbol{w}_2 = \int \phi_{(1,2)} f^{(1)}(\boldsymbol{x}_2, \boldsymbol{v}_2, t) d\boldsymbol{x}_2 d\boldsymbol{v}_2$$

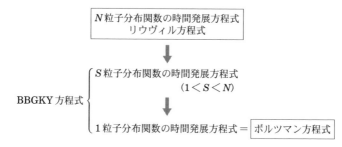

図 **1.12**　リウヴィル方程式, BBGKY 方程式, ボルツマン方程式の関係.

$$= \int n(\boldsymbol{x}_2, t)\phi_{(1,2)}d\boldsymbol{x}_2$$
$$= \phi_1(\boldsymbol{x}_1, t), \tag{1.240}$$

となる. この ϕ_1 は, 平均場ともよばれる.

　以上より, 式 (1.239) は,

$$\frac{\partial f^{(1)}}{\partial t} + \boldsymbol{v}_1 \cdot \frac{\partial f^{(1)}}{\partial \boldsymbol{x}_1} - \frac{1}{m}\frac{\partial \phi_1}{\partial \boldsymbol{x}_1} \cdot \frac{\partial f^{(1)}}{\partial \boldsymbol{v}_1}$$
$$= \frac{1}{m}\int \frac{\partial \phi_{(1,2)}}{\partial \boldsymbol{x}_1} \cdot \frac{\partial}{\partial \boldsymbol{v}_1}g(\boldsymbol{w}_1, \boldsymbol{w}_2, t)d\boldsymbol{w}_2, \tag{1.241}$$

となる. この式 (1.241) が, リウヴィル方程式から導かれたボルツマン方程式である (図 1.12 参照). 実際にたとえば, 式 (1.241) の右辺がゼロ, つまり 2 粒子の相関がない場合 ($g = 0$), もしくは左辺の平均場の項と比べて無視できるほど小さい場合は, 実質右辺の項はゼロと見なせる. このような場合, 式 (1.241) はまさに, $f = f^{(1)}$ とみなすと, 無衝突ボルツマン方程式 (式 (1.202)) に帰着することが分かる.

　なお, 式 (1.222) より, 1 粒子分布関数は,

$$f^{(1)} = N \int \tilde{f}^{(N)} d\boldsymbol{w}_2 \cdots d\boldsymbol{w}_N, \tag{1.242}$$

であり, $\int \tilde{f}^{(N)}d\boldsymbol{x}d\boldsymbol{v} = \int \tilde{f}^{(N)}d\boldsymbol{w}_1 d\boldsymbol{w}_2 \cdots d\boldsymbol{w}_N = 1$ と規格化されていることを用いれば,

$$\int f^{(1)} d\boldsymbol{w}_1 = N \int \tilde{f}^{(N)} d\boldsymbol{w}_1 d\boldsymbol{w}_2 \cdots d\boldsymbol{w}_N = N, \tag{1.243}$$

となり，まさに 1.3.2 節のボルツマン方程式に出てきた分布関数 f の規格化（式(1.195)）とも一致していることが分かる．

ところで，衝突項に相当する式 (1.241) の右辺の項を厳密に評価するためには，2 粒子の相関関数 g の情報が必要である．

1.3.5 ボルツマン方程式の衝突項

さて，ここではボルツマン方程式（式 (1.200)）の右辺に現れる衝突項に対して具体例を示す（巻末の文献 [7] 参照）．以下で示すのは，希薄ガスに対してボルツマンが現象論的に導き出した衝突項の形である．

希薄ガスとは，ガス粒子が占める全体積が考えている系の体積に比べて十分小さい場合であり（ガスの個数密度を n，ガスの分子サイズを a とすると，$na^3 \ll 1$），そのため，このガスは衝突のときのみ相互作用をし，衝突するまでは直線運動をしているとする．つまり，ガスの平均自由行程（散乱断面積を σ としたとき，平均自由行程 ℓ は，$\ell = 1/n\sigma$ で与えられる）が，ガスの分子サイズ a に比べて十分長いとする（つまり，$\ell \gg a \sim \sqrt{\sigma}$）．すなわち，分子の軌道は通常，直線運動であり，他の分子と近接接近して衝突するときのみに，その軌道を変化させると考える．また，希薄であることにより 3 体衝突を起こす確率は十分小さく，2 体衝突のみを考慮すればよいとする．

衝突によって，考えている位相点近傍に入ってくる粒子と出ていく粒子数の位相密度（μ 空間での位相密度）をそれぞれ，δf_{in} と δf_{out} とする．すると，衝突項は

$$\left(\frac{\delta f}{\delta t}\right)_{\text{c}} = \frac{\delta f_{\text{in}} - \delta f_{\text{out}}}{\delta t}, \tag{1.244}$$

で与えられる．

さて，衝突する 2 つの粒子をそれぞれ P, P_1 とし，衝突前の速度を $\boldsymbol{v}, \boldsymbol{v}_1$, 衝突後の速度を $\boldsymbol{v}', \boldsymbol{v}_1'$ とする．ところで，今後，衝突後のものには，衝突前の相当した量に $'$ をつけて表すこととする．

さて，衝突は，時間的にも空間的にもごく狭い範囲で起こるとし，弾性衝突と

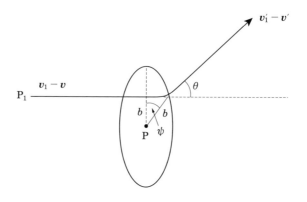

図 **1.13** 2 粒子の衝突.

する．また，衝突の際の相互作用は 2 つの粒子の間で対称的であり，衝突前の速度が $\boldsymbol{v}', \boldsymbol{v}_1'$ で，衝突後の速度が $\boldsymbol{v}, \boldsymbol{v}_1$ となるような逆衝突も可能であるとする．

ところで，弾性衝突の場合，衝突前後での運動量保存とエネルギー保存が成立し，さらにすべての粒子は同じ質量をもつと仮定するので，次式がみたされる．

$$\boldsymbol{v} + \boldsymbol{v}_1 = \boldsymbol{v}' + \boldsymbol{v}_1',$$
$$\frac{1}{2}|\boldsymbol{v}|^2 + \frac{1}{2}|\boldsymbol{v}_1|^2 = \frac{1}{2}|\boldsymbol{v}'|^2 + \frac{1}{2}|\boldsymbol{v}_1'|^2. \tag{1.245}$$

また，これらの条件を用いると，次式が成り立つことが分かる．

$$|\boldsymbol{v}_1 - \boldsymbol{v}| = |\boldsymbol{v}_1' - \boldsymbol{v}'|. \tag{1.246}$$

さて，粒子 P の位置に原点をもつ相対座標系でみると，粒子 P_1 の衝突前後の速度はそれぞれ $\boldsymbol{v}_1 - \boldsymbol{v}, \boldsymbol{v}_1' - \boldsymbol{v}'$ である．粒子 P_1 の入射速度ベクトルをのばした直線と P 粒子との間の距離を衝突径数（インパクトパラメータ）とよび b で表す．また，入射速度の方位を ψ で表す（図 1.13 参照）．散乱の相互作用が P_1 への動径方向のみに依存するとすれば，弾性散乱であるので，衝突（散乱）により ψ は変化しない（$(\boldsymbol{v}_1 - \boldsymbol{v})$ と $(\boldsymbol{v}_1' - \boldsymbol{v}')$ は同一平面にある）．そして，散乱により，相対速度のベクトル方向が θ 変化するとする（図 1.13 参照）．このように，入射速度が $(b, b + db)$, $(\psi + d\psi)$ の範囲にある粒子が P と衝突（散乱）することにより，立体角 $d\Omega$ の中に飛び去る．ここで，$d\Omega = \sin\theta d\theta d\psi$ である．このとき，散乱断面積 σ_{c} は，

$$\sigma_c d\Omega = b\,db\,d\psi, \tag{1.247}$$

で与えられる.

さて, 時刻 t, 位置 $\boldsymbol{x}$ において速度が $(\boldsymbol{v}_1, \boldsymbol{v}_1 + d\boldsymbol{v}_1)$ の範囲にある粒子の数は 1 粒子分布関数 f を用いると $f(\boldsymbol{x}, \boldsymbol{v}_1, t)d\boldsymbol{v}_1$ であるから, そのような粒子が P と単位時間, 単位面積あたり衝突する回数は, 衝突が時間的にも空間的にもごく狭い範囲で起こると仮定しているので,

$$f(\boldsymbol{x}, \boldsymbol{v}_1, t)|\boldsymbol{v}_1 - \boldsymbol{v}|d\boldsymbol{v}_1, \tag{1.248}$$

となる. また, $(\boldsymbol{v}, \boldsymbol{v} + d\boldsymbol{v})$ の範囲をもつ粒子の数は $f(\boldsymbol{x}, \boldsymbol{v}, t)d\boldsymbol{v}$ であるから, そのような範囲にある P 粒子と前述した範囲にある P_1 粒子との衝突回数は結局, 次のようになる.

$$|\boldsymbol{v}_1 - \boldsymbol{v}|\sigma_c d\Omega f f_1 d\boldsymbol{v}d\boldsymbol{v}_1, \tag{1.249}$$

$$f \equiv f(\boldsymbol{x}, \boldsymbol{v}, t), \qquad f_1 \equiv f(\boldsymbol{x}, \boldsymbol{v}_1, t). \tag{1.250}$$

微小角散乱の衝突は少なく, 衝突したものはすべて衝突前の速度領域 $d\boldsymbol{v}$ から出ていくものとする. すると, 単位時間当たりに出ていく粒子の個数密度は, 式 (1.249) を $\boldsymbol{v}_1$ で積分することで次のように与えられる.

$$\left(\frac{\delta f}{\delta t}\right)_{\text{out}} d\boldsymbol{v} = d\boldsymbol{v} \int |\boldsymbol{v}_1 - \boldsymbol{v}|\sigma_c d\Omega f f_1 d\boldsymbol{v}_1. \tag{1.251}$$

次に, 衝突によって, 考えている範囲に入ってくるものの数を調べる. つまり, 逆衝突によって, $(\boldsymbol{v}', \boldsymbol{v}' + d\boldsymbol{v}')$ の範囲の速度をもつ P 粒子が, $(\boldsymbol{v}_1', \boldsymbol{v}_1' + d\boldsymbol{v}_1')$ の範囲の速度をもつ P_1 粒子との衝突によって, $(\boldsymbol{v}, \boldsymbol{v} + d\boldsymbol{v})$ の範囲の速度になるとすると, そのような粒子の数は, 前と同じ考えから,

$$|\boldsymbol{v}_1' - \boldsymbol{v}'|\sigma_c' d\Omega' f' f_1' d\boldsymbol{v}' d\boldsymbol{v}_1', \tag{1.252}$$

となる. 衝突は対称的であるので,

$$\sigma_c d\Omega = \sigma_c' d\Omega'. \tag{1.253}$$

そして, 衝突の相互作用は, 2 粒子の位相点 (と時刻) のみに依存するハミルトニアンで記述できるとすれば, リウヴィルの定理が適用できて,

$$d\boldsymbol{v}d\boldsymbol{v}_1 = d\boldsymbol{v}' d\boldsymbol{v}_1', \tag{1.254}$$

をみたす（位置は同じものとしている）.

　さらに，式（1.246）を用いると，衝突によって $(\boldsymbol{v}, \boldsymbol{v} + d\boldsymbol{v})$ の範囲に入る粒子の単位時間当たりの個数密度は結局，次のようになる.

$$\left(\frac{\delta f}{\delta t}\right)_{\text{in}} d\boldsymbol{v} = d\boldsymbol{v} \int |\boldsymbol{v}_1 - \boldsymbol{v}| \sigma_{\text{c}} d\Omega f' f_1' d\boldsymbol{v}_1. \tag{1.255}$$

式（1.251）と式（1.255）を式（1.244）に代入することにより，衝突項は次のように与えられる.

$$\left(\frac{\delta f}{\delta t}\right)_{\text{c}} = \int (f' f_1' - f f_1) |\boldsymbol{v}_1 - \boldsymbol{v}| \sigma_{\text{c}} d\Omega d\boldsymbol{v}_1. \tag{1.256}$$

結局，この衝突項を含む（外力がポテンシャルで与えられる）ボルツマン方程式は，

$$\frac{\partial f}{\partial t} + \boldsymbol{v} \frac{\partial f}{\partial \boldsymbol{x}} - \frac{1}{m} \frac{\partial \phi}{\partial \boldsymbol{x}} \frac{\partial f}{\partial \boldsymbol{v}} = \int (f' f_1' - f f_1) |\boldsymbol{v}_1 - \boldsymbol{v}| \sigma_{\text{c}} d\Omega d\boldsymbol{v}_1, \tag{1.257}$$

で与えられることが分かる.

　ところで，式（1.256）で与えられる衝突項であるが，この項を導くにあたっては，衝突が起こる時間，空間の範囲がごく狭いことや，微小散乱角の衝突が少ないことなどいくつか重要な仮定が入っていることに注意すべきである．さらに，1 つの粒子が時刻 t, 位置 $\boldsymbol{x}$ で $(\boldsymbol{v}, \boldsymbol{v} + d\boldsymbol{v})$ の範囲の速度をもち，さらに，もう 1 つの粒子が同じ時刻と場所で $(\boldsymbol{v}_1, \boldsymbol{v}_1 + d\boldsymbol{v}_1)$ の範囲の速度をもつ場合の数を $f(\boldsymbol{x}, \boldsymbol{v}, t) d\boldsymbol{v} \cdot f_1(\boldsymbol{x}, \boldsymbol{v}_1, t) d\boldsymbol{v}_1$ としていることにも注意すべきである．これは，分子的混沌の仮定と呼ばれるものであり，2 つの粒子には相関がないことを仮定している．つまり，本来は一般に 2 粒子分布関数 $f^{(2)}$ で記述すべきところを 1 粒子分布関数の積で置き換えているところに仮定が入っている（つまり，式（1.238）の右辺で，$f^{(1)} f^{(1)} \gg g$ と仮定している）．このように，式（1.256）はあくまでも現象論的に導き出された，いくつかの仮定の下でのみ正しい近似式とみなすのがよいだろう.

1.3.6　ボルツマン方程式の平衡解

　さて，一様な気体はマクスウェル分布に緩和することを我々は知っている．したがって，そのような場合におけるボルツマン方程式の平衡解は，マクスウェル

分布になっていると期待されるが，実際にそうなっていることを示そう．

いま，考えている系の領域は一様であり，分布関数やポテンシャルの場所依存性はないものとする．そして，平衡であるため，分布関数の時間微分もゼロであるとする．すると，式（1.257）の左辺はすべてゼロとなるので，右辺も恒等的にゼロとなる．そのためには，次式が成立しなくてはならない．

$$ff_1 = f'f_1'. \tag{1.258}$$

平衡状態で空間一様である場合の分布関数は，速度のみに依存することも考慮して，式（1.258）の両辺を対数にして表現した式を書くと次のようになる．

$$\log f(\boldsymbol{v}) + \log f(\boldsymbol{v}_1) = \log f(\boldsymbol{v}') + \log f(\boldsymbol{v}_1'). \tag{1.259}$$

さて，もし $\chi(\boldsymbol{v})$ を 2 粒子衝突の前後で保存される量だとすれば，

$$\chi(\boldsymbol{v}) + \chi(\boldsymbol{v}_1) = \chi(\boldsymbol{v}') + \chi(\boldsymbol{v}_1'), \tag{1.260}$$

が成り立つ．式（1.259）と式（1.260）を比べると，分布関数の対数をとったものは，一般的には保存量の線形結合で書けることが分かる．質量，エネルギーと運動量がその保存量にあたるので一般には，

$$\log f(\boldsymbol{v}) = a + b|\boldsymbol{v}|^2 + \boldsymbol{c} \cdot \boldsymbol{v}, \tag{1.261}$$

と書ける．すなわち，

$$f = e^{a + b|\boldsymbol{v}|^2 + \boldsymbol{c} \cdot \boldsymbol{v}}. \tag{1.262}$$

ここで，一定値をとる $a, b, \boldsymbol{c}$ に対して，

$$
\begin{aligned}
a &= -\frac{m|\bar{\boldsymbol{v}}|^2}{2k_{\mathrm{B}}T} + \frac{3}{2}\log\left(\frac{m}{2\pi k_{\mathrm{B}}T}\right) + \log N, \\
b &= -\frac{m}{2k_{\mathrm{B}}T}, \\
\boldsymbol{c} &= \frac{m\bar{\boldsymbol{v}}}{k_{\mathrm{B}}T},
\end{aligned}
\tag{1.263}
$$

が成り立つように，$m, \bar{\boldsymbol{v}}, T$ を定めると（N は全粒子数），式（1.262）は，

$$f = N\left(\frac{m}{2\pi k_{\mathrm{B}}T}\right)^{3/2} e^{-m(\boldsymbol{v} - \bar{\boldsymbol{v}})^2 / 2k_{\mathrm{B}}T}, \tag{1.264}$$

の形にかける．つまり，期待通り，ボルツマン方程式の平衡解（の一つ）はマクスウェル分布になることが分かった．

1.4　特殊相対論

相対論（相対性理論）はその誕生を歴史的な経緯から解説されることが多い
が，物理学の基礎理論としてはそうした歴史性を離れた説明がなされてもよい時
期である．ここでは，特殊相対論に関わる実験結果や理論を歴史的時間順序と無
関係に解説する．

1.4.1　はじめに

特殊相対論の必要性はニュートン力学とマクスウェル電磁気学の矛盾に起因す
る．ここでは，その矛盾のうちで一番分かりやすい相対運動について考えてみる．

相対速度

一直線の道路上を二台の車 A と B がそれぞれ一定の速度 v_A と一定の速度 v_B
で走っているとする．このとき車 A から見た車 B の速度，つまり相対速度 v_{BA}
は

$$v_{BA} = v_B - v_A \tag{1.265}$$

となる．これは日常生活でしばしば経験しているあたり前の関係である．ところ
が，光についてはこの関係式が成り立たない．たとえば，加速器から速度 V で
飛び出した粒子から光が放出されたとき，粒子に対する光の速度を c とすると，
加速器から見た光の速度 c' は

$$c' = c + V \tag{1.266}$$

であると考えられるが，実験では

$$c' = c \tag{1.267}$$

となっている．つまり，光に関しては日常の相対速度の関係式を適用できない．
このことはニュートン力学に基づく物体の速度とマクスウェル電磁気学に基づく
光の速度が，速度という同じ言葉を使いながら，概念としては同じではないこと
を意味している．

ニュートン力学における時間と空間

速度は，ある物体が微小な時間の間に動いた位置の微小な変化を使って定義される物理量である．日常的に使われる速度，つまりニュートン力学における速度の場合，そこで使用されるのは絶対時間と絶対空間である．絶対時間は，時代によらず，場所によらず，物体の影響を受けることもなく，一様に流れている，始まりも終わりもない時間である．絶対空間は，同じように，時代によらず，物体の影響を受けることなく，無限に広がった一様な「入れ物」である．もちろん，絶対時間や絶対空間が物体に影響することはない．この場合，重要なことは，無限に広がった空間の中で，時間が位置や物体の存在や運動と無関係に一様に流れていることである．それは，ニュートン力学においては，あらゆる観測者が共通の時間を使用していることを意味する．

空間方向に位置座標，時間方向に時間座標をとり，前述の二台の車の運動を考えてみよう．一直線の道路方向に，車 A を原点 O とした x 座標をとり，同じく一直線の道路方向に車 B を原点 O′ とした x' 座標をとる．それぞれの車の速さが一定であり，A から見た B の速度を v_{BA} とすると，この二つの座標系の間には

$$x' = x - v_{\mathrm{BA}}t \tag{1.268}$$

という関係がある．ここで，t は二つの車（系）に共通な時間座標であり，時刻は車 A と車 B が同一地点にいたときから測るものとする．形式的には車 A で測定する時間を t，車 B で測定する時間を t' としてみると，時間が絶対的というのは

$$t' = t \tag{1.269}$$

なる関係があることを意味する．上記の二つの関係式 (1.268)，(1.269) は車 A と車 B で定義された二つの座標系間の変換式であり，それをガリレイ変換という．つまりガリレイ変換を使用する限り，光の速度も観測者や光源の速度に依存してしまい，光速度が観測者や光源の速度に依存しないという実験結果を説明することができない．

時間と空間のあり方がニュートン力学の世界とマクスウェル電磁気学の世界では異なっているのである．

1.4.2 慣性系

慣性系の定義

　ある物体を一つの系の中に考え，その物体が他の物体からいっさい力を受けず，その物体の速度が変化しない場合，その系のことを慣性系という．つまり，他の物体から力を受けない場合，ある速度で運動している物体は同じ速度で運動し続け，静止している物体は静止し続けるという現象が起こる系である．物体に力が作用しないことは，その物体に加速度が生まれないことを意味し，物体の速度は一定に保たれるのである．

　慣性系は無数に存在する．一つの慣性系を考えたとき，それとの相対速度が一定の系はすべて慣性系であるので，相対速度が連続的に無限あることに対応して，無限の慣性系が存在するからである．特殊相対論の一つの役割は，無数に存在する慣性系の中の任意の二つの慣性系で，ある一つの現象を観測・測定した場合，その二つの系で得られる観測値や測定値の間に関係をつけることである．

慣性系内の特殊相対論的運動

　特殊相対論で扱うのが慣性系であり，慣性系同士は互いに等速度運動をしているからといって，物体に関して等速度運動以外の運動を扱わないわけではない．一つの慣性系の中にある物体に力が作用した場合，その物体は加速度運動を行い，慣性系の中での速度は変化していく．この場合，初速度が小さく，作用する力が小さいか，力の作用する時間が短かければ，変化した後の速度も小さく，ほぼニュートン力学によって解析することができる．しかし，作用する力が大きいか，力の作用する時間が長く，速度が光速に比べて無視できない値に達する場合には，ニュートン力学ではあつかえない領域になり，特殊相対論に基づく力学を使用して調べなくてはならなくなる．

　ただし，物体に作用する力が重力（万有引力）の場合は，特殊相対論の適用範囲を越えてしまう．重力は狭い範囲でのみ作用する力ではないので，大域的な範囲に影響がおよぶ．この重力を扱うのは一般相対論であり，この節であつかう対象ではないことに注意しておきたい．

1.4.3　特殊相対論の基本的仮定

観測者の運動と物理法則の普遍性

　ニュートン力学であつかえない範囲の運動を支配する法則を見いだすための手がかりになるのは，観測者と現象の関係である．物理学では自然現象の解析から法則を見いだすわけだが，ある特別な観測者が観測や測定をした場合にのみ，法則に結び付く現象が現れるというのでは，見いだされた「法則」が観測者の状態に依存してしまう．「法則」を導き出した観測者と異なる状態の観測者の観測する現象に対して，その「法則」が適用できなければ，その「法則」は法則と呼ばれるに値しない．

　逆に言うと，物理学の基本法則は観測者の状態によらないで，現象を説明できるものでなくてはならない．これをさらに別の言い方にすると，基本的な物理法則は物理量の関係性を表したもので，その関係性はどのような系から見ても同じ形式で表現できる，ということになる．これは，基本的物理法則の普遍性あるいは絶対性を意味するものでもある．

特殊相対論の第 1 の仮定: 特殊相対性原理

　特殊相対論の基礎をなす第 1 の仮定は，「物理の基本法則は任意の慣性系において同じ形で表現される」というもので，特殊相対性原理あるいはアインシュタイン（A. Einstein）の特殊相対性原理という．この仮定は，前述のように物理法則の普遍性を要求しているものである．おなじことを別の表現で表すこともある．たとえば「すべての慣性系は同等である」ということもできる．

　この仮定では次の二つのことに特に注意する必要がある．一つは対象となる系としては，慣性系という相互に等速度運動をしている系のみだということである．二つ目は物理の基本法則とはなにかが明確には示されていないことである．

　電磁気学がマクスウェル（J.C. Maxwell）によって定式化されるはるか以前には，力学が物理学のすべてであった．したがって，近代科学が成立するころには物理学の基本法則は力学の法則であり，ガリレイ（G. Galilei）は「力学の基本法則は慣性系によらないで同じ形で表現される」という内容の相対性原理を考えていた．これをガリレイの相対性原理という．

　実際のところ，ガリレイの死後に定式化されたニュートン（I. Newton）によ

る運動方程式は，ガリレイ変換に対して表現が同一になっている．ニュートンの運動方程式は，ある慣性系に直交座標系 x をとり，質量 m_N の物体に力 F が作用したとすると，次のように表される．

$$m_N \frac{d^2 x}{dt^2} = F \tag{1.270}$$

この慣性系に対して x 方向に一定速度 v で運動している別の慣性系を考え，その座標系を x' とすると，二つの座標系の間にはガリレイ変換が成り立ち，

$$\frac{dx}{dt} = \frac{dx}{dt'} \Big/ \left(\frac{dt}{dt'}\right) = \frac{dx'}{dt'} + v \tag{1.271}$$

$$\frac{d^2 x}{dt^2} = \frac{d}{dt}\left(\frac{dx}{dt}\right) = \frac{d}{dt'}\left(\frac{dx}{dt}\right) \Big/ \left(\frac{dt}{dt'}\right) = \frac{d^2 x'}{dt'^2} \tag{1.272}$$

から分かるように速度 v で運動している慣性系の運動方程式は

$$m_N \frac{d^2 x'}{dt'^2} = F' \tag{1.273}$$

となる．ここで F' は運動系での力であるが，速度への依存性はないとすると，F に等しい．これは運動方程式が慣性系によらないで同一の形で表現されることを示していて，ニュートンの運動の法則は，ガリレイ変換に対してガリレイの相対性原理を満たしていることが分かる．

　一つ注意を喚起しておくと，ニュートンの運動方程式 (1.270) の中には速度が含まれていない．どの慣性系をとるかで異なる値を持つ速度が基本方程式の中に含まれているようであれば，慣性系の同等性が力学の範囲でも成り立たなくなるが，そうしたことは起こっていないことを意味する．

特殊相対論の第 2 の仮定: 真空中の光速度不変原理

　物理学の基本法則として何をとるかは一意的に決っているわけではない．しかし，光についてはガリレイ変換と矛盾することからすると，ニュートン力学を採用したのでは問題を解決できない．そこで，マクスウェルの電磁気学を採用してみよう．マクスウェル電磁気学の基本方程式はマクスウェル方程式である．

　真空中でのマクスウェル方程式から次の波動方程式が導かれる．

$$\frac{1}{c^2}\frac{\partial^2 A}{\partial t^2} - \left(\frac{\partial^2}{\partial x^2} + \frac{\partial^2}{\partial y^2} + \frac{\partial^2}{\partial z^2}\right) A = 0 \tag{1.274}$$

$$\frac{1}{c^2}\frac{\partial^2 \phi}{\partial t^2} - \left(\frac{\partial^2}{\partial x^2} + \frac{\partial^2}{\partial y^2} + \frac{\partial^2}{\partial z^2}\right)\phi = 0 \tag{1.275}$$

ここで，$\boldsymbol{A}$ と ϕ はベクトルポテンシャルとスカラーポテンシャルであり，次の条件（ゲージ条件) を満たしている.

$$\nabla \cdot \boldsymbol{A} + \frac{1}{c^2}\frac{\partial \phi}{\partial t} = 0 \tag{1.276}$$

このことから分かることは，マクスウェル方程式あるいはそれから得られる波動方程式（1.274），(1.275) には真空中の光速度 c があらわに含まれていることである．これはニュートンの運動方程式にはいかなる速度も現れてこなかったことと対照的である．そして，そのことは絶対時間と絶対空間に基づくガリレイ変換を用いる限りは基本方程式とはなりえないことを意味する．しかし，実験的には真空中の光速度は光源の速度にも観測者の速度にもよらないことが示されている．その場合，真空中の光速度は速度ではあるが，定数であると考えられ，基本方程式の中に含まれていても系によって変化しないので問題とならない．

逆に，基本方程式の中に含まれる定数である光速度は，どの慣性系から測定しても一定であることを意味している．そこで，「真空中の光速度は光源の速度にも観測者の速度にもよらないで一定である」という仮定をして，これを特殊相対論の第2の仮定とする．この第2の仮定を「真空中の光速度不変原理」という.

1.4.4　二つの慣性系を結ぶ座標変換

マクスウェル方程式や電磁波の方程式が二つの慣性系間の座標変換でその形を変えないためには，時間の絶対性を放棄しなくてはならない．本来，空間は3次元であるが，慣性系は等速度運動しているので，その方向に x 軸をとると，y 軸と z 軸方向には相対的な運動を考えなくてすませることができる．そこで以下では x 軸方向のみの運動を考えることにして，y 軸と z 軸方向には変化がないとする．したがって，二つの慣性系間の座標変換は一般には次のような形をとる.

$$x' = f(x, t) \tag{1.277}$$

$$y' = y \tag{1.278}$$

$$z' = z \tag{1.279}$$

$$t' = g(x, t). \tag{1.280}$$

ここで $(t', \boldsymbol{x}')$ 系は $(t, \boldsymbol{x})$ 系に対して x 軸方向に速度 v で運動している系を表す. また, 関数 f と g は変換の関数である. 以下では $(t', \boldsymbol{x}')$ 系を運動系, $(t, \boldsymbol{x})$ 系を静止系と呼ぶことにする.

特殊相対論の範囲では慣性系の変換をあつかうので, 関数 f と g には強い制限がついてくる. 一般の関数では等速度運動が等速度運動へと変換できないので, 関数 f も g も x と t の線形関数であることが要求される. つまり

$$x' = Ax + Bt \tag{1.281}$$

$$y' = y \tag{1.282}$$

$$z' = z \tag{1.283}$$

$$t' = Cx + Dt \tag{1.284}$$

であり, ここで A, B, C, D は v に依存する定数である.

光速度一定を保証する座標変換——ローレンツ変換

ここに現れた定数 A, B, C, D を決めるために, 特殊相対論の第 2 の仮定である真空中の光速度不変原理を使う. 真空中で, 光がある点 P から発射され, 別の点 Q に到達するという現象を考えてみる.

点 P の空間的な座標と光が発射された時間は二つの系で測定でき, それを静止系では (x_1, y_1, z_1) と t_1, 運動系では (x_1', y_1', z_1') と t_1' とする. 同様に点 Q の空間座標と光が到達した時間をそれぞれの系で (x_2, y_2, z_2) と t_2, (x_2', y_2', z_2') と t_2' とする. このとき, 二つの系の間には上記の 1 次変換が仮定されているので, 以下の関係式が成り立っている.

$$x_i' = Ax_i + Bt_i \quad (i = 1, 2) \tag{1.285}$$

$$y_i' = y_i \quad (i = 1, 2) \tag{1.286}$$

$$z_i' = z_i \quad (i = 1, 2) \tag{1.287}$$

$$t_i' = Cx_i + Dt_i \quad (i = 1, 2). \tag{1.288}$$

一方, 静止系での光速度と運動系での光速度はそれぞれ

$$\frac{x_2 - x_1}{t_2 - t_1} = c \tag{1.289}$$

$$\frac{x'_2 - x'_1}{t'_2 - t'_1} = c \tag{1.290}$$

であるので，これらの関係式から

$$c = \frac{Ac + B}{Cc + D} \tag{1.291}$$

が得られる．

また，運動系の原点の x' 座標は $x' = 0$ であり，静止系では (t, x) に対応するとすると，それらには

$$x' = 0 = Ax + Bt \tag{1.292}$$

なる関係があるが，運動系の原点は静止系に対して速度 v で運動しているので

$$v = \frac{x}{t} \tag{1.293}$$

である．したがって，

$$Av + B = 0 \tag{1.294}$$

となる．

同様にして，運動系から見ると静止系の原点は速度 $-v$ で運動しているので，$(t, x = 0)$ が (t', x') に対応するとして，

$$x' = Bt \tag{1.295}$$

$$t' = Dt \tag{1.296}$$

なる関係があり，また $x'/t' = -v$ であることを使うと

$$B + Dv = 0 \tag{1.297}$$

となる．これらから

$$B = -vA, \qquad C = -\frac{v}{c^2}A, \qquad D = A \tag{1.298}$$

であることが分かる．つまり，

$$x' = A(v)(x - vt) \tag{1.299}$$

$$t' = A(v)\left(-\frac{v}{c^2}x + t\right) \tag{1.300}$$

となる．この式から運動系から静止系への変換は

$$x = \frac{1}{A(v)}\frac{(x' + vt')}{1 - (v/c)^2} \tag{1.301}$$

$$t = \frac{1}{A(v)}\frac{(v/c^2)x' + t'}{1 - (v/c)^2} \tag{1.302}$$

と書ける．

　ここで静止系と運動系の時間を反転させてみる．

$$t \longrightarrow -t, \qquad t' \longrightarrow -t'. \tag{1.303}$$

すると，

$$x = \frac{1}{A(v)}\frac{(x' - vt')}{1 - (v/c)^2} \tag{1.304}$$

$$-t = \frac{1}{A(v)}\frac{(v/c^2)x' - t'}{1 - (v/c)^2} \tag{1.305}$$

つまり

$$t = \frac{1}{A(v)}\frac{-(v/c^2)x' + t'}{1 - (v/c)^2} \tag{1.306}$$

となる．時間が反転されると運動が逆転するので，運動系から見た静止系の運動は，元の時間での静止系から見た運動系の運動とまったく同一である．式 (1.299)，(1.300) と式 (1.304)，(1.306) を比べて

$$A(v) = \frac{1}{A(v)}\frac{1}{1 - (v/c)^2} \tag{1.307}$$

となる．したがって

$$A(v) = \pm\frac{1}{\sqrt{1 - (v/c)^2}} \tag{1.308}$$

であるが，$v = 0$ のとき静止系と運動系は同一になることを考慮すると $A(0) = 1$ でなくてはならないので，

$$A(v) = \frac{1}{\sqrt{1 - (v/c)^2}} \tag{1.309}$$

となる．こうして変換は

$$t' = \frac{-(v/c^2)x}{\sqrt{1-(v/c)^2}} + \frac{t}{\sqrt{1-(v/c)^2}} \tag{1.310}$$

$$x' = \frac{x}{\sqrt{1-(v/c)^2}} - \frac{vt}{\sqrt{1-(v/c)^2}} \tag{1.311}$$

$$y' = y \tag{1.312}$$

$$z' = z \tag{1.313}$$

と求まる．通常は時間に光速度をかけた量をまとめて取り扱い，

$$\begin{pmatrix} ct' \\ x' \\ y' \\ z' \end{pmatrix} = \begin{pmatrix} \frac{1}{\sqrt{1-(v/c)^2}} & \frac{-v/c}{\sqrt{1-(v/c)^2}} & 0 & 0 \\ \frac{-v/c}{\sqrt{1-(v/c)^2}} & \frac{1}{\sqrt{1-(v/c)^2}} & 0 & 0 \\ 0 & 0 & 1 & 0 \\ 0 & 0 & 0 & 1 \end{pmatrix} \begin{pmatrix} ct \\ x \\ y \\ z \end{pmatrix} \tag{1.314}$$

のように行列で表すこともある．式 (1.310)，(1.311)，(1.312)，(1.313) あるいは (1.314) をローレンツ変換という．

ローレンツ変換の持つ意味――同時刻の相対化

　ガリレイ変換と違って，ローレンツ変換では二つの慣性系での時間が同一になっていない．たとえば，式 (1.310) から分かるように，運動系の時間は静止系の時間だけでなく，静止系の空間座標と静止系に対する運動系の速度に依存している．つまり，時間は，絶対的な存在ではなく，系の運動状態と系の中での位置によって変化する相対的な存在であることを意味する．

　この時間の相対性は同時刻という概念を考えたときに明らかになる．ある慣性系での二つの位置における同時刻は次のように決めることができる．その慣性系の中に二つの地点 P と Q を考える．Q には鏡が置かれており，P からの光はその鏡で反射されて P にもどる．P から光が放出された時刻を P 点での時計で t_{-1}，Q で反射された光が P にもどってきた時刻が P 点での時計で t_1 とする．このとき

$$t_0 = \frac{t_{-1} + t_1}{2} \tag{1.315}$$

なる時刻を考え，P での時刻 t_0 と Q で光が反射した時刻を同時刻と定義するのである．そして Q の時計の時刻を，光を反射する時点で t_0 にあわせることで，P 点の時計と Q 点の時計は同期化できる．つまり，ある位置にある現象が起きたとき，その現象が起きた時刻は，P の時計でも Q の時計でも同じになるのである．

しかしある慣性系で同時刻と測定される二つの現象は，別の慣性系では同時刻に起きた二つの現象ではなく，別の時刻に起きた二つの現象になる．たとえば，静止系の二つの点 $x = x_1$ と $x = x_2$ で時計が時刻 $t = t_0$ を刻んだとしてみよう．この二つの地点で時計が t_0 を刻んだという二つの現象を運動系で測定した場合，対応する点の時刻座標を $t' = t'_1$ と $t' = t'_2$ とすると，ローレンツ変換より

$$t'_1 = \frac{-(v/c^2)x_1}{\sqrt{1 - (v/c)^2}} + \frac{t_0}{\sqrt{1 - (v/c)^2}} \tag{1.316}$$

$$t'_2 = \frac{-(v/c^2)x_2}{\sqrt{1 - (v/c)^2}} + \frac{t_0}{\sqrt{1 - (v/c)^2}} \tag{1.317}$$

となるので，$x_1 \neq x_2$ ならば，

$$t'_1 \neq t'_2 \tag{1.318}$$

を意味することになり，同じ時刻を示していない．言い換えると，静止系で同時刻に起こった現象が，運動系では異なる時刻に起こる現象に対応していることになる．図 1.14 からこの関係が分かる．

真空中の光速度は

$$c = 3.0 \times 10^8 \quad \text{m/s} \tag{1.319}$$

である．この光速度は，日常生活で経験する速度に比べてきわめて大きい．v/c が 1 に比べて非常に小さいとき，ローレンツ変換の式（1.310），（1.311）で $\sqrt{1 - (v/c)^2} = 1$ と考えることができ，また式（1.310）では第 1 項の vx/c^2 が第 2 項の t に比べて十分に小さいので無視できる．すると，光速度に比べて十分に遅い速度のローレンツ変換の式は

$$x' = x - vt \tag{1.320}$$

$$t' = t \tag{1.321}$$

となり，ガリレイ変換（1.268），（1.269）が導かれる．つまりガリレイ変換は

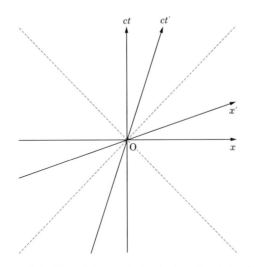

図 **1.14** 静止系と運動系の座標の関係. 簡単化のため空間座標
としては x, x' 座標のみを描いてある. 時間方向には時間に光速
度をかけた量をとっている. 静止系での同時刻の事象は x 軸に
平行な直線上にくる. それに対して, 運動系での同時刻の事象
は x' 軸に平行な直線上にくる. 破線は原点 O を通過する光の
道筋である.

ローレンツ変換の極限として存在する, あるいはガリレイ変換はローレンツ変換
に含まれている, ということができる.

　その意味では, 日常レベルでの速度に関する限りは, ガリレイ変換はローレン
ツ変換の非常によい近似になっており, ガリレイ変換自体の有用性はなくならな
い. しかし, ローレンツ変換が同時性の概念を相対化してしまうということが,
時間の絶対性を否定するものであることを考えると, 特殊相対論での時間と空間
の概念は, 特殊相対論以前の絶対時間と絶対空間概念とはまったく異なっている
ことに注意が必要である.

ローレンツ変換の簡単な応用 I:
特殊相対論的な相対速度──速度の合成

　運動する光源から出た光の速度は, 光源の速度によらないし, 運動する物体で
光を受けたとき, 光の速度は物体の速度によらないというのが, 光速度不変原理

であり，実験的にも検証されている．この光速度の不変性や一般に相対速度がどのように表現されるかはローレンツ変換を使用することで導かれる．

相対速度を考えるために三つの慣性系をとってみる．簡単化のため，三つの系は同一方向に異なる速度で運動しているとして，その運動方向に x 軸を選んでおく．そして一つの慣性系を静止系，二つ目と三つ目の慣性系を A と B とし，それらは静止系の x 軸方向に，静止系に対して一定速度 v_A と v_B で運動しているとする．ある一つの現象を三つの系で観測したときの位置座標と時間座標を，(t, x), (t', x'), (t'', x'') としてみよう．ローレンツ変換（1.314）によれば（ただし y, z は変化しないので省略する）

$$
\begin{pmatrix} ct' \\ x' \end{pmatrix} = \begin{pmatrix} \dfrac{1}{\sqrt{1-(v_\mathrm{A}/c)^2}} & \dfrac{-v_\mathrm{A}/c}{\sqrt{1-(v_\mathrm{A}/c)^2}} \\ \dfrac{-v_\mathrm{A}/c}{\sqrt{1-(v_\mathrm{A}/c)^2}} & \dfrac{1}{\sqrt{1-(v_\mathrm{A}/c)^2}} \end{pmatrix} \begin{pmatrix} ct \\ x \end{pmatrix} \tag{1.322}
$$

$$
\begin{pmatrix} ct'' \\ x'' \end{pmatrix} = \begin{pmatrix} \dfrac{1}{\sqrt{1-(v_\mathrm{B}/c)^2}} & \dfrac{-v_\mathrm{B}/c}{\sqrt{1-(v_\mathrm{B}/c)^2}} \\ \dfrac{-v_\mathrm{B}/c}{\sqrt{1-(v_\mathrm{B}/c)^2}} & \dfrac{1}{\sqrt{1-(v_\mathrm{B}/c)^2}} \end{pmatrix} \begin{pmatrix} ct \\ x \end{pmatrix} \tag{1.323}
$$

という関係がある．ここで相対速度として A 系から見た B 系の速度を知りたいとしてみよう．この場合，A 系から B 系へのローレンツ変換が分かれば相対速度が求められる．式（1.322）から

$$
\begin{pmatrix} ct \\ x \end{pmatrix} = \begin{pmatrix} \dfrac{1}{\sqrt{1-(v_\mathrm{A}/c)^2}} & \dfrac{v_\mathrm{A}/c}{\sqrt{1-(v_\mathrm{A}/c)^2}} \\ \dfrac{v_\mathrm{A}/c}{\sqrt{1-(v_\mathrm{A}/c)^2}} & \dfrac{1}{\sqrt{1-(v_\mathrm{A}/c)^2}} \end{pmatrix} \begin{pmatrix} ct' \\ x' \end{pmatrix} \tag{1.324}
$$

と求まるので，これを式（1.323）に代入して

$$
\begin{pmatrix} ct'' \\ x'' \end{pmatrix} = \begin{pmatrix} \dfrac{1}{\sqrt{1-(v_\mathrm{B}/c)^2}} & \dfrac{-v_\mathrm{B}/c}{\sqrt{1-(v_\mathrm{B}/c)^2}} \\ \dfrac{-v_\mathrm{B}/c}{\sqrt{1-(v_\mathrm{B}/c)^2}} & \dfrac{1}{\sqrt{1-(v_\mathrm{B}/c)^2}} \end{pmatrix}
$$

$$\times \begin{pmatrix} \dfrac{1}{\sqrt{1-(v_\mathrm{A}/c)^2}} & \dfrac{v_\mathrm{A}/c}{\sqrt{1-(v_\mathrm{A}/c)^2}} \\ \dfrac{v_\mathrm{A}/c}{\sqrt{1-(v_\mathrm{A}/c)^2}} & \dfrac{1}{\sqrt{1-(v_\mathrm{A}/c)^2}} \end{pmatrix} \begin{pmatrix} ct' \\ x' \end{pmatrix} \tag{1.325}$$

から

$$\begin{pmatrix} ct'' \\ x'' \end{pmatrix} = \begin{pmatrix} \dfrac{1}{\sqrt{1-(v_\mathrm{BA}/c)^2}} & \dfrac{-v_\mathrm{BA}/c}{\sqrt{1-(v_\mathrm{BA}/c)^2}} \\ \dfrac{-v_\mathrm{BA}/c}{\sqrt{1-(v_\mathrm{BA}/c)^2}} & \dfrac{1}{\sqrt{1-(v_\mathrm{BA}/c)^2}} \end{pmatrix} \begin{pmatrix} ct' \\ x' \end{pmatrix} \tag{1.326}$$

が得られる. ここで

$$v_\mathrm{BA} = \frac{v_\mathrm{B} - v_\mathrm{A}}{1 - \dfrac{v_\mathrm{A} v_\mathrm{B}}{c^2}} \tag{1.327}$$

であり，式（1.326）が A 系から B 系へのローレンツ変換であることを考えると，式（1.327）が相対速度を表す関係式となっている.

　静止系に対しての系 A と系 B の速度 v_A, v_B が光速度 c に比べて十分に小さいとき式（1.327）の分母は 1 と見なせるので

$$v_\mathrm{BA} = v_\mathrm{B} - v_\mathrm{A} \tag{1.328}$$

となり，ガリレイ変換での相対速度（1.265）に一致する.

　しかし速度 v_A や v_B が光速度と同程度になると式（1.327）の分母は 1 からのずれが大きくなるので，ガリレイ変換の相対速度との違いが大きくなる. たとえば，B 系が光とともに運動している系であるとすると，$v_\mathrm{B} = c$ として式（1.327）から

$$v_\mathrm{BA} = \frac{c - v_\mathrm{A}}{1 - \dfrac{v_\mathrm{A} c}{c^2}} = c \tag{1.329}$$

となり A 系から観測する光の速度も静止系から観測する光速と同じになり変化しないことが示される.

ローレンツ変換の簡単な応用 II:
運動する物体の収縮と運動する時計の遅れ

時間と空間が相対的な存在であると，物体の長さや時間の長さのあり方が絶対時間と絶対空間におけるものと異なってくる．

通常は意識しないが，物体の長さは，物体の両端の位置座標を同時刻に読み取り，その位置座標の差を計算することで求められる．特殊相対論においては同時刻が慣性系の運動状態によって異なってくる．すると，静止系で測定する「物体の両端」と運動系で測定する「物体の両端」は，二つの系に共通な同時刻がない以上，「物体の両端」とは言いながら，「おなじもの」を測定しているのではなくなる．そのため運動系の中で静止している物体の長さを静止系から測定すると，収縮して測定され，それを「運動する物体はローレンツ収縮する」という．

定量的には次のようになる．棒が静止しているときの棒の長さを ℓ_0 とする．その棒が静止系に対して速さ v で，静止系の x 軸方向に運動しているとする．運動系としては棒の一端 P を原点とする x' 系を考える．運動系での棒の座標は一端 P が

$$x'_{\mathrm{P}} = 0 , \quad t' = t'_{\mathrm{P}} \tag{1.330}$$

であり，他端 Q は

$$x'_{\mathrm{Q}} = \ell_0 , \quad t' = t'_{\mathrm{Q}} \tag{1.331}$$

にある．運動系での棒の長さは，運動系での同時刻，たとえば $t' = t'_0$ での両端の位置座標の差であるので，

$$\text{運動系での棒の長さ} = x'_{\mathrm{Q}} - x'_{\mathrm{P}} = \ell_0 - 0 = \ell_0 \quad （時刻 t'_0 において） \tag{1.332}$$

となる．

運動系の二つの座標 $(t' = t'_{\mathrm{P}}, \ x' = x'_{\mathrm{P}} = 0)$ と $(t' = t'_{\mathrm{Q}}, \ x' = x'_{\mathrm{Q}} = \ell_0)$ が，それぞれ静止系で $(t = t_{\mathrm{P}}, \ x = x_{\mathrm{P}})$ と $(t = t_{\mathrm{Q}}, \ x = x_{\mathrm{Q}})$ に対応するとすると，それらの間にはローレンツ変換により，

$$\begin{pmatrix} ct_{\mathrm{P}} \\ x_{\mathrm{P}} \end{pmatrix} = \begin{pmatrix} \dfrac{1}{\sqrt{1-(v/c)^2}} & \dfrac{v/c}{\sqrt{1-(v/c)^2}} \\ \dfrac{v/c}{\sqrt{1-(v/c)^2}} & \dfrac{1}{\sqrt{1-(v/c)^2}} \end{pmatrix} \begin{pmatrix} ct'_{\mathrm{P}} \\ x'_{\mathrm{P}} \end{pmatrix} \tag{1.333}$$

$$\begin{pmatrix} ct_{\mathrm{Q}} \\ x_{\mathrm{Q}} \end{pmatrix} = \begin{pmatrix} \dfrac{1}{\sqrt{1-(v/c)^2}} & \dfrac{v/c}{\sqrt{1-(v/c)^2}} \\ \dfrac{v/c}{\sqrt{1-(v/c)^2}} & \dfrac{1}{\sqrt{1-(v/c)^2}} \end{pmatrix} \begin{pmatrix} ct'_{\mathrm{Q}} \\ x'_{\mathrm{Q}} \end{pmatrix} \tag{1.334}$$

という関係がある．これから

$$t_{\mathrm{P}} = \frac{1}{\sqrt{1-(v/c)^2}} t'_{\mathrm{P}} \tag{1.335}$$

$$x_{\mathrm{P}} = \frac{v}{\sqrt{1-(v/c)^2}} t'_{\mathrm{P}} \tag{1.336}$$

$$t_{\mathrm{Q}} = \frac{\dfrac{v}{c^2}\ell_0}{\sqrt{1-(v/c)^2}} + \frac{1}{\sqrt{1-(v/c)^2}} t'_{\mathrm{Q}} \tag{1.337}$$

$$x_{\mathrm{Q}} = \frac{\ell_0}{\sqrt{1-(v/c)^2}} + \frac{v}{\sqrt{1-(v/c)^2}} t'_{\mathrm{Q}} \tag{1.338}$$

が得られる．静止系で棒の長さは静止系での同時刻に測定する棒の両端の位置座標の差なので $t_{\mathrm{P}} = t_{\mathrm{Q}}$ という同時性の関係式から，運動系での点 P と Q の時刻の間に

$$t'_{\mathrm{Q}} - t'_{\mathrm{P}} = -\frac{v}{c^2}\ell_0 \tag{1.339}$$

の関係がなくてはならない．すると，この静止系での同時刻に両端の位置座標の差は

$$\begin{aligned} x_{\mathrm{Q}} - x_{\mathrm{P}} &= \frac{\ell_0}{\sqrt{1-(v/c)^2}} + \frac{v}{\sqrt{1-(v/c)^2}}(t'_{\mathrm{Q}} - t'_{\mathrm{P}}) \\ &= \ell_0\sqrt{1-(v/c)^2} \end{aligned} \tag{1.340}$$

となる．ここで式（1.339）の関係を使った．この式から静止系で測定した棒の長さは $\sqrt{1-(v/c)^2}$ の割合で収縮していることが分かる．これは言い換えると，静止しているときに ℓ_0 という長さの棒は，一定速度 v で運動しているときには長さ $\ell_0\sqrt{1-(v/c)^2}$ になって収縮している．これをローレンツ収縮という．

　上の導き方から分かるように，二つの系での棒の長さが異なるのは，長さの測定はそれぞれの系で同時刻に行う必要があるが，同時刻が二つの系で一致しないため，測定する位置座標が異なっている，言い換えると異なる点の長さを測って

いるためである.

　今度は「運動する時計は遅れる」という命題について定量的に調べてみよう. 素粒子の中には,生成された後,ある一定の時間が経過すると別の素粒子に崩壊 するものがある. その一定の時間をその素粒子の寿命という. 寿命が τ_0 の素粒 子が,静止系の x 軸方向に速さ v で運動しているとしよう. 運動系としてはそ の素粒子が原点に静止している系をとる. その際,運動系での素粒子が $t' = 0$ で生成され,$t' = \tau_0$ で崩壊するとすると,生成する現象を A,崩壊する現象を B として,それぞれの座標が $(t' = t'_A = 0, x' = x'_A = 0)$ と $(t' = t'_B = \tau_0, x' = x'_B = 0)$ と表される. この現象 A と B が,静止系で $(t = t_A, x = x_A)$ と $(t = t_B, x = x_B)$ に対応するとすると,それらの間にはローレンツ変換により,

$$t_A = \frac{v/c^2}{\sqrt{1 - (v/c)^2}} x'_A + \frac{1}{\sqrt{1 - (v/c)^2}} t'_A \tag{1.341}$$

$$t_B = \frac{v/c^2}{\sqrt{1 - (v/c)^2}} x'_B + \frac{1}{\sqrt{1 - (v/c)^2}} t'_B \tag{1.342}$$

という関係がある. これに,$(t' = t'_A = 0, x' = x'_A = 0)$ と $(t' = t'_B = \tau_0, x' = x'_B = 0)$ を代入すると,静止系で観測したときの寿命 τ は

$$\tau = t_B - t_A = \frac{1}{\sqrt{1 - (v/c)^2}} (t'_B - t'_A) = \frac{1}{\sqrt{1 - (v/c)^2}} \tau_0 \tag{1.343}$$

となる. これは静止系から見たとき,運動している素粒子の寿命が延びているこ とを意味する. このことは,静止系を基準にして言えば,運動系の時計がゆっく りと進むためであり,「運動する時計は遅れる」と表現される.

1.4.5 時空と世界間隔

時空概念の導入

　時間と空間が絶対的存在でなく,慣性系の速度に依存して変化することが特殊 相対論の一つの結論であり,概念的には時間空間のとらえかたの根底的な転換を 迫るものである. さらに二つの慣性系の間では,一方の慣性系の時間が他方の慣 性系の時間のみならず空間に依存していることは,時間と空間が独立した存在で はないことを意味する. そこで,時間と空間を同等に扱うため時間の 1 次元と空 間の 3 次元をまとめて時空と呼ぶ. 時空は数学的には 4 次元空間となる.

ただし物理的には時間と空間の次元（ディメンション）が異なるので，慣性系に依存しない真空中の光速度 c を時間にかけた量 ct をとって距離の次元を持たせて空間と同等に扱う．特殊相対論での 4 次元時空中のある点で起きる現象を事象と呼ぶ．時刻 t に位置 (x, y, z) で何かの現象が起きるとき，それは 4 次元時空中の点 (ct, x, y, z) で起きる事象なのである．時間と空間を同質なものとして扱うとき，事象の座標を (x^0, x^1, x^2, x^3) と書くこともある．空間座標としてデカルト座標を使用する場合，$x^0 = ct, x^1 = x, x^2 = y, x^3 = z$ という対応になっている．この時空をミンコフスキー時空，4 次元空間としてとらえた場合，ミンコフスキー空間という．

時空中の 2 点間の世界間隔

3 次元空間中では 2 点間の距離という概念が意味を持つ．4 次元時空中では，時空中の 2 点つまりは 2 事象の間に次の量 Δs を定義し，2 事象間の世界間隔という．二つの事象を P と Q とし，P と Q の座標を (ct_1, x_1, y_1, z_1) と (ct_2, x_2, y_2, z_2) とすると

$$(\Delta s)^2 = -c^2(t_2 - t_1)^2 + (x_2 - x_1)^2 + (y_2 - y_1)^2 + (z_2 - z_1)^2 \quad (1.344)$$

と定義される．世界間隔は距離の次元を持つ．世界間隔の 2 乗は正にも 0 にも負にもなりうる．この世界間隔の定義式から分かるように，時間と空間がまったく同等に扱われるわけではない．ミンコフスキー時空の特徴は，この世界間隔の 2 乗の表現に現れる $(ct)^2, x^2, y^2, z^2$ の係数が $(-1, +1, +1, +1)$ となっていることである．この係数をメトリック（計量）という．メトリックの符号は $(+1, -1, -1, -1)$ で定義する流儀もあるので注意しておく必要がある．

二つの事象を P と Q として，P が光を放射する事象で，Q がその光を受ける事象だとしてみよう．この 2 事象間の空間的距離とその時間差の間には

$$c = \frac{\sqrt{(x_2 - x_1)^2 + (y_2 - y_1)^2 + (z_2 - z_1)^2}}{t_2 - t_1} \quad (1.345)$$

という関係がある．この関係を使うと事象 P と事象 Q の世界間隔は 0 であることが分かる．つまり二つの事象が光の通過経路上にある場合その世界間隔は 0 なのである．

世界間隔の不変性と時空の固有な領域

二つの事象間の世界間隔をある一つの慣性系で定義したわけだが，別の慣性系に変換するとどのような値を持つであろうか．二つの事象 P と Q の座標が，一つの慣性系で (ct_1, x_1, y_1, z_1) と (ct_2, x_2, y_2, z_2)，その慣性系の x 軸方向に一定速度 v で運動している別の慣性系で測定する 2 事象の座標を $(ct'_1, x'_1, y'_1, z'_1)$ と $(ct'_2, x'_2, y'_2, z'_2)$ とする．このとき運動系での世界間隔 $\Delta s'$ の 2 乗は

$$(\Delta s')^2 = -c^2(t'_2 - t'_1)^2 + (x'_2 - x'_1)^2 + (y'_2 - y'_1)^2 + (z'_2 - z'_1)^2 \qquad (1.346)$$

となる．静止系と運動系の座標はローレンツ変換で結び付けられているので

$$\begin{pmatrix} ct'_1 \\ x'_1 \\ y'_1 \\ z'_1 \end{pmatrix} = \begin{pmatrix} \gamma & -\beta\gamma & 0 & 0 \\ -\beta\gamma & \gamma & 0 & 0 \\ 0 & 0 & 1 & 0 \\ 0 & 0 & 0 & 1 \end{pmatrix} \begin{pmatrix} ct_1 \\ x_1 \\ y_1 \\ z_1 \end{pmatrix} \qquad (1.347)$$

$$\begin{pmatrix} ct'_2 \\ x'_2 \\ y'_2 \\ z'_2 \end{pmatrix} = \begin{pmatrix} \gamma & -\beta\gamma & 0 & 0 \\ -\beta\gamma & \gamma & 0 & 0 \\ 0 & 0 & 1 & 0 \\ 0 & 0 & 0 & 1 \end{pmatrix} \begin{pmatrix} ct_2 \\ x_2 \\ y_2 \\ z_2 \end{pmatrix} \qquad (1.348)$$

を使うと

$$(\Delta s')^2 = (\Delta s)^2 \qquad (1.349)$$

であることが導かれる．ここで

$$\beta = \frac{v}{c} \qquad (1.350)$$

$$\gamma = \frac{1}{\sqrt{1 - (v/c)^2}} \qquad (1.351)$$

であり，特殊相対論ではときどきこの記号が使われることもある．したがって世界間隔あるいはその 2 乗は異なる慣性系でもその値を変えない．このように変換によって値が変化しない場合，その変換に対する不変量という．つまり世界間隔はローレンツ変換に対する不変量になっていてローレンツ不変量と呼ばれ，この不変性をローレンツ不変性という．

変換に対する不変量は物理的に重要な意味を持つ．特殊相対論的な時空に関しては，時間と空間が独立ではなくなった．しかし，時間の進み方には方向性があるのに対して，空間には方向性はない．こうした性質がローレンツ変換で変化してしまうとすれば，事象の時間的順序関係あるいは因果関係に大きな影響を引き起こしてしまう．しかし世界間隔がローレンツ不変量であることから，因果関係のある時間的順序は慣性系によらないで保存されることが示される．

世界間隔の慣性系独立性の式（1.349）から，2 事象間が $(\Delta s)^2 > 0$ であるのか，$(\Delta s)^2 = 0$ であるのか，$(\Delta s)^2 < 0$ であるのか，は慣性系によらないことが分かる．そこで

$$(\Delta s)^2 > 0 \text{ のとき，2 事象は空間的に離れている} \tag{1.352}$$

$$(\Delta s)^2 = 0 \text{ のとき，2 事象は光的あるいはヌル的に離れている} \tag{1.353}$$

$$(\Delta s)^2 < 0 \text{ のとき，2 事象は時間的に離れている} \tag{1.354}$$

と定義する．ここでヌルとはゼロのことである．すると世界間隔の不変性から，ある慣性系で空間的に離れている 2 事象はどの慣性系でも空間的に離れており，ある慣性系で時間的に離れている 2 事象はどの慣性系でも時間的に離れており，ある慣性系で光的に離れている 2 事象はどの慣性系でも光的に離れている，ことが分かる．

このことから，ある一つの事象をとると，その事象と時空の各点との関係が空間的なのか，光的なのか，あるいは時間的なのかが，慣性系によらないで決ってしまう．そこで，その事象との関係で時空を，空間的領域，光的領域，時間的領域に分けることができ，その分けかたは慣性系に依存しないことになる（図1.15）．

また，光的領域とはその事象と光の経路で結び付く領域で，言い換えれば光の運動する経路の集合である．これを光円錐とも呼び，ある事象に関して時空を領域に分けたときの時間的領域と空間的領域を分ける境界に光円錐つまり光的領域が存在する．これは時間的領域での物体の運動の速度は光の速さを越えることができないため，光円錐を越えて空間的領域へ移動することができないということでもある．

重要なことは，時間の順序関係が保存されるのは時間的領域にある事象間にお

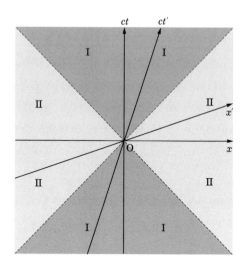

図 **1.15** 時空の固有な領域. 簡単化のため空間座標としては
x, x' 座標のみを描いてある. 時間方向には時間に光速度をかけ
た量をとっている. 破線は原点 O を通過する光の道筋であり,
これが光円錐あるいは光的領域である. 光円錐の上下の領域 I
が原点 O との関係で時間的領域であり, 光円錐の左右の領域 II
が原点 O との関係で空間的領域である. この領域は静止系から
でも運動系からでも変化しない.

いてであり, 空間的領域の事象間の時間的順序関係は保存されない. つまり, あ
る慣性系で二つの事象が互いの空間的領域にある場合, その時間的な順序は別の
慣性系では同じになるとは限らないのである.

1.4.6 特殊相対論的力学

時間と空間の概念が相対的存在であること, 慣性系間の座標変換がローレンツ
変換であること, 4 次元時空中の二つの事象の関係を特徴づける不変量として世
界間隔があることが特殊相対論の基礎である.

最初に述べたように, ニュートン力学はガリレイ変換に対してガリレイの相対
性原理を満たしている. このことはニュートン力学はローレンツ変換に対してア
インシュタインの相対性原理を満たしていないことを意味する. そこでローレン

ツ変換に対してのアインシュタインの特殊相対性原理を満たす特殊相対論的力学の基本方程式とその特徴を調べてみる.

測地線——自由粒子の運動

力学の基本は物体の運動を解析することにある.特殊相対論的な力学では光速度に近い速さで運動する物体の運動方程式がどのような形になるかを求める必要がある.

最初に,ある一つの慣性系に静止状態での質量が m_0 の質点があるとし,その質点に力が作用していない場合を考える.力が作用しなければ加速度がなく,質点は等速度運動を続ける.一般に,ある空間の中を一定の速さで運動したとき,2点間を最短「時間」で結ぶ曲線をその2点を通る測地線という.ここで問題なのは「時間」である.特殊相対論では,時間つまりは2つの点の時間座標の差は慣性系によって変化する量であってローレンツ不変量ではない.そのためローレンツ不変量であって時間的順序関係に対応する量として固有時間 τ という量を以下のように定義して,その固有時間が最短になる曲線を測地線と呼ぶ.

$$(\Delta\tau)^2 = -\frac{(\Delta s)^2}{c^2} \tag{1.355}$$

この固有時間の2乗は世界間隔の2乗に定数をかけたものなのでローレンツ不変量である.

さて,ミンコフスキー時空中に二つの点 P と Q を考え,それらがお互いの時間的領域にあり,時間的順序関係として点 Q が点 P よりも後の時刻に起こる事象であるとする.質点が P から Q へ一定の速さ v で移動するとする.このとき P から Q への移動経路は時間的順序を破らない範囲でも無数に存在する.時間的順序関係が破られない場合,その経路は交差することのない一本の曲線となるので,その経路は一つのパラメータで特徴づけられる.そのパラメータとして固有時間をとることができる.そうすると P 点から Q 点へ,ある曲線に沿って一定の速さで移動したときにかかる固有時間 τ_{QP} は

$$\tau_{QP} = \int_P^Q d\tau$$

$$= \frac{1}{c}\int_P^Q \sqrt{\left(\frac{cdt}{d\tau}\right)^2 - \left(\frac{dx}{d\tau}\right)^2 - \left(\frac{dy}{d\tau}\right)^2 - \left(\frac{dz}{d\tau}\right)^2}\, d\tau \tag{1.356}$$

と表される．τ_{QP} を最小にするには，パラメータ τ の関数としての $t(\tau), x(\tau),$ $y(\tau), z(\tau)$ を以下のように変化させたとき，

$$t(\tau) \longrightarrow t(\tau) + \delta t(\tau) \tag{1.357}$$

$$x(\tau) \longrightarrow x(\tau) + \delta x(\tau) \tag{1.358}$$

$$y(\tau) \longrightarrow y(\tau) + \delta y(\tau) \tag{1.359}$$

$$z(\tau) \longrightarrow z(\tau) + \delta z(\tau) \tag{1.360}$$

τ_{QP} の変化量が 0 になることが必要条件となる．ここで $\delta f(\tau)$ は物理量 $f(\tau)$ の関数としての微小変化を表す．その条件を求めると（変分法による），

$$\frac{d^2(ct)}{d\tau^2} = 0 \tag{1.361}$$

$$\frac{d^2\boldsymbol{x}}{d\tau^2} = 0 \tag{1.362}$$

が導かれる．つまり，幾何学的にはこれが測地線の方程式であり，物理的には自由粒子の軌道を決める式である．とくに，これらの式のうち式（1.362）は自由粒子に対するニュートンの運動方程式の時間 t を固有時間 τ に置き換えたものになっている．そこで自由粒子に対する特殊相対論的な運動方程式として

$$m_0 \frac{d^2 x^i}{d\tau^2} = 0 \qquad (i = 0, 1, 2, 3) \tag{1.363}$$

を採用する．これはニュートン力学での運動方程式の拡張になっているとともにローレンツ変換に対してもアインシュタインの相対性原理を満たすものである．ただし，ニュートン力学とは違って空間の中での物体の位置を決めるだけでなく，時間の変化も決めることになり，式の数が一つ増えている．

特殊相対論における運動方程式

一般には力が作用した場合の運動方程式が必要になるが，4 次元的な力を G^i $(i = 0, 1, 2, 3)$ としたとき

$$m_0 \frac{d^2 x^i}{d\tau^2} = G^i \quad (i = 0, 1, 2, 3) \tag{1.364}$$

を運動方程式と考える．

この特殊相対論的な運動方程式（1.364）の空間成分，つまり $(i = 1, 2, 3)$ 成

分の式を書き直してみると次のようになる.

$$m_0 \frac{d}{dt}\left(\frac{1}{\sqrt{1-(v/c)^2}}\frac{d\boldsymbol{x}}{dt}\right) = \boldsymbol{F} \tag{1.365}$$

ここで

$$\boldsymbol{F} = \sqrt{1-(v/c)^2}\,\boldsymbol{G} \tag{1.366}$$

$$\boldsymbol{G} = (G^1, G^2, G^3) \tag{1.367}$$

であり,

$$d\tau = \sqrt{1-(v/c)^2}\,dt \tag{1.368}$$

であることを使った. ここでさらに

$$\boldsymbol{p} = m_0 \frac{d\boldsymbol{x}}{d\tau} = \frac{m_0}{\sqrt{1-(v/c)^2}}\frac{d\boldsymbol{x}}{dt} \tag{1.369}$$

という量を定義すると, 式 (1.365) は

$$\frac{d\boldsymbol{p}}{dt} = \boldsymbol{F} \tag{1.370}$$

と書き直せる.

この式は

$$\boldsymbol{p}_{\mathrm{N}} = m_{\mathrm{N}}\frac{d\boldsymbol{x}}{dt} \tag{1.371}$$

と定義した $\boldsymbol{p}_{\mathrm{N}}$ を使って, ニュートンの運動方程式 (1.270) を書き直した式

$$\frac{d\boldsymbol{p}_{\mathrm{N}}}{dt} = \boldsymbol{F} \tag{1.372}$$

と同じ形になっている. ニュートン力学では $\boldsymbol{p}_{\mathrm{N}}$ は粒子の運動量である. そこで, $\boldsymbol{p}$ を特殊相対論での運動量の空間成分と見なす. このとき注意が必要なのは

$$m_{\mathrm{N}} \longleftrightarrow \frac{m_0}{\sqrt{1-(v/c)^2}} \tag{1.373}$$

という対応があることである. これは特殊相対論的な運動方程式の空間成分を書くとき, そこで使用されるべき質量には粒子の運動速度依存性があることを意味する. 粒子の速度が 0 のときの質量を静止質量と呼ぶと, m_0 が静止質量であり, 運動しているときの粒子の質量は $1/\sqrt{1-(v/c)^2}$ の割合で増大している.

質量とエネルギーの関係

特殊相対論的な運動方程式の場合，ニュートンの運動方程式と異なり時間成分の方程式が存在する．そこで

$$p^0 = m_0 \frac{d(ct)}{d\tau} = \frac{m_0}{\sqrt{1-(v/c)^2}} \frac{d(ct)}{dt} = \frac{m_0 c}{\sqrt{1-(v/c)^2}} \tag{1.374}$$

という量を定義する．すると

$$\begin{aligned}
&-(p^0)^2 + (p^1)^2 + (p^2)^2 + (p^3)^2 \\
&= -\left(m_0 \frac{d(ct)}{d\tau}\right)^2 + \left(m_0 \frac{dx}{d\tau}\right)^2 + \left(m_0 \frac{dy}{d\tau}\right)^2 + \left(m_0 \frac{dz}{d\tau}\right)^2 \\
&= -m_0^2 c^2
\end{aligned} \tag{1.375}$$

という関係があることが示される．式（1.375）を t で微分してみると

$$p^0 \frac{dp^0}{dt} - p^1 \frac{dp^1}{dt} - p^2 \frac{dp^2}{dt} - p^3 \frac{dp^3}{dt} = 0 \tag{1.376}$$

であるので，式（1.369）（1.370）（1.374）を使うと

$$c\frac{dp^0}{dt} = \boldsymbol{F}\frac{d\boldsymbol{x}}{dt} \tag{1.377}$$

となる．この式の右辺は仕事率であるので，cp^0 は粒子の持つ全エネルギーであると考えることができ，それを E と表すと式（1.374）から

$$E = cp^0 = \frac{m_0 c^2}{\sqrt{1-(v/c)^2}} \tag{1.378}$$

が得られる．ここで

$$m = \frac{m_0}{\sqrt{1-(v/c)^2}} \tag{1.379}$$

と定義すると，エネルギーと運動量が

$$E = mc^2 \tag{1.380}$$

$$p^0 = mc \tag{1.381}$$

$$\boldsymbol{p} = m\frac{d\boldsymbol{x}}{dt} \tag{1.382}$$

のように表される．また式（1.375）は

$$E^2 = (m_0 c^2)^2 + (c\boldsymbol{p})^2 \tag{1.383}$$

と書き直すことができ，静止質量 m_0 の粒子の運動量 $\boldsymbol{p}$ とエネルギー E の関係式になっている．

　ここで式（1.380）の意味をもう少し詳しく見るために，粒子の速度が光速度に比べて小さい場合を考えてみる．そこで v/c が 1 より小さいとして展開すると

$$E = mc^2 = \frac{m_0 c^2}{\sqrt{1 - (v/c)^2}} = m_0 c^2 + \frac{1}{2} m_0 v^2 + \frac{3}{8} m_0 \frac{v^4}{c^2} + \cdots \tag{1.384}$$

となる．この式の第 1 項のエネルギーを静止質量 m_0 の粒子の静止エネルギーと呼ぶ．つまり静止質量はエネルギーと同等なのである．このことはニュートン力学の範囲では現れてこなかった概念で，特殊相対論によって初めて明らかにされた重要な結論である．第 2 項は粒子の運動エネルギーである．第 3 項以下はやはり特殊相対論で初めて出てくる項であり，速度に依存する「高次の運動エネルギー」ともいえるエネルギーである．これらのことは，エネルギーのそれぞれの項が光速 c を含むか否かで理解できる．c を含まない運動エネルギーはニュートン力学に現れていた概念に対応しているわけである．

ローレンツスカラー，ローレンツベクトル──特殊相対論的不変量

　世界間隔がローレンツ不変量であることを以前に説明した．ローレンツ変換に対しての不変量を，ローレンツ変換に対するスカラー量あるいはローレンツスカラーという．一方，4 次元空間の座標 $(ct, x, y, z) = (x^0, x^1, x^2, x^3)$ は，ローレンツ変換で座標 $(ct', x', y', z') = (x'^0, x'^1, x'^2, x'^3)$ に変換されるが，この 4 次元座標と同じ変換を受ける量をローレンツベクトルという．つまり，ミンコフスキー空間に $\boldsymbol{a}^{(4)} = (a^0, a^1, a^2, a^3)$ という 4 次元ベクトルを考え，ローレンツ変換で，$\boldsymbol{a}'^{(4)} = (a'^0, a'^1, a'^2, a'^3)$ に変換されるとき，

$$\begin{pmatrix} a'^0 \\ a'^1 \\ a'^2 \\ a'^3 \end{pmatrix} = \begin{pmatrix} \gamma & -\beta\gamma & 0 & 0 \\ -\beta\gamma & \gamma & 0 & 0 \\ 0 & 0 & 1 & 0 \\ 0 & 0 & 0 & 1 \end{pmatrix} \begin{pmatrix} a^0 \\ a^1 \\ a^2 \\ a^3 \end{pmatrix} \tag{1.385}$$

という関係がある場合，$\boldsymbol{a}^{(4)}$ をローレンツベクトルまたは4元ベクトルという.

　ミンコフスキー空間の2点の4次元座標の差から作られた4元ベクトルから世界間隔というスカラー量を作り出したのと同じように，2つの4元ベクトル $\boldsymbol{a}^{(4)}$ と $\boldsymbol{b}^{(4)}$ の間に内積という次の関係を定義すると，この内積はローレンツスカラーになる.

$$(\boldsymbol{a}^{(4)}, \boldsymbol{b}^{(4)}) = -a^0 b^0 + a^1 b^1 + a^2 b^2 + a^3 b^3. \tag{1.386}$$

　前に出てきた p^0 と $\boldsymbol{p}$ をまとめて $(p^0, p^1, p^2, p^3) = \boldsymbol{p}^{(4)}$ という量を考えると，これはローレンツベクトルであることが示される．したがってその内積はスカラーであり

$$(\boldsymbol{p}^{(4)}, \boldsymbol{p}^{(4)}) = -m_0^2 c^2 \tag{1.387}$$

と表されるが，これは式（1.375）そのものである．この $\boldsymbol{p}^{(4)}$ を4元運動量と呼ぶ．スカラー量はローレンツ変換で値を変えないので，物理的な言い方をすると特殊相対論的不変量であるということができる．つまり，4元運動量の内積は特殊相対論的不変量なのである.

　また次の量 $\boldsymbol{u}^{(4)}$ を4元速度というが，4元速度もローレンツベクトルである.

$$\boldsymbol{u}^{(4)} = \left(\frac{dx^0}{d\tau}, \frac{dx^1}{d\tau}, \frac{dx^2}{d\tau}, \frac{dx^3}{d\tau}\right). \tag{1.388}$$

その内積はスカラーで，特殊相対論的不変量であるが，その値は

$$(\boldsymbol{u}^{(4)}, \boldsymbol{u}^{(4)}) = -\left(\frac{d\tau}{d\tau}\right)^2 = -1 \tag{1.389}$$

となっている.

　もう一つ重要な4元ベクトルとして，ある波源から出される電磁波を一つの慣性系で測定したときの振動数 ω と波数ベクトル $\boldsymbol{k}$ をあわせた量 $\boldsymbol{k}^{(4)} = (\omega/c, \boldsymbol{k})$ がある．これはローレンツベクトルである．ここで，観測者を静止系，波源を運動系とし，v は波源の運動速度の大きさ，ω' は運動系での振動数とすると，二つの系のローレンツ変換から

$$\omega' = \omega \frac{1 - (v/c)\cos\theta}{\sqrt{1 - (v/c)^2}} \tag{1.390}$$

という関係が導かれる．θ は電磁波の進行方向と波源の速度のなす角度である．式（1.390）は電磁波の振動数のドップラー効果を表す式である．

1.4.7 マクスウェル電磁気学と特殊相対論

1.4.1 節で述べたように，マクスウェル電磁気学は特殊相対論と整合性を持つ理論である．もちろん電磁気学理論の構築に関わってきた科学者たちは特殊相対論的な時空の概念を持ってはおらず，時空に対してはニュートン以来の絶対的存在であることに疑念をはさむことがなかった．しかし，マクスウェルがまとめあげた理論は実質的には空間と時間の相対性を内包していたのである．

真空中の電磁波の方程式と電磁ポテンシャルベクトル

特殊相対論を作り上げるにあたって，アインシュタインの特殊相対性原理が適用される物理理論としてマクスウェルの電磁気学を採用した．その際，ゲージ条件（1.276）のもとで真空中の電磁波の式（1.274），（1.275）が成り立つ．特殊相対性原理はそれらの式が慣性系によらないで同じ形で成り立つことを要求する．

まず，次のように 4 つの物理量を並べて 4 次元ベクトルを定義する．

$$\boldsymbol{A}^{(EM)} = \left(\frac{\phi}{c}, \boldsymbol{A}\right) = (A^{(EM)0}, A^{(EM)1}, A^{(EM)2}, A^{(EM)3}). \tag{1.391}$$

このとき波動方程式は

$$\frac{1}{c^2}\frac{\partial^2 \boldsymbol{A}^{(EM)}}{\partial t^2} - \frac{\partial^2 \boldsymbol{A}^{(EM)}}{\partial x^2} - \frac{\partial^2 \boldsymbol{A}^{(EM)}}{\partial y^2} - \frac{\partial^2 \boldsymbol{A}^{(EM)}}{\partial z^2} = 0 \tag{1.392}$$

となるが，次式で定義される時間と空間のそれぞれ 2 階の偏微分の組み合わせであるダランベルシャンはローレンツ変換で形を変えない，つまり

$$\frac{1}{c^2}\frac{\partial^2}{\partial t^2} - \frac{\partial^2}{\partial x^2} - \frac{\partial^2}{\partial y^2} - \frac{\partial^2}{\partial z^2} = \frac{1}{c^2}\frac{\partial^2}{\partial t'^2} - \frac{\partial^2}{\partial x'^2} - \frac{\partial^2}{\partial y'^2} - \frac{\partial^2}{\partial z'^2} \tag{1.393}$$

なので，式（1.392）は

$$\frac{1}{c^2}\frac{\partial^2 \boldsymbol{A}^{(EM)}}{\partial t'^2} - \frac{\partial^2 \boldsymbol{A}^{(EM)}}{\partial x'^2} - \frac{\partial^2 \boldsymbol{A}^{(EM)}}{\partial y'^2} - \frac{\partial^2 \boldsymbol{A}^{(EM)}}{\partial z'^2} = 0 \tag{1.394}$$

と変換される．

一方，真空中の電磁波の波動方程式が式（1.392）の形で書けるのはゲージ条

件（1.276）が成り立つ場合である．このゲージ条件は

$$\frac{1}{c}\frac{\partial A^{(EM)0}}{\partial t} + \frac{\partial A^{(EM)1}}{\partial x} + \frac{\partial A^{(EM)2}}{\partial y} + \frac{\partial A^{(EM)3}}{\partial z} = 0 \tag{1.395}$$

と書けるが，x 軸方向にローレンツ変換を施すと

$$\frac{1}{c}\frac{\partial}{\partial t'}\left(\frac{A^{(EM)0} - (v/c)A^{(EM)1}}{\sqrt{1-(v/c)^2}}\right)$$
$$+ \frac{\partial}{\partial x'}\left(\frac{-(v/c)A^{(EM)0} + A^{(EM)1}}{\sqrt{1-(v/c)^2}}\right) + \frac{\partial A^{(EM)2}}{\partial y'} + \frac{\partial A^{(EM)3}}{\partial z'} = 0 \tag{1.396}$$

という形になる．この条件式がもとと同じ形，つまり

$$\frac{1}{c}\frac{\partial A^{'(EM)0}}{\partial t'} + \frac{\partial A^{'(EM)1}}{\partial x'} + \frac{\partial A^{'(EM)2}}{\partial y'} + \frac{\partial A^{'(EM)3}}{\partial z'} = 0 \tag{1.397}$$

になるためには

$$A^{'(EM)0} = \frac{A^{(EM)0}}{\sqrt{1-(v/c)^2}} - \frac{(v/c)A^{(EM)1}}{\sqrt{1-(v/c)^2}} \tag{1.398}$$

$$A^{'(EM)1} = -\frac{(v/c)A^{(EM)0}}{\sqrt{1-(v/c)^2}} + \frac{A^{(EM)1}}{\sqrt{1-(v/c)^2}} \tag{1.399}$$

$$A^{'(EM)2} = A^{(EM)2} \tag{1.400}$$

$$A^{'(EM)3} = A^{(EM)3} \tag{1.401}$$

なる関係があればよい．この関係は $\boldsymbol{A}^{(EM)}$ がローレンツベクトルであることを要求している．そこでこの量を 4 元電磁ポテンシャルベクトルといい $\boldsymbol{A}^{(4)}$ で表すことにする．

　波動方程式については，式（1.394）から，式（1.398），（1.399）（1.400），（1.401）のように変換される量 $\boldsymbol{A}^{'(EM)}$ も

$$\frac{1}{c^2}\frac{\partial^2 \boldsymbol{A}^{'(EM)}}{\partial t'^2} - \frac{\partial^2 \boldsymbol{A}^{'(EM)}}{\partial x'^2} - \frac{\partial^2 \boldsymbol{A}^{'(EM)}}{\partial y'^2} - \frac{\partial^2 \boldsymbol{A}^{'(EM)}}{\partial z'^2} = 0 \tag{1.402}$$

を満たす．つまり，異なる慣性系に移っても同じ形の波動方程式が満たされることが保証されている．

マクスウェル方程式とローレンツ変換の整合性

真空中のマクスウェルの電磁場の方程式は以下のように表される.

$$\frac{\partial \boldsymbol{B}}{\partial t} + \nabla \times \boldsymbol{E} = 0 \tag{1.403}$$

$$\frac{\partial \boldsymbol{D}}{\partial t} - \nabla \times \boldsymbol{H} = 0 \tag{1.404}$$

$$\nabla \cdot \boldsymbol{D} = 0 \tag{1.405}$$

$$\nabla \cdot \boldsymbol{B} = 0. \tag{1.406}$$

ここで $\boldsymbol{B}, \boldsymbol{H}, \boldsymbol{D}, \boldsymbol{E}$ は磁束密度,磁場ベクトル,電束密度,電場ベクトルである.またこれらの量は電磁場ポテンシャルと

$$\frac{\boldsymbol{E}}{c} = -\nabla \left(\frac{\phi}{c}\right) - \frac{1}{c}\frac{\partial \boldsymbol{A}}{\partial t} \tag{1.407}$$

$$\boldsymbol{B} = \nabla \times \boldsymbol{A} \tag{1.408}$$

$$\boldsymbol{B} = \mu_0 \boldsymbol{H} \tag{1.409}$$

$$\boldsymbol{D} = \varepsilon_0 \boldsymbol{E} \tag{1.410}$$

という関係がある.ここで μ_0, ε_0 は真空の透磁率と誘電率である.4元電磁ポテンシャルベクトルのローレンツ変換の変換性から,磁束密度と電場ベクトルはローレンツ変換に伴って

$$\frac{E_x'}{c} = \frac{E_x}{c} \tag{1.411}$$

$$\frac{E_y'}{c} = \frac{E_y/c - (v/c)B_z}{\sqrt{1 - (v/c)^2}} \tag{1.412}$$

$$\frac{E_z'}{c} = \frac{E_z/c + (v/c)B_y}{\sqrt{1 - (v/c)^2}} \tag{1.413}$$

$$B_x' = B_x \tag{1.414}$$

$$B_y' = \frac{B_y + (v/c)(E_z/c)}{\sqrt{1 - (v/c)^2}} \tag{1.415}$$

$$B_z' = \frac{B_z - (v/c)(E_y/c)}{\sqrt{1 - (v/c)^2}} \tag{1.416}$$

という変換を受ける.また

$$\varepsilon_0 \mu_0 = \frac{1}{c^2} \tag{1.417}$$

なので，$\boldsymbol{H}$ と $\boldsymbol{D}$ の変換式も簡単に導き出すことができる.

　ここで，マクスウェル方程式のうちの式（1.403）（1.406）の左辺から作られる次の 4 次元量 $\boldsymbol{M}$ を考える.

$$M^0 = -\frac{\partial B_x}{\partial x} - \frac{\partial B_y}{\partial y} - \frac{\partial B_z}{\partial z} \tag{1.418}$$

$$M^1 = \frac{1}{c}\frac{\partial B_x}{\partial t} + \frac{1}{c}\frac{\partial E_z}{\partial y} - \frac{1}{c}\frac{\partial E_y}{\partial z} \tag{1.419}$$

$$M^2 = \frac{1}{c}\frac{\partial B_y}{\partial t} - \frac{1}{c}\frac{\partial E_z}{\partial x} + \frac{1}{c}\frac{\partial E_x}{\partial z} \tag{1.420}$$

$$M^3 = \frac{1}{c}\frac{\partial B_z}{\partial t} + \frac{1}{c}\frac{\partial E_y}{\partial x} - \frac{1}{c}\frac{\partial E_x}{\partial y} \tag{1.421}$$

この量が別の慣性系で $\boldsymbol{M}'$ となるとすると，アインシュタインの特殊相対性原理に従うという要求は，$\boldsymbol{M}'$ が

$$M'^0 = -\frac{\partial B_x'}{\partial x'} - \frac{\partial B_y'}{\partial y'} - \frac{\partial B_z'}{\partial z'} \tag{1.422}$$

$$M'^1 = \frac{1}{c}\frac{\partial B_x'}{\partial t'} + \frac{1}{c}\frac{\partial E_z'}{\partial y'} - \frac{1}{c}\frac{\partial E_y'}{\partial z'} \tag{1.423}$$

$$M'^2 = \frac{1}{c}\frac{\partial B_y'}{\partial t'} - \frac{1}{c}\frac{\partial E_z'}{\partial x'} + \frac{1}{c}\frac{\partial E_x'}{\partial z'} \tag{1.424}$$

$$M'^3 = \frac{1}{c}\frac{\partial B_z'}{\partial t'} + \frac{1}{c}\frac{\partial E_y'}{\partial x'} - \frac{1}{c}\frac{\partial E_x'}{\partial y'}. \tag{1.425}$$

と書かれることに帰着する. そのためには，$\boldsymbol{M}$ がローレンツベクトルすなわち

$$M'^0 = \gamma M^0 - \beta\gamma M^1 \tag{1.426}$$

$$M'^1 = -\beta\gamma M^0 + \gamma M^1 \tag{1.427}$$

$$M'^2 = M^2 \tag{1.428}$$

$$M'^3 = M^3 \tag{1.429}$$

という変換に従うことが要求される. また，もともと $\boldsymbol{M}$ は全成分が 0 のベクトルであるので，変換されたベクトル $\boldsymbol{M}'$ も全成分が 0 のベクトルであり，マクスウェル方程式の式（1.403）（1.406）が慣性系によらない形で書かれているこ

とを意味している.

同様にして，マクスウェル方程式の（1.404）（1.405）に対応して，次の 4 次元量 N を考える.

$$N^0 = -\frac{\partial D_x}{\partial x} - \frac{\partial D_y}{\partial y} - \frac{\partial D_z}{\partial z} \tag{1.430}$$

$$N^1 = \frac{1}{c}\frac{\partial D_x}{\partial t} - \frac{1}{c}\frac{\partial H_z}{\partial y} + \frac{1}{c}\frac{\partial H_y}{\partial z} \tag{1.431}$$

$$N^2 = \frac{1}{c}\frac{\partial D_y}{\partial t} + \frac{1}{c}\frac{\partial H_z}{\partial x} - \frac{1}{c}\frac{\partial H_x}{\partial z} \tag{1.432}$$

$$N^3 = \frac{1}{c}\frac{\partial D_z}{\partial t} - \frac{1}{c}\frac{\partial H_y}{\partial x} + \frac{1}{c}\frac{\partial H_x}{\partial y}. \tag{1.433}$$

M の場合と同様に考えると，式（1.404）（1.405）も慣性系によらないで同じ形をとるという要請から，N がローレンツベクトルであることが必要となる.

こうしてマクスウェル方程式が，どの慣性系でも同じ形で表現されるというアインシュタインの特殊相対性原理を要求するとき，マクスウェル方程式から適切に選んだ方程式の組が，ローレンツベクトルとしてふるまうことが分かる.それがマクスウェル方程式の形を慣性系に依存しないものとしている.つまりマクスウェル方程式はローレンツ変換と整合性があり，特殊相対論の中で矛盾のない体系を作っている.

第2章

物 質

2.1　状態方程式

　宇宙を構成する各種天体の温度・密度などの物質の状態は非常な広範囲にわたっている．密度は宇宙空間の $\rho \simeq 4 \times 10^{-28}\,\mathrm{kg\,m^{-3}}$ から超新星爆発時の中心部や中性子星の内部では 原子核の密度 $\rho \simeq 2.3 \times 10^{17}\,\mathrm{kg\,m^{-3}}$ を超えるまでに及ぶ．温度は現在の宇宙の背景放射の温度である絶対温度 $T = 2.7\,\mathrm{K}$ から超新星爆発時の恒星の内部の $T \simeq 10^{10}\,\mathrm{K}$ 以上に達する．さらにはビッグバンの初期にはこれを超える温度であったと推定されている（図 2.1）．

　天体現象で扱う物質は主として多数の原子核や電子などの集合体であるが，温度，密度の違いによってさまざまな状態を取ることになる．粒子間に働く相互作用，主として電気的な力による化学反応を通して，固体，液体，分子気体，単原子気体，原子のイオン化に伴う電離気体（プラズマ状態）などのさまざまな様相を呈する．さらには，高温度や高密度では，素粒子間に働く強い相互作用や弱い相互作用などを通して，原子核の形成と分解，さらには，物質・反物質の対生成と消滅などの異なった諸相にわたる．加えて，電磁気相互作用を媒介するゲージボソンである光子も重要な寄与をする．

　巨視的な物質の系には，内部エネルギー，体積，粒子の種類と数で決まる平衡状態が存在する．これらの熱力学量は，系を分割したりあるいは部分を合わせた

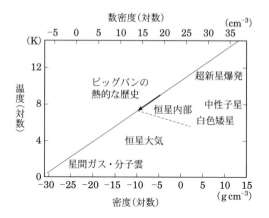

図 2.1 宇宙と天体の温度と密度. 直線は膨張宇宙の温度と密度変化を示す.

とき分量に応じて分配あるいは足し合わすことのできる示量変数であるが, 平衡状態は, 温度や圧力, 化学ポテンシャルなどの, 系の量に依存しない示強変数でも定義される. 示強変数は示量変数の間の微係数として与えられるが, これらの変数間の関係を表したのが状態方程式である. 状態方程式は, 構成粒子の性質, 粒子間の相互作用等に応じてさまざまな形をとり, 天体の構造と進化の理解にとって不可欠な要素である. また, 断熱指数などの熱力学変数間の微係数も, 系の力学的な安定性や熱的なふるまいなどに関与する.

　天体は開放系であり, 全体としては, 熱平衡状態からは遠く隔たっている. しかし, 温度や密度などの熱力学的な量の変動の尺度に比べて小さな領域をとれば, 物質の状態は局所的には熱平衡状態で十分に近似できると考えられる. 本節ではこれらの熱平衡状態のもとで成り立つ状態方程式とそれに関連した熱力学的諸量をいくつかの基本的な場合について概観する.

2.1.1 理想気体の状態方程式

　理想気体は, 構成粒子の内部運動や粒子間の相互作用が無視できる場合に成り立つ近似である. この場合, 分子, 原子, あるいは, 電離気体などの構成する粒子の種類と状態によらず, 系を記述する 温度 T, 圧力 P, 化学ポテンシャル μ などの状態量の間に, ボイル–シャルルの法則等の関係式が成り立つ. これらの

関係は理想気体の状態方程式と呼ばれ，物質を構成する粒子の数密度によって決まる.

　天体を構成する物質は一般には異なる種類の粒子で構成される．複数の種類の粒子が混在している場合は，圧力は各粒子（＝成分）の分圧の合計であるが，理想気体にはエネルギーの等分配が成り立ち，それぞれの分圧は各成分の数密度に比例することになる．i 種成分の粒子 1 個あたりの質量 m_i を原子質量単位 m_u（$= 1.6605 \times 10^{-27}$ kg）で測った値を分子量（原子の場合は原子量）といい，ここでは A_i で表す（$A_i = m_i/m_u$）．m_u は，質量数（陽子と中性子の合計数）12 の炭素の同位体の質量の 1/12 で，これを g 単位で表した値の逆数がアボガドロ数 N_A である（$= 1\,\mathrm{g}/m_u = 6.022 \times 10^{23}$）．物質の組成を単位質量中に占める各成分の質量比 X_i で表すと，密度 ρ のとき各成分の数密度は

$$n_i = \frac{\rho X_i}{m_i} = \frac{\rho X_i}{A_i m_u} \tag{2.1}$$

となる．全質量を全粒子数で割った粒子 1 個あたりの分子量を平均分子量として定義し，A_m と記すと，系の全粒子の数密度 n は

$$n = \sum_i n_i = \frac{\rho}{A_m m_u}, \quad \frac{1}{A_m} = \sum_i \frac{X_i}{A_i} \tag{2.2}$$

と表される[*1].

　電離している場合は，系の数密度は各原子（イオン）成分の数密度の総和 n_N と電子の数密度 n_e の合計で与えられ，

$$n = n_N + n_e \tag{2.3}$$

となる．完全電離の場合，イオンと電子の数密度は，各成分原子番号を Z_i とすると，それぞれ，

$$n_N = \sum_i \frac{\rho X_i}{A_i m_u}, \quad n_e = \sum_i \frac{\rho X_i Z_i}{A_i m_u} \tag{2.4}$$

であり，平均分子量は，

$$\frac{1}{A_m} = \frac{1}{A_N} + \frac{1}{A_e} = \sum_i \frac{X_i}{A_i} + \sum_i \frac{X_i Z_i}{A_i} \tag{2.5}$$

[*1] 平均分子量は μ で表すのが慣用であるが，本節では，化学ポテンシャルとの混同を避けるため通常質量数に当てられる A を用いる.

となる. ここで A_N と A_e はそれぞれイオンおよび電子 1 個あたりの平均分子量を表す.

電離気体の圧力 P は, イオンと電子気体の分圧 P_N と P_e の和として与えられ, 上記の平均分子量を用いると, ボイル–シャルルの法則は,

$$P = P_N + P_e = \frac{k_B}{A_m m_u}\rho T, \tag{2.6}$$

$$P_N = \frac{k_B}{A_N m_u}\rho T, \quad P_e = \frac{k_B}{A_e m_u}\rho T \tag{2.7}$$

と書ける. 温度は絶対温度 (K) で表し, k_B はボルツマン定数で, MKS 単位系では $k_B = 1.38 \times 10^{-23}\,\mathrm{kg\,m^2\,s^{-2}\,K^{-1}}$ である.

宇宙の元素組成は, 水素とヘリウムが大部分を占める. それ以外の元素は金属と総称されるが, 存在量はきわめて小さい. 水素, ヘリウム, 金属の組成をそれぞれ X, Y, Z で記すが, ビッグバンで生成されたのは $X = 0.75$–0.76, $Y = 0.24$–0.25 で, 金属はリチウムのみで $Z \simeq 10^{-9}$–10^{-10} しかなく, 太陽系の形成時の組成で, $X \simeq 0.70$, $Y \simeq 0.28$, $Z \simeq 0.02$ であり, 恒星から観測される金属量はもっとも多い場合でも $Z \simeq 0.04$ 程度に過ぎない. 金属元素は総量は少なく, ほとんどの元素が $A_i = 2Z_i$ なので, 完全電離した場合の全粒子, イオン, 電子の平均分子量は,

$$\frac{1}{A_m} = 2X + \frac{3}{4}Y + \frac{Z}{2} \qquad (\simeq 1/0.62), \tag{2.8}$$

$$\frac{1}{A_N} = X + \frac{Y}{4} \qquad (\simeq 1/1.30), \tag{2.9}$$

$$\frac{1}{A_e} = X + \frac{Y}{2} + \frac{Z}{2} = \frac{1+X}{2} \qquad (\simeq 1/1.18) \tag{2.10}$$

で近似できる. 括弧の中の数値は, 太陽組成の場合を示す. 例外は恒星や惑星の内部で, 水素, ヘリウムが核反応で消費し尽くされた中心部分では, 炭素以上の金属が主成分となり, また, 惑星内部では, 固体成分が凝集していると考えられている.

2.1.2 量子統計と相対論の効果

理想気体の場合, 速度空間での分布関数はマクスウェル分布で与えられる. しかし, 天体の特徴は, その状態が広範囲に及ぶことであり, 極端な場合には, 原

子・分子が本来従う量子力学の効果が重要になる．とりわけ，半奇数のスピンを
持つフェルミ粒子の場合は，パウリの排他律が働くため，温度に比べて密度が高
くなると，縮退という現象が起き，その影響が状態方程式に現れる．また，高温
度あるいは高密度では，粒子の速度が光速に近づくため，相対論の効果を考慮し
なければならない．最初に量子統計と相対論を考慮した一般的な表式を導いて
おく．

　量子統計に従うと，粒子がエネルギー ε の準位に存在する確率は，分布関数

$$f(\varepsilon) = \frac{1}{\exp[(\varepsilon - \mu)/k_\mathrm{B}T] \pm 1} \tag{2.11}$$

で与えられる（1.2 節参照）．ここで，μ は 1 粒子あたりの化学ポテンシャルで，
符号 $\pm$ は，$+$ の場合が半整数のスピンをもちフェルミ–ディラック統計に従う
フェルミ粒子，$-$ の場合が整数スピンをもちボース–アインシュタイン統計に従
うボース粒子に対応する．自由粒子の場合，空間座標 $\boldsymbol{r}$ と $\boldsymbol{r} + d^3\boldsymbol{r}$，運動量 $\boldsymbol{p}$
と $\boldsymbol{p} + d^3\boldsymbol{p}$ の間にあるの 6 次元の位相空間の微小体積にある準位の数は

$$g \frac{d^3\boldsymbol{r}\, d^3\boldsymbol{p}}{h^3} \tag{2.12}$$

である．ここで h はプランク定数（$= 6.626 \times 10^{-34}\,\mathrm{J\,s}$），$g$ は粒子の統計的な
重みで，スピン I の場合，$g = 2I + 1$ である．

　特殊相対性理論によると，質量 m の粒子の場合，運動エネルギー ε と運動量
の大きさ p の関係は，

$$\varepsilon = (m^2c^4 + p^2c^2)^{1/2} - mc^2 \tag{2.13}$$

で表される（1.4 節参照）．運動エネルギーが静止エネルギーに比して十分小さ
い非相対論的（$\varepsilon \ll mc^2$）な場合，$\varepsilon = (1/2m)p^2$ となり，ニュートン力学の運
動エネルギーを与える．運動エネルギーが静止エネルギーに比して十分大きい極
相対論的（$\varepsilon \gg mc^2$）な場合には，$\varepsilon = pc$ となり，質量のない光子とおなじに
なる．また，粒子の速度の大きさ v は，

$$v(p) = \frac{\partial \varepsilon}{\partial p} = \frac{p}{\sqrt{m^2 + p^2/c^2}} \tag{2.14}$$

であり，非相対論的な場合は $v = p/m$，極相対論的な場合は $v = c$ となる．

　　これらの関係を使うと，温度 T，化学ポテンシャル μ の平衡状態での粒子の数密度は，

$$n = \iiint_{-\infty}^{\infty} f(p)g\frac{d^3\boldsymbol{p}}{h^3} = \frac{4\pi g}{h^3} \int_0^\infty f(p)p^2 dp, \tag{2.15}$$

圧力と内部エネルギー密度 U は

$$P = \frac{1}{3}\frac{4\pi g}{h^3} \int_0^\infty p\frac{\partial \varepsilon}{\partial p}f(p)p^2 dp, \tag{2.16}$$

$$U = \frac{4\pi g}{h^3} \int_0^\infty \varepsilon p^2 dp \tag{2.17}$$

で与えられる.

　　エントロピーは，熱力学第 1 法則から導ける．単位質量あたりの比内部エネルギーを $u\,(\equiv U/\rho)$ で記し，第 1 法則を変形すると，単位質量あたりの比エントロピー s は

$$\begin{aligned} ds &= \frac{1}{T}du + \frac{P}{T}d\left(\frac{1}{\rho}\right) \\ &= d\left(\frac{\rho u + P}{\rho T}\right) - \left(\frac{\rho u + P}{\rho}\right)d\left(\frac{1}{T}\right) - \frac{1}{\rho T}dP \end{aligned} \tag{2.18}$$

で与えられる．ここで化学ポテンシャルと熱エネルギー $k_{\mathrm{B}}T$ との比として定義される縮退パラメータ

$$\Psi = \mu/k_{\mathrm{B}}T \tag{2.19}$$

を独立変数とすると，分布関数 f の微分について，

$$\left(\frac{\partial f}{\partial T}\right)_{\Psi,\varepsilon} = -\frac{\varepsilon}{T}\left(\frac{\partial f}{\partial \varepsilon}\right)_{T,\Psi} = \frac{\varepsilon}{k_{\mathrm{B}}T^2}\left(\frac{\partial f}{\partial \Psi}\right)_{T,\varepsilon} \tag{2.20}$$

の関係が導かれる．この関係を用いると式（2.16）から圧力の微分は

$$\begin{aligned} dP &= \left(\frac{\partial P}{\partial \beta}\right)_\Psi d\beta + \left(\frac{\partial P}{\partial \Psi}\right)_\beta d\Psi \\ &= -\left(u + \frac{P}{\rho}\right)T\,d\left(\frac{1}{T}\right) + nT\,d\left(\frac{\mu}{T}\right) \end{aligned} \tag{2.21}$$

となる．この関係を 式（2.18）に代入すると積分ができて，

$$s = k_{\mathrm{B}} \left(\frac{\rho u + P - n\mu}{\rho k_{\mathrm{B}} T} \right) \tag{2.22}$$

となる．この式で積分定数は，熱力学第3法則に合致して $T \to 0$ で $s \to 0$ になっている（後節参照）．この関係は熱力学関数（ポテンシャル）の関係式と一致する（1.2節参照）．

　高温あるいは低密度で粒子が各エネルギー準位を占める期待値が小さい場合には，量子力学の効果が無視できて，分布関数は

$$f(\varepsilon) = e^{\mu/k_{\mathrm{B}}T} e^{-\varepsilon/k_{\mathrm{B}}T} \tag{2.23}$$

と近似でき，マクスウェル–ボルツマン分布に一致する．これを式 (2.15)，(2.16)，(2.17) に代入し，粒子の運動エネルギーは非相対論的であるとすると，単原子分子の場合の理想気体の状態方程式が得られる．数密度の式からは理想気体の化学ポテンシャルの表式

$$\mu = k_{\mathrm{B}} T \ln \left[\frac{n h^3}{g(2\pi m k_{\mathrm{B}} T)^{3/2}} \right] \tag{2.24}$$

が導かれる．マクスウェル–ボルツマン分布が成り立つ条件は $e^{\mu/k_{\mathrm{B}}T} \ll 1$（$\mu < 0$）であり，したがって，理想気体の状態方程式が適用できるのは，数密度が

$$n = \frac{\rho}{A_m m_u} \ll \frac{g(2\pi m k_{\mathrm{B}} T)^{3/2}}{h^3} \tag{2.25}$$

を満たし，平均エネルギーに対応する位相空間での状態数に比して十分に小さい場合である．この範囲は図2.2に示した破線の左方および上方にあたる．圧力はボイル–シャルルの式 (2.6) となり，また，内部エネルギー u は

$$u = U/\rho = \frac{3}{2} \frac{1}{A_m m_u} k_{\mathrm{B}} T \tag{2.26}$$

で，等分配の法則と一致する．

　これらの関係を式 (2.22) に代入すると，理想気体のエントロピーが付加定数も含めて決まることになる．原子（イオン）と電子のエントロピーをそれぞれ s_N と s_{e} とすると，

$$s = s_N + s_{\mathrm{e}} \tag{2.27}$$

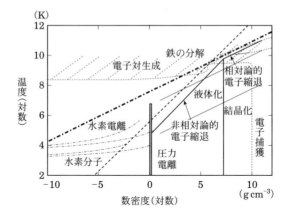

図 **2.2** 平衡状態にある物質の状態.

$$s_N = \sum_i \frac{k_B X_i}{A_i m_u} \ln \left[\frac{g_i e^{5/2} (2\pi A_i m_u k_B T)^{3/2}}{(\rho X_i / A_i m_u) h^3} \right] \tag{2.28}$$

$$s_e = \frac{k_B}{A_e m_u} \ln \left[\frac{2 e^{5/2} (2\pi m_e k_B T)^{3/2}}{(\rho / A_e m_u) h^3} \right] \tag{2.29}$$

で与えられる．ここで g_i は原子（イオン）の温度 T における分配関数である．

2.1.3 比熱と断熱指数

天体の構造と進化の議論では，状態方程式や内部エネルギー等の熱力学的状態量に加えて，力の変化やエネルギーの移動に対する物質の熱力学的な応答が必要とされる．これらの応答は熱力学変数間の微分係数で与えられる．

比熱は単位質量あたりの物質の温度を上げるのに必要なエネルギーとして定義され，熱力学第 1 法則から

$$c_\alpha \equiv \left(\frac{dQ}{dT} \right)_\alpha = T \left(\frac{ds}{dT} \right)_\alpha = \left(\frac{du}{dT} \right)_\alpha + P \frac{d}{dT} \left(\frac{1}{\rho} \right)_\alpha \tag{2.30}$$

で与えられる．微分は温度以外の熱力学量 α を一定に保った過程でのものであり，したがって，比熱は物理過程に依存することになる．単原子分子の理想気体の場合，体積一定のもとでの定積比熱 c_V，圧力一定のもとでの定圧比熱 c_P はそれぞれ

$$c_V \equiv T\left(\frac{\partial s}{\partial T}\right)_\rho = \frac{3}{2}\frac{k_B}{A_m m_u}, \tag{2.31}$$

$$c_P \equiv T\left(\frac{\partial s}{\partial T}\right)_P = c_V + \frac{P}{\rho T}\frac{\chi_T^2}{\chi_\rho} = \frac{5}{2}\frac{k_B}{A_m m_u} \tag{2.32}$$

で与えられ，定数となる．ここで，χ_T と χ_ρ は圧力の温度および密度（体積）依存性を表し，

$$\chi_T \equiv \left(\frac{\partial \ln P}{\partial \ln T}\right)_V, \quad \chi_\rho \equiv \left(\frac{\partial \ln P}{\partial \ln \rho}\right)_T \tag{2.33}$$

で定義される応答関数であり，理想気体の場合は $\chi_T = \chi_\rho = 1$ である．理想気体では，比熱比 γ も定数で，単原子分子の場合は

$$\gamma \equiv c_P/c_v = 5/3 \tag{2.34}$$

である．

　断熱指数は断熱変化に対する系の熱力学的な応答を表し，圧力，密度，温度の組に対して，

$$\Gamma_1 \equiv \left(\frac{\partial \ln P}{\partial \ln \rho}\right)_{\rm ad} = \chi_\rho \gamma, \tag{2.35}$$

$$\frac{\Gamma_2 - 1}{\Gamma_2} \equiv \left(\frac{\partial \ln T}{\partial \ln P}\right)_{\rm ad} \equiv \nabla_{\rm ad} \tag{2.36}$$

$$\Gamma_3 - 1 \equiv \left(\frac{\partial \ln T}{\partial \ln \rho}\right)_{\rm ad} \tag{2.37}$$

の3種の断熱指数が定義される．Γ_1 は力学的な構造の安定性に，また，断熱温度勾配 $\nabla_{\rm ad}$ は対流の発生，熱輸送効率に関係するが，これらは独立ではなく

$$\nabla_{\rm ad} = \frac{\Gamma_1 - \chi_\rho}{\Gamma_1 \chi_T} = \frac{\gamma - 1}{\gamma \chi_T}, \quad \Gamma_3 - 1 = \Gamma_1 \nabla_{\rm ad} \tag{2.38}$$

の関係がある．一般には熱力学変数の関数であるが，理想気体の場合は，断熱指数はすべて定数で比熱比に等しく，断熱温度勾配も定数で

$$\Gamma_1 = \Gamma_2 = \Gamma_3 = \gamma, \quad \nabla_{\rm ad} = (\gamma - 1)/\gamma \tag{2.39}$$

となる．

2.1.4 化学平衡と粒子数の変化

これまでは単位質量あたりの粒子数を所与のものとして扱ったが，粒子数は熱力学的状態によっても変動する．原子のイオン化や電子との再結合，分子の形成や解離などの化学反応がおきると，系の準静的な変化は粒子数の変化を伴うことになる．一般に，電離や化学反応は温度に敏感なため，少しの温度の変化で粒子数が大きく変化し，圧力の変動をもたらす．同時に，電離や反応に必要なエネルギーの吸収や放出は，粒子の運動エネルギーに影響し，系の比熱を大きくする．この粒子数の変化とそれに伴う比熱の変化のため，電離や分子形成の化学反応が誘起されると，系の状態方程式と熱力学的な応答は上記の理想気体のものとは違ってくる．

原子の電離・再結合

電離は熱エネルギー $k_B T$ が電離エネルギーに近くなると起きるが，星間ガスや初期の星には金属は微量しか存在しないため状態方程式に影響するのはおもに水素とヘリウムということになる．水素とヘリウムの電離，再結合の反応はそれぞれ

$$
\begin{aligned}
&\mathrm{H} + \chi_\mathrm{H} \rightleftarrows \mathrm{H}^+ + \mathrm{e}^- \\
&\mathrm{He} + \chi_{\mathrm{He I}} \rightleftarrows \mathrm{He}^+ + \mathrm{e}^-, \quad \mathrm{He}^+ + \chi_{\mathrm{He II}} \rightleftarrows \mathrm{He}^{++} + \mathrm{e}^-.
\end{aligned}
\tag{2.40}
$$

ここで，$\chi_\mathrm{H}\,(=13.6\,\mathrm{eV})$，$\chi_{\mathrm{He I}}\,(=24.6\,\mathrm{eV})$ と $\chi_{\mathrm{He II}}\,(=54.4\,\mathrm{eV})$ は，それぞれ水素原子，中性ヘリウム（He I），1価のヘリウムイオン（He II）の基底状態からの電離エネルギーであり，光子の吸収・放出あるいは電子との衝突によってやりとりされる（$1\,\mathrm{eV} = 1.602 \times 10^{-19}\,\mathrm{J}$）．

電離ガスの平衡状態はおのおのの反応について化学ポテンシャルが等しいという条件で決まる．水素の場合は，水素原子，陽子，電子をそれぞれ H, p, e で記すと平衡条件は光子の化学ポテンシャルはゼロなので

$$
\mu_\mathrm{p} + \mu_\mathrm{e} = \mu_\mathrm{H}.
\tag{2.41}
$$

理想気体の化学ポテンシャルは，式（2.24）で与えられるが，電離エネルギーを考慮する必要がある．水素原子と陽子の内部エネルギーの原点を同じ値にとると，電離気体の内部エネルギーは

$$\rho u = \frac{3}{2}(n_{\mathrm{H}} + n_{\mathrm{p}} + n_{\mathrm{e}})k_{\mathrm{B}}T + \chi_{\mathrm{H}}n_{\mathrm{p}} \tag{2.42}$$

したがって，化学ポテンシャルは，それぞれ

$$\mu_{\mathrm{p}} = k_{\mathrm{B}}T \ln\left[n_{\mathrm{p}}\frac{h^3}{g_{\mathrm{p}}(2\pi m_{\mathrm{p}}k_{\mathrm{B}}T)^{3/2}}\right] + \chi_{\mathrm{H}}, \tag{2.43}$$

$$\mu_{\mathrm{e}} = k_{\mathrm{B}}T \ln\left[n_{\mathrm{e}}\frac{h^3}{g_{\mathrm{e}}(2\pi m_{\mathrm{e}}k_{\mathrm{B}}T)^{3/2}}\right], \tag{2.44}$$

$$\mu_{\mathrm{H}} = k_{\mathrm{B}}T \ln\left[n_{\mathrm{H}}\frac{h^3}{g_{\mathrm{H}}(2\pi m_{\mathrm{H}}k_{\mathrm{B}}T)^{3/2}}\right]. \tag{2.45}$$

ここで，g_{H} は水素原子の内部自由度であるが，基底状態のみを考え，$g_{\mathrm{H}} = 4$ とおく．また，$g_{\mathrm{p}} = g_{\mathrm{e}} = 2$ である．

これらの化学ポテンシャルを平衡条件に代入すると

$$\frac{n_{\mathrm{p}}n_{\mathrm{e}}}{n_{\mathrm{H}}} = \left(\frac{m_{\mathrm{p}}m_{\mathrm{e}}}{m_{\mathrm{H}}}\right)^{3/2}\frac{(2\pi k_{\mathrm{B}}T)^{3/2}}{h^3}e^{-\chi_{\mathrm{H}}/k_{\mathrm{B}}T} \tag{2.46}$$

となり，サハの方程式を得る（1.2.9 節参照）．電子に関しては，ヘリウムの電離エネルギーは水素に比して大きく，また，その他の金属は組成が小さいので，水素の電離以外からの寄与は無視して，$n_{\mathrm{e}} = n_{\mathrm{p}}$ とおける．全水素の数密度は $n_N = n_{\mathrm{p}} + n_{\mathrm{H}} = \rho/(A_{\mathrm{H}}m_u)$ であり，換算質量は $m_{\mathrm{e}}m_{\mathrm{p}}/m_{\mathrm{H}} \simeq m_{\mathrm{e}}$ で近似できる．したがって，水素の電離度を

$$\alpha = \frac{n_{\mathrm{p}}}{n_{\mathrm{p}} + n_{\mathrm{H}}} \tag{2.47}$$

で定義すると，式（2.46）は

$$\frac{\alpha^2}{1-\alpha} = \left(\frac{A_{\mathrm{H}}m_u}{\rho}\right)\frac{(2\pi m_{\mathrm{e}}k_{\mathrm{B}}T)^{3/2}}{h^3}e^{-\chi_{\mathrm{H}}/k_{\mathrm{B}}T} \tag{2.48}$$

となる．電離は温度に強く依存し，温度の上昇とともに指数関数的に増加し，

$$\frac{\chi_{\mathrm{H}}}{k_{\mathrm{B}}T} \simeq \ln\frac{(2\pi m_{\mathrm{e}}k_{\mathrm{B}}T)^{3/2}}{nh^3} \tag{2.49}$$

の温度で進行する．図 2.3 に電離度の温度依存性の例を示したが，理想気体の場合には 条件（2.25）があるので，電離は，電離エネルギーに対応する温度 $(T_{\mathrm{H}} = \chi_{\mathrm{H}}/k_{\mathrm{B}} = 1.58 \times 10^5\,\mathrm{K})$ よりも十分低い温度でおきることになり，この

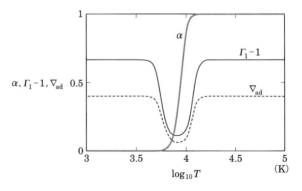

図 **2.3** 水素の電離度 (α) と断熱指数 (Γ_1, ∇_{ad}) の温度依存性 ($\rho = 10^{-7}\,\mathrm{kg\,m^{-3}}$).

傾向は密度が低いほど強くなる．図 2.2 に電離度 $\alpha = 0.1$ と 0.9 となる線（図左の方の細い一点鎖線）を示したが，密度を与えたとき電離は非常に狭い温度範囲で起きる．

定積比熱は内部エネルギーの式（2.42）と電離度の式（2.48）から

$$c_V = \frac{k_{\mathrm{B}}}{A_m m_u}(1+\alpha)\left[\frac{3}{2} + \frac{\alpha(1-\alpha)}{(2-\alpha)(1+\alpha)}\left(\frac{3}{2} + \frac{\chi_{\mathrm{H}}}{k_{\mathrm{B}}T}\right)^2\right] \tag{2.50}$$

となる．完全に電離した（$\alpha = 1$）ときは $c_V = 3k_{\mathrm{B}}/2A_m m_u$，また，完全に再結合した（$\alpha = 0$）ときは $c_V = 3k_{\mathrm{B}}/2A_{\mathrm{H}}m_u$ で理想気体の比熱に一致するが，不完全電離（$0 < \alpha < 1$）のときは，理想気体に比して大きくなる．かっこの係数は $\alpha = 0.5$ で最大値 $\alpha(1-\alpha)/(1+\alpha)(2-\alpha) = 1/9$ をとり，したがって，理想気体の比熱との比は最大値 $\sim (\chi_{\mathrm{H}}/k_{\mathrm{B}}T)^2/9 \gg 1$ に達する．また，圧力は

$$P = (n_{\mathrm{H}} + n_{\mathrm{p}} + n_{\mathrm{e}})k_{\mathrm{B}}T = \frac{\rho}{A_{\mathrm{H}}m_u}(1+\alpha)k_{\mathrm{B}}T \tag{2.51}$$

であり，χ_T, χ_ρ を求めると，

$$\chi_T = 1 + \frac{\alpha(1-\alpha)}{(1+\alpha)(2-\alpha)}\left(\frac{3}{2} + \frac{\chi_{\mathrm{H}}}{k_{\mathrm{B}}T}\right) \tag{2.52}$$

$$\chi_\rho = 1 - \frac{\alpha(1-\alpha)}{(1+\alpha)(2-\alpha)} \tag{2.53}$$

となり，電離領域では圧力は温度に敏感になる．これから，断熱係数が得られて

$$\Gamma_1 = \frac{10 + 2\alpha(1-\alpha)\left(\dfrac{5}{2} + \dfrac{\chi_H}{k_B T}\right)^2}{3(1+\alpha)(2-\alpha) + 2\alpha(1-\alpha)\left(\dfrac{3}{2} + \dfrac{\chi_H}{k_B T}\right)^2} \tag{2.54}$$

となる. 完全電離と完全非電離の場合は, $\Gamma_1 = 5/3$ となり, 理想気体と一致するが, 部分的に電離した場合は小さくなる. 図 2.3 に温度依存性を示したが, $\chi/k_B T \gg 1$ の場合, $\alpha = 0.5$ の近傍では, $\Gamma \sim 1$ に近い値をとることになる. $\Gamma_1 < 4/3$ のとき, 球対称な静水平衡構造は動力学的に不安定になる. したがって, 電離領域が内部の主要な領域を占めるようになると, 恒星は重力崩壊を起こすことになる. 電離あるいは再結合が進むと $\Gamma_1 > 4/3$ となり安定化するので, 恒星の脈動などの原因となる. また, 断熱温度勾配も

$$\nabla_{ad} = \frac{2 + \alpha(1-\alpha)\left(\dfrac{5}{2} + \dfrac{\chi_H}{k_B T}\right)}{5 + \alpha(1-\alpha)\left(\dfrac{5}{2} + \dfrac{\chi_H}{k_B T}\right)^2} \tag{2.55}$$

となる. 理想気体の値 $\nabla_{ad} = 2/5$ に対し, 部分電離のときは小さくなり, $\chi_H/k_B T \gg 1$ の場合は $\nabla_{ad} \simeq \alpha(1-\alpha)/(1+\alpha)(2-\alpha) \to 0$ となる (図 2.3 参照). 温度勾配 $\nabla = (d\ln T/dr)/(d\ln P/dr)$ が ∇_{ad} より大きな領域では対流が発生するので, この結果, 水素やヘリウムの電離領域では対流が発生しやすいことになる.

不完全電離ガスのエントロピーは, 式 (2.27) – (2.29) の各成分を加えて

$$s = \frac{k_B}{A_m m_u}\left[(1+\alpha)\left(\frac{5}{2} + \frac{\chi_H}{k_B T}\right) + 2\ln\frac{\alpha}{1-\alpha} + 定数\right] \tag{2.56}$$

となる. 断熱準静的過程は,

$$du + P d\left(\frac{1}{\rho}\right) = T ds + \sum_i \mu_i d\left(\frac{n_i}{\rho}\right) = 0 \tag{2.57}$$

であるが, 化学平衡が成り立ち $\sum_i \mu_i d(n_i/\rho) = 0$ なので, エントロピーは変化しない. このエントロピー保存からも, 断熱指数, 断熱温度勾配を導出できる.

電離温度は 式 (2.49) でみたように密度とともに上昇する. 一方, 密度が大きくなると, 近傍の電子や陽子の影響を受けて, 原子のポテンシャルが浅くなり, 電離しやすくなる. とくに, 密度が $\rho = 2.6 \times 10^3 \,\mathrm{kg\,m^{-3}}$ になると, イオ

ン間の平均距離 $a = (3/4\pi n_N)^{1/3}$ が水素原子の半径の大きさである ボーア半径 $a_{\rm b} = h^2/(2\pi)^2 m_e e^2$ と同程度になり，電子は陽子の束縛を離れて自由に動けるようになる．これを，圧力電離という．それとともに，この密度では，後で述べるように電子が縮退し電子は熱運動を上回る運動エネルギーをもつことになる．また，イオンについては，粒子間の距離が小さくなるため静電エネルギーが運動エネルギーに比して無視できなくなるので，ふるまいが液体のようになり，さらに低温，高密度では，電気的な反発力で結晶化が起きることになる．

化学反応と分子形成

分子形成についても電離と同様の影響があるが，状態方程式への影響に関しては，水素分子を考えればいいことになる．水素分子の生成，解離反応は

$$H + H \rightleftarrows H_2 + \chi_{H_2}. \tag{2.58}$$

ここで，χ_{H_2}（$= 4.478\,{\rm eV}$）は結合エネルギーである．分子の場合は，回転の自由度を持つため化学平衡の式は複雑になり，解離定数が数値的に与えられている．水素分子の場合は，

$$\frac{n_H}{n_{H_2}} P_H = K(H_2) \tag{2.59}$$

$$\log_{10} K(H_2) = 12.53351 - 4.92516\theta$$
$$+ 0.05619\,\theta^2 - 0.00327\theta^3 \tag{2.60}$$

となる．ただし，P_H は水素の分圧，$\theta = 1/k_{\rm B} T \ln 10 = 5040.39/T({\rm K})\ {\rm eV}^{-1}$ である．図 2.2 に水素分子の割合が 0.1 と 0.9 となる温度を密度の関数として示したが，分子形成は非常に狭い温度範囲で起きる．

水素分子の形成・解離は，電離の場合と同様に，断熱指数を $\Gamma_1 < 4/3$ 以下にし，重力的な不安定性の契機となる．また，断熱温度勾配も小さくなり，対流を誘起する．この水素分子の形成，解離は電離よりも低温で起き，星間雲の収縮，恒星の形成段階，あるいは進化した低温度星の外層で影響を持つことになる．

2.1.5　ボース統計と黒体放射

天体現象では比較的高温で密度が小さい場合は，放射の圧力やエントロピーが重要な役割を担うことになる．光子はスピン 1 のボース粒子でボース–アイン

シュタイン統計に従う．光子は質量をもたないので，

$$\varepsilon = pc, \quad v = c \tag{2.61}$$

であり，スピン1であるが質量がゼロなので，統計的な重みは $g = 2$，また，光子数は保存しないので化学ポテンシャルは $\mu = 0$ である．

平衡状態の光子の分布を黒体放射という．黒体放射の性質は 式 (2.15) – (2.17) にこれらの特性を代入，$x = \varepsilon/k_{\mathrm{B}}T$ とすると

$$n_r = \frac{8\pi}{c^3 h^3}(k_{\mathrm{B}}T)^3 \int_0^\infty \frac{x^2}{e^x - 1} dx \tag{2.62}$$

$$P_r = \frac{1}{3} U_r = \frac{1}{3}\frac{8\pi}{c^3 h^3}(k_{\mathrm{B}}T)^4 \int_0^\infty \frac{x^3}{e^x - 1} dx \tag{2.63}$$

で与えられる．右辺の積分は分母をテイラー展開して

$$\int_0^\infty \frac{x^{(n-1)}}{e^x - 1} dx = \int_0^\infty x^{(n-1)} \sum_{k=1}^\infty e^{-kx} dx$$

$$= \sum_{k=1}^\infty \frac{1}{k^{-n}} \int_0^\infty x^{(n-1)} e^{-x} dx = \zeta(n)\Gamma(n) \tag{2.64}$$

となる．ここで，最右辺の $\zeta(n)$ はリーマンのゼータ関数[*2]，$\Gamma(n)$ はガンマ関数である[*3]．したがって，放射の圧力とエネルギー密度は

$$U_r = 3P_r = aT^4 \tag{2.65}$$

$$a \equiv \frac{8\pi^5}{15}\frac{k_{\mathrm{B}}^4}{h^3 c^3} = 7.56 \times 10^{-16}\,\mathrm{J\,m^{-3}\,K^{-4}} \tag{2.66}$$

と表せる．ここで，a は放射定数である．

これらの値を式 (2.22) に代入すると，放射のエントロピーが求まる．比エントロピー s_r と エントロピー密度 S_r は

$$S_r = \rho s_r = \frac{4aT^3}{3} \tag{2.67}$$

光子の数密度は，式 (2.62) と (2.64) より，温度の3乗に比例して

[*2] $\zeta(n) = \sum_{k=1}^\infty k^{-n}$ で定義され，$\zeta(2) = \pi^2/6$, $\zeta(3) = 1.20205\cdots$, $\zeta(4) = \pi^4/90$ である．

[*3] 46 ページの脚注 2 参照．

$$n_r = 8\pi(2!)\zeta(3)\left(\frac{k_B T}{ch}\right)^3 \simeq 20.3 T^3 \tag{2.68}$$

で増加する．したがって，光子の平均エネルギーは

$$\overline{\varepsilon_r} = U_r/n_r = \frac{3!\zeta(4)}{2!\zeta(3)}k_B T \simeq 3.25 k_B T \tag{2.69}$$

となる．光子のエネルギー分布は式（2.63）で与えられるが，光子の振動数 ν とエネルギーの関係 $h\nu = \varepsilon = pc$ から，黒体放射のエネルギーの振動数分布は

$$f_\nu d\nu = \frac{8\pi}{c^3}\frac{h\nu^3}{\exp(h\nu/kT)-1}d\nu \tag{2.70}$$

となる．これから，単位面積あたり，単位立体角あたりを通過する黒体放射の放射強度を表すプランクの公式

$$B_\nu(T) = \frac{c}{4}f_\nu = \frac{2\pi}{c^2}\frac{h\nu^3}{\exp(h\nu/kT)-1} \tag{2.71}$$

が導かれる．

放射の寄与を加えると，系の全圧力と単位体積あたりのエントロピーは，

$$P = P_N + P_e + P_r \tag{2.72}$$

$$s = s_N + s_e + s_r. \tag{2.73}$$

から求まる．ここで，添え字 N, e, r はそれぞれ原子（イオン）・分子，電子と放射からの寄与を指す．原子（イオン）・分子と電子の気体（ガス）の圧力と放射の圧力の寄与の比を表すパラメータとして

$$\beta \equiv (P_N + P_e)/P, \quad 1 - \beta \equiv P_r/P \tag{2.74}$$

を用いる．放射圧はガス圧に比して温度依存性が強いので高温で寄与が大きくなる．$\beta = 0.5$ となる温度は

$$T = 3.2 \times 10^{10}\,(\rho/A_m\,\mathrm{kg\,m^{-3}})^{1/3}\,\mathrm{K} \tag{2.75}$$

で（図 2.2 の太い一点鎖線），これを超えると，放射圧がガス圧を上回るようになる．

気体と放射を含めた全系の定積比熱 c_V と定圧比熱 c_P は，気体の定積比熱を $c_V^{(m)}$ とすると，

$$c_V = c_V^{(m)} + 12 \left(\frac{R}{A_m} \right) \frac{1-\beta}{\beta} \tag{2.76}$$

$$c_P = c_V^{(m)} + 12 \left(\frac{R}{A_m} \right) \frac{1-\beta}{\beta} + \left(\frac{R}{A_m} \right) \frac{(4-3\beta)^2}{\beta^2} \tag{2.77}$$

となる. 放射の寄与によって, c_V, c_P とも気体だけの値より大きくなる. これ
らは $\beta \to 0$ で発散するが, これは単に放射のエネルギー密度が温度のみの関数
であるためである. 断熱指数 Γ_1 と断熱温度勾配 ∇_{ad} は, 気体の比熱比を $\gamma^{(m)}$
$[= c_P^{(m)}/c_V^{(m)}]$ とすると,

$$\Gamma_1 = \frac{4}{3} + \frac{\beta(4-3\beta)(3\gamma^{(m)}-4)}{3[\beta + 12(\gamma^{(m)}-1)(1-\beta)]} \tag{2.78}$$

$$\nabla_{\mathrm{ad}} = \frac{(\gamma^{(m)}-1)(4-3\beta)}{\beta^2 + (\gamma^{(m)}-1)(16-12\beta-3\beta^2)} \tag{2.79}$$

と書ける. 断熱指数は, 放射圧の寄与の減少関数で, ガス圧が優勢の $\beta = 1$ のと
きの $\Gamma_1 = \gamma^{(m)}$ から放射優勢の極限 $\beta \to 0$ で $\Gamma_1 = 4/3 \ (= \Gamma_2 = \Gamma_3)$ となる.
断熱温度勾配も, 放射の寄与が増えるとともに減少し, $\nabla_{\mathrm{ad}} = (\gamma^{(m)}-1)/\gamma^{(m)}$
から $\beta \to 0$ で $\nabla_{\mathrm{ad}} = 1/4$ に収束する.

2.1.6 フェルミ統計と電子気体

物質を構成する陽子と中性子および電子はスピン 1/2 のフェルミ粒子であり,
分布関数は, 式 (2.11) で正符号をとったフェルミ–ディラック統計に従う. フェ
ルミ粒子はパウリの排他律が働くため, 低温, 高密度になると理想気体からず
れてくる. 質量の小さい粒子は同じ温度でも熱運動の運動量が小さく, 位相空間
で占める体積が小さいので, この量子力学の効果は, これらの粒子のうち, もっ
とも質量の小さい電子にもっとも低い密度で現れる. 電子よりもさらに質量の小
さいニュートリノもフェルミ粒子であるが, 弱い相互作用にしか反応しないため
に他の物質との相互作用が小さい. そのため, 宇宙初期の高温時あるいは大質量
星の最後の中心部の高密度領域を除いて通常は状態方程式に関与しない.

図 2.4 にフェルミ粒子の分布関数を示した. 分布関数は, エネルギー（横軸）
とともに指数関数的に減少するが, $\mu > 0$ のとき（実線）, $\varepsilon_i = \mu$ で $f = 1/2$
で, $\varepsilon_i > \mu$ の領域に $k_{\mathrm{B}}T$ 程度の広がりを持つことになる. 低温・高密度の極限

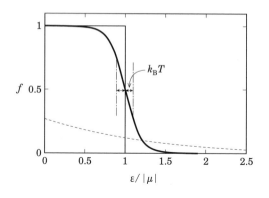

図 **2.4** フェルミ粒子の分布関数. 破線は $\mu < 0$ の場合.

である縮退パラメータ $\Psi \to \infty$ の場合, 分布関数は $\varepsilon_i = \mu$ で不連続な階段関数

$$f(p) = \begin{cases} 1 & \varepsilon_i < \mu のとき \\ 1/2 & \varepsilon_i = \mu のとき \\ 0 & \varepsilon_i > \mu のとき \end{cases} \tag{2.80}$$

に収束する. このとき, 粒子はエネルギーの低い $\varepsilon_i < \mu$ の準位をすべて占め, エネルギーの高い $\varepsilon_i > \mu$ の準位には存在しないことになる. フェルミ分布関数が階段関数に近い状態を縮退といい, フェルミ粒子の分布関数の特徴である.

一方, 理想気体の場合は $\mu < 0$ (図の破線) で, 縮退パラメータ $\Psi \to -\infty$ の極限では, 各エネルギー準位を占める期待値が非常に小さくなり, 量子力学的な効果が無視でき, マクスウェル–ボルツマン分布に漸近する. この場合, 高温になると, 分布関数は高エネルギーの準位にも広がり, 熱エネルギーが粒子の静止エネルギーに近づくと粒子と反粒子の対生成がおきることになる.

電子縮退気体

縮退による理想気体からのずれは $\Psi \simeq 0$ で現れる (式 (2.25) 参照) が, 低温・高密度で $\Psi \to \infty$ の極限で分布関数が階段関数で近似できる場合を完全縮退という. このときの化学ポテンシャルにあたる運動エネルギーの最大値をフェルミエネルギー, 運動量をフェルミ運動量といい, それぞれ, ε_F および p_F と

書く．完全縮退のとき，電子の数密度は，式（2.15）より

$$n_e = \frac{8\pi}{h^3}\int_0^{p_F} p^2 dp = \frac{8\pi}{3}\left(\frac{mc}{h}\right)^3\left(\frac{p_F}{mc}\right)^3. \tag{2.81}$$

また，このときの圧力と運動エネルギー密度はそれぞれ式（2.16）と（2.17）より，

$$P_e = \frac{1}{3}\frac{8\pi}{h^3}\int_0^{p_F}\frac{p^2c^2}{\varepsilon + m_ec^2}p^2 dp = \frac{\pi m_e^4 c^5}{3h^3}g(p_F/m_ec) \tag{2.82}$$

$$U_e = \frac{8\pi}{h^3}\int_0^{p_F}\varepsilon p^2 dp = \frac{\pi m_e^4 c^5}{3h^3}h(p_F/m_ec) \tag{2.83}$$

となる．ここで関数 $g(x)$ と $h(x)$ はそれぞれ

$$g(x) = x(2x^2-3)(x^2+1)^{1/2} + 3\ln[x+(x^2+1)^{1/2}] \tag{2.84}$$

$$h(x) = 8x^3[(x^2+1)^{1/2}-1] - g(x) \tag{2.85}$$

である．

　縮退すると電子の運動エネルギーは熱エネルギーを上回り，圧力や内部エネルギーは絶対零度でも有限の値を持つ．ここでは，電子縮退の起きる条件として，$\varepsilon_F = 2k_BT$ をとる．フェルミエネルギー ε_F は数密度の増加関数であるが，密度が比較的小さく電子の運動が非相対論的な場合は，式（2.81）より，

$$\varepsilon_F = \frac{1}{2m_e}p_F^2 = 2\left(\frac{3}{64\pi}\right)^{2/3}\frac{h^2}{m_e}n_e^{2/3} \tag{2.86}$$

で，電子縮退の条件は

$$\rho \geqq \frac{64\pi}{3}\left(\frac{m_ek_BT}{h^2}\right)^{3/2}A_e m_u = 1.71\times10^3 A_e T_6^{3/2}\ \text{kg m}^{-3} \tag{2.87}$$

となる．ただし，$T_6 = T/(10^6\,\text{K})$．この場合，縮退の起きる温度とフェルミエネルギーは密度の2/3乗に比例して大きくなる．電子の運動が極相対論的になった場合は，フェルミエネルギーは

$$\varepsilon_F = p_Fc = \left(\frac{3}{8\pi}\right)^{1/3}hcn_e^{1/3} \tag{2.88}$$

で与えられ，電子縮退の条件は

$$\rho \gtreqless \frac{64\pi}{3} \left(\frac{k_{\mathrm{B}}T}{hc} \right)^3 A_{\mathrm{e}} m_u = 3.7 \times 10^{-2} A_{\mathrm{e}} T_6^3 \, \mathrm{kg\,m^{-3}} \tag{2.89}$$

となり，縮退の起きる温度は密度の 1/3 乗に比例して緩やかに増加することになる．非相対論的な場合と極相対論的な場合の境界は，フェルミエネルギーが静止エネルギーに匹敵するという条件を目安として $\varepsilon_{\mathrm{F}} = m_{\mathrm{e}} c^2$ とおくと

$$\rho = A_{\mathrm{e}} m_u \frac{64\pi}{3} \left(\frac{m_{\mathrm{e}} c}{h} \right)^3 = 7.8 \times 10^9 A_{\mathrm{e}} \, \mathrm{kg\,m^{-3}} \tag{2.90}$$

で与えられる（図 2.2 の実線を参照）．

完全縮退のときの電子ガスの圧力 P_{e} は，密度に応じて，それぞれ

$$P_{\mathrm{e}} = \begin{cases} \dfrac{8\pi}{15} \left(\dfrac{m_{\mathrm{e}} c}{h} \right)^3 m_{\mathrm{e}} c^2 \left(\dfrac{p_{\mathrm{F}}}{m_{\mathrm{e}} c} \right)^5 & \text{（非相対論的）} \\[3mm] \dfrac{2\pi}{3} \left(\dfrac{m_{\mathrm{e}} c}{h} \right)^3 m_{\mathrm{e}} c^2 \left(\dfrac{p_{\mathrm{F}}}{m_{\mathrm{e}} c} \right)^4 & \text{（極相対論的）} \end{cases} \tag{2.91}$$

で与えられる．したがって，電子ガスの縮退圧は密度の関数として非相対論的な場合は $P_{\mathrm{e}} \propto \rho^{5/3}$，極相対論的な場合は $P_{\mathrm{e}} \propto \rho^{4/3}$ となる．断熱指数は，非相対論的な低密度では $\Gamma_1 = 5/3$ で単原子分子の理想気体と同じであるが，高密度で極相対論的となると $\Gamma_1 = 4/3$ となる．これは，恒星の力学的な構造に影響し，白色矮星の質量の上限であるチャンドラセカール極限に関与する．

縮退パラメータが有限の場合は，式 (2.15)，(2.16)，(2.17) の積分は，次の式で定義されるフェルミ–ディラック積分を用いて表される．

$$F_\nu(\Psi) \equiv \int_0^\infty \frac{u^\nu}{e^{(u-\Psi)} + 1} du. \tag{2.92}$$

電子の運動エネルギーが非相対論的な場合には，電子ガスの数密度と圧力は，

$$n_{\mathrm{e}} = \frac{4\pi}{h^3} (2 m_{\mathrm{e}} k_{\mathrm{B}} T)^{3/2} F_{1/2}(\Psi) \tag{2.93}$$

$$P_{\mathrm{e}} = \frac{8\pi}{3h^3} (2 m_{\mathrm{e}} k_{\mathrm{B}} T)^{3/2} k_{\mathrm{B}} T F_{3/2}(\Psi) \tag{2.94}$$

となり，また，内部エネルギー密度は理想気体の場合と同様 $U_{\mathrm{e}} = (3/2) P_{\mathrm{e}}$ である．これらの $F_\nu(\Psi)$ は数値積分で求められ，Ψ の急激な増加関数である．

Ψ の大きい縮退電子ガスについては，微分可能で，$\varphi(0) = 0$ の任意の関数 $\varphi(x)$ に対して，$e^{-\Psi}$ の精度の範囲で

$$\int_0^\infty \frac{d\varphi(x)}{dx}\frac{1}{e^{(x-\mu)/k_BT}+1}dx = \varphi(\mu) + \frac{\pi^2}{6}(k_BT)^2\varphi''(\mu) + O[(k_BT)^4]$$
$$\simeq \varphi(\varepsilon_F) + (\mu - \varepsilon_F)\varphi'(\varepsilon_F) + \frac{\pi^2}{6}(k_BT)^2\varphi''(\varepsilon_F) \tag{2.95}$$

の関係が導かれる（ゾンマーフェルト展開[*4]）．これでフェルミ–ディラック積分を近似し，低温での縮退ガスの熱的な性質を評価することができる．式 (2.15) – (2.17) から計算すると単位質量あたりの内部エネルギーは

$$u = \begin{cases} \dfrac{1}{A_e m_u}\left[\dfrac{3}{5}\varepsilon_F + \dfrac{\pi^2}{4}\dfrac{(k_BT)^2}{\varepsilon_F}\right] & （非相対論的）, \\[3mm] \dfrac{1}{A_e m_u}\left[\dfrac{3}{4}\varepsilon_F + \dfrac{\pi^2}{2}\dfrac{(k_BT)^2}{\varepsilon_F}\right] & （極相対論的）. \end{cases} \tag{2.96}$$

内部エネルギーは，低温ではフェルミエネルギーに比例して増加するが，温度に対する依存性は $(T/\varepsilon_F)^2$ に比例して小さくなる．したがって，定積比熱は

$$c_V = \frac{1}{A_e m_u}\frac{\pi^2 k_B}{2}\frac{k_BT}{\varepsilon_F} \quad あるいは \quad \frac{1}{A_e m_u}\pi^2 k_B\frac{k_BT}{\varepsilon_F} \tag{2.97}$$

となり，$T \to 0$ ではゼロになる．また，エントロピーについても，同じ近似で，

$$s_e = \frac{k_B}{A_m m_u}\frac{\pi^2}{2}\frac{k_BT}{\mu}\frac{1+\mu/mc_e^2}{1+\mu/2mc_e^2} \tag{2.98}$$

となり，$T \to 0$ では $s_e \to 0$ で，熱力学第 3 法則のネルンストの要請（1.2.2 節参照）を満たす．

電子対の生成・消滅

これまで低温でのフェルミ気体の性質を議論してきたが，高温でも理想気体と異なるふるまいを示す．これは，すべての素粒子に反粒子が存在することに関係する．粒子と反粒子は，電荷などの内部量子数の符号が異なる以外はまったく同じ性質を持つ．電子の反粒子は陽電子で，電荷の符号とレプトン数の符号が反対になるだけで，質量，電荷の大きさなどその他の性質は等しい粒子である．光子や中性の π 中間子等のように電荷や内部量子数を持たない場合は，粒子と反粒

[*4] 積分範囲を $(0, \mu)$ と (μ, ∞) にわけて，被積分関数の分母を $e^{-(x-\mu)}$ で展開して積分する．

子は同じで，自分自身が反粒子となる．

　粒子が有限の質量を持つ場合，熱エネルギーが粒子の静止エネルギーに匹敵するような温度になると粒子と反粒子の対生成が可能となる．電子の静止質量は $T_e = m_e c^2 k_B = 5.9 \times 10^9$ K の温度に対応する．これに近い温度になると，平衡状態で，光子と電子と陽電子の対生成と対消滅

$$e^- + e^+ \rightleftarrows \gamma \tag{2.99}$$

の反応が進行し，大量の電子と陽電子が共存するようになる．この過程は，膨張宇宙の極初期の高温時代，質量の大きなあるいは進化した恒星の中心部の高温領域において発現する．実際には，プランク分布の高エネルギーの部分の寄与によって T_e より 1 桁くらい小さい温度でも影響が現れる．

　対生成の反応では，電子と陽電子の静止エネルギーが反応に関与するので，化学平衡の条件は，分布関数 (2.11) で定義した静止質量を含まない電子と陽電子の化学ポテンシャルを μ_- と μ_+ とすると，

$$\mu_- + \mu_+ + 2m_e c^2 = \mu_r = 0 \tag{2.100}$$

である．したがって，電子と陽電子の化学ポテンシャルの間には

$$\mu_- + m_e c^2 = -(\mu_+ + m_e c^2) = \mu_0 \tag{2.101}$$

の関係が成り立つ．μ_0 を用いると電子と陽電子の分布関数は

$$f_\pm(p) = \frac{1}{\exp[(\sqrt{m_e^2 c^4 + p^2 c^2} \pm \mu_0)/k_B T] + 1} \tag{2.102}$$

と書け，数密度は

$$n_\pm = \frac{8\pi}{h^3} \int_0^\infty f_\pm(p)\, p^2 dp \tag{2.103}$$

で与えられる．電子対は電荷の保存則を満たさなければならない．電離によって供給される電子の量を $n_0^{(m)}$ とすると，高温なので完全電離を仮定して，電荷保存則は，

$$n_- - n_+ = n_e^{(m)} = \sum \frac{Z_i}{A_i} n_i \tag{2.104}$$

となり，この条件から μ_0 が決まる．上式 (2.102) で定義した $f_\pm$ を用いると，電子対の圧力と質量を含む内部エネルギー密度は，それぞれ，

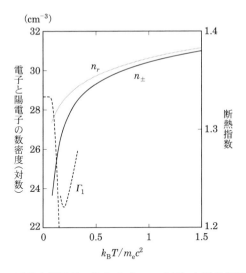

図 2.5　電子と陽電子の数密度（$n_\pm$，実線）と断熱指数（Γ_1，破線）の温度による変化．点線は放射の数密度（n_r）．

$$P_\pm = \frac{8\pi}{3h^3} \int_0^\infty \frac{p^4 c f_\pm}{(m_e^2 c^2 + p^2)^{1/2}} dp \tag{2.105}$$

$$U_\pm = \frac{8\pi}{h^3} \int_0^\infty (m_e^2 c^4 + p^2 c^2)^{1/2} p^2 f_\pm dp \tag{2.106}$$

となる．したがって，電子対ガスの電離電子の静止エネルギーを除いた内部エネルギー密度と圧力は

$$U_e = U_+ + U_- - n_0^{(m)} m_e c^2 \tag{2.107}$$

$$P_e = P_+ + P_- \tag{2.108}$$

で与えられる．図 2.5 に電子対の数密度を温度の関数として示した．$T \simeq T_e$ より高温側では $n_\pm$ はほぼ n_r に比例し温度の 3 乗で増加するが，低温側では $T^3 \exp(-T_e/T)$ に比例して急激に減少し，放射に比しても小さくなる．

極相対論的極限

　極相対論的な極限（$k_B T \gg m_e c^2$）では粒子のエネルギーは $\varepsilon = pc$ で近似できる．また，高温かつ低密度の極限では，対生成する電子と陽電子の数に比して

電離で供給される電子数は無視できるので，$\mu_0 = 0$ で近似できる．このときの電子対の数密度は

$$n_- = n_+ = \frac{8\pi}{h^3}\left(\frac{k_{\mathrm B}T}{c}\right)^3 \int_0^\infty \frac{x^2}{e^x+1}dx \tag{2.109}$$

となる．右辺の積分は黒体放射の場合と同様にリーマンのゼータ関数を用いて

$$\int_0^\infty \frac{x^{n-1}}{e^n+1}dx = \sum_{k=1}^\infty (-1)^{k-1}\int_0^\infty x^{n-1}e^{-kx}dx$$
$$= (1-2^{1-n})(n-1)!\,\zeta(n) \tag{2.110}$$

と表される．したがって，電子と陽電子の数密度とエネルギー密度は，

$$n_\pm = 24\,\zeta(3)\left(\frac{k_{\mathrm B}T}{hc}\right)^3 \tag{2.111}$$
$$U_- = U_+ = \frac{8\pi}{h^3}\left(\frac{k_{\mathrm B}T}{c}\right)^4 c\int_0^\infty \frac{x^3}{e^x+1}dx = \frac{7}{8}aT^4. \tag{2.112}$$

電子，陽電子はフェルミ粒子でパウリの排他律に従うため，数密度，エネルギー密度ともにボース粒子である光子に比して小さい．しかしながら，電子と陽電子をあわせた電子対の数密度，エネルギー密度は $n_e = (3/2)n_r$, $U_e = U_- + U_+ = (7/4)U_r$ となり，粒子と反粒子が同じである放射より大きくなる．圧力に関しては

$$P_e = 2\times\frac{8\pi}{3h^3}\left(\frac{k_{\mathrm B}T}{c}\right)^4 c\int_0^\infty \frac{x^3}{e^x+1}dx = \frac{1}{3}U_e \tag{2.113}$$

となり，圧力とエネルギー密度の関係は放射の場合と同じである．

　極相対論的な状態方程式は宇宙初期の高温状態において重要になる．さらに高い温度では，電子よりも重い素粒子の粒子・反粒子対も出現する．電子の次に重いミューオン，ついでパイ中間子，さらに，陽子，中性子などの核子についても，熱エネルギーがそれぞれ粒子の静止エネルギーを上回るような温度では，粒子と反粒子のエネルギー密度と圧力は，フェルミ粒子の場合，式 (2.105) と (2.106) で，ボース粒子の場合はボース–アインシュタイン分布で置き換えたもので与えられる．したがって，対生成が起きる温度以上では，自由度が増加し，比熱が大きくなる．この熱平衡状態の実現は，温度が時間変化する場合は，エネ

ルギーの条件に加えて，対生成と対消滅の反応がつりあい，化学平衡が成立することが条件となり，反応速度からも制限がつくことになる．

電子対生成による動的不安定性

エネルギーの収支の面から見ると，電子対の生成は，光子の運動エネルギーが電子対の静止エネルギーに取り込まれることを意味し，原子の電離と同様の吸熱反応とみなすことができる．したがって，電離の場合と同じく，放射（光子気体）は電子と陽電子生成が起きると比熱が増加することになり，その結果，断熱係数が減少，$\Gamma_1 < 3/4$ となり，動的な不安定の要因となる．

電子対の数密度は，$T \simeq T_e$ より低温側では光子に比して数密度が小さく，急激に減少する．しかし，電子対はプランク分布のすそのの高エネルギーの光子から生成されるので，光子の平均エネルギーを大きく上回るエネルギーが静止エネルギーに封じ込められることになる．一方，高温側では，電子対の数密度は平衡状態の値に近づき，断熱係数は光子の値 $\Gamma_1 = 4/3$ に漸近することになる．したがって，この効果は低エネルギー側で顕著になる．

ここでは $T \ll T_e$ と仮定して電子対の影響をみる．この温度では電子対のエネルギーは非相対論的とみなせるので，$\sqrt{m_e^2 c^4 + p^2 c^2} \simeq m_e c^2 + p^2/2m_e$ とおける．また，$n_\pm \gg n_0^{(m)}$ の範囲を考え，電離電子を無視する．これらの近似を適用すると式 (2.103) から電子対の数密度

$$n_\pm = \frac{4\sqrt{2}\pi^{3/2} m_e^3 c^3}{h^3} \left(\frac{k_B T}{m_e c^2}\right)^{3/2} e^{-mc^2/k_B T} \tag{2.114}$$

となる．電子対の全エネルギーも 式 (2.106) を積分して

$$U_\pm = \frac{15}{2^{1/2}\pi^{7/2}} \left(1 + \frac{3k_B T}{2m_e c^2}\right) \left(\frac{m_e c^2}{k_B T}\right)^{5/2} e^{-mc^2/k_B T} aT^4 \tag{2.115}$$

を得るので，電子対の圧力は，

$$(3/2)P_e = U_+ + U_- - (n_+ + n_-)m_e c^2 \tag{2.116}$$

と表される．同じ近似 $T/T_e \ll 1$ で放射と電子対からなる系の断熱係数を求めると

$$\Gamma_{1,\mathrm{re}} = \frac{4}{3} - \frac{5}{8}\left(\frac{2}{\pi}\right)^{7/2} \left(\frac{m_e c^2}{k_B T}\right)^{7/2} e^{-mc^2/k_B T} \tag{2.117}$$

となる. 図 2.5 に示した（左の破線）が, $\Gamma_{1,\mathrm{re}}$ は $T \simeq 0.1 T_\mathrm{e}$ で温度の上昇ととも に急速に減少する. 図 2.5 に数値的に積分して求めた結果を示したが, 実際には, $k_\mathrm{B}T/m_\mathrm{e}c^2 \simeq 0.2$ で極小値 $\Gamma_{1,\mathrm{re}} \simeq 1.22$ をとる. イオンが存在する場合は, イオンの寄与も考慮すると, 断熱指数は

$$\Gamma_1 = (p_N/P)\gamma^{(N)} + (P_r + P_\mathrm{e}/P)\Gamma_{1,\mathrm{re}} \tag{2.118}$$

でイオンと放射・電子対との分圧の比に依存することになり, 断熱係数が 4/3 以下になるには, 密度の上限値がある. $\gamma^{(N)} = 5/3$ とすると, $p_N/(P_r + P_\mathrm{e}) \lesssim 1/3$ したがって, $\rho \lesssim 3 \times 10^4 A_N T_9^6 \,\mathrm{kg\,m^{-3}}$ ということになる. 電子対生成による不安定性は, 大質量星の進化の後期に起きることになり, 超新星爆発あるいは重力崩壊の引き金になると考えられている.

2.1.7　イオン気体と相互作用

　イオン気体と電子気体との違いのひとつは質量である. イオンは質量が大きいので理想気体の近似の条件 (2.25) は電子よりも高密度まで成り立ち, また, 中性子や陽子のフェルミ縮退も $(m_u/M_\mathrm{e})^{3/2} \simeq 10^5$ 倍の高密度まで持ち越される. しかし, 高密度になるとイオン間の距離が小さくなり,「クーロン相互作用の効果」の項で見るようにクーロン相互作用が無視できなくなる. もうひとつは, 強い相互作用 ＝ 核力が働くことである. 原子核同士が反応すると陽子と中性子の核子の組み合わせが換わる. それと同時に, 弱い相互作用である電子捕獲やベータ崩壊による陽子と中性子の相互転化を伴う. この結果, 原子の分布が変わることになるが, 原子核反応には原子核の電気的な反発力が働くため高温領域で影響を持つ.

核種平衡分布と鉄の分解

　平衡状態が実現している場合には, 強い相互作用だけでなく弱い相互作用を含むすべての反応について詳細つりあいが成り立ち, 反応と逆反応の速さが等しい. したがって, 原子番号 Z, 質量数 A のあらゆる原子核 (A, Z) と自由な陽子と自由な中性子の間に

$$Zp + (A-Z)n \rightleftarrows (A, Z) + Q(A, Z) \tag{2.119}$$

$$Q(A, Z) = [Zm_\mathrm{p} + (A-Z)m_\mathrm{n} - m(A, Z)]c^2 \tag{2.120}$$

の化学平衡が成り立つことになる．ここで，m_p，m_n，$m(A,Z)$ は陽子，中性子，原子核 (A,Z) の質量で，$Q(A,Z)$ は原子核 (A,Z) の結合エネルギーである．したがって，電離の場合と同様に，原子核 (A,Z) の数密度 $n(A,Z)$ と自由な陽子と自由な中性子の数密度 n_p，n_n はサハの方程式によって関係づけられる．化学ポテンシャルを非縮退かつ非相対論的に表せる場合は，

$$n(A,Z) = B_{(A,Z)}(T)\left(\frac{2\pi A m_u k_\mathrm{B} T}{h^2}\right)^{3/2}\frac{n_\mathrm{n}^{A-Z}n_\mathrm{p}^Z}{2^A}$$
$$\times \left(\frac{h^2}{2\pi m_u k_\mathrm{B} T}\right)^{3A/2}\exp\left[\frac{Q(A,Z)}{k_\mathrm{B}T}\right] \tag{2.121}$$

となる．ここで $B_{(A,Z)}(T)$ は温度 T での原子核の分配関数である．この場合は，陽子と中性子の間も弱い相互作用を通して詳細つりあいが成り立っているので

$$\frac{n_\mathrm{p}n_\mathrm{e}}{n_\mathrm{n}} = 2\left(\frac{2\pi m_\mathrm{e}k_\mathrm{B}T}{h^2}\right)^{3/2}\exp\left(\frac{m_\mathrm{n}-m_\mathrm{p}-m_\mathrm{e}}{k_\mathrm{B}T}c^2\right) \tag{2.122}$$

の関係が与えられる．

原子核種の統計力学的平衡状態での分布は，これらの関係と核子数の保存と電荷の保存から決まる．原子核の核子1個あたりの比結合エネルギーは質量数とともに増加し ^{56}Fe で最大になり，それより重い元素では陽子間の電気的な反発力の競合のため減少する．したがって，低温では組成分布は主として結合エネルギーで決まるので，^{56}Fe が大部分を占めることになる．一方，高温になるとエネルギーの高い状態が実現するようになり，鉄が熱分解してヘリウムが主成分となる．この遷移の温度は密度にもよるが 3–7×10^9 K である．さらに温度が 10^{10} K 以上になると平衡状態ではヘリウムも分解して陽子と中性子だけからなる．

原子核反応はクーロン斥力が働くため，宇宙初期と恒星内部での高温領域がその舞台となる．温度や密度が変動する場合，熱平衡分布の実現は，環境の変化の時間尺度と平衡状態へ至る核反応 = 緩和過程の時間尺度との競合で決まる．宇宙初期の 10^{10} K 以上の高温状態では，反応は宇宙膨張による温度下降の時間尺度に比して十分速く熱平衡分布が実現しているが，温度が下降するとともにクーロン障壁のため核反応は急激に遅くなって，ヘリウムができた段階で原子核反応が終息し，低温での熱平衡分布である ^{56}Fe の合成に至る前に核種分布が凍結した．この結果，現在の宇宙で観測される非平衡な核種分布がもたらされた．

　恒星内部では，温度が $10^7\,\mathrm{K}$ を超えるとクーロン障壁のもっとも小さい水素同士の反応から始まり，進化に伴い内部の温度と密度が上昇するにつれてより重い元素も反応する．これは核種の非平衡分布から鉄が大部分を占める平衡状態への緩和過程であり，大質量星の場合はもっとも比結合エネルギーの大きい $^{56}\mathrm{Fe}$ の合成まで進む．しかし，恒星の中心部の温度と密度の上昇はそれ以降も続き，遷移温度を超えると，鉄やさらにはヘリウムの分解が始まる．これらの分解は

$$^{56}\mathrm{Fe} \to 13\,^4\mathrm{He} + 4\mathrm{n} - 124.4\,(\mathrm{MeV}) \tag{2.123}$$

$$^4\mathrm{He} \to 2\mathrm{p} + 2\mathrm{n} - 28.3\,(\mathrm{MeV}) \tag{2.124}$$

の吸熱反応である．この結果，電離反応の場合と同様，断熱指数が $\Gamma_1 < 4/3$ になり，重力崩壊を引き起こす．これが II 型超新星の原因である．超新星爆発では，中心部の物質は高温に熱せられるが，このときの時間は弱い相互作用の時間尺度に比して短いため完全な熱平衡分布は実現しない．この場合は，式 (2.122) の代わりに，陽子数と中性子数が保存するという条件で核種分布が決まることになる．

クーロン相互作用の効果

　高密度になると粒子同士が接近するためイオン間の静電エネルギーが大きくなる．クーロン相互作用の結合係数はイオン間の静電エネルギーと熱エネルギー $k_\mathrm{B}T$ の比

$$\Gamma_\mathrm{C} \equiv \frac{(Ze)^2/a_N}{k_\mathrm{B}T} = 2.25 \times 10^5 \frac{Z^2}{A_N^{1/3}} \frac{\rho^{1/3}}{T} \tag{2.125}$$

で定義される．ここでイオン間の平均距離を $a_N = (3n_N/4\pi)^{1/3} = (3\rho/4\pi A_N m_u)^{1/3}$ とした．$\Gamma_\mathrm{C} \gtrsim 1$ になると，イオン間に働く電気的な相互作用の影響で自由にふるまうことができなくなり，イオン粒子は局所的な秩序や相関をもつ液体状態になる．さらに大きな Γ_C では電気的な力が支配的になり，イオン球は静電エネルギーがもっとも小さくなる周期的な配置をとるようになり，結晶化し固体状態になる．クーロン相互作用の影響のもとでのイオン球のふるまいは数値計算で調べられているが，それによると，結晶化は

$$\Gamma_\mathrm{C} \gtrsim 170 \tag{2.126}$$

でおきるとされる.

　この相変化は，圧力や内部エネルギーに影響する．イオンと電子間の相互作用は引力になるため内部エネルギーは一般に減少することになる．$\Gamma_\mathrm{C} \ll 1$ の弱い結合の場合，デバイ–ヒュッケルの方法でクーロン相互作用が評価できて，補正項を考慮した内部エネルギーは

$$\frac{U}{nk_\mathrm{B}T} = \frac{3}{2} - \frac{\sqrt{3}}{2}\Gamma_\mathrm{C}^{3/2} \tag{2.127}$$

となる．$\Gamma_\mathrm{C} \gg 1$ の結晶化の極限では，等間隔で分布したイオンを一様密度の電子が覆うという球対称での仮定で評価すると，静電エネルギーは単位体積あたり

$$U_\mathrm{C} = -\frac{9}{10}\frac{Z^2 e^2}{a_N}n_N \tag{2.128}$$

と見積もられる．中間のクーロン液体の範囲については，数値実験で詳しく調べられていて，クーロン相互作用を考慮した内部エネルギーは

$$\frac{U}{nk_\mathrm{B}T} = -0.89752\Gamma_\mathrm{C} + 0.94544\Gamma_\mathrm{C}^{1/4} + 0.69951$$
$$+ 0.17954 \qquad (1 \leq \Gamma_\mathrm{C} \leq 160) \tag{2.129}$$

で与えられている．圧力は内部エネルギーから $P = dU/dV$ でもとまる.

　このクーロン相互作用の影響が状態方程式に効いてくるのは，恒星進化の後期の中心部や進化の最終段階の白色矮星や中性子星の内部の高密度領域である．この温度密度の領域では，電子の縮退圧が支配的であるために，圧力の変化はそれほど恒星の構造に影響しない．しかし，縮退すると電子の熱容量への寄与は小さくなるので，熱的な性質に影響が現れる．相変化に際して潜熱が放出され，また，理想気体から固体に変わると格子振動のために比熱は 2 倍になる．これは白色矮星の冷却を遅らせる．一方，低温になると，量子効果のために格子振動は励起されなくなり，比熱は温度の 3 乗に比例して減少する．結晶化の冷却への影響はこの量子効果との競合で決まることになる.

　恒星の構造上から，クーロン液体状態の領域は，白色矮星や中性子星の外層で，表面で効果的になる放射輸送と高密度になるほど効果的になる電子伝導の狭間で熱伝導の効率がもっとも悪い領域と一致する．このため，クーロン液体状態の扱いは，とりわけ，連星系等で物質降着する白色矮星や中性子星の進化に影響する.

低温高密度での状態

密度の増加とともに電子のフェルミエネルギーも大きくなる. もし ε_F が原子核の質量の差 $[m(A,Z) - m(A,Z-1)]\, c^2$ を凌駕するようになると,

$$(A,Z) + \mathrm{e}^- \to (A, Z-1) + \nu_\mathrm{e} \tag{2.130}$$

の逆ベータ崩壊がおき, 電子が減少して原子核は中性子の多い同位体に変換される. この反応は (A,Z) 原子核がなくなるか, 電子が減少してフェルミエネルギーが低下して $\varepsilon_F = [m(A,Z) - m(A,Z-1)]c^2$ に等しくなるまで続くことになる. 電子数の減少は, 電子の縮退圧を削減し, チャンドラセカール質量の減少をもたらし, 電子縮退中心核や白色矮星の重力崩壊の引き金になる.

密度が $\rho > 1.2 \times 10^{10} A_\mathrm{e}\,\mathrm{kg\,m^{-3}}$ を超えると, $\varepsilon_\mathrm{F,e}$ が中性子と水素原子の質量の差 $0.7825\,\mathrm{MeV}$ を越えるので,

$$\mathrm{p} + \mathrm{e}^- \to \mathrm{n} + \nu_\mathrm{e} \tag{2.131}$$

の反応が可能となる. この結果, 自由中性子が原子核外に存在できるようになり, 自由中性子と原子核が共存することになる. このときの平衡条件は

$$\mu_\mathrm{n} + (m_\mathrm{n} - m_\mathrm{p} - m_\mathrm{e})c^2 = \mu_\mathrm{p} + \varepsilon_\mathrm{F,e} \tag{2.132}$$

で与えられる. この結果, 自由中性子と原子核が共存することになる.

密度の上昇とともに, 自由中性子の密度も増加し, 核内外の中性子の密度差が小さくなり, この共存状態は中性子の海の中に陽子が局在していることになる. やがて, 陽子も, 高密度になるとクーロンエネルギーの効果が大きくなり, 広がって分布した方が安定になる. 密度が $3 \times 10^{16}\,\mathrm{kg\,m^{-3}}$ を超え, 原子核が溶けて中性子と陽子と電子が一様に分布し共存することになる. このときの状態方程式は, 核子同士の相互作用を考慮しなければならず, その影響で状態方程式は複雑になる.

この段階では, 中性子も縮退し, 密度とともに中性子のフェルミエネルギーも増加する. 電子捕獲が進行すると, 中性子が過多になっていくが, 一方, 高エネルギーの中性子の崩壊を抑えるために, 電子と陽子も一定数存在する必要があり, フェルミエネルギーも大きくなる. フェルミエネルギーが重核子の静止エネルギーを超えると, さまざまな粒子が質量の順に次々と発生することになる. さ

らに高密度になるとクォークに分解する．これらの状態は未解決の問題であるが，中性子星の内部で実現している可能性が議論されている．

2.2 核反応・元素合成の基礎論と課題

2.2.1 はじめに――宇宙研究に不可欠な原子核物理学

　星の輝きのもとである莫大なエネルギー源は何かという疑問は，人類の永年の難問の一つであった．化学反応や重力エネルギーにその答えを求めると，太陽の寿命は地球の推定年齢に比べてあまりにも短くなってしまい，説明ができなかったのである．20世紀初頭の原子核物理学の発展により，太陽の莫大なエネルギー源が原子核反応による核エネルギーの解放にあることが判った．

　人類のもう一つの大きな疑問は，私たちのからだを作っている元素が，いつどこでどのようにして作られてきたのかという問題である．原子核反応が起きることで初めて元素の変換が可能である．だが，20世紀後半になって，元素の起源は星内部で起きる原子核反応にあるばかりではなく，138億年前に起きたビッグバン初期宇宙での核融合，さらには銀河宇宙線と星間ガスとの高エネルギー原子核衝突にもあることが明らかにされた．こうして，原子核と宇宙が密接な関係にあることが認識された．

　19世紀末のベックレル（Antoine H. Becquerel）による原子核の α 崩壊の発見に始まり，20世紀初頭に急速な勢いで原子核物理学および素粒子物理学が発展した．原子核反応による核エネルギーの解放は，それまで人類が認識していた化学反応に比べて100万倍に及ぶエネルギー生成効率に相当する．つまり，原子核反応はきわめてエネルギー効率の高い反応であり，それがゆえに，太陽は永年にわたり莫大なエネルギーを放出し続けることができる．目に見える宇宙のエネルギー源は，主に重力エネルギーと原子核エネルギーの解放によるものであり，特に星の進化には原子核エネルギーが決定的な役割をはたしていることになる．

　原子核は私たちのからだを構成する原子の中心に存在し，私たちの体重のほぼすべてを担っているが，日常の生活では誰もが"原子核"を意識することなく生活している．原子核は原子の大きさの10万分の1程度の世界を構成し，まったく目には見えない世界であり，私たちが親しみ慣れているニュートン力学が作り出

す運動とはまったく異なる力学，すなわち量子力学が支配している世界である．

　原子核同士が衝突すると，原子核反応がおこる．原子核反応により新しい元素が作られ，同時に莫大なエネルギーが生成されたり，吸収されたりする．生成される原子核は多くの場合，しばらく不安定な励起状態にあり放射性元素と呼ばれる．ガンマ線を放出して冷える場合には，原子番号を変えないまま安定な基底状態かあるいはアイソマーと呼ばれる長寿命の励起状態に落ち着く．また，原子番号を変える別の冷却過程の一つが，ベータ崩壊である．ベータ崩壊では電子や陽電子が作られるとともにニュートリノが放射され，ニュートリノを地球上で捉えることで放射性同位元素の存在が推測される．つまり，量子力学の原理を使って，地球上での観測から星の中で起きている原子核反応の証拠をつかむことができるわけである．

　このように星の中では多種多様な原子核反応がおこり，エネルギーを放出すると同時に，より重い元素が次々と生成されてゆく．星の進化の段階に応じて，特徴的な核反応が起こると考えられる．中小質量星は星風や周期的な爆発現象を通して核生成物を空間に放出し，大質量星は超新星爆発を起こして重元素と熱を星間空間に供給する．重元素が蓄積された星間ガスからは次世代の星々が次々に生まれ，こうした物質循環が引き金となって銀河構造の動力学的な進化が進行する．したがって，宇宙の進化の根底にある星での核反応過程をよく理解することで，星や銀河の進化の時計を逆に回して時間を遡ることが可能となり，宇宙・銀河・星の進化のメカニズムを具体的に研究することが可能となる．

　ビッグバン初期宇宙や星の中の物理状態は地球上とはかけ離れた極限的な状況にある．星の進化の初期の段階では，陽子（水素の原子核）同士が 10^{42} 回衝突して初めて 1 回の核反応が起こるほど温度が低い．しかし，ビッグバン初期宇宙や大質量星がその進化の終焉で迎える大爆発，すなわち超新星時の星の中心付近の温度は百億度（10^{10} K）以上にも達する．超新星の内部では，鉄のように安定な原子核までバラバラに溶かしてしまう．こうした極限状況にある物質環境では，熱い原子核同士が連鎖的に核反応を起こすと推定され，人類がまだ手にしていないような極端に短い寿命を持つエキゾチックな放射性同位元素が次々と作られて，新しい元素を合成すると考えられている．

　自然界を支配する四つの基本的な力のうちもっとも強い核力が支配するこれら

エキゾチックな原子核の性質は，これまでに解明された安定な原子核が示す性質からは予想できないような新しい様相を呈し，最近になって旧来の常識を覆すような新しい考え方や理論が構築されるとともに，ようやくその性質の系統的な解明が進み始めた．

　原子核物理学の研究は比較的永い歴史を持つが，上述したように地球上とはかけ離れた極限状況下での元素のでき方，特に熱く不安定なエキゾチック原子核同士の反応や原子核の構造とそこに働く力の問題など，まだ多くの重要で未解明の研究課題が山積している．これらを解明することによって初めて，宇宙の進化や超新星などの諸現象を基本的な立場から理解することが可能となる．宇宙進化の謎を解明することは，原子核物理学を理解することを抜きには不可能なのである．

2.2.2　原子核物理学のフロンティアと元素の起源論

　元素の起源を解明することは，私たちをかたち作っている究極の素粒子と原子核のあいだに働く力の統一理論と整合性のとれたビッグバン宇宙論仮説を確立するためになくてはならない．1957年にバービッジ夫妻（Margaret and Geoffrey R. Burbidge），ファウラー（William A. Fowler），ホイル（Fred Hoyle）によって発表された元素の起源論（B^{2}FH理論，171ページ参照）は，前世紀半ばの原子核・素粒子・宇宙物理学の知識の粋を集めて書かれた元素の起源論のマイルストーンである．1980年代にはいり，それまでx過程と呼ばれていた軽元素合成過程の起源が，ビッグバン初期宇宙にあることが明らかにされた．重元素の起源に関しては，今でも十分に通用する重要な概念がまとめられているが，最近になっていくつかの重元素合成過程に関する基本的な概念に本質的な変更が迫られている．

　重元素の起源論の見直しは，原子核物理学の研究フロンティアとして短寿命不安定核ビームの科学が開拓され，不安定核が持つ新しい性質が次々に明らかにされてきたことが大きな牽引力となっている．日本をはじめ世界各国の短寿命核ビーム科学研究施設において，これまで宇宙や天体の爆発的な現象でしか作られないと考えられていた極端に中性子過剰あるいは陽子過剰な短寿命不安定核を実験室において生成，制御，再加速あるいは減速することが可能となり，これを2次ビームとして取り出して原子核衝突実験を行う研究が著しい勢いで発展した．

理化学研究所では，原子番号113番を持つ新しい超重元素ニホニウム（Nh）を世界で初めて作り出すことにも成功している．実験的な発展とともに短寿命不安定核の構造と反応機構に対する深い理解が理論的に得られつつある．

1957年に提案されたB^{2}FH理論のほとんどは，当時蓄積されていた安定な原子核同士の反応や核構造の知識に基づいて構築されたものである．短寿命核に関する新しいデータを取り入れた元素合成計算を行なうことで，安定核が重元素合成過程で果たす役割を明確にすることができるとともに，超新星爆発やX線バースト，ビッグバン初期宇宙での爆発的元素合成過程を実験と理論の両面からシミュレートすることが可能となった．最近では，超新星爆発や中性子星連星系の合体あるいはガンマ線バーストの起源天体で起こるとされるr過程*5に関して新たな知見が得られつつある．すばる望遠鏡のような新世代の地上大望遠鏡を用いた初期世代星の元素組成観測も，これらの新しい理論モデルを実証するための重要なデータを提供している．

2.2.3 原子核の性質と有効相互作用

宇宙の進化や諸現象において，原子核構造は核反応とともに，エネルギー生成と元素合成の点から，きわめて重要な働きをしている．核反応の起こる確率（核反応断面積と呼ぶ）は，核反応の機構とともに，原子核の構造に大きく依存する．よく知られた例として，1つの原子核準位が宇宙の進化に決定的な結果をもたらしている例がある．宇宙の進化に非常に重要な役割をはたしている炭素12（^{12}C）の生成過程はトリプルα過程と呼ばれる．この核には，7.65 MeVに第2励起状態（$J^\pi = 0^+$）*6があり，3つのα粒子からなる構造を持つことから，宇宙に大量に存在する炭素を作る主要な働きをしてきた．1つの核準位が星の進化から，その後の生命活動のもととなる酸素などをつくる決定的な役割をはたしていることは驚くべきことであり，原子核の反応機構と構造の研究が，宇宙の研究に不可欠の役割を果たすことを端的に示している．

原子核物理において，核構造，核反応ともう一つの主要な研究課題は，原子核

---

*5 r過程に関して詳しくは，2.2.5節「星での元素合成」の項の「(8) r過程（速い中性子捕獲過程）」（177ページ）を参照．

*6 ある原子核の状態のスピン（J）とパリティ（π）をJ^πと書く．

に働く相互作用の研究である．宇宙の諸現象を研究する上でも相互作用が必須の
パラメータとなることがある．たとえば，重力崩壊型超新星のメカニズムに，核
物質の高密度下の状態方程式が深く関わるが，まだよく解っておらず，核物理に
おける主要研究課題の一つであると同時に，宇宙の研究からもその解明が待たれ
ている．

原子核の基本的な性質

　自然に安定に存在する原子核は約 260 種知られており，そのほかはすべて不
安定である．その数は，約 6000 と予想されているが，実験室では，まだその半
分程度の原子核しか存在が確認されていない．しかし，宇宙における元素生成過
程を考えると，そのほぼすべての原子核が，宇宙の進化の段階で生成され，進化
に関わってきたと考えられる．

　原子核は，陽子と中性子からなる有限の多体系で，その核子数は，高々300 個
程度である．軽い原子核領域では陽子数（Z）と中性子数（N）がほぼ同じ原子
核が最も強い束縛状態にあり安定な原子核となる．図 2.9（161 ページ）にある
ように，重くなると，中性子数が多い原子核がより安定となる．同じ元素に対し
て，原子核には束縛系を作ることのできる中性子数に最大と最小の限界があり，
ドリップラインと呼ばれている．また，原子核内の核子密度には強い非圧縮性が
あるため，原子核の半径は，近似的に

$$R = r_0 A^{1/3} \quad [\text{fm}] \tag{2.133}$$

と書かれることがよく知られている．ここで，半径パラメータ r_0 は，1.2 fm
（fm $= 10^{-15}$ m）程度の値をもつ．また A は，質量数と呼び，$A = Z + N$ で与
えられる．

　原子核の質量は，^{12}C 原子質量を 12 u とした原子質量単位 u をもちいて表す．
ここで，1 u は 931.478 MeV である．質量数 A の原子質量 M は，$M = A \cdot \text{u} - \Delta$
である．この Δ を質量欠損といい，原子核が束縛している強さを表している．
この値が原子質量表としてまとめられている．一核子あたりの束縛エネルギー
は，安定核領域で 7–9 MeV であり，鉄・ニッケル領域で最大値をもつ．この理
由で，軽い原子核は宇宙において核融合することで重い原子核となり，同時にエ
ネルギーを解放する．一方，ウランなどの非常に重い原子核は，核分裂すること

で，約半分の重さの 2 つの原子核となりエネルギーを解放するのである．

原子核の束縛エネルギー（B_{macro}）は，液滴模型を使って近似的に次のように書き表すことができる．

$$B_{\mathrm{macro}}(N, Z) = b_{\mathrm{vol}}A - b_{\mathrm{surf}}A^{2/3} - \frac{1}{2}b_{\mathrm{sym}}\frac{(N - Z)^2}{A} - \frac{3(Ze)^2}{5R_{\mathrm{C}}} \quad (2.134)$$

ここで，原子核の束縛エネルギーを体積項 $b_{\mathrm{vol}} \sim 16\,\mathrm{MeV}$，表面項 $b_{\mathrm{surf}} \sim 17\,\mathrm{MeV}$，陽子・中性子数非対称性項 $b_{\mathrm{sym}} \sim 50\,\mathrm{MeV}$ と，核子間の対相互作用という形でおおよその性質を書き表すことが可能である．ただし，R_{C} は原子核のクーロン半径であり，原子核の質量数を A とすると $R_{\mathrm{C}} = (1.2 \sim 1.4) \times A^{1/3}\,\mathrm{fm}$ である．対相互作用は，同種核子数の偶奇による依存性を持つ．しかし，原子核は複雑な構造を持っているため，液滴模型では説明されない系統性が残る．特に，陽子数と中性子数に周期的に現れる魔法数（145 ページ）を持つ原子核は強い安定性を示すことが知られており，これは顕著な殻構造効果（「殻模型」の項を参照）の一つである．一方，原子核は，その基底状態が大きな変形を持つ原子核領域がある．

したがって，同位元素の質量を陽子数と中性子数の関数として表す式を質量公式と呼ぶが，上記のような原子核の平均的な性質に，殻構造や変形効果などの補正を加えて作られている．多くの質量公式は，質量の分かっている原子核領域で成り立つように作られているが，質量のまだ知られていない不安定な核領域では，模型の違いにより大きく異なる質量を予言する．元素合成過程の研究には原子核の質量公式が不可欠であるが，未知核の質量に対して理論的に予言能力を持つ質量公式はまだ存在しない．

原子核のもつ基本的な質量や形状，圧縮率などについての微視的な理解はまだ得られていない．たとえば，重力崩壊型超新星や中性子星合体の振る舞いに原子核物質の圧縮率が関わるが，まだ良く分かっておらず，原子核物理学の重要研究課題の一つとなっている．

原子核に働く力

原子核の構成要素である核子の間には，基本的に電磁相互作用，弱い相互作用，強い相互作用の 3 つの相互作用が働く．特に核子間に働く強い相互作用，核

力は，原子核の大きさ程度の短い距離で強い引力として働く．その強い力のもと
は，湯川秀樹が示したように中間子交換によることが知られている．多くの実験
的研究からその相互作用が明らかにされ，原子核の構造や反応の理論的な計算が
可能となっている．

　また核力は，高エネルギー散乱の研究から，非常に小さい距離で強い斥力が働
くことが知られてきている．核子は，クォークとグルーオンからなる複合粒子
であることが明らかになり，QCD（Quantum Chromodynamics，量子色力学）
が高エネルギーの核現象をよく説明しつつある．特に，宇宙誕生のビッグバン直
後の世界や，超新星時の中心コア，中性子星の中心領域などの核物質が高密度状
態であるところでは，クォークとグルーオンの自由度が重要となり QCD での
研究が不可欠である．また，低エネルギーで分かっている相互作用をより深い
QCD の立場から説明できる可能性が示されつつある．

　宇宙においては，重力も核反応に強く関与する．たとえば，大質量星の内部や
中性子星などでは，非常に強い重力場により核物質が高温高密度になり，核反応
がより強く引き起こされる．このような高温度環境では原子核が容易に励起する
ために，励起状態からのベータ崩壊や電子捕獲過程などを引き起こす．また，地
球上ではニュートリノが原子核と稀にしか反応を引き起こさないが，重力崩壊型
超新星のコア内部や原始中性子星の大気などでは，超高輝度のニュートリノ束が
強い相互作用と同じ程度の頻度で起こることもあるので，宇宙の極限的状況での
弱い相互作用の基本的な理解が求められている．このような核反応は実験室での
研究は容易ではなく，これからの重要研究課題である．

殻模型

　1932 年のチャドウィック（James Chadwick）による中性子の発見に基づき，
ただちにハイゼンベルク（Werner K. Heisenberg）により原子核は陽子と中性子
からなる多体系であるという提案がなされ，原子核構造の研究が始まった．研究
の初期のアルファ模型に加えて，メイヤー（Maria Goeppert-Myer）とエンゼ
ン（J. Hans D. Jensen）は，原子核の魔法数や，多くの準位構造を見事に説明
し，殻模型が成り立つことを提唱した．原子核の形は，電子散乱の研究などから，
シャープな境界を持つのではなく，おおむね表面はぼやけを持つフェルミ分布

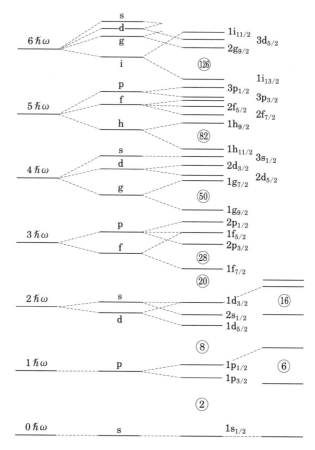

図 **2.6** 異なるポテンシャルによる核準位の変化. 2 列目のウッズ–サクソンポテンシャルに軌道・角運動量結合項を加えたものが現実を反映している. 右端は, 中性子過剰核の新しい性質.

$$\rho(r) = \frac{\rho_0}{1 + \exp \dfrac{r - R}{a}} \tag{2.135}$$

であることが分かっている．さらに核内を運動する核子は，軌道・スピン結合項をもつ．したがって，原子核の有効相互作用は，フェルミ分布の形をもつウッズ–サクソン型の核力，軌道・スピン結合項，クーロン相互作用項などからなる．この相互作用ポテンシャルを用いて核子の運動を記述すると，図 2.6 のようなエネルギー準位が得られ，励起エネルギーの低い領域の準位構造をよく説明する．

　殻模型は，前出の液的模型で説明できない系統的なふるまいである魔法数（陽子数および中性子数が 2, 8, 20, 28, 50, 126）や原子核の励起準位構造などをよく説明する．核子同士が近接して存在するにもかかわらず殻模型が成り立つ一因は，核子がフェルミ統計に従うためであると考えられる．隣り合う魔法数間のすべての準位を考慮した殻模型の計算は質量数 40 程度までが研究されてきたが，近年計算機の大次元の高速計算により，質量数 60 を超える領域の計算が可能となりつつある．また，従来の殻模型では魔法数から成る不活性なコアを仮定し，その周りの核子や核子孔についての殻構造を研究していたが，近年はコアを仮定せずすべての粒子を考慮した核構造の研究が進んでいる．また，実際の原子核は多様な変形をしていることが多いので，変形をとりいれた殻模型が有効である．

　しかし，魔法数から離れた原子核は大きな変形を持つことがあり，その変形度に応じて一粒子状態のエネルギーが変わり，準位が入れ替わる．また，安定核領域から離れた不安定核領域においても，安定核領域で成り立つ魔法数は，必ずしも成立しないことが最近の研究で判ってきている．たとえば，安定核領域では中性子数 20 が魔法数であるが，中性子過剰核 ^{32}Mg $(Z = 12, N = 20)$ では，もはや中性子数 20 は，魔法数ではない．代わりに新しい魔法数として中性子数 $N = 16$ の存在が確認された．核図表上の元素合成の流れには，この魔法数が大きく影響する．r 過程（177 ページ）のような速い元素合成過程においては，その流れが未知の不安定核領域を走ると考えられるので，不安定核領域の魔法数を正しく知ることが重要である．

　さらに，原子核内の核子の分布が必ずしもフェルミ分布に従わず，大きく外に希薄な核物質層（ハロー構造と呼ぶ）を持つ構造が同定されている．こういった原子核の性質は，宇宙で重い元素などを生成する過程に大きく影響を及ぼす可能性があり，宇宙核物理研究の重要課題の一つとなっている．

集団運動模型

原子核内の核子は，殻模型のように独立粒子的描像とは別に，一方で，原子核全体として，集団的なふるまいをする運動様式を示すことがある．回転楕円体の原子核が回転すると，スピン J を持つ準位のエネルギーは，

$$E(J^\pi) = E_0 + \frac{\hbar^2}{2I}J(J+1), \quad J^\pi = 0^+, 2^+, 4^+, \cdots \qquad (2.136)$$

という特徴的な回転帯スペクトルをもつ．ここで，I は回転する原子核の慣性能率である．実際多くの原子核で，このような構造が基底状態（$E_0 = 0$）あるいは，励起エネルギー E_0 を持つ励起状態の上に発見されている．回転準位（スピン J）は，エネルギー的にすぐ下の回転準位（スピン $J-2$）へ，速い電気四重極遷移[*7]をすることが多い．

一方，恒常的な変形でなく，振動する運動状態も原子核の一性質として観測されている．表面振動は，量子化された音子（Phonon）の集合と考えられる．もっとも典型的な振動状態は，四重極変形振動である．音子はエネルギー $\hbar\omega$，角運動量 $2\hbar$ を持つので，振動運動による原子核準位の構造は，低エネルギー領域で次のようになる．

$$\begin{aligned} &E\,(1\,\text{音子}) = 1\hbar\omega; \ J^\pi = 2^+, \\ &E\,(2\,\text{音子}) = 2\hbar\omega; \ J^\pi = 0^+, 2^+, 4^+ \end{aligned} \qquad (2.137)$$

実際の原子核では，変形した原子核の回転や振動の運動に，一粒子状態が結合した状態が存在する．ボーア（Aage Bohr）とモッテルソン（Ben R. Mottelson）は，原子核の重要な性質として集団運動模型を示した．

原子核を特徴づける構造の一つに巨大共鳴がある．高い励起エネルギーに存在し，基底状態に強く遷移する性質を持ち，原子核の核子全体が相乗的に働く状態であると考えられる．原子核の中の陽子と中性子が逆相で振動することで起こる電気双極子巨大共鳴はその典型的な例である．この励起エネルギーは，平均的に $E = 77 A^{-1/3}$ MeV を持つ．巨大共鳴は大きな幅を持つことから，原子核の低エネルギー現象にも強い影響を及ぼすことがある．また，スピン・アイソスピン

[*7] γ 線放射は，電磁気的相互作用で起こり，電気的遷移の 2^2 重極成分．

型*8の巨大共鳴は，弱い相互作用によるベータ崩壊，電子捕獲過程を支配するので，大質量星の超新星の初期に中心コアが崩落（爆縮）する過程で重要な働きをする．特に鉄，ニッケル領域の中性子過剰原子核の研究が重要課題となっている．

クラスター構造と分子的構造

ウランなどの重い原子核で自然に起こるアルファ崩壊から推測されるように，原子核の一部は核の中で，核子が局在化しクラスターを構成することが知られている．原子核の構造として，α クラスター構造を持つ準位は，α 粒子の閾値*9近傍に現れるということが期待される．あるいは，閾値近傍準位は，大きな α クラスター成分を持つ可能性がある．これを一般にクラスターの閾値則と呼ぶ．宇宙におけるクラスター構造の関与する元素合成は，低エネルギーで起こるので，まさにクラスター閾値則からクラスターの共鳴準位が重要な働きをする可能性が大きいことが期待される．水素燃焼過程の次に起こるヘリウム燃焼過程から鉄の中心コアを形成するまでの星の進化の様子は，図 2.7 にあるクラスター元素合成ダイアグラムでよく表される．ダイアグラム上で，進化が進むと次第に低い位置に移行するが，その分だけ束縛の強い核状態を形成することを意味する．つまり，その分だけ束縛エネルギーが解放され，そのエネルギーで星が輝くのである．

図 2.7 上の小さな丸が α クラスターを表す．α クラスター構造をもつ典型的原子核と考えられている ^{8}Be は，基底状態が左上隅のような $\alpha + \alpha$ 構造を持つ．このゆえに，ヘリウム燃焼過程の重要核反応であるトリプル α 過程は，^{8}Be に α を捕獲して ^{12}C を合成する．

ダイアグラム上の矢印は，核反応の流れの主要な道筋を表している．ヘリウム燃焼過程の ^{12}C$(\alpha,\gamma)^{16}$O 反応は，^{12}C $+ \alpha$ を経由して反応がすすむ．この反応をはじめ，このダイアグラムには，宇宙の進化，元素分布などを左右する重要な反応がたくさん含まれているが，核反応断面積を精密に決定するには初期宇宙や星内部での核燃焼温度に対応するエネルギーがあまりに低すぎるため，定量的にはまだよく判っていない反応が多い．実験および理論の研究が待たれている．たとえば，上記の酸素合成過程がどれだけ起こりやすいかは，質量の大きな星が重

*8 陽子・中性子数非対称性に起因するスピン．参考文献 [11–13] 参照．

*9 式 (2.147) 参照．ここでは，原子核 B を原子核 a + A で形成するとき必要なエネルギーが閾値となる．たとえば，^{16}O 核における ^{12}C $+ \alpha$ の閾値は，7.162 MeV であり，発熱的である．

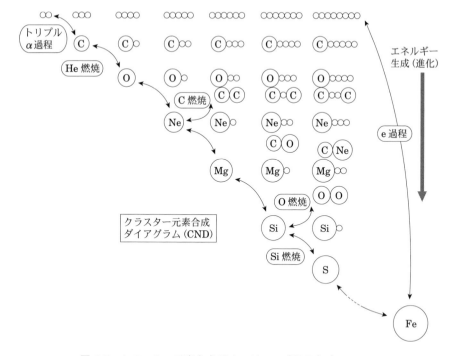

図 2.7　クラスター元素合成ダイアグラム（CND）（Kubono, 1994, *Z. Phys.*, A349, 237）．小さな丸が α クラスターを表す．縦の列が一つの原子核状態を示し，上部ほど熱い状態であり，クラスター状態が発達していて，一番下が基底状態を示し，ほぼ球形である．矢印の方向に星の中では核反応が進み，より低い位置の方向（より深い束縛状態）に向かい，最終的には，星の中心に鉄のコアを生成するに至る．ダイアグラムは，下の方向が束縛の深さを示し，その分だけエネルギーが星から解放される．

力崩壊型の超新星爆発を起こしたとき，超新星残骸として中性子星を形成するのか，ブラックホールを形成するのかを左右する．

　原子核の分子的構造の役割も期待される．第一段階のトリプル α 反応は，3つの α 粒子が融合し，^{12}C を形成する反応である．この過程の反応率は，前述のように，^{12}C 核の第二励起状態の励起エネルギーと性質によって決まる．また，超新星内部のような高温高密度環境では，さらに核子が3つの α 粒子と反応してホイール状態（Hoyle state）を経由する核反応過程を誘起し，結果として中

重質量の原子核合成過程に強い影響を及ぼすことも指摘されている．近年この過程の生成の詳細な理論研究がなされ，低温での直接的過程の理解が進んだが，実験的な研究から決められる崩壊過程の分岐比の決定精度がいまだに不十分であり，重要な研究課題となっている．また，超高温や超高密度物質など極限状態下での反応率もこれからの研究課題である．ヘリウム燃焼過程に引き続いて起こる炭素や酸素燃焼過程は，$^{12}C+{}^{12}C$ や $^{16}O+{}^{16}O$ などの重イオン融合反応であり，主に ^{20}Ne から ^{28}Si の生成につながる．この過程は，分子的なクラスター ^{12}C–^{12}C 共鳴準位を経由する可能性があり，Ia 型超新星のシナリオにも重要な関わりを持つ．特に，宇宙での $^{12}C+{}^{12}C$ の燃焼温度は，元素合成の観点から考えると，クーロン障壁よりはるかに低い励起エネルギー域なので，クーロン障壁により核反応が抑えられ，断面積が非常に小さく，実験的研究が非常に困難である．新たな研究手法として，近似的にこの断面積を導出する方法を用いて，イタリアのカタニアのグループが問題温度領域に多数の共鳴状態を発見し，断面積が単なる統計的な外挿でなく，直接の実験的な測定が必要であることを明らかにした．しかし，各共鳴の性質がまだ良く分かっていないので，寄与の大きさはこれからの研究の重要な課題となっている．分子的構造も，大きな崩壊幅を持つ状態が閾値近傍に期待され，それらの役割を明らかにする研究が求められている．

原子核の準位密度と統計模型

原子核の構造は離散的な準位を持ち，どれ一つとして同じ準位構造を持つ原子核は存在しない．陽子数と中性子数がともに偶数個の原子核は，偶々核と呼ばれ，他の原子核に比べてより安定であり，基底状態はみな $J^\pi=0^+$ を持つ．また，基底状態付近の単位励起エネルギーあたりの準位の数（準位密度と呼ぶ）も他に比べて小さい．

宇宙の元素合成には，原子核の励起状態の構造が関与するが，多くの原子核で良く分かっていない．一方，原子核の高い励起エネルギー領域は，準位密度が非常に大きくなるので，統計的な振る舞いをするものと期待される．元素合成のシミュレーションでは，実験的に分かっていない核反応については，原子核の統計模型を使って導出した反応率を用いている．したがって，準位密度の低い軽い原子核領域や，ドリップライン近傍核での適用には，十分な検討が必要である．

軽い原子核ではより準位密度が小さい．原子核の高い励起状態になると，準位

密度は大きくなると同時に準位幅も大きくなる．したがって，次第に準位が重なり合い，原子核の準位を個々ではなく，統計的に扱う必要がある．高い励起エネルギーになるにつれて，殻構造も消失してゆくことが知られている．元素合成で問題となる励起エネルギーは核反応の閾値近傍であり，極端に高い励起エネルギーではない．励起エネルギー E における，スピン・パリティ J^π をもつ準位密度 ρ は，ラウシャー（T. Rauscher）によれば次のように表される．

$$\rho(U, J, \pi) = \frac{1}{2} F(U, J) \rho(U)$$

$$\rho(U) = \frac{1}{\sqrt{2\pi}\sigma} \frac{\sqrt{\pi}}{12 a^{1/4}} \frac{\exp(2\sqrt{aU})}{U^{5/4}}, \quad F(U, J) = \frac{2J+1}{2\sigma^2} \exp\left(\frac{-J(J+1)}{2\sigma^2}\right),$$

$$\sigma^2 = \frac{\Theta_{\text{rigid}}}{\hbar^2} \sqrt{\frac{U}{a}}, \quad \Theta_{\text{rigid}} = \frac{2}{5} m_u A R^2, \quad U = E - \delta \qquad (2.138)$$

ここで，Θ_{rigid} は原子核の慣性能率，R は原子核半径，U $(= E - \delta)$ は励起エネルギーを示す量，スピン依存項 F は，スピン J とスピンカットオフパラメータ σ で決まる．したがって，準位密度は，準位密度パラメータ a とバックシフト δ (= 第1励起状態のエネルギーを決める) で決まる．また，殻構造の補正 $S(N, Z)$ を使って準位密度パラメータは次のように書ける．

$$\frac{a}{A} = c_0 + c_1 S(N, Z) \qquad (2.139)$$

ここで，バックシフトを液滴模型の対相関と採る $(\delta = \Delta(Z, N))$ と，陽子数，中性子数の偶奇性により次のように定まる．

$$\Delta_{\text{even-even}} = \frac{12}{\sqrt{A}}$$

$$\Delta_{\text{odd-odd}} = 0 \qquad (2.140)$$

$$\Delta_{\text{odd-even}} = -\frac{12}{\sqrt{A}}$$

ここでこのモデルの良さは，a と δ の系統的な評価で決まるが，実際に準位密度は実験の対相関と殻構造の補正からよく決まる．多くの実験結果を使って得られた a と δ の値が表として与えられている．このモデルの妥当性は，中性子閾値付近の準位密度が非常に高い状況となる重い原子核ではよく調べられていて，因子2程度の範囲で実験値の大半を再現している．しかし，軽い原子核やドリッ

プライン近傍核では，閾値が極端に下がってくることから，適用には注意が必要である．

2.2.4 原子核反応と核崩壊

原子核反応の概要

　宇宙における元素の生成・変換過程は，原子核反応により引き起こされる．陽子と中性子から構成される原子核では，陽子，中性子の束縛エネルギーは，5–10 MeV 程度であり，不安定であるドリップライン近傍では，さらに小さくなる．このエネルギーを超えると原子核は崩壊する．一方原子核と陽子などの荷電粒子核間にはクーロン障壁ができ，その高さは，原子核の原子番号に依るが，数 MeV から 10 MeV である．したがって，星まわりの元素合成では，超新星時も含めて，クーロン障壁以下の衝突エネルギーの核反応が主な働きをする．このエネルギー域では，熱核反応が主となり複合核形成過程となる．ちなみに，反応のエネルギー（E）と温度（T）との関係は，$E = k_\mathrm{B}T$（k_B；ボルツマン定数）$= 86.17 \cdot T_9$（$T_9 = T/10^9$ K）である．その多様な元素合成の核反応過程は，複合核反応や共鳴散乱が主要な働きをする．一方，宇宙の塵やガスなどは，高エネルギーの宇宙線（陽子や原子核成分）などによる核破砕反応により，元の原子核よりも小さな質量の原子核が生成される．

　核反応の理解には，原子核の持つ性質と原子核反応の特徴を理解する必要がある．原子核反応は，極限的な状況を除き，先に述べた 3 つの力，すなわち強い力，弱い力，電磁相互作用により引き引き起こされるが，反応のメカニズムは，反応のエネルギー，つまり宇宙環境の温度に強く依存する．核反応のメカニズムは，核構造と同様解明すべき課題である．ここでは，最初に核反応の基本について概観し，次に宇宙における核反応の特徴を述べる．

　宇宙における元素合成過程で，星の中やその周りにおけるもっとも典型的な核反応は，低エネルギーのトンネル効果を主とする核反応である．そこでは，原子核が陽子と中性子からなる有限多体系であるという近似がよく成り立つ．原子核の半径は，式（2.133）で近似的に表される．核子間の相互作用は，強い相互作用が短距離力であることから，この半径程度の相互作用ポテンシャルが存在する．また，陽子が電荷を持つことから，原子核同士 A（$M_\mathrm{A}, Z_\mathrm{A}$）と a（$M_\mathrm{a}, Z_\mathrm{a}$）

の衝突過程では，核力によるポテンシャル $V_\mathrm{N}(r)$ のほかにクーロンポテンシャル $V_\mathrm{C}(r)$ が働く．ここで r は動径の座標を表す．原子核間の有効相互作用は，他のチャンネル*10 の影響を吸収項 $W(r)$ として表す光学模型を用いて弾性散乱のチャンネルに対して次のように表される．

$$U(r) = V_\mathrm{N}(r) + V_\mathrm{C}(r) + \frac{\hbar^2}{2\mu}\frac{L(L+1)}{r^2} + iW(r) \qquad (2.141)$$

μ は換算質量である．右辺の第 3 項は，遠心力項であり，L は相対角運動量を表す．熱核反応では，主に s 波（$L=0$）が主要な働きをする．重イオン反応，高エネルギー反応では，大きな L が関与する．右辺の最初の 2 つの項の重ね合わせにより，原子核の表面のすぐ外側にクーロン障壁が立つ．その高さは，近似的に

$$V_\mathrm{C}(r) = 1.44\frac{Z_\mathrm{A}Z_\mathrm{a}}{r[\mathrm{fm}]} \quad [\mathrm{MeV}] \qquad (2.142)$$

と書かれるので，陽子と原子核の間でも数 MeV となる．特に，星やその近傍で起こる元素合成に関わる熱核反応は，超新星時の場合であっても，温度は数 G（ギガ）K（10^9 K）である．したがって，有効燃焼エネルギー（ガモフのエネルギー，E_G と表され式（2.146）で定義される）は，問題の系の温度の数倍であるので，衝突のエネルギーがクーロン障壁よりも遥かに低く，主にはクーロン障壁のトンネル効果により核反応が起こる．

　原子核 A + a の衝突による反応において，衝突エネルギーがクーロン障壁を越えると，全反応断面積は核半径の円の面積程度と考えられる．つまり，

$$\sigma_\mathrm{total} = 0.01\pi r_0^2(\mathrm{A}^{1/3} + \mathrm{a}^{1/3})^2 \quad [\mathrm{b}] \qquad (2.143)$$

である．ここで，A, a はそれぞれの原子核の質量数であり，断面積の単位 b は，barn = 10^{-24} cm^2 である．衝突エネルギーがクーロン障壁以下では，衝突がクーロン障壁により支配され，断面積はトンネル効果により非常に小さくなる．原子核反応は衝突のエネルギーにより，関与する角運動量が大きく変わり，基本的な反応のメカニズムが大きく変化する．

　星の周りの元素合成に関わる熱核反応は，非常に低いエネルギー領域でおこ

*10 原子核 A + a の散乱で，A + a に戻る場合や B + b になることが起こる．ここで，前者を A + a チャンネル，後者を B + b チャンネルと呼ぶ．

り，複合核過程が主となる．衝突のエネルギーが大きくなると，相互作用の回数
が少なくなり，直接反応的メカニズムが主となる．非弾性散乱や核子移行反応な
どが，さらには，深部非弾性散乱などが寄与を始める．さらにエネルギーが上が
ると，原子核が単純に衝突に関わる部分だけが反応に関わるような核破砕反応が
支配的になる．宇宙では，さまざまなエネルギーでの核反応が起こり，多様なメ
カニズムの核反応により元素が生成される．

クーロン障壁以下のエネルギーでの散乱は，基本的にトンネル効果に支配され
るので，原子核反応の断面積は，新しくここで定義する宇宙核物理的 S 因子を
用いて，

$$\sigma(E) = \frac{S(E)}{E} \exp(-2\pi\eta) \tag{2.144}$$

と書くと便利である．ここで，η はゾンマーフェルトパラメータであり，$\eta = \frac{Z_A Z_a e^2}{\hbar v}$ と定義される．指数部がクーロン障壁の透過率であり，エネルギーの
低い領域では，非常に強いエネルギー依存性を持つ．したがって，$S(E)$ 因子は，
穏やかなエネルギー依存性を持ち，その特徴を議論するのに好都合である．ここ
に原子核の共鳴などの性質も含まれることになる．

原子核 A + a の衝突による反応が温度 T を持つ宇宙・天体環境の熱浴で起き
る場合の熱核反応率 $\langle\sigma v\rangle$ は，反応断面積をマクスウェル–ボルツマン分布でエ
ネルギー平均することで，宇宙核物理的 S 因子を用いて次のように表すことが
できる．

$$\langle\sigma v\rangle = \left(\frac{8}{\pi\mu}\right)^{1/2} \frac{1}{(kT)^{3/2}} \int S(E) \exp(-2\pi\eta) \exp(-E/kT) dE \tag{2.145}$$

ここで，μ は入り口チャンネルである A + a 系の換算質量である．$S(E)$ 因子
は穏やかなエネルギー依存性しか持たないので，図 2.8 に示されているように，
熱核反応率にもっとも大きな寄与をするエネルギー（ガモフエネルギー E_G）
は，エネルギー依存性の強いマクスウェル–ボルツマン分布 $\phi \propto \exp(-E/kT)$
とクーロン障壁透過率 $P \propto \exp(-2\pi\eta)$ によって決まり，次のように書かれる．

$$E_G = \left(\frac{\mu}{2}\right)^{1/3} \left(\frac{\pi Z_A Z_a e^2 kT}{\hbar}\right)^{2/3}. \tag{2.146}$$

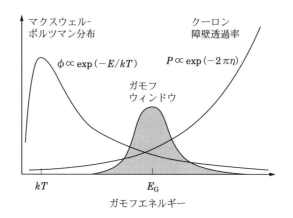

図 **2.8** 核反応率 $\langle\sigma v\rangle$ を決定する 2 つの因子のエネルギー依存性. 宇宙での熱核反応は，ガモフウィンドウのエネルギー領域で起こりやすい.

　宇宙におけるエネルギー源は，主に重力エネルギーと原子核エネルギーであるが，主系列の星の輝きは，主に核エネルギーによる．これらは，とりもなおさず，原子核反応により供給されている．原子核反応

$$A + a \to B + b + Q \tag{2.147}$$

において，Q は核反応の閾値である．星の進化の過程では，主に発熱反応（$Q > 0$）により，星の輝きのエネルギーが供給される．つまり，原子核反応により，陽子と中性子からできている原子核の組み換えにより得られる束縛エネルギーの差の分がエネルギーとして解放されることになる．つまり，

$$E = (M_A + M_a - M_B - M_b)c^2 \tag{2.148}$$

である．核子あたりの束縛エネルギーは，鉄・ニッケル付近がもっとも大きくなる．一つの核反応が起これば，この程度のエネルギーが解放される．これは，原子分子の反応エネルギーに比べて 5–6 桁大きく，非常にエネルギー効率の良い燃焼過程である．それゆえに，原子核反応のエネルギーが宇宙現象で不可欠の働きをするのである．次項では，これらの多様な核反応を概観する．

原子核反応過程の分類と理論

　（1）共鳴反応

　クーロン障壁よりも低いエネルギーで入射した荷電粒子は, トンネル効果で透過したのち,（2.141）式で定義されるようなポテンシャルの中で, ある条件が満たされたとき共鳴を起こす. 準位幅が準位間隔 D に比べて小さいとき, A + a → B + b 反応の共鳴状態経由の断面積は, ブライト–ウィグナーの一準位共鳴公式（Breit–Wigner One Level Formula）で次のように表される.

$$\sigma(E) = \pi \left(\frac{\lambda}{2\pi}\right)^2 \frac{2J+1}{(2J_A+1)(2J_a+1)} \frac{\Gamma_a \Gamma_b}{(E-E_r)^2 + (\Gamma_{\text{tot}}/2)^2} \qquad (2.149)$$

　ここで, E_r は共鳴のエネルギーで, $\Gamma_a, \Gamma_b, \Gamma_{\text{tot}}$ はそれぞれ共鳴状態の A + a チャンネルと B + b チャンネルへの崩壊の部分幅と, 共鳴状態の全幅である. ただし, λ は波長であり, J_A, J_a は, A, a のスピン, J は共鳴状態のスピンである. もちろん, 全崩壊幅 Γ_{tot} は, 共鳴状態の寿命 τ と次の関係にある.

$$\Gamma_{\text{tot}} \cdot \tau = \hbar \qquad (2.150)$$

　複数の準位が重なっている場合には, ブライト–ウィグナーの多準位共鳴公式が使われる. さらに準位密度が高い場合には, 統計模型が使われる.

（2）複合核反応
　原子核反応 A + a → B + b の過程は, 反応の相互作用の働く回数から考えると, 1 回だけの相互作用で起こる場合から, 多数回の相互作用により引き起こされる複雑な反応過程まで存在する. ポテンシャルによる弾性散乱や直接反応などが前者に当たる. 核子移行反応や, 非弾性散乱チャンネルでは, 加えて 2 段階過程などが現れ, 多核子移行反応などでは, 顕著に多段階過程が起こる. さらに, 複雑な過程を経て到達する複合核では, 入り口チャンネルの情報を完全に失うと考えられる.
　また, 複合核過程で作られる原子核の励起エネルギーが高い場合には, 準位密度が高くなり, 統計的な取り扱いが可能であると考えられているが, 予言精度は予言値の 2–3 倍程度の範囲で成り立つと考えられている. 実験研究の困難性などの理由からよく分かっていない多くの元素合成の核反応過程は, 統計模型により評価された値が表になっている. 個々の場合に応じて統計模型の適用が適切かどうかの検討が必要であり, 鍵となる核反応などについては, 実験的な研究が不可欠である.

（3）直接過程

　原子核反応の直接過程は，衝突エネルギーがクーロン障壁よりも高いときに起こり，始状態から終状態に 1 回の相互作用で遷移するので，原子核構造の情報を引き出すことが容易である．直接過程の一核子移行反応では，後述する直接反応理論 DWBA（Distorted Wave Born Approximation）を使うことで，単一粒子状態の分光学因子 S（Spectroscopic factor）を求めることができる．たとえば，中性子移行反応 ^{12}C(d,p)^{13}C* の直接過程反応は，中性子 1 つを標的核に移行する反応であるので，^{13}C 核の中の中性子一粒子状態を励起する．ここで，単一粒子は，殻構造の粒子軌道をとり，規格化された S 因子は，全体で 1 となるように定義されている．これらの情報は，水素燃焼過程や中性子捕獲反応で重要な情報となる．また，α 粒子移行反応では，α クラスター分光学因子 S$_\alpha$ が求まる．この S$_\alpha$ は，α 閾値近傍準位の場合，ヘリウム燃焼過程の核反応率に関わる可能性がある．次に DWBA 理論について略記する．

　始状態 A ＋ a から終状態 B ＋ b に相互作用 V で遷移する反応の振幅は，ボルン近似が使える場合，

$$f_{a+A \to B+b}(\theta) = \langle \chi_{Bb}|\langle Bb|V|Aa\rangle|\chi_{Aa}\rangle \tag{2.151}$$

と書かれる．ここで，χ_{Ii} は 2 粒子 (I,i) の相対運動を表す波動関数で，通常光学模型のポテンシャル散乱から得られる波（一般には，歪曲波が得られる）が使われる．したがって，反応の微分断面積は，

$$\frac{d\sigma}{d\omega}^{\mathrm{DWBA}}(\theta) = |f_{a+A \to B+b}(\theta)|^2 \tag{2.152}$$

と書かれる．実験値（exp）と比較することにより，終状態の分光学因子 S が次の式から求まる．

$$\frac{d\sigma}{d\omega}^{\mathrm{exp}}(\theta) = S\frac{d\sigma}{d\omega}^{\mathrm{DWBA}}(\theta) \tag{2.153}$$

　ここで，$S \leqq 1$ である．終状態が良い一粒子状態であるときは，S は 1 に近い値を持つ．

（4）核破砕反応

　衝突のエネルギーが重心系で核子あたり数十 MeV を越えると，原子核反応は

より速い過程となり，入射粒子と標的核の一部が反応を起こし，残った部分が入射粒子と同じ程度の速度で，前方にそのまま飛んでゆく過程が主要となる．この過程を入射粒子核破砕反応と呼び，不安定な原子核を実験室で生成する方法としてよく使われている．

また，宇宙空間における高エネルギーの宇宙線の原子核成分による核反応も同様の破砕反応であり，主により軽い原子核を生成する．この反応は，星の進化に伴う多様な元素合成過程に比べて，化学進化[*11]への寄与は小さいが，ベリリウムやホウ素などの軽い元素の組成への寄与は，無視できない．

(5) ニュートリノ–原子核反応

原子核の弱い相互作用に伴う過程でニュートリノが関与する．典型的には，核反応で生成された不安定な原子核のベータ崩壊が挙げられる．つまり，ベータ崩壊 $_Z A_N(e^-\overline{\nu}_e)_{Z-1}A_{N+1}$ では，原子核の質量数は変わらないが，電子ニュートリノあるいは反電子ニュートリを放出し，放出エネルギーの分だけ軽くなる．超新星直後の熱い中性子星から超高輝度のニュートリノが放出され，すでに爆発で飛び始めた原子核は，ニュートリノにより再加熱され，超新星の爆発に導かれると考えられている．

原子核のベータ崩壊実験と理論計算で弱い相互作用のガモフ–テラー遷移確率はよく調べられており，電子捕獲反応率も理論計算によってかなりの精度で与えられる．しかし，ニュートリノと原子核との反応断面積の実験的測定は，弱い相互作用があまりにも弱すぎるため，$^{12}C(\nu,\nu')$ や $^{12}C(\nu,e^-)$ のみが報告されている．非相対論的極限での弱い相互作用と電磁相互作用との類似性を用いて，光核反応断面積から弱い相互作用による反応断面積を導出したり，スピン–アイソスピン移行をともなう原子核荷電交換反応を用いてガモフ–テラー遷移確率を推定するなどの実験的な試みがなされている（2.2.5 節の「ビッグバン元素合成と宇宙論」の項（160 ページ）を参照）．特に，重力崩壊型の超新星には，不安定核領域のガモフ–テラー遷移が大きな役割を果たすが，その研究が笹野匡紀らにより近年始まった．原子核の殻模型やランダムフェーズ近似による核構造模型を用いた量子力学計算に頼っているのが現状である．今後の実験，理論両面の発展が

[*11] 宇宙の進化に伴う元素分布の変化を化学進化（chemical evolution）と呼ぶ．

期待される.

　(6) RI ビーム

　宇宙における元素合成過程のうちの，特に爆発的な過程では，急速な連鎖反応が起こることから，熱い不安定核が核反応に関わる．したがって，これらの核反応や核構造が，元素合成率を左右する．実験室でこれらの元素合成の素過程を調べるためには，不安定核のビーム（通常 RI ビームと呼ぶ）の生成が不可欠である．元素合成の起こる温度領域は，数 GK（ギガケルビン = 10^9 K）であるが，エネルギーとしては，数 100 keV であり，荷電粒子の場合の核反応の起こりやすさを示すガモフのエネルギー（図 2.8（154 ページ）参照）としても，せいぜい 1 MeV 程度となり，クーロン障壁以下で起こる．

　これらの反応を直接調べるためには，低エネルギーの不安定核ビームが必要である．その生成法には，2 つある．1 つは飛行分離型と呼ばれ，低エネルギーの重イオンビームを使った逆運動学による核子移行反応や荷電交換反応により前方角に放出された低エネルギーの不安定核をビームとして得る方法である．もう 1 つは，厚い標的を使った核破砕反応などにより不安定核を生成し，イオン化した後，第 2 の加速器により必要エネルギーまで加速する ISOL 型がある．一方，間接的研究法では，高エネルギー重イオンビームの破砕反応を使うと，ウランやトリウムなどの重元素を合成する過程と考えられている r 過程の流れ領域（(8) r 過程（177 ページ）参照）に位置する極端に中性子過剰の不安定な原子核を作ることが可能となり，r 過程の研究が初めて可能となる．この端的な例が，理化学研究所に建設された RI ビームファクトリー（RIBF）である（口絵 2 参照）．宇宙の原子核反応の研究には，低，高どちらのエネルギーの不安定核ビームも不可欠である．

2.2.5　宇宙の元素量と元素合成過程

　宇宙に見られるさまざまな階層構造は，宇宙膨張とともにそれぞれ特有の物質環境を作り出して進化する．直接宇宙膨張の痕跡や天体の活動性を観測し研究することとは相補的に，宇宙構造の構成要素である素粒子や元素の起源と進化のありさまを研究することによって，それらを取り巻く時空の性質や物理的な状態をより克明に調べることができる．この研究分野を宇宙核物理学と呼び，宇宙のエネルギーと同時に元素量と元素合成過程の解明はその根幹をなすものである．

太陽系の元素組成

物質の基本単位である元素は，水素や炭素，酸素，鉄，鉛，ウラニウムなど自然界に約 90 種類が存在する．太陽系の元素組成は，太陽光球のスペクトル分析および隕石の化学分析などから決定され，今から約 46 億年前に宇宙・銀河の進化から切り離されて孤立したときの太陽系の始源組成を反映している．ビッグバン元素合成に始まり，星形成——星の構造進化と元素合成——超新星爆発（大質量星）と質量放出（中小質量星）——次世代の星の形成と進化という，宇宙の物質循環の連鎖を経て蓄積されてきた元素のいわば積分量が，太陽系の元素組成である（第 1 巻 3 章，図 3.5 参照）．

宇宙の元素組成と銀河宇宙の化学進化

宇宙，銀河の進化を物質進化の観点から具体的に検証するためには，太陽系の元素組成を正確に解釈するだけでなく，さまざまな系における水素から超ウラン元素にいたる種々の元素量の空間分布と時間発展に対する知見を得る必要がある．

高い赤方偏移を持つ明るい天体クェーサーの光の吸収線の分析から，水素，重水素，ヘリウムなどの星間ガス雲中に多量に存在する元素量を同定し，宇宙初期または銀河形成以前に起きた元素合成過程を調べることができる．また近年，大望遠鏡を用いた観測によって，超金属欠乏星と呼ばれる太陽系組成に比べて金属量が著しく少ない銀河ハローの星の観測が急速に進展した．金属欠乏星の元素組成は，さまざまな元素合成過程の結果が蓄積された太陽のような金属量が多い星とは異なり，単一ないしはごく少数回の元素合成過程によって作られた元素量を直接反映していると考えられる．宇宙開闢から間もない時期に誕生したこれらの星の組成解析から，元素合成の素過程に関する多くの新しい知見がもたらされている．始源ガスや金属欠乏星が示す元素組成の時系列は，天の川形成初期から太陽系形成に至るまでの物質の進化史だけでなく，銀河ハローや厚いディスク，バルジの動力学的な構造形成史を示す直接的な証拠である（第 4 巻 5 章，第 5 巻 4 章参照）．

このような宇宙の元素組成の研究から，それぞれの元素合成に関わった素粒子・原子核間相互作用，地球上とはまったく異なる極限状態での原子核の安定性，起源天体が作り出すさまざまな物質環境などの特徴を読み解くことができ

る．元素の起源は，三つに大別することができる（図 2.9 参照）．

（1）ビッグバン元素合成

宇宙開闢直後の最初の 3–10 分間に起きた火の玉宇宙での核融合反応過程．主に重水素からベリリウムまでの軽元素が合成されたと考えられる．

（2）銀河宇宙線の融合・破砕元素合成

超新星に加速の起源を持つと考えられる高エネルギー宇宙線原子核が，星間物質と衝突して融合（ヘリウムとヘリウムとの核融合反応）ないし破砕（炭素・窒素・酸素鉄などと水素・ヘリウムの衝突反応）する核反応過程．リチウム・ベリリウム・ボロン等の希元素，および，フッ素やスカンジウムのような中重質量の存在量が少ない元素が合成されると考えられる．

（3）星での元素合成

星の形成および構造進化とともに星の内部で進行する熱核反応，および，大質量星が進化の終焉で迎える超新星または新星での爆発的元素合成．熱核反応では主に炭素から鉄族元素に至る中質量の原子核が，爆発的元素合成では鉄族元素に至る α 元素（α 過程で作られる元素．172 ページ参照）およびアクチノイド（原子番号が 89–103 の元素）に至る重質量の原子核が合成されると考えられる．

ビッグバン元素合成と宇宙論

（1）仮説から精密科学へ

ビッグバン元素合成仮説は，1980 年代に入り天体観測によりヘリウム核（^{4}He，^{3}He），重水素核（D），リチウム核（^{7}Li）などが年老いた天体や始源ガス雲中に検出されたことによって，広く信じられるようになってきた．ビッグバン元素合成量は，宇宙が光やニュートリノなどの素粒子で満たされていた放射優勢時代初期に起きた核融合反応による生成物であり，インフレーション，宇宙相転移，ニュートリノ脱結合等の素粒子過程を直接探る唯一の観測量である．

軽元素量に関する理論予測が天体観測と一致することは，宇宙背景放射の発見と並んで，ビッグバン宇宙仮説を支える重要な証拠である．しかし，今世紀にはいって大望遠鏡による精度の高い分光観測が可能になったことで，銀河ハロー起源の金属欠乏星に標準モデルの予測を上限値として 1000 倍以上うわまわる ^{6}Li

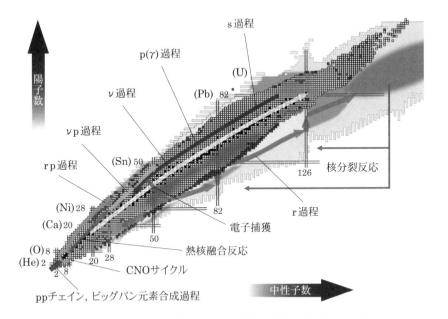

図 **2.9** 宇宙における主な元素合成過程. 核図表（x 軸は中性子数, y 軸は陽子数）の黒い四角が安定な原子核, その他は, 不安定な原子核で, 原子核の質量公式から存在が予想されている約 7000 核種が示されている. 図中の数字は, 原子核の魔法数であり, 元素合成の流れを大きく左右する. 各元素合成過程については, 本文参照. r 過程のような速い連鎖核反応は不安定な原子核領域を暴走する過程であるが, s 過程のように遅い核反応過程は安定核の近傍をゆっくり流れる. 実験室で作られた原子核は, 現在安定核近傍の約半分程度であり, 残りは, 今後の研究対象である. 淡い色で示した原子核は, 理研 RIBF 施設で, 技術的な目標とされている世界最強の $1\,\mathrm{p}\mu\mathrm{A}$ の U ビームを用いて, 1 日 1 個生成できると予想されている原子核である.

量が発見され, $^7\mathrm{Li}$ 量の観測値が理論予測の約 1/3 である問題と併せて, ビッグバン元素合成理論は新たな局面を迎えている.

　最近の宇宙観測によると, 平坦で加速膨張する宇宙モデルを仮定した場合, 物質密度は臨界密度の約 4%（$\Omega_\mathrm{b} \approx 0.022h^{-2}$）である. ここで, $h \approx 0.7$ は $H_0 = 100\,\mathrm{km\,s^{-1}\,Mpc}$ を単位とするハッブルパラメータであり, Ω_b はバリオン–光子比 η_b と $\eta_\mathrm{b} = 2.68 \times 10^{-8}\Omega_\mathrm{b}h^2$ の関係にある（第 2 巻 4 章参照）. ハッブルパ

ラメータ h の正確な値は，ケフェウス型変光星セファイドおよび Ia 型超新星の観測では 0.740 ± 0.014，クェーサーの重力レンズの観測では 0.733 ± 0.018，プランク衛星による宇宙背景放射ゆらぎの観測と標準宇宙論モデルによる解釈では 0.674 ± 0.005 と互いに食い違っていて，ハッブルの葛藤（Hubble tension）と呼ばれている．今後の精査が必要である．軽元素のうち D と ^{4}He，^{3}He（正確には ^{3}He＋T，三重水素核 T は 12.33 年の半減期で ^{3}He にベータ崩壊）の理論予測と観測量は一致するが，^{7}Li（正確には ^{7}Li＋^{7}Be，^{7}Be は 53.12 日の半減期で軌道電子を捕獲し ^{7}Li に核変換）は互いに食い違う．また，多くの観測結果のうちで精度の高いものを採用すると，^{4}He の観測とも 2σ の精度で矛盾する．

標準ビッグバンモデルでは，原子核反応は弱い相互作用が凍結した後に進行するため，約 15 分の寿命で崩壊する中性子と安定な陽子の数密度比の値がその後の元素合成を大きく支配する．したがって，宇宙の物質密度（$\Omega_{\rm b}$），ニュートリノ世代数（N_ν），弱い相互作用の結合定数あるいは中性子寿命（τ_n）の三つが基本的なパラメータとなる（第 2 巻 4 章参照）．これらのうち，$\Omega_{\rm b} \approx 0.022h^{-2}$ と $N_\nu = 3$ は，それぞれ宇宙観測と素粒子実験で決定されている．

(2) 精緻な宇宙核物理実験

最近，超冷却中性子を使った精度の高い中性子寿命の測定実験が行われた．新しい値 $878.5 \pm 0.7 \pm 0.3$ 秒（± 0.7 は統計誤差，± 0.3 は系統誤差）はこれまでの多くの実験結果をもとに標準値として採用されてきた値 885.7 ± 0.8 秒に比べて約 1% 小さい．天文学や宇宙物理学の常識からすれば，わずか 1% という小さな中性子寿命の値の変更は取るに足らないことのように思われるかもしれないが，精密な素粒子・原子核理論の上に構築されたビッグバン元素合成モデルでは事情が異なる．

中性子のベータ崩壊で中性子は陽子に変換する．中性子は udd，陽子は uud とそれぞれ三つのクォーク（186 ページ）からできているので，この過程は，クォークのフレーバー（188 ページ）の変換 d → u に相当する．キャビボ（Nicola Cabibbo）による先駆的な発想を発展させ，クォークには最低 3 世代で 6 種類が存在すると予言したキャビボ–小林–益川理論は，ゲージ粒子を交換して核力，電磁気力，弱い力を引き起こすクォーク・レプトン力学の標準理論として実験的にも確立されている（第 1 巻 2 章参照）．この数年間で行われた原子核実験に

よって，行列要素のユニタリー性も確認されている．これまでのビッグバン元素合成計算に用いられてきた値はユニタリー性を破っており標準理論と矛盾するが，セレブロフらによって測定された中性子寿命はユニタリー性を満たしている．

最新の中性子寿命を用いたビッグバン元素合成理論計算の結果，精度の高い ^{4}He 元素量の観測的制限と理論予測との間にあった $\pm 2\sigma$ の矛盾は解決され，$\Omega_b \approx 0.022 h^{-2}$ を仮定した元素合成モデルで，D と ^{4}He の始値量に関する観測的な制限は矛盾なく説明できることが示された．しかし，^{6}Li と ^{7}Li に関する矛盾は解消しない．

ビッグバン元素合成はビッグバン模型を支える重要な柱の一つであるが，ワゴナー（R. Wagoner）の提案した標準ビッグバン元素合成模型（BBN）の中の連鎖核反応ネットワークの主要な原子核反応は，安定な原子核同士の核反応では比較的よく実験的に研究されてきて，観測の同位元素量と一致している．しかし，ネットワークの中であまり良く調べられてこなかった不安定核 ^{7}Be と強く関わる ^{7}Li の存在量が標準ビッグバン元素合成模型の予言と明らかな矛盾を示しているという問題が残されている．近年，この ^{7}Be を含む核反応が精力的に調べられてきた．この原子核は，半減期が 53 日で，上記の Li 問題に関わる主要な役割をするものと考えられている．BBN 中の ^{7}Li は，容易に ^{7}Li(p,α)^{4}He 反応により壊されてしまうので，観測にかかる ^{7}Li は，BBN 終了後の ^{7}Be の電子捕獲による冷却過程によるものと考えられる．したがって，問題は，BBN の間に生き延びた ^{7}Be の量により，^{7}Li の量が決まる．BBN 中に起こる ^{7}Be の生成，消滅反応の詳細が必要となる．

^{7}Be の消滅反応で一番大きく寄与するのが ^{7}Be(n,p)^{7}Li 反応である．^{7}Be 標的を用いて，直接この反応が CERN の n-TOF 施設で近年調べられた．同時に重要とされる ^{7}Be(n,α)^{4}He 反応が，逆反応を用いて川畑貴裕らによって調べられた．また，これらの 2 つの反応は，早川勢也らにより，^{7}Be ビームを ^{2}H 標的に当てたトロイの木馬法で調べられ，ほぼ全様が明らかになってきた．因子 3 程度の矛盾は，これらの消滅反応では，不十分であることが分かった．この問題は，他の消滅反応や，BBN 起源量の観測のより詳しい定量化が必要であるが，次に述べる新しい物理による可能性も検討されている．

(3) 素粒子的宇宙論と新物理学（New Physics）の展開

　二つのリチウム核問題は，超対称性粒子が引き起こす新しいビッグバン元素合成過程によって解決できる可能性が提案されている．四つの力の大統一理論の有力候補である超対称性理論（SUSY）によると，重力を伝えるゲージ粒子であるグラビトンと対称をなすグラビティーノがもっとも軽い超対称性粒子である場合には，これがダークマターの候補となり，タウレプトンと対称をなすスカラータウ粒子は二番目に軽い粒子（NLSP）として崩壊する場合が考えられる．スカラータウ粒子がスピン零の荷電レプトン（$X^{\pm}$）であり，ビッグバン元素合成期 3–10 分より永い寿命を持っているとすると，初期宇宙で負電荷を帯びた X^{-} が崩壊前に原子核との間で電離および再結合過程をくりかえし，捕獲されたときに奇妙な原子核を形成して新たな元素合成過程を引き起こす可能性がある．X^{-} 粒子の移行核融合反応 $^{4}He_{X} + D \rightarrow {}^{6}Li + X^{-}$ によって標準理論の 1000 倍以上もの多量の ^{6}Li 核が合成され，同時に X^{-} 粒子を束縛したエキゾチック原子核 $^{7}Be_{X}$ 核はいくつかの核反応で壊されて，結局 ^{7}Li と ^{7}Be 元素量を約 1/3 に減らすことができるというシナリオが提案された．

　リチウム問題解決の可能性を定量的に示す上で，エキゾチック原子核の構造と反応に関する研究は重要である．^{6}Li, ^{7}Li, ^{7}Be, ^{8}B などの原子核は非常に発達したクラスター構造 $^{6}Li = {}^{4}He + D$, $^{7}Li = {}^{4}He + T$, $^{7}Be = {}^{4}He + {}^{3}He$, $^{8}B = {}^{7}Be + p$ を持っている．上村正康らは，これを考慮した X^{-} 粒子の移行核融合反応 $^{4}He_{X} + D \rightarrow {}^{6}Li + X^{-}$, $^{4}He_{X} + {}^{3}He \rightarrow {}^{7}Be + X^{-}$ 等の反応断面積の量子論計算を行い，池田清美ら宇宙論研究者による簡単な見積もりと 1 桁以上の違いがあることを明らかにした．日本の研究者が世界的に重要な役割をはたし，体系化された原子核のクラスター相関に関する研究と少数多体系量子力学の計算手法は，原子核物理学や天体核物理学のみならず，ミュー粒子媒介核融合反応などの物性物理学の研究にも広く応用されており，きわめて信頼できるものである．

　また，X 粒子が非熱的なエネルギー分布を持つ光子 γ_{NT} に崩壊する場合には，いったん合成された ^{4}He と高エネルギー光子（$50\,\mathrm{MeV} \leq E_{\gamma}$）との 2 次的な核反応 $^{4}He + \gamma_{NT} \rightarrow {}^{3}He\,({}^{3}H) + n\,(p)$, $^{4}He + {}^{3}He\,({}^{3}H) \rightarrow {}^{6}Li + p\,(n)$ によっても，^{6}Li が多量に作られる可能性がある．これを定量的に実証するために，実光子または (p, n), $({}^{3}He, {}^{3}H)$, $({}^{7}Li, {}^{7}Be)$ 等の原子核が質量数を保存して電

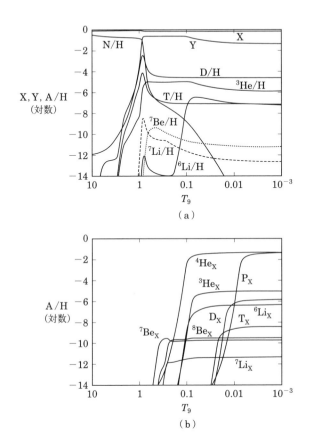

図 **2.10**　軽元素量の時間変化．宇宙時間は温度の逆二乗に比例
して増大する．T_9 は十億度を単位として表した宇宙温度 $T_9 = T/(10^9\,\mathrm{K})$ であり，左端 $T_9 = 10$ が時間約 1 秒，約 1 MeV に
相当する．（a）X, Y はそれぞれ陽子とヘリウム核（^{4}He）の質
量比，A/H はそれ以外の原子核 A と陽子との数密度比．（b）
超対称性粒子 X$^-$ が原子核に束縛されてできるエキゾチッ
ク原子核 Y$_\mathrm{X}$ と水素核（陽子）との数密度比．$T_9 \approx 0.1$ で，
$^4\mathrm{He_X} + \mathrm{D} \rightarrow{}^6\mathrm{Li} + \mathrm{X}^-$ 反応によって大量の ^{6}Li 核が合成され
る（Kusakabe *et al.* 2008, *Astrophys. J.*, 680, 846）．

荷だけを変える荷電移行反応を用いた核反応断面積を測定することによって ^{4}He の光子分解反応率を決定する実験や，スピン・軌道力，テンソル力を取り入れた核反応断面積の精緻なる理論計算が精力的に行われている．

　これら最新の研究成果を取り入れたビッグバン元素合成の理論計算によって，リチウム問題が解決できる可能性が具体的に示されている．宇宙背景放射ゆらぎの分析から決定されたダークマター密度との整合性から，X粒子が持ちうる質量範囲も制限できる．欧州原子核加速器研究所 CERN で 2008 年 10 月に稼働を始めた大ハドロン衝突型加速器 LHC の目的の一つは，超対称性粒子やヒッグス粒子を作り出し，質量や崩壊様式などの諸性質を精密に調べることである．また，日本の JPARC 中性子光学・基礎物理学ビームラインプロジェクトでも，超冷却中性子を用いた寿命測定実験，CP 対称性の破れの精密測定，余剰次元の探索実験等が進められている．

（4）ビッグバン元素合成理論の精密化

　標準ビッグバンモデルを超える未知の素粒子・原子核過程を考察するだけでなく，観測的宇宙論および観測天文学の観点からこれまで考察されてこなかった物理過程の研究も進んでいる．その一つは，宇宙開闢から 38 万年後の宇宙晴れ上がり期における背景放射ゆらぎの観測的制限と整合するような宇宙磁場ゆらぎがビッグバン元素合成に及ぼす影響である．膨張宇宙においても磁束は保存されるため，散逸を免れたスケールの磁場強度は宇宙最初の 3–10 分の頃にはきわめて大きな値であったと推定できる．空間的な磁場のエネルギー密度ゆらぎは温度ゆらぎを作り出すため，式（2.145）で表される原子核反応率は場所によってさまざまな温度に対する値を取り得る．この宇宙磁場ゆらぎによる効果を取り入れた最新の理論計算によると，超金属欠乏星に観測されている ^{7}Li 量の約 3 倍という過剰生成問題は著しく緩和され，1.4 倍ほどに収め得ることが報告されている．また，初期宇宙プラズマ中の原子核のエネルギー分布が，マクスウェル－ボルツマン分布に従わずにツァーリス分布（Tsallis statistics）と呼ばれる非加法的統計分布に従うとすると，リチウム問題は解決できるとする研究もある．ツァーリス統計分布はさまざまなプラズマ過程や天体の緩和現象の記述に成功している統計分布であり，今後の研究の進展が期待される．

　天文学的には，^{7}Li 量の検出にはわずか数％程度の強度変化を示す吸収線が用

いられている．^{7}Li のビッグバン元素合成量の推定に用いられている超金属欠乏星の大気モデルが持つ不定性や問題点などの再検討も，精力的に進められている．超金属欠乏星の 3 次元的でより現実的な大気モデルの構築と分析，対流・沈殿現象に伴って低温でも壊れやすい ^{7}Li 量の観測値が示す系統的な分散の詳細な解釈などである．

こうしたビッグバン元素合成理論の精密化の試みは，素粒子・原子核物理学の発展とともにある．第 2 巻 4 章で紹介された非一様元素合成モデルでは，初期宇宙の相転移前後に何らかの物理過程によってバリオン数密度の空間的な非一様性が作られたとすると，質量数 $A = 7$ のリチウムを越えてベリリウムやボロンなどが不安定核反応 ^{7}Li (^{7}Be) + n (p) $\rightarrow$ ^{8}Li (^{8}B) + γ, ^{8}Li (^{8}B) + α $\rightarrow$ ^{11}B (^{11}C) + n (p), ^{7}Li + ^{3}H (^{3}He) $\rightarrow$ ^{9}Be + n (p), ^{9}Be + ^{3}H (^{3}He) $\rightarrow$ ^{11}B + n (p) 等によって多量に生成される可能性があると予測する理論もある．こうした理論予測がハッブル宇宙望遠鏡，ジェイムズ・ウェッブ望遠鏡などのスペース望遠鏡や地上大望遠鏡による超金属欠乏星の元素観測を動機づけ，次項で議論するような初期宇宙での銀河宇宙線の起源を解明する研究の発展にもつながった．さらに精度の高い物理実験や天文観測が待たれる．

銀河宇宙線と星間物質の相互作用，融合・破砕元素合成

太陽系の元素組成の中で極端に低い存在量を示す元素群，リチウム（^{6,7}Li）・ベリリウム（^{9}Be）・ボロン（^{10,11}B）等は，銀河宇宙線と星間物質の相互作用による破砕反応あるいは $\alpha + \alpha$ 核融合反応によって作られる．

$$\mathrm{C, N, O} + \mathrm{p}, \alpha \quad \rightarrow \quad {}^{6,7}\mathrm{Li}, {}^9\mathrm{Be}, {}^{10,11}\mathrm{B} + \mathrm{X}, \tag{2.154}$$

$$\alpha + \alpha \rightarrow {}^{6,7}\mathrm{Li} + \mathrm{X}. \tag{2.155}$$

これらの元素は約 10^6K の温度で (p, α) 反応によって容易に壊されるので，ビッグバン元素合成（前項参照）と超新星ニュートリノ元素合成（次項参照）によっても作られる ^{7}Li と ^{11}B を除いて，星の中ではほとんど作られない．

銀河宇宙線原子核成分は主として陽子，ヘリウム，炭素，窒素，酸素等からなり，低エネルギーから 10^{19}eV を越える超高エネルギーまで分布している．星間物質もまたほぼ太陽系元素組成に比例する組成を持っている．これらの原子核同士の反応断面積は数 $100\,\mathrm{MeV}$ で極大値を持ち元素合成にもっとも大きく寄与す

る．数十 MeV の反応閾値エネルギーから数 TeV までの反応断面積が，1970 年代から今日にいたるまで世界各国の重イオン加速器による原子核実験で測定され，銀河宇宙線の起源を解明するために用いられている．

　銀河宇宙線の起源が星間物質にあるのか（星間物質起源説），超新星からの直接の放出物にあるのか（超新星直接起源説）という疑問は，まだ完全に解決していない大問題の一つである．銀河宇宙線の原子核成分を太陽系組成と詳細に比較すると，第 1 電離ポテンシャルの低い元素の組成ほど高いことから，星間物質起源説が有力であった．しかし，1990 年代にはいってさまざまな年齢を持つ恒星にベリリウムやボロンが検出され，同じ星に検出された鉄との相関がほぼ線形 $Z_{\mathrm{BeB}} \propto Z_{\mathrm{Fe}}$ であることが発見されて，超新星直接起源説が大きく注目されるようになった．

　この問題を解く一つの鍵を握るのが，銀河の化学進化という考え方である．簡単化された銀河の化学進化モデルは以下のように定式化できる．銀河内星間ガス中に存在する i 元素の質量比 $Z_i(\boldsymbol{r}, t)$ の時間変化は，星形成・超新星爆発・質量放出という物質循環の連鎖を考慮して，

$$
\begin{aligned}
&\frac{d(M_G Z_i)}{dt} \\
&= M_G \sum_{jkl} Z_j \frac{A_i}{A_j} \int \sigma_{jk \to il}(E) \phi_k(E; \boldsymbol{r}, t) dE \\
&\quad + \int [mq_i(m) + (m - m_r)Z_i\{t - \tau(m)\}] \times \Phi_{\mathrm{IMF}}(m) \Psi_{\mathrm{SFR}}\{t - \tau(m)\} dm \\
&\quad - Z_i \Psi_{\mathrm{SFR}} - \xi Z_i \Psi_{\mathrm{SFR}} - \frac{M_G Z_i}{\tau_i}, \\
&\approx M_G \sum_{jkl} Z_j \frac{A_i}{A_j} \int \sigma_{jk \to il}(E) \phi_k(E; \mathbf{r}, t) dE \\
&\quad + y_i \Psi_{\mathrm{SFR}} + (R - 1 - \xi) Z_i \Psi_{\mathrm{SFR}} - \frac{M_G Z_i}{\tau_i}. \tag{2.156}
\end{aligned}
$$

という微分方程式で記述される．右辺第 1 項と第 2 項は，それぞれ銀河宇宙線と星間物質との相互作用に起因する元素合成過程，星の内部や超新星爆発による元素合成過程による生成率を示し，第 3 項は星形成によってガスから失われる成分，第 4 項は星風や銀河風による損失と系外からの質量降着を差し引いた正味の

損失率，第5項はi元素が放射性元素である場合の崩壊率である．$M_G(\boldsymbol{r}, t)$ は星間ガスの総質量，$\sigma_{jk \to il}(E)$ はj元素とk元素とが相互作用してi元素とl元素を生成する反応断面積，$\phi_j(E; \boldsymbol{r}, t)$ は銀河宇宙線に含まれるj元素のエネルギースペクトルを表す．m は誕生時の星の質量，$\tau(m)$ は星の寿命，$\Phi_{\mathrm{IMF}}(m)$ は初期質量関数，q_i は星形成で取り込まれた質量に対するi元素の合成質量の割合，$\Psi_{\mathrm{SFR}}(\boldsymbol{r}, t)$ は星形成率，m_r は星形成に寄与せず中性子星などのコンパクト星として残る質量，τ_i は放射性元素の平均寿命（半減期とは $\tau_i = \tau_{i,1/2}/\ln 2$ の関係）である．

2番目の式変形には，星での元素合成でもっとも大きい寄与を持つ大質量星の寿命が宇宙・銀河進化の時間スケールに対して十分短く 10^{10} 年 $\gg \tau(m)$ が成立するという近似を用いた．この近似によって，恒星進化論で理論的に計算できる元素合成率 y と質量返還率と呼ばれるパラメータ R は，

$$y_i = \int m q_i(m) \Phi_{\mathrm{IMF}}(m) dm, \quad R = \int (m - m_r) \Phi_{\mathrm{IMF}}(m) dm$$

と表すことができる．ξ は観測から決める．以上が，設定した系内のガス成分が短い時間スケール（大質量星が超新星に至る数百万年–1千万年）で十分均一に混合する（instantaneous and homogeneous mixing）との仮定の下に議論されている，簡単化された銀河の化学進化モデルの骨組みである．

この理論モデルには，始源的隕石に検出されたさまざまな放射性元素量から太陽系形成期前後の銀河ガスの化学動力学的な性質を研究できるほどの精度がないが，1–100億年の時間スケールの銀河の元素量の時間変化を議論するために役立てることができる．詳しくは第5巻4章にゆずる．

天文学では炭素より重い元素をひとまとめにしてメタル，すなわち金属と呼ぶ慣習がある．鉄に代表される金属元素は，銀河宇宙線と星間物質の相互作用では作られないので，第1項と第5項は無視できる．メタルに対する微分方程式と，ガス成分に関して成立する関係式 $dM_G/dt = (R - 1 - \xi)\Psi_{\mathrm{SFR}}$ とを連立させ，星形成が銀河ガスの質量に比例して起こる $\Psi_{\mathrm{SFR}}(\boldsymbol{r}, t) \propto M_G(\boldsymbol{r}, t)$（シュミット則）を仮定すると，$Z_{\mathrm{CNO}}/Z_{\odot\mathrm{CNO}} \approx Z_{\mathrm{Fe}}/Z_{\odot\mathrm{Fe}} \approx t/t_\odot$ なる時間–金属量の関係が得られる．

$^7\mathrm{Li}$ と $^{11}\mathrm{B}$ を除く希元素はほとんど星の内部では作られないので，第2項と

第 5 項は無視でき，銀河宇宙線の強度が超新星形成率に比例する $\phi_k(E, \boldsymbol{r}, t) \propto$ $\Psi_{\mathrm{SFR}}(\boldsymbol{r}, t)$ を仮定すると，希元素の質量比 Z_{LiBeB} は金属の質量比 Z_{Fe} の関数として解析的に解くことができる．これと，前段の結論である時間–金属量の関係式から，時間の関数として $Z_{\mathrm{LiBeB}}(\boldsymbol{r}, t)$ が得られる．こうして，二つの仮定 $\Psi_{\mathrm{SFR}}(\boldsymbol{r}, t) \propto M_G(\boldsymbol{r}, t)$ と $\phi_k(E, \boldsymbol{r}, t) \propto \Psi_{\mathrm{SFR}}(\boldsymbol{r}, t)$ は，本来これらが場所に依存する局所的な物理量であっても，$Z_{\mathrm{LiBeB}}(\boldsymbol{r}, t)$ の時間依存性を解析的に解くことを可能にする．

　ここで，銀河宇宙線の起源の問題に立ち戻ろう．銀河の化学進化モデルで，金属欠乏星に検出されたベリリウム，ボロンと金属との線形関係 $Z_{\mathrm{BeB}} \propto Z_{\mathrm{Fe}}$ は説明できるだろうか．

　星間物質起源説では，ベリリウムとボロンの生成に預かる反応において，高エネルギー宇宙線原子核は星間空間にあるビッグバン起源の陽子とヘリウムが超新星残骸で加速されたものが主成分であり，超新星で作られ星間空間に放出された炭素・窒素・酸素等の金属元素が空間に漂っていて標的となる原子核である．初期宇宙では $M_G(t) \approx M_G(0) \approx$ 一定と近似できるので，希元素に対する微分方程式（2.156）の右辺第 1 項が主要な役割を果たし Z_{CNO} の 1 次に比例する項となる．したがって，解は $Z_{\mathrm{BeB}} \propto t^2 \propto Z_{\mathrm{CNO}}^2 \propto Z_{\mathrm{Fe}}^2$ となり，これは上で述べた観測事実 $Z_{\mathrm{BeB}} \propto Z_{\mathrm{Fe}}$ と矛盾する．

　一方，超新星直接起源説では，高エネルギー宇宙線原子核成分は水素やヘリウムだけでなく，超新星で合成され放出された炭素・窒素・酸素等の金属元素が直接加速されたものであると考える．標的核はビッグバン起源で星間空間にある陽子とヘリウムである．この場合，希元素に対する微分方程式（2.156）の右辺第 1 項は $Z_{\mathrm{p,He}}$ に比例して定数となる．したがって，解は $Z_{\mathrm{LiBeB}} \propto t \propto Z_{\mathrm{CNO}} \propto$ Z_{Fe} となり観測事実に一致する．

　これが，銀河宇宙線の超新星直接起源説の有力な一つの根拠である．天の川での超新星発生率を 20 年に 1 回とすると，観測されている銀河宇宙線を銀河系全体で保持するために必要なエネルギーは，超新星 1 回につき約 10^{50} erg と見積もることができる．超新星の力学エネルギーの 10% にあたるので，超新星からの直接の放出物質で駆動される衝撃波による加速で供給可能であろう．

星での元素合成

炭素より重い元素の大半は，星の内部や超新星爆発の際に合成されたと考えられている．この描像が確立されたのは，1950 年代にバービッジ夫妻・ファウラー・ホイルによって書かれた元素合成理論に関する論文によってであり，以来個々の元素合成過程やそれぞれに対応する天体現象および宇宙の中での元素の蓄積過程について研究が進められている．以後，この論文を B^2FH（1957）と略称で引用する．星での元素合成は，次のように分類される（図 2.9（161 ページ）参照）．

（1）pp 連鎖反応（陽子連鎖反応）

水素燃焼反応の一つで，水素からボロンまでの原子核が連鎖的に核反応を起こして，結合エネルギーが大きく安定な α 粒子（ヘリウム核 ^{4}He）を作って終わる一連の反応過程である（第 1 巻 4 章参照）．星が誕生して主系列星に至る前段階で起こる重陽子燃焼過程に続き，大小さまざまな質量を持つ星が輝き出す進化の第 1 段階で起きる熱核融合反応である．

1950 年代にファウラー（William A. Fowler）が予測した太陽ニュートリノ放射率を，デービス（Raymond Davis, Jr.）ら，およびその後，戸塚洋二らスーパーカミオカンデグループが実験的に検出したことによって，太陽内部で pp 連鎖反応が進行しニュートリノを放出していることが確認された．

pp 連鎖反応の最終過程 ^{8}B $\to 2\alpha + e^+ + \nu$ からは高エネルギーニュートリノ（B（ボロン）ニュートリノ）が放出される．高いエネルギーのニュートリノほど電子，原子核との反応断面積が大きいので，太陽ニュートリノ検出率が理論予測値の約半分にすぎないという大問題（太陽ニュートリノ問題）を解決するために，ボロンニュートリノ放射率に大きな影響を及ぼす ^{3}He $+ ^4$He $\to ^7$Be $+ \gamma$, ^{7}Be $+$ p $\to ^8$B $+ \gamma$ 等の核反応率が，世界中の原子核実験施設で測定されてきた．太陽の中心温度 $T \approx 10^7$ K，熱エネルギーにして $E \approx 1$ keV に相当する入射エネルギーでの光放射を伴う核融合反応断面積はあまりに小さく直接測定ができないため，宇都宮弘章らおよび本林 透らは，クローン場の仮想光子を ^{7}Be や ^{8}B に吸収させて分解させる逆過程 ^{7}Be $+ \gamma \longrightarrow ^3$He $+ ^4$He, ^{8}B $+ \gamma \longrightarrow ^7$Be $+$ p の反応断面積を測定するクーロン分解法を用いた間接実験によって，詳細つりあいの原

理からこれらの反応率を精密に測定し，太陽ニュートリノ問題の解決に貢献した．

(2) CNO サイクル（炭素・窒素・酸素循環過程）

恒星が主系列のフェーズの段階で，pp 連鎖反応に続いて起こる水素燃焼反応の一つである．炭素・窒素・酸素が媒介して四つの陽子を次々に捕獲した後ベータ崩壊するという過程をくりかえして一つの α 粒子を合成し，反応の Q 値を熱として解放する循環反応である（第 1 巻 3 章参照）．サイクル中の，非共鳴反応，すなわち共鳴状態を経由しない直接反応（156 ページ参照）$^{14}\mathrm{N}+\mathrm{p} \to {}^{15}\mathrm{O}+\gamma$ がもっとも遅く，ほとんどが $^{14}\mathrm{N}$ になる．本林 透らにより，不定性が残る陽子捕獲反応断面積がクーロン分解法を用いた間接実験で測定され，CNO サイクルが起こる恒星内部の環境や，ドレッジアップと呼ばれる核生成物を恒星内部から表面に循環させるメカニズムの解明が進んでいる．

CNO サイクルは，1939 年にベーテ（Hans Bethe）が予言し，多量に作られる $^{14}\mathrm{N}$ が巨星で観測され確認されている．太陽では pp 連鎖反応だけでなく CNO サイクルも進行していると考えられるが，ベータ崩壊から放出されるニュートリノはまだ直接検出されていない．

(3) α 過程（ヘリウム燃焼過程）

質量数 5 と 8 を持つ安定な元素が存在しないため，炭素より重い元素の合成はトリプル α 過程 $3\alpha \to {}^{12}\mathrm{C}+\gamma$，および共鳴反応（154 ページ参照）$\alpha+{}^8\mathrm{Be} \to {}^{12}\mathrm{C}+\gamma$ で始まる．炭素，酸素，ネオン，マグネシウム，シリコン等，質量数が 4 の倍数となる元素（α 元素）の組成は高く，α 粒子を次々に捕獲する元素合成過程 $^{12}\mathrm{C}+\alpha \to {}^{16}\mathrm{O}+\gamma,\ {}^{16}\mathrm{O}+\alpha \to {}^{20}\mathrm{Ne}+\gamma,\ {}^{20}\mathrm{Ne}+\alpha \to {}^{24}\mathrm{Mg}+\gamma$ 等が働いたことを示している．

大質量星の進化過程では，水素が燃焼することによりヘリウムコアの内側に炭素・酸素コアができ，その内部が次第に高温高密度になることによって炭素燃焼過程 $^{12}\mathrm{C}+{}^{12}\mathrm{C} \to {}^{16}\mathrm{O},\ {}^{20}\mathrm{Ne},\ {}^{23,24}\mathrm{Mg}+\mathrm{X}$ 等にも火がついて酸素・ネオン・マグネシウムコアが，さらに酸素燃焼過程 $^{16}\mathrm{O}+{}^{16}\mathrm{O} \to {}^{28}\mathrm{Si}+\alpha,\ {}^{31}\mathrm{P},\ {}^{31,32}\mathrm{S}+\mathrm{X}$ 等にも火がついてシリコンコアができると考えられる．シリコンコアが形成される段階では，中心温度が $T_9 \sim 3\text{–}5$ を越えるために，$^{28}\mathrm{Si}+\alpha \to {}^{32}\mathrm{S}+\gamma,\ {}^{32}\mathrm{S}+\alpha \to {}^{36}\mathrm{Ar}+\gamma$ 等の α 過程だけでなく，準平衡過程を経て複雑な原子

核反応が起きる．これらを総称してシリコン燃焼過程と呼ぶ．

α 過程は，超新星元素合成の理論予測が炭素から鉄族までの α 元素量の観測結果を説明できることで直接証明され，pp 連鎖反応，CNO サイクルとあわせて太陽系組成をうまく説明できることからも間接的に確認されている．

(4) e 過程（熱平衡（equilibrium）過程）

大質量星の準静的な進化の終盤で起こると考えられるシリコン燃焼過程以後は，漸時 e 過程（equilibrium）へと移行して，最終的に主に鉄・コバルト・ニッケルよりなる中心コアと，その外側を取り巻くさまざまな元素の層よりなるタマネギ構造が完成する．熱平衡状態では多くの同位体元素が光子温度 T の熱浴で化学平衡にあり，これを核統計平衡（NSE: Nuclear Statistical Equilibrium）と呼ぶ．NSE では，陽子数 Z と中性子数 N を持つ原子核の数密度 $n(Z,N)$ は

$$n(Z,N) = \frac{g_A}{2^A}\left(\frac{Am_N kT}{2\pi\hbar^2}\right)^{3/2} n_{\rm p}^Z n_{\rm n}^N \left(\frac{2\pi\hbar^2}{m_N k_{\rm B}T}\right)^{3A/2} \exp\left(\frac{Q_A}{k_{\rm B}T}\right) \quad (2.157)$$

に従う．ここで，$k_{\rm B}$ はボルツマン定数，$\hbar = h/2\pi$ はプランク定数，$A = Z + N$ は質量数，g_A は原子核のスピン自由度，$g_N = 2$ は核子のスピン自由度，m_N は原子質量単位，$n_{\rm p}$ と $n_{\rm n}$ はそれぞれ陽子と中性子の数密度，Q_A は原子核の束縛エネルギーである．e 過程が起こる大質量星内部の環境では，核子あたりの束縛エネルギーがもっと大きい鉄・コバルト・ニッケル元素が多量に作られる．e 過程は，さまざまな天体での同位体比の観測から確認されている．

上の式を，核子あたりの光子数密度 $\phi = \frac{1}{\pi^2}\frac{g_\gamma}{(\hbar c)^3}\frac{\zeta(3)(kT)^3}{\rho N_{\rm AV}}$（ここで $\zeta(3)$ はゼータ関数，$N_{\rm AV}$ はアボガドロ数，ρ はバリオン質量密度）で書きなおすと，

$$n(Z,N) \propto \left(\frac{kT}{m_N c^2}\right)^{3(A-1)/2} \phi^{-(A-1)} n_{\rm p}^Z n_{\rm n}^N \exp\left(\frac{Q_A}{kT}\right) \quad (2.158)$$

となる．相対論的粒子が優勢である場合，ϕ と核子あたりのエントロピー密度 $\sigma = s/\rho N_{\rm av}$ とは $\phi \approx 0.1\sigma/k$ の関係にあるので，超新星爆発の初期やビッグバン初期宇宙のように高いエントロピー状態では $\phi^{-(A-1)}$ 項が支配的となり，系はバラバラな核子（$A = 1$）すなわち陽子と中性子で占められるようになる．

(5) 爆発的元素合成過程

これまでに挙げた準静的な恒星進化過程で起きる元素合成過程は，超新星爆発でも強く起こると考えられる．重力崩壊を引き起こすような大質量星の進化過程で作られた中心コアの鉄・コバルト・ニッケルは，重力崩壊後に形成される中性子星あるいはブラックホールに飲み込まれてほとんど星間空間には放出されない．放出される鉄族元素は，爆発で生じた衝撃波が外に向かって伝播する際に光分解によって原子核がばらばらとなり，これによって生じた陽子・中性子・α 粒子等がシリコン層および酸素・ネオン・マグネシウム層の深部で元素合成をやりなおして（不完全シリコン燃焼過程）新たに作られた元素である．pp 連鎖反応から爆発的元素合成までの一連の元素合成過程は，準静的な恒星の進化理論と超新星元素合成の理論による予測が太陽系組成とうまく一致することから，その正しさが実証されている（第 1 巻 3 章参照）．

しかし，非球対称爆発をする超新星，新星，X 線バースト，ガンマ線バーストといった未知の部分が多い爆発現象に伴って合成される元素に関しては，まだ多くの未解決の問題が残されている（以下で述べる p 過程，r 過程の項を参照）．原因の一つとして，爆発的元素合成では極端に短い寿命を持つ不安定原子核が関与していると考えられること，さらに実験情報がほとんどない原子核とニュートリノとの相互作用が予想できない反応を起こしている可能性も考えられる．

（6）rp 過程，νp 過程（速い陽子捕獲過程，ニュートリノ陽子過程）

rp 過程は，pp 連鎖反応，CNO サイクルとともに，新星や X 線バーストに伴って起きる水素燃焼過程の一つである．重力場の強い白色矮星や中性子星表面に降着したガスの温度が $T_9 \sim 0.2$–0.5 に達すると核反応に火がついて，暴走的に水素燃焼過程が進行すると考えられる．降着ガス中の炭素から高温で CNO サイクル過程が進行するとともに，$^{14}\mathrm{O} + \alpha \to {}^{17}\mathrm{F} + \mathrm{p}$, $^{17}\mathrm{F} + \mathrm{p} \to {}^{18}\mathrm{Ne} + \gamma$, $^{18}\mathrm{Ne} + \alpha \to {}^{21}\mathrm{Na} + \mathrm{p}$ 等の陽子捕獲反応が連鎖的に起きてサイクルが破れ，より質量数の大きい元素の合成が始まる．さらに降着ガス中にネオンやマグネシウムが存在すると，核暴走的な rp 過程とベータ崩壊が頻繁にくりかえされて質量数が 100 にまで及ぶ元素群が作られると考えられる．久保野 茂らにより，短寿命不安定核ビームを用いて一連の陽子およびヘリウム捕獲反応断面積の測定が行われている．CNO サイクルが破れて元素合成が始まる天体環境の解明が進められている．また，ビーシャー (Michael Wiescher) らによっても陽子およびヘリ

ウム捕獲反応断面積の系統的な測定が行われてきた．高温・高密度で起こるX線バーストなどでは，rp過程の核反応が，上述のように質量数100付近まで陽子過剰核領域を進むものと考えられる．^{56}Niを超える領域の核反応の直接的研究はないが，間接的な研究が進んでいる．元素合成の流れを大きく左右する原子核の質量の測定がフィンランドのイバスキラ大学，中国近代物理研究所や理化学研究所などで進んでいる．とくに，rp過程の流れの滞留点近傍が主な研究対象となっているが，その詳細な流れは，陽子過剰核の構造と反応に依存するので，これからの研究が待たれる．

　rp過程の存在は，太陽系組成の解釈上必要であると考えられているが，X線バーストは中性子星表面という強い重力場の中で起きる核暴走現象であるため核生成物を星間空間に取り出しにくく，そのメカニズムの解明が待たれる．

　最近，数値シミュレーションによって，重力崩壊型超新星のごく初期に陽子過剰物質が短時間放出される可能性が示唆され，超新星でνp過程が起きて核生成物を空間に放出する可能性が議論されている．超新星爆発の初期に陽子過剰状態が実現すると仮定すると，爆発的元素合成中に多量に作られる^{56}Ni，^{64}Ge（ともに陽子数と中性子数が等しいα元素）とニュートリノ反応が重要な役割を果たす．ν_eよりも高い温度のエネルギー分布を持つ$\bar{\nu}_e$が陽子過剰環境で$p + \bar{\nu}_e \to n + e^+$反応を起こして自由中性子を作り出す．中性子が作られない陽子過剰環境であったならば，^{64}Geは1.062分待たないとベータ崩壊しないが，上記のニュートリノ反応で中性子が作られると，^{64}Ge$+ n \to {}^{64}$Ga$+ p$反応によって^{64}Geの有効寿命は約10ミリ秒と極端に短くなるため，数秒間持続する超新星爆発の環境では頻繁に起きることができ，続いて^{64}Ga$+ p \to {}^{65}$Ge$+ \gamma$反応から始まるrp過程がさらに質量数の大きい陽子過剰核上を進行することになる．これにより，p核元素（p過程の項を参照）のなかで異常に大きい同位体組成比を示す^{92}Mo，^{96}Ru等が作られるのではないかと有望視されている．以上の元素合成過程は，νp過程と呼ばれている．

　したがって，νp過程は，rp過程と似たパスを流れてゆくことが期待されるが，rp過程で問題となっている滞留点が存在しない可能性がある．しかし，この領域の原子核の構造や反応のほかに，陽子過剰側核と中性子との相互作用の研究が必要である．これは，まったくの未研究課題であり，これからの研究が必要である．

　最近の銀河化学進化の理論的研究によって，超新星残骸として中性子星を残すような重力崩壊型超新星ばかりではなく，ブラックホールを残すようなコラプサー（collapsar）と呼ばれる大質量星の重力崩壊とこれに続いて噴出するジェットの中で νp 過程が起き，初期銀河から現在に至るまで，多量の ^{92}Mo, ^{96}Ru 等の同位体を作り出すことが明らかにされた．コラプサーとは，持続時間が 2 秒以上の長時間ガンマ線バーストの起源中心天体だと考えられている．

　νp 過程は，大質量星が超新星爆発を起こす際に，原始中性子星の大気，あるいはジェットが陽子過剰になったときに活発に起きると考えられる．ニュートリノ光球からの距離が近いため，外層に比べて νp 過程は高い効率で進行する．そのため，ニュートリノどうしのコヒーレント散乱が頻繁に起こり，ニュートリノ量子多体効果による集団的なフレーバー振動（collective oscillation）が誘起されて，電子型・ミュー型・タウ型のフレーバーを持つニュートリノのエネルギー分布が変化する．したがって，ここで作られる ^{92}Mo, ^{96}Ru 等の同位体組成は，弱い相互作用による多体散乱効果があまりに弱すぎるため，実験室では測定不可能なニュートリノの集団的フレーバー振動を解明するためのユニークなプローブになり得ると期待されている．

（7）p 過程，γ 過程（陽子過程，ガンマ過程）

　太陽系組成で鉄族元素より大きな質量数 60–200 をもつ重元素のうち，核図表（図 2.9（161 ページ））上で陽子過剰領域側に安定線から離れて位置する元素群を p 核と呼び，これらの核種を作り出す元素合成過程を p 過程，あるいは γ 過程と呼ぶ．p 核は希少な同位体比（0.1–1%）を持つという特徴を有するが，^{92}Mo(14.84%) と ^{96}Ru(5.54%) は例外的に大きな同位体比を持ち，νp 過程のような p 過程とは異なる起源をもっていると考えられている．rp 過程の延長として新星や X 線バーストで起きるとするモデルは，核生成物を放出するメカニズムがないため棄却されており，超新星爆発で s 核から 2 次的な元素合成過程（secondary nucleosynthesis）が働いて作られるとする説が有力である．

　p 過程は，爆発的元素合成において，まず多量に存在する安定核が陽子および α 粒子と激しく核融合反応（rp 過程と α 過程）を起こして核反応がいったん陽子ドリップラインに達したのち，複雑な光分解反応とベータ崩壊を経て作られるとする考えと，s 核のような安定核が 2 次的に強い光分解反応（γ 過程）によっ

て中性子を剥ぎ取られたのち，光分解反応とベータ崩壊を経て作られるとする考え方がある．最近，広い質量領域にわたって太陽系組成のs核とp核の比の値がほぼ一定であるとの経験則が見いだされ，超新星元素合成計算によって初期金属量，初期質量，爆発エネルギーに依存せず比の値がほぼ一定になることが理論的に示されて，γ過程説が有力となっている．

（8）r過程（速い中性子捕獲過程）

p過程とは対照的に，核図表（図2.9（161ページ））上で安定線から中性子過剰領域側に位置する元素をr核と呼ぶ．太陽系組成が示すr核の存在量は，四つの元素群の近傍で極大値を示している．質量数80付近の第1ピーク（As, Se, Brなど），130付近の第2ピーク（Te, I, Csなど），165付近の希土類元素の丘（Eu, Tb, Hoなど）と195付近の第3ピーク（Ir, Pt, Auなど）である．これらのピークが中性子魔法数 $N = 50, 82, 126$ に対応するs核のピークよりも系統的に小さい質量数側にシフトしていることから，r過程が極端に中性子過剰な環境で中性子捕獲反応がベータ崩壊よりも速く進行する爆発的元素合成過程であることが窺える．

r過程の元素合成の流れは，極端に中性子過剰の不安定核領域を走ると考えられるが，この領域の原子核物理の研究は，まだ始まったばかりで，研究対象の原子核の生成さえ実験室でできていないのが現状である．r過程のシミュレーションは，安定核領域で分かったことを仮定したり，簡単な統計模型を仮定して行っている．正しくr過程の物理環境を明らかにするためには，不安定核領域の原子核の性質と核反応率が必要である．世界における研究の最前線にある理化学研究所のRIBFにおいては，この領域に迫る中性子過剰核の半減期や質量の測定の研究が西村俊二や和田道治により進められている．

地球を含む元素の太陽組成の分析から，r過程はs過程とともに鉄よりも大きい質量を持つ元素の合成過程であると考えられる．最近の天文観測から，銀河初期に誕生したと考えられ突出したr過程元素量を持つ超金属欠乏星が多数見つかっている．このように，r過程が初期銀河から太陽系形成に至るまで起きていたことは観測的な事実であるが，宇宙のどのような天体現象で起こっているのかは特定できていない．最近の研究によって，これまで集中的に研究されてきた重力崩壊型超新星爆発スーパーノバに加え，ガンマ線バーストの起源中心天体だと

考えられているコラプサー（collapsar）やキロノバ（kironova）が新たな有力
候補天体だと考えられている．コラプサーは長時間ガンマ線バーストの起源中心
天体であり，キロノバは中性子星連星系合体にともなって起きる短時間ガンマ線
バーストの起源中心天体である．キロノバは GR170817 から放出された重力波，
ガンマ線バースト，X 線〜サブミリ波，可視光〜近赤外光が同時観測されたこと
によって，一躍脚光を浴び始めた．

　r 過程が起きる天体環境が満たすべき条件として，大量の鉄族元素が存在し，
自由中性子の数密度が $\sim 10^{20}\,\mathrm{cm}^{-3}$ 以上と高く，$10^9\,\mathrm{K}$ 以上の温度が数秒間持
続することが挙げられてきた．多くの教科書では，これらの条件を実現できる環
境は重力崩壊型超新星のコア付近以外にはあり得ないだろうと結論しているが，
起源天体の解明はまだ決着していない．

　最初の二条件を同時に満たす超新星環境が容易に見つからないことが，その理
由の一つである．鉄族元素と多量の中性子が共存する現実的な r 過程の理論モデ
ルはない．もし，r 核が鉄族元素の存在量に強く依存する 2 次的な元素合成過程
（secondary nucleosynthesis）で作られるとしたら，金属がほとんど存在してい
なかった初期世代星（銀河ハロー起源の金属欠乏星）と金属量に富む太陽系とで
は，r 核組成比が著しく異なることになる．しかし，予想に反して，太陽系の r
核の組成パターンにきわめて近い重元素組成を持つ金属欠乏星が，地上大望遠鏡
を用いた天体観測で次々に発見されている．これを r 核元素組成のユニバーサリ
ティーという．

　ユニバーサリティーを説明できる理論モデルの一つが，超新星ニュートリノ駆
動風での r 過程である．しかし，高密度状態でのハドロンの性質とニュートリ
ノ・核子間相互作用に関する詳細な研究によって，第 3 ピークの r 元素合成に至
るような高い中性子密度を実現しがたいことが判ってきた．ニュートリノ駆動風
に代わって有望視されている理論モデルは，磁気回転駆動型超新星からの放出
ジェット（magneto-hydrodynamic jet），および，中性子星に代わってブラック
ホールを残骸として残すコラプサーから噴き出すジェットである．これらのモデ
ルによると，コアの重力崩壊とともに降着する鉄族元素は電子捕獲と光核反応に
よって中性子と陽子に分解してしまい，一核子あたり $1\text{--}100/k_\mathrm{B}$（$k_\mathrm{B}$ はボルツ
マン定数）のエントロピー密度を持つようになる．重力崩壊はジェットに転じ，

降着物質が中性子過剰のまま放出される．初期の NSE（173 ページ参照）では，中性子，陽子，α 粒子しか存在できない（e 過程の項を参照）．急膨張するジェットの中で，数十ミリ秒後に α 過程の結果 ^{78}Ni に代表される著しく中性子過剰な質量数 70–120 の重元素（これらを r 過程の種元素と呼ぶ）が合成され，続いて速い中性子捕獲反応とベータ崩壊がくりかえされて，約 1 秒後には質量数が 200–250 の重い中性子過剰アクチノイドの生成に至る．数秒間にわたりショックが継続した後に爆発は終了し，重い中性子過剰核はベータ崩壊して r 核が生成される．こうして，鉄族元素が存在していたとしても，電子捕獲および光核分解によって，初期金属量に依存しない r 元素の組成パターンが作り出される．r 過程は安定な鉄族元素から始まる 2 次的な中性子捕獲過程ではなく，ビッグバン元素合成過程と同様に 1 次的な元素合成過程（primary nucleosynthesis）である．

　ユニバーサリティーとは超金属欠乏星と現在の太陽系の r 元素，正確には第 2 ピークと第 3 ピーク間に存在する元素の組成パターンの間に見つかっている類似性なので，銀河初期から大きな発生頻度を持つコラプサー，磁気回転駆動型超新星，ニュートリノ駆動型超新星は起源天体としての合理性を持つ．一方，中性子星どうしが連星系を形成してから合体するまでにはきわめてゆっくりとした重力波放出によるエネルギー損失でしか軌道を狭めることができないため，少なくとも数億年を要することが相対論から導かれ，バイナリーパルサー（中性子星連星系）の観測結果とも整合する．したがって，超金属欠乏星に見つかっている r 過程元素がすべてキロノバに起源を持つと考えるには無理がある．可能な起源天体候補による r 過程をすべて考慮した最新の銀河化学進化の研究で，コラプサーと磁気回転駆動型超新星およびニュートリノ駆動風は初期銀河から現在まで r 過程で支配的な寄与をし，キロノバでの r 過程は金属量が太陽系の $10^{-1.5}$ 程度，すなわち数%にまで大きくなる銀河進化を待って初めて寄与することが明らかになった．この結果は，ユーロピウム（Eu，原子番号 $Z = 63$）と金属量との観測的な相関に見る銀河化学進化曲線と一致する．これらの異なる起源天体での r 過程元素の組成パターンは，原子核の質量数 A の関数としては互いに大きく異なるものの原子番号 Z の関数としては似ていること，すなわちユニバーサリティーを説明できることも示された．したがって，超金属欠乏星は除き，太陽系 r 元素組成にはこれらすべての起源天体が寄与し得る．キロノバの r 過程ではウ

ラニウムよりも大きな質量を持つカリフォルニウム（Cf, 原子番号 $Z = 98$）等のアクチノイドが多量に合成されると予測する理論計算もあり，今後の天文観測に期待がかかる．

　超新星爆発やコラプサージェット，あるいは中性子星連星系の合体メカニズムの詳細はまだ解明されていないが，数値シミュレーションからは原理的にさまざまな r 核組成パターンが考えられる．しかし，ユニバーサリティーの存在は単なる偶然ではなく，第 3 のピーク（Ir, Pt, Au など）やウラン（U），トリウム（Th）などアクチノイドの生成に至るような r 過程が，きわめて限られた物理的な爆発環境で起きたはずであることを示している．r 過程の解明には，人類がまだ手にしていない極端に不安定な中性子過剰核の質量，ベータ崩壊の寿命，ニュートリノ反応率，中性子捕獲反応率，核分裂反応率や娘核の質量分布など，未知の多くの性質や，巨大な原子核ともいえる原始中性子星の状態方程式および内部構造に関する理論予想が必要とされる．したがって，r 過程の研究は，地球上とは著しくかけ離れた極端な物理状態と物質環境にある原子核の存在形態，構造，反応様式などを知るための貴重な手段を提供する．

　超金属欠乏星（159 ページ参照）は銀河系の形成とほぼ同時期に生まれた宇宙の初期世代星であり，銀河の複雑な進化にほとんど影響されない超新星元素合成過程による核生成物の純粋な組成を保っていると考えられる．したがって，種族 III および II の星（第 1 巻 2.2 節参照）に α 元素だけでなく r 核を検出することは，超新星の最深部であるコア近傍で起こっている元素合成を通して，さまざまな不安定性やニュートリノと物質との相互作用が関わっていると考えられる爆発メカニズムを解明することにもつながる．ユニバーサリティーを大きく破る元素組成を持つ超金属欠乏星の発見もまた，磁場や降着円盤の回転が重要な役割を演じていると考えられるガンマ線バーストのような未知の爆発天体での元素合成の現場を示す貴重な知見をもたらすことになるだろう．

（9）s 過程（遅い中性子捕獲過程）

　核図表（図 2.9（161 ページ））で安定線上に位置し，中性子魔法数 $N = 50,$ 82, 126 を持つ存在量の卓越した元素を s 核と呼ぶ．AGB 星[*12] や超新星などの

---

*12 小質量星が赤色巨星からさらに進化し，ヘリウム燃焼過程によって中心部でヘリウムがほとんど使い尽くされると，進化の終末期にあたる漸近巨星枝星（AGB 星）の段階を迎える．

中性子が豊富に存在する環境で，安定核あるいは寿命が比較的永い準安定核による中性子捕獲反応がベータ崩壊よりもゆっくりと進行する元素合成過程である．したがって，s 過程中の原子核の数密度の時間変化は，

$$\frac{dn(Z,N)}{dt} \approx n(Z,N-1)n_{\rm n}\langle\sigma_{N-1}v\rangle_{(n,\gamma)} - n(Z,N)n_{\rm n}\langle\sigma_N v\rangle_{(n,\gamma)} \qquad (2.159)$$

に従う．$\langle\sigma_N v\rangle_{(n,\gamma)}$ は熱核反応率（図 2.8（154 ページ））を表す．局所的に定常状態が実現していると仮定すると $\dfrac{dn(Z,N)}{dt} = 0$ であり，$n(Z,N)\langle\sigma_N v\rangle_{(n,\gamma)} \approx$ 一定の関係が成立する．この関係が良い近似で成り立っていることは，太陽系組成および AGB 星の化学組成の測定で検証されている．

　AGB 星のドレッジアップで起きる s 過程（中性子流束が大きいため，メイン s 過程と呼ばれる）では，質量数が 90–200 の s 核が合成されると考えられる．中性子源は，CNO サイクルによる副次的な核生成物である ^{13}C と，熱パルス（図 2.11（182 ページ）参照）での物質混合ないし拡散によってヘリウム層から混入してきた α 粒子との反応 ^{13}C$(\alpha,n)^{16}$O であり，発生した中性子が約 1–10 万年の周期でくりかえす熱パルス後に次の熱パルスが起きるまでの間，ゆっくりと s 過程を持続させる．このため，中性子流束は大きくなる．これに対して，大質量星の進化過程で起きる s 過程（中性子流束が小さいため，ウィーク s 過程と呼ばれる）では，質量数が 100 以下の s 核が合成されると考えられる．第 2 の中性子源は，熱パルス自体が続いている約 10–100 年間に，CNO サイクルでもっとも多く作られる ^{14}N が，より内側の高温・高密度領域で起こす α 反応 ^{14}N$(\alpha,\gamma)^{18}$F$(e^-,\nu_e)^{18}$O$(\alpha,\gamma)^{22}$Ne$(\alpha,n)^{25}$Mg である．

　s 過程が起きる典型的な温度は $T \approx 3 \times 10^8$ K，エネルギーにして約 30 keV であり，^{13}C$(\alpha,n)^{16}$O 反応のガモフウィンドウのエネルギーは約 200 keV となる．この温度における ^{13}C$(\alpha,n)^{16}$O 反応の断面積は極端に小さく，宇宙線などのバックグランドにより，地表の実験室では，測定が困難であった．久保野 茂らは，同反応率を支配する共鳴の α 幅を α-移行反応を用いて，精密に決定した．しかし最終的には，^{13}C$(\alpha,n)^{16}$O 反応の断面積の直接的測定が望まれている．宇宙の元素合成の低温の非常に小さな断面積を測るために，バックグラウンドの小さい地下に加速器を持ち込んだプロジェクトが，イタリアの LUNA，中国の JUNA などで進行している．現在，この反応のガモフウインドウ域での測定が 1

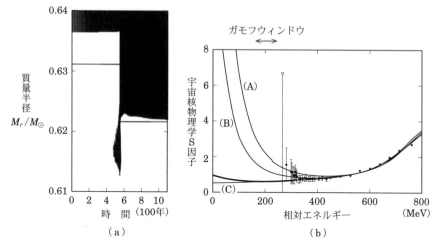

図 2.11　（a）AGB 星のドレッジアップ前後の熱パルスの構造. 黒塗りは対流層を表し,質量半径 0.63 付近（ドレッジアップ前）と 0.62（ドレッジアップ後）の水平な線は水素層とヘリウム層の不連続線を表す. 熱パルス中は対流層が深くなり,水素とヘリウムの混合が起きる（Iwamoto *et al.* 2004, *Astrophys. J.*, 602, 377）. （b）AGB 星で s 過程が起こるための中性子源となる $^{13}C(\alpha, n)^{16}O$ 反応の宇宙核物理学 S 因子の実験結果. 間接反応実験の手法によって反応率に支配的な影響を及ぼす $^{16}O + n$ に分離する閾値近傍（相対エネルギー ≈ 0 MeV）にある状態の α 幅を精密に測定し,低エネルギーにおける S 因子が太線（C）より小さいことが判った. （A）, （B）は,大きな α 幅を仮定した場合の S 因子である（Kubono *et al.*, 2003, *Phys. Rev. Lett*, 90, 062501）.

つの大きな目標とされている.

（10）ν 過程（ニュートリノ過程）

　重力崩壊型超新星では,νp 過程や r 過程などのようにニュートリノが重要な役割を果たす元素合成過程が起こる. ニュートリノと安定核,または爆発的元素合成で作られる寿命が比較的永い準安定核との相互作用から始まる元素合成過程を,ν 過程と呼ぶ. ^{4}He が多量に存在するヘリウム層では,^{7}Li および ^{11}B が,$^{4}He(\nu, \nu'p)^{3}H(\alpha, \gamma)^{7}Li$,　$^{4}He(\nu, \nu'n)^{3}He(\alpha, \gamma)^{7}Be(n, p)^{7}Li$,　$^{7}Li(\alpha, \gamma)^{11}B$

などの ν 過程で作られる．また，^{12}C が多量に存在するヘリウム層と炭素層では，$^{12}C(\nu,\nu'p)^{11}B$，$^{12}C(\nu,\nu'n)^{11}C(\beta^+)^{11}B$ によっても ^{11}B が作られる．

より内側の酸素・ネオン・マグネシウム層では，^{19}F，^{138}La，^{180}Ta ほかの元素が $^{20}Ne(\nu,\nu'\,p)^{19}F$，$^{138}Ba(\nu,e^-)^{138}La$，$^{181}Ta(\nu,\nu'n)^{180}Ta$ などの ν 過程で作られると考えられる．後者の弱い相互作用による反応は，光分解 $^{181}Ta(\gamma,n)^{180}Ta$ の反応閾値エネルギーがあまりに大きすぎるために電磁気相互作用による反応より強く起こる．

超新星のコアにもっとも近い内側のシリコン層でも，ν 過程は起きる．爆発的元素合成で多量に作られた ^{56}Ni が強いニュートリノ照射にさらされて，$^{56}Ni(\nu,\nu'p)^{55}Co$ と $^{56}Ni(\nu,\nu'n)^{55}Ni$ が起き，陽子と中性子が作られる．これらの陽子と中性子が $^{44}Ti(p,\gamma)^{45}V(\beta^+)^{45}Ti(\beta^+)^{45}Sc$，$^{58}Ni(n,\gamma)^{59}Ni(\beta^+)^{59}Co$ などの 2 次的な原子核反応を次々に引き起こして，^{45}Sc，^{51}V，^{55}Mn，^{59}Co などの元素が作られると考えられる．ν 過程は，前項で議論した銀河宇宙線と星間物質の相互作用による融合・破砕元素合成過程とともに，存在量が少ない元素群の起源であると考えられているが，金属欠乏星に検出された ^{45}Sc や ^{59}Co を説明するには，ν 過程だけでは不十分である．

ν 過程で作られる元素群のうち，比較的外側の層で作られる ^7Li および ^{11}B はニュートリノ物質振動効果（MSW 効果）の影響を強く受けるので，超新星残骸やプレソーラーグレイン[*13]を検出して，未知のニュートリノ振動パラメータ混合角 θ_{13} や質量階層を決定する提案がなされている．一方，MSW 高密度共鳴による振動効果の影響をほとんど受けないと推定される ^{138}La，^{180}Ta は集団的なフレーバー振動（collective oscillation）の影響を受けるため，ニュートリノ相互作用の中性カレントと荷電カレントによる効果を分離するための元素として使われる．これらの同位体組成を組み合わせることによって、二つの異なるニュートリノ振動効果（MSW 効果と collective oscillation）を分離して解明することを目指す ν 過程の研究が進められている．

[*13] 原始太陽を生んだ星間雲に以前から存在していたチリは，いったん熱せられて蒸発し，再び凝縮する．その中で蒸発をまぬがれた残滓とも言える 1 ミクロンほどの大きさ持つ粒子をプレソーラーグレインと呼ぶ．超新星起源や AGB 星起源などに分類されている．

2.2.6 核宇宙年代学と銀河の化学進化

宇宙年齢に匹敵する永い半減期を持つ放射性重元素を核時計として用い，古い世代の星における元素組成から宇宙・銀河・恒星などさまざまな天体の進化史を研究する分野が核宇宙年代学である．トリウム ^{232}Th（半減期 140.5 億年）やウラン ^{238}U（半減期 44.68 億年）は，約 138 億年と推定されている宇宙年齢を精密に決定するために用いることができる天恵とも言える放射性元素である．宇宙背景放射ゆらぎや Ia 型超新星の光度–赤方偏移関係の宇宙観測，あるいは天の川銀河でもっとも古い星の集団である球状星団の観測などにより，ハッブル定数などの宇宙論パラメータの決定精度は向上した．しかし，ダークマターやダークエネルギーの物理的な正体が分かっていない以上，これらのパラメータ値から予想される宇宙年齢もまた不確定要素を持っていると言わざるを得ない．核宇宙時計による天体の年齢推定方法は，ハッブル定数すなわち宇宙論的に遠い天体までの距離測定が持つ不確定性にはまったく依存しない．したがって，原理的には高い精度での年齢推定が可能であるが，まだ今後明らかにすべき多くの問題点も存在する．

「銀河宇宙線と星間物質の相互作用」の項（167 ページ）で議論した銀河の化学進化モデルを，核宇宙年代計の構築に応用する．微分方程式 (2.156) で，重元素は宇宙線では作られないので第 1 項を無視する．超新星爆発により銀河系形成初期の時間 Δt にわたって連続して一定の割合で r 元素合成が作られたと仮定すると，

$$Z_i(\boldsymbol{r}, t) = \tau_i y_i \left(\frac{\Psi_{\mathrm{SFR}}(\boldsymbol{r}, t)}{M_G(\boldsymbol{r}, t)} \right) \times \exp\left(-\frac{t}{\tau_i}\right) \times \left\{ \exp(\frac{\Delta t}{\tau_i}) - 1 \right\}, \qquad (2.160)$$

と解析的に解くことができる．ここで，$t = \Delta t + t_\star$ は銀河年齢を表す（$t_\star$ は超金属欠乏星の年齢）．

日本のすばる望遠鏡など地上大望遠鏡を用いた天体観測によって，銀河ハローに起源を持つ超金属欠乏星にトリウム（Th）やユーロピウム（Eu）などの r 核が発見された．r 過程はウラン，トリウム，プルトニウムなどアクチノイド元素の起源として唯一知られている元素合成過程である．また，ユーロピウム（Eu）には二つの安定な同位体が存在し，^{151}Eu は 100%が，^{153}Eu は 95%が r 過程で作られる．もし，これらが我々の銀河における最初の超新星爆発で作られた核生

成物であったとすると，複雑な銀河の進化にはほとんど影響されない元素合成時の純粋な組成を保っていると考えることができる．

そこで，式（2.160）で $\Delta t \ll t$ とみなすと，$t_\star = t - \Delta t$ は銀河年齢の下限値 $t_\star \lesssim t$ を与える．$\Delta t \to 0$ の極限をとると，$Z_i(\boldsymbol{r}, t) \propto \exp(-t/\tau_i)$ となる．したがって，元素組成比 Th/Eu，U/Th は $t_\star$（10 億年の単位）と

$$t_\star = 46.7\Big[\log(\mathrm{Th/Eu})_0 - \log(\mathrm{Th/Eu})_{t_\star}\Big], \qquad (2.161)$$

$$t_\star = 21.8\Big[\log(\mathrm{U/Th})_0 - \log(\mathrm{U/Th})_{t_\star}\Big] \qquad (2.162)$$

という関係で表される．添え字 0 は初期生成量を，$t_\star$ は現在の観測量を示す．初期生成量を知ることができれば，星の年齢を推定できる．r 核の組成パターンに見いだされたユニバーサリティを応用して 45.5 億年の年齢を持つ太陽系元素組成比から初期生成比を推定し，Th/Eu 核時計を用いて超金属欠乏星の年齢を推定すると，宇宙年齢の下限として 152±37 億年が得られる．

年齢推定値の精度を高めるために，核宇宙年代計のさまざまな仮定を検証する研究が進められている．一つの大きな仮定は，金属欠乏星に検出された r 過程元素はすべて同一の物理的な起源を持つとの仮定，すなわちユニバーサリティの仮定である．これを実証するためには，Th/Eu 以外にも $^{187}\mathrm{Re}/^{187}\mathrm{Os}$（$^{187}\mathrm{Re}$ の半減期は 435 億年）などの異なる宇宙核年代計を構成する複数の元素を，観測的に同じ金属欠乏星で同定する必要がある．異なる宇宙核年代計によって推定された年齢は一致しなければならない．そのためには，非常に暗い超金属欠乏星の高分散分光観測において，高い精度で同位体を分離する方法を確立しなければならないだろう．

観測で示されているユニバーサリティを満たす物質環境が，爆発条件に強く依存せずに実現するかどうかを，理論的にも実証しなければならない．さまざまな超新星爆発条件に対応する r 過程の研究が行われ，極端に中性子数が過剰な重い不安定核には，安定核で知られているような 50，82，126 などの魔法数以外に新しい魔法数が現れないことが，ユニバーサリティが成り立つ必要条件の一つであることが明らかにされている．しかし，中性子魔法数 126 を越える原子核に対しては，超新星の爆発条件や原子核理論モデルで推定したベータ崩壊寿命の違

いによってユニバーサリティが破れることも判っている.

　逆に,これらの理論研究から,U/Th 核時計はユニバーサリティの破れに強く影響されないことが推測される.しかし,天体観測で超金属欠乏星にウランを検出することは難しい.また,ガンマ線バースト天体や連星中性子星の合体での r 過程のように,元素合成が長時間持続するような場合には,質量数が 250–300 の中性子数が極端に過剰なアクチノイドが非対称に割れるような核分裂をくりかえすことによってユニバーサリティが作り出される,という可能性も指摘されている.実験・理論ともに世界の最先端にある日本の不安定核物理学(RIB)の研究からは,トリウム($Z = 90$)やウラン($Z = 92$)を凌ぐ原子番号 113 番(ニホニウム Nh)の超重元素発見という快挙もなされており,短寿命核や超重元素の研究から r 核の起源や核宇宙年代計に関わる多くの新たな知見が得られるものと期待される.

2.3　場の理論・相互作用

2.3.1　素粒子とその分類

　物質の究極的な構成要素は何だろう.この疑問は古来から人々の心を捉えてきた.古代ギリシャのデモクリトスは物質は,それ以上分割できない粒子からできていると主張した.これに対して「空間は真空を嫌う」といって,空間には分割できない何かが充満しているとアリストテレスは唱えた.物質が原子や分子からできていることが分かってきたのは 20 世紀に入ってからである.原子はそれ以上分割できない素粒子ではなく,その中心に陽子と中性子からなる原子核があり,まわりを電子が飛び回っているという構造をもっている.今日,私たちは電子は素粒子であるが,陽子や中性子は素粒子ではなく,クォークと呼ばれる素粒子 3 個からできていることを知っている.

　現在まで少なくとも 20 種類以上の素粒子が存在することが知られている.そしてこれらの素粒子の間にはそのもっている属性によって重力,電磁気力,弱い力,強い力(力,あるいは相互作用ともいう)のすべて,あるいはそのうちのいくつかが働いている.重力とは質量,あるいはエネルギーをもったあらゆる粒子の間に働く力で,万有引力とも呼ばれるように粒子間の距離の 2 乗に反比例する

表 **2.1**　フェルミオン（クォーク・レプトン）.

	レプトン			クォーク		
	粒子	質量（GeV）	電荷	粒子	質量（GeV）	電荷
第1世代	ν_e （電子ニュートリノ）	$< 2 \times 10^{-9}$	0	u （アップ）	0.0022	2/3
	e （電子）	5.11×10^{-4}	-1	d （ダウン）	0.0047	$-1/3$
第2世代	ν_μ （ミューニュートリノ）	$< 1.9 \times 10^{-4}$	0	c （チャーム）	1.27	2/3
	μ （ミューオン）	0.106	-1	s （ストレンジ）	0.093	$-1/3$
第3世代	ν_τ （タウニュートリノ）	< 0.02	0	t （トップ）	173	2/3
	τ （タウオン）	1.78	-1	b （ボトム）	4.2	$-1/3$

引力である．日常生活で重力が強いようにみえるのは地球の質量が莫大だからであり，素粒子が問題になるようなミクロなスケールでは極端に弱い力なので通常は無視される．電磁気力とは，いうまでもなく電荷をもった粒子の間に働く電気力と，電荷の運動によって誘起される磁気力のことである．電磁気力はやはり粒子間の距離の2乗に反比例して弱くなるだけで，ある有限の距離で消えるわけではない．したがって重力と同様どんな遠方にも届く遠距離力であるが，通常の物質は正の電荷と負の電荷がつりあっていて全体として電気的に中性になっているので遠距離力には見えないことが多い．

　一方，強い力と弱い力は原子核，あるいはそれ以下のスケールでのみ重要になる短距離力であり，20世紀に入って原子核の理解が進む過程で発見された．ある種の原子核は安定ではなくベータ崩壊と呼ばれる反応を起こし，中性子が陽子に変わることで原子核の種類が変わる．

　現代的な観点では中性子はアップクォーク1個とダウンクォーク2個，陽子はアップクォーク2個とダウンクォーク1個からできているとされ，弱い力はダウンクォークをアップクォークに変える働きをする．強い力は最初，原子核内で陽子や中性子の間に働き，原子核をまとめている力として導入されたが，現代ではクォーク同士に働いて陽子や中性子をつくっている力のことを指す．

　クォークには 3 種類のカラーと呼ばれる属性があり，強い力はカラーを持った粒子間に働くとされる．力，あるいは相互作用の強さは相互作用定数とよばれるパラメータで表され，その大きさは重力，弱い力，電磁気力，強い力の順に大きくなっていく．たとえば電磁気力の相互作用定数は微細構造定数 α と呼ばれ，1/137 程度である．これに対して重力の場合はニュートンの重力定数 G であるが，これは次元をもつ量なので単純に比較できないが，陽子同士に働く重力は電磁気力の 10^{30} 倍も小さい．

　ここで素粒子の分類とその間に働く力についてもう少し詳しく述べておこう．素粒子は特殊相対論からその質量とスピンの大きさによって分類される（コラム「ローレンツ群の表現」参照）．スピンが整数の素粒子をボソン，半整数の素粒子をフェルミオンという．フェルミオンには，2 つ以上の同種粒子が同時に 1 つの状態をとることができないというパウリの排他原理（律）が働く．スピン 1/2 のフェルミオンは，クォークとレプトンの 2 種類に分類され，物質の構成要素となっている．

　またフェルミオンには世代という概念があり，それぞれの世代に 2 種類のクォークとレプトンが属している．第 1 世代のクォークはアップとダウン，レプトンは電子と電子ニュートリノ，第 2 世代のクォークはチャームとストレンジ，レプトンはミューオンとミューニュートリノ，第 3 世代のクォークはトップとボトム，レプトンはタウオンとタウニュートリノという名前が付いている．これらの名前を，フレーバーという．陽子や中性子のようにクォーク 3 個からできている一群の粒子をバリオンという．またクォークと反クォークからできている一群の粒子をメソンといい，バリオンとメソンを合わせてハドロンという．歴史的にはハドロンは「強い」という意味のギリシャ語 hadros に由来する言葉で，強い相互作用をする粒子を総称するのに用いられた．ちなみにバリオンは電子に比べて非常に重たい質量をもっているので重たいという意味のギリシャ語 barys から命名された．またメソンは，核子間でやりとりされる粒子として湯川秀樹が予言したパイ中間子（π メソン）がバリオンと電子などのレプトン（軽粒子）の中間の質量をもっているので中間という意味で命名された．

　一方，ボソンはこれらのフェルミオンの間の相互作用をもたらす．すなわちフェルミオンの間でボソンがやりとりされて力が伝わると考えることができる．

表 **2.2** ゲージボソンとヒッグス粒子.

	粒子	質量（GeV）	電荷
強い力	g（グルーオン）	0	0
弱い力	$W^{\pm}$（W ボソン）	80.4	± 1
	Z^0（Z ボソン）	91.2	0
電磁気力	γ（光子）	0	0
ヒッグス	H^0（ヒッグス・ボソン）	> 125.1	0

やり取りされるボソンの種類によって力の種類が決まる．たとえば電磁気力は電荷を持った粒子間に質量 0, スピン 1 のボソンである光子がやりとりされて生じる．弱い力は，100 GeV 程度の質量，スピン 1 の 3 種類のウィークボソン（W^+, W^-, Z）がクォーク，レプトン間にやりとりされて生じ，クォークやレプトンのフレーバーを変える．中性子のベータ崩壊では，ダウンクォークが W ボソンを放出しアップクォークに変わり，W ボソンは電子と反電子ニュートリノに変わる．

強い力はグルーオンと呼ばれる 8 種類の質量 0, スピン 1 のボソンがクォークがもっている 3 種類のカラーを交換することで働く．重力も重力子（グラビトン）と呼ばれるボソンがやりとりされて伝わると考えることもできるが，重力子のスピンは 2 である．このほかスピンが 0 のヒッグス粒子と呼ばれるボソンも存在する．ヒッグス粒子は，素粒子に質量を与え，後で述べる電磁気力と弱い力の統一理論で重要な役割を果たす．

この素粒子の運動，相互作用を記述する理論は，相対論的場の量子論，または簡単に場の量子論と呼ばれる．この理論では素粒子は対応する場の励起として表される．場というのは電場や磁場のように，空間の各点ごとに力学変数があるものである．場の量子論のなかにゲージ場の量子論（簡単にゲージ理論という）と呼ばれる理論があり，素粒子間のすべての相互作用はこの理論で記述されることが分かっている．重力もある種のゲージ理論で記述されるが，重力場の量子論はまだ解明されておらず，また宇宙のごく初期など特殊な状況をのぞけばミクロの世界で重力は無視できるので，ここでは重力以外の相互作用について解説する．これらの力の起源は統一的にゲージ理論として理解されていて，フェルミオン間にやりとりされる光子，ウイークボソン，グルーオンはまとめてゲージボソンと呼ばれる．

　このような描像はプランクスケール（$\sim 10^{34}\,\mathrm{eV}$）のような超高エネルギー
で，破綻する可能性は大いにあり，そのようなスケールでは，素粒子といえども
「ひも」のような広がりをもっている可能性は否定できない．この可能性につい
ては最後に簡単に触れることにして，ここでは素粒子はそれ以上に構造をもたな
い粒子として扱う場の量子論と，ゲージ理論に基づく素粒子の標準理論と呼ばれ
るものを説明する．

── ローレンツ群の表現 ──

　　自然界にどのような素粒子が存在するかは，特殊相対性理論の要請によって決
まっている．　それは次のように考えれば理解できる．まず慣性系 O_1 における
場を $\Psi_i(x)$ として，O_1 からローレンツ変換 Λ_1 で変換した慣性系 O_2 で同じ場
を Ψ_i' とする．このとき特殊相対性理論と首尾一貫するために，二つの慣性系間
の場の関係は，$\Psi_i'(x') = D(\Lambda_1)_i^j \Psi_j(x)$ のような線形関係で結び付けられている
ことが期待される．さらに 3 つ目の慣性系 O_3 を考えて，O_2 からローレンツ変
換 Λ_2 で移れるものとする．そのとき同様にこの慣性系で同じ場は $\Psi_k''(x'') = D(\Lambda_2)_k^j \Psi_j'(x')$ と表すことができる．一方で，ローレンツ変換全体は群をなすの
で慣性系 O_1 から慣性系 O_3 へのローレンツ変換 Λ_{12} が存在して，$\Lambda_{12} = \Lambda_2\Lambda_1$
を満たす.

　　すると慣性系 O_3 における場は $\Psi_k''(x'') = D(\Lambda_{12})_i^k \Psi_i(x)$ のように慣性系 O_1
で測った場 $\Psi(x)$ で表すこともできる．したがって $D(\Lambda_{12})_i^k = D(\Lambda_2\Lambda_1)_i^k =
D(\Lambda_2)_j^k D(\Lambda_1)_i^j$ という関係が成り立つ．これは D がローレンツ変換群の表現行
列になっているということである．したがって自然界に存在する場を網羅するに
は，ローレンツ群の（規約）表現を求めればよいということになる．たとえば変
換行列 D としてローレンツ変換そのものの場合，$A_\mu(x') = \Lambda_\mu^\nu A_\nu(x)$ のように
変換する場を考えることができ，そのような場をベクトル場という．

　　ここでローレンツ変換の表現を簡単に紹介しよう．ただし数学的な厳密さには
こだわらず，物理に必要な事柄だけを述べる．

　　いま慣性系 O の時間座標 t と空間座標 $\boldsymbol{x}$ をまとめて次のように書く．

$$x^\mu = (t, \boldsymbol{x}) = (x^0, x^1, x^2, x^3) \qquad (\mu = 0, 1, 2, 3) \tag{2.163}$$

ローレンツ変換とは慣性系間の座標変換で，4 次元的な長さを不変に保つものの
ことをいう．具体的には慣性系 O の座標 x^μ と慣性系 O' の座標 x'^μ との変換

$$x'^\mu = \Lambda_\nu^\mu x^\nu \tag{2.164}$$

で, $x^2 = \eta_{\mu\nu} x^\mu x^\nu$ を不変にするものがローレンツ変換である. この条件から変換行列は次の式を満たす.

$$\eta_{\mu\nu} \Lambda^\mu_\rho \Lambda^\nu_\sigma = \eta_{\rho\sigma} \tag{2.165}$$

一般にリー群（回転群の場合の角度のように群の要素がパラメータを含み, そのパラメータに関して群の要素が微分可能なもの）の表現を考えるときには, 原点（恒等変換）近傍のふるまいを考えるとよい. そこで次のような無限小ローレンツ変換を考える.

$$\Lambda^\mu_\nu = \delta^\mu_\nu + \varepsilon^\mu_\nu \qquad (\varepsilon^\mu_\nu \ll 1) \tag{2.166}$$

ここで式（2.165）から $\varepsilon_{\mu\nu}$ は次式を満たすことが分かる.

$$\varepsilon_{\mu\nu} + \varepsilon_{\nu\mu} = 0 \tag{2.167}$$

したがって $\varepsilon_{\mu\nu}$ は反対称テンソルで, 独立な成分は 6 個であることが分かる. これは 3 つの空間軸周りの回転（ε_{ij}）と 3 つの空間軸方向へのブースト変換（ε_{0i}）の計 6 個に対応する.

　ここで 3 次元空間の回転を思い出してみよう. このとき単位ベクトル $\boldsymbol{n}$ 方向の角度 φ の回転を表す行列は,

$$R(\boldsymbol{n}, \varphi)^i_j = \exp\left(-i\varphi n_k J_k\right)^i_j \tag{2.168}$$

のように書ける. ここで $J_k \, (k = x, y, z)$ は次の交換関係を満たす 3 行 3 列の行列である.

$$[J_i, J_j] = i\varepsilon_{ijk} J_k \tag{2.169}$$

ここで ε_{ijk} は $\varepsilon_{123} = 1$ を満たし, どの 2 つの添え字を入れ替えても符号を変える完全反対称テンソルである. 一般に 3 次元空間の回転は行列式が 1 の 3 行 3 列の直交行列で表され, その全体は回転群 $SO(3)$ と呼ばれる群になる. 回転群は式（2.169）の交換関係で特徴づけられ, このときの ε_{ijk} を回転群のリー代数の構造定数と呼ぶ. この代数を満たす演算子を生成子と呼び, 有限角度の回転は, 生成子によって式（2.168）の形に書くことができる. 上では 3 次元空間上の表現を考えたが, より抽象的には回転群 $SO(3)$ の表現として交換関係（2.169）を満たす任意の行列を考えることができる.

　上でも述べたように一般にリー群は原点（恒等変換）近傍でのふるまいで決まり, それを決めているのが式（2.169）のような交換関係をもつ代数（リー代数）である. 群が違っても構造定数が同じものがある. その場合, その 2 つの

群は局所的に同型である．量子力学でよく知られているように，このリー代数
(2.169) は角運動量が満たすものと同じで，したがって生成子 J_i は，$(2J+1)$
次元の表現空間に作用する $(2J+1) \times (2J+1)$ 行列で表される．ここで J は
$0, 1/2, 1, 3/2, \cdots$ のように整数または半整数をとる．たとえば $J = 1/2$ の場合，
パウリ行列に $1/2$ をかけた $\frac{1}{2}\sigma_i$ が上の交換関係を満たす．

　ローレンツ変換の場合も同様に，その全体は $SO(3,1)$ と呼ばれるリー群にな
る（一般のローレンツ変換は空間反転や時間反転などを含み，その全体も群をな
すが，ここではその中の本義ローレンツ変換と呼ばれる単位元 I を含む変換の
全体のみを考える）．$SO(3,1)$ の元も

$$\Lambda^\mu_\nu = \exp\left(-\frac{i}{2}\varepsilon^{\rho\sigma}M_{\rho\sigma}\right) \approx 1 - \frac{i}{2}\varepsilon^{\rho\sigma}M_{\rho\sigma} \tag{2.170}$$

と書くことができる．この $M_{\rho\sigma} = -M_{\sigma\rho}$ が $SO(3,1)$ のリー代数の生成子であ
り，次の交換関係を満たす．

$$[M_{\mu\nu}, M_{\rho\sigma}] = -i(\eta_{\mu\rho}M_{\nu\sigma} - \eta_{\nu\rho}M_{\mu\sigma} - \eta_{\mu\sigma}M_{\nu\rho} + \eta_{\nu\sigma}M_{\mu\rho}) \tag{2.171}$$

無限小変換ローレンツ変換 (2.167) の場合は，次のように

$$x'^\mu = x^\mu + \varepsilon^\mu_\nu x^\nu = \left(1 - \frac{i}{2}\varepsilon^{\rho\sigma}M_{\rho\sigma}\right)^\mu_\nu x^\nu \tag{2.172}$$

書きなおせば，

$$(M_{\rho\sigma})^\mu_\nu = i(\delta^\mu_\rho \eta_{\sigma\nu} - \delta^\mu_\sigma \eta_{\rho\nu}) \tag{2.173}$$

となることが分かる．より一般にローレンツ群の表現として交換関係 (2.171)
を満たす任意の行列を考えることができ，それに応じてその行列が作用する空間
の次元が決まることは回転群の場合と同様である．

　ローレンツ変換の表現を具体的に求めるために，新しい生成子を次のように定
義する．

$$J_i \equiv \frac{1}{2}\varepsilon_{ijk}M^{jk} = (M_{23}, M_{31}, M_{12}) \tag{2.174}$$

$$K_i \equiv M_{0i} = -M_{i0} \qquad (i = 1, 2, 3) \tag{2.175}$$

すると交換関係 (2.171) から次式が導かれる．

$$[J_i, J_j] = i\varepsilon_{ijk}J_k \tag{2.176}$$

$$[J_i, K_j] = i\varepsilon_{ijk}K_k \tag{2.177}$$

$$[K_i, K_j] = -i\varepsilon_{ijk}J_k \tag{2.178}$$

さらに

$$A_i \equiv \frac{1}{2}(J_i + iK_i), \; B_i \equiv \frac{1}{2}(J_i - iK_i) \qquad (2.179)$$

を定義すると，この 2 つの生成子は次の交換関係を満たすことが分かる．

$$[A_i, A_j] = i\varepsilon_{ijk}A_k \qquad (2.180)$$
$$[B_i, B_j] = i\varepsilon_{ijk}B_k \qquad (2.181)$$
$$[A_i, B_j] = 0 \qquad (2.182)$$

これから A, B は可換で，それらが満たす代数は回転群のリー代数と同じである．上で述べたようにこの代数を満たす表現は，スピンの大きさで分類されるから，ローレンツ群の任意の有限次元（規約）表現は二つのスピンの大きさの組 (J_A, J_B) で決まり，その表現空間の次元は $(2J_A + 1)(2J_B + 1)$ 次元であることが分かる．$(0, 0)$ 表現にしたがって変化する場をスカラー場，$(1/2, 0)$ または $(0, 1/2)$ 表現にしたがって変換する場は 2 成分量で，それぞれ左巻き，右巻きスピノルという．$(1/2, 1/2)$ 表現にしたがって変化する場は，4 成分量でベクトル場という．

2.3.2　自然単位系

まず素粒子物理でよく使われる自然単位系について説明しておく．自然界にはディラック定数 $\hbar \equiv h/2\pi$，光速度 c，重力定数 G という自然定数がある．これらの定数はおのおの，量子力学，電磁気学，重力理論に現れる．

$$\hbar = 1.05457266(63) \times 10^{-34} \quad [\mathrm{J \cdot s}] \qquad (2.183)$$

$$c = 299,792,458(20) \quad [\mathrm{m \cdot s^{-1}}] \qquad (2.184)$$

$$G = 6.672(10) \times 10^{-11} \quad [\mathrm{m^3 \cdot kg^{-1} \cdot s^{-2}}] \qquad (2.185)$$

これらの値で括弧の中の数字は最後の 2 桁の誤差を表している．自然単位系とは，プランク定数，光速度，そして真空の誘電率 ε_0 を単位として，すべての量を測る単位系のことである．すなわち

$$\hbar = c = \varepsilon_0 = 1 \qquad (2.186)$$

とおくことに相当する．以下でもこの単位系を用いる．たとえば電子の素電荷 q（e と書く場合も多いが，後の都合上 q と書く）は，MKS 単位系では

$$q = 1.60217733\,(49) \times 10^{-19} \quad [\text{A} \cdot \text{s}] \tag{2.187}$$

（A はアンペア）であるが，自然単位系では

$$q = \sqrt{4\pi\alpha} \simeq 0.0917 \tag{2.188}$$

となる．ここで α は微細構造定数である．

$$\alpha \equiv \frac{q^2}{4\pi\varepsilon_0\hbar c} \simeq \frac{1}{137.0359895(61)} \tag{2.189}$$

$c = 1$ ということは，長さを光が要した時間で測るということだから長さと時間が同じ次元となる．同様にエネルギーと運動量と質量は同じ次元である．また $\hbar = 1$ から長さとエネルギーが同じ次元となる．したがってすべての単位はたとえばエネルギーで表すことができる．素粒子物理学で用いられるエネルギーは，電子ボルトである．

$$1\,\text{eV} \simeq 1.6022 \times 10^{-19} \quad [\text{J}] \tag{2.190}$$

1 電子ボルトとは，電子を 1 ボルトの電位差で加速したときに得られるエネルギーである．$1\,\text{keV} = 10^3\,\text{eV}$, $1\,\text{MeV} = 10^6\,\text{eV}$, $1\,\text{GeV} = 10^9\,\text{eV}$ と書く．電子，陽子の質量をこの単位系で書くと

$$m_{\text{e}} = 0.51099906(15) \quad [\text{MeV}] \tag{2.191}$$

$$m_{\text{p}} = 938.27231(28) \quad [\text{MeV}] \tag{2.192}$$

となる．参考のために $1\,\text{GeV}$ に対応する長さと時間を書いておく．

$$\frac{1}{1\,[\text{GeV}]} = 1.973 \times 10^{-16}\,[\text{m}] = 6.582 \times 10^{-25}\,[\text{s}] \tag{2.193}$$

宇宙論などでは温度もエネルギーで表されることがある．それはボルツマン定数 k_{B} を 1 にとったことに相当する．

$$k_{\text{B}} = 1.3806505(24) \times 10^{-23} \quad [\text{J} \cdot K^{-1}] \tag{2.194}$$

するとたとえば $1\,\text{GeV} = 1.1604 \times 10^{13}\,\text{K}$ となる．

2.3.3　場の量子論

それぞれの素粒子には対応する場が存在する．そしてその場の励起状態が素粒子として時空を伝播し，他の素粒子と相互作用をする．そしてその励起状態は場

を量子化することによって得られるというのが場の量子論の基本的な考えである．ここでは場の量子論の基礎を説明する．

最小作用の原理とネーターの定理

場の運動も粒子の場合と同じように，作用が最小になるような経路として決まる．作用とは場（一般に多成分）とその1階微分の汎関数であるラグランジアン密度 $\mathcal{L}$ の積分として与えられる．

$$S[\phi_i] = \int d^4x \mathcal{L}(\phi_i, \partial\phi_i). \tag{2.195}$$

ただしラグランジアン密度は何でもよいというわけではなく，確率の保存を保証するために実数値をとり，かつ相対論的場の理論では相対論的に不変，すなわちローレンツ変換に対してスカラーでなければならない．

最小作用の原理とは，場の微小変分 $\delta\phi$ に対して

$$\delta S = \int d^4x \left(\frac{\partial\mathcal{L}}{\partial\phi_i}\delta\phi_i + \frac{\partial\mathcal{L}}{\partial_\mu\partial\phi_i}\partial_\mu\delta\phi_i \right)$$
$$= \int d^4x \left(\frac{\partial\mathcal{L}}{\partial\phi_i}\delta\phi_i - \partial_\mu\frac{\partial\mathcal{L}}{\partial_\mu\partial\phi_i}\delta\phi_i \right) + \int d^3S_\mu \left(\frac{\partial\mathcal{L}}{\partial_\mu\partial\phi_i}\delta\phi_i \right).$$

ここで d^3S_μ は積分領域の境界面上の面積要素である．無限遠方でゼロという変分を考えれば，右辺の第2項は消えるので，場の満たす方程式としてオイラー–ラグランジュ方程式が得られる．

$$\frac{\partial\mathcal{L}}{\partial\phi_i} = \partial_\mu \left(\frac{\partial\mathcal{L}}{\partial\partial_\mu\phi_i} \right). \tag{2.196}$$

理論にある連続的なパラメータをもつ対称性がある場合，保存量が存在する．今，次のような場に対する無限小変換を考える．

$$\phi_i(x) \longrightarrow \phi_i'(x) = \phi_i(x) + \varepsilon G_i(\phi(x)). \tag{2.197}$$

この変換に対して作用が不変であるという要請は，ラグランジアン密度の変化が全微分であれば十分である．

$$\delta\mathcal{L} = \varepsilon \left(\frac{\partial\mathcal{L}}{\partial\phi_i}G_i + \frac{\partial\mathcal{L}}{\partial_\mu\partial\phi_i}\partial_\mu G_i \right) = \varepsilon\partial_\mu X^\mu(\phi_i(x)). \tag{2.198}$$

運動方程式を使うと，この式から次のような4元保存流が存在することが分かる．

$$\partial_\mu j^\mu(x) = 0. \tag{2.199}$$

ここで

$$j^\mu(x) = \frac{\partial\mathcal{L}}{\partial(\partial_\mu\phi_i(x))} G_i(\phi_i(x)) - X^\mu(\phi_i(x)). \tag{2.200}$$

この 4 元保存流の第 0 成分の空間積分が保存量となる.

$$Q \equiv \int d^3x j^0(x). \tag{2.201}$$

実際,

$$\frac{dQ}{dt} = \int d^3x \partial_0 j^0 = -\int d^3x \partial_i j^i = -\int d^2 S_i j^i = 0. \tag{2.202}$$

このように連続的なパラメータをもつ変換に対して理論が不変の場合,保存量が存在することをネーター（E. Noether）の定理という.この 4 元保存流をネーターカレント,保存量をネーター電荷という.

簡単な例をあげよう.

（1）エネルギーと運動量の保存則

空間と時間の原点の移動を考える.

$$x^\mu \longrightarrow x'^\mu = x^\mu - \varepsilon^\mu. \tag{2.203}$$

この変換は単に時空の点の座標の値を変えたことに相当するから場の値は変わらないはずである.

$$\phi_i'(x') = \phi_i(x). \tag{2.204}$$

同一座標値 x での変化を見ると

$$\delta\phi_i(x) \equiv \phi_i'(x) - \phi_i(x) = \varepsilon^\mu \partial_\mu \phi_i(x). \tag{2.205}$$

ラグランジュ密度の変化も,x を陽に含まない限り同様に

$$\delta\mathcal{L} = \varepsilon^\mu \partial_\mu \mathcal{L} \tag{2.206}$$

だからネーターカレントは,

$$j_\mu^\nu(x) = \frac{\partial\mathcal{L}}{\partial(\partial_\mu\phi_i(x))} \partial_\nu \phi_i(x) - \delta_\nu^\mu \mathcal{L}. \tag{2.207}$$

この保存流をストレスエネルギーテンソルといい，T_μ^ν と書くことが多い．対応する保存量は

$$P^\mu = \int d^3 x T_\mu^0 \tag{2.208}$$

であり，ゼロ成分がエネルギー，空間成分が運動量である．

(2) 電荷の保存

今，理論が次のような場の変換に対して不変とする．

$$\phi(x) \longrightarrow \phi'(x) = e^{i\varepsilon}\phi(x) \simeq (1 + i\varepsilon)\phi(x). \tag{2.209}$$

この変換に対してラグランジアン密度が不変とすると，ネーターカレントは

$$j^\mu(x) = \frac{\partial \mathcal{L}}{\partial(\partial_\mu \phi_i(x))} i\phi \tag{2.210}$$

であり，保存電荷は

$$Q = \int d^3 x j^0(x) = \int d^3 x \frac{\partial \mathcal{L}}{\partial(\partial_0 \phi_i(x))} i\phi. \tag{2.211}$$

この電荷を変換 (2.209) が 1 次元ユニタリー群 $U(1)$ の元と考えることができるので，$U(1)$ 電荷ともいう．

スカラー場の量子化

場の量子化をスカラー場を例にとって説明しよう．

以下のようなラグランジアン密度をもった実スカラー場を考える．

$$\mathcal{L} = \frac{1}{2}\left(\eta^{\mu\nu}\partial_\mu\phi\partial_\nu\phi - m^2\phi^2\right). \tag{2.212}$$

ここで $\partial_\mu = \partial/\partial x^\mu$ であり，添え字の上げ下げは対角要素 $(1,-1,-1,-1)$ をもったミンコフスキーメトリック $\eta_{\mu\nu}$ でおこなっている．オイラー–ラグランジュ方程式は

$$\partial_\mu\partial^\mu\phi - m^2\phi = 0 \tag{2.213}$$

となる．この方程式をクライン–ゴルドン（Klein–Gordon）方程式という．

さてこの場をフーリエ展開してみる．

$$\phi(x) = \frac{1}{(2\pi)^{3/2}} \int d^3k\, q_{\boldsymbol{k}}(t) e^{i\boldsymbol{k}\dot{\boldsymbol{x}}}. \tag{2.214}$$

するとクライン–ゴルドン方程式は

$$\ddot{q}_{\boldsymbol{k}} + (\boldsymbol{k}^2 + m^2) q_{\boldsymbol{k}} = 0 \tag{2.215}$$

となる．これは振動数 $\omega_k = \sqrt{\boldsymbol{k}^2 + m^2}$ をもった調和振動子の運動方程式である．したがって線形の一つの場は連続無限個の調和振動子の集団と等価である．線形というのはラグランジアン密度が場の 3 個以上の積を含まず，したがって運動方程式が場について線形になることをいう．

クライン–ゴルドン方程式の一般解は

$$q_{\boldsymbol{k}}(t) = \alpha(\boldsymbol{k}) e^{-i\omega_k t} + \beta(\boldsymbol{k}) e^{i\omega_k t}. \tag{2.216}$$

いま実数場を考えているので，$\beta(\boldsymbol{k}) = \alpha^*(-\boldsymbol{k})$ となる．しがって場は次のように展開することができる．

$$\phi(x) = \int \frac{d^3k}{\sqrt{(2\pi)^3 2\omega_k}} \left[a(\boldsymbol{k}) e^{-ikx} + a^*(\boldsymbol{k}) e^{ikx} \right]. \tag{2.217}$$

ただし $a(\boldsymbol{k}) \equiv \alpha(\boldsymbol{k}) \sqrt{2\omega_k}$ とおいた．またここで $kx \equiv \omega_k t - \boldsymbol{k} \cdot \boldsymbol{x}$ である．

この系に対して量子力学を当てはめてみよう．まず場 ϕ に対する共役運動量は

$$\pi(x) = \frac{\partial \mathcal{L}}{\partial \dot{\phi}(x)} = \dot{\phi}(x) \tag{2.218}$$

だから，これらの間に同時刻正準交換関係を設定する．

$$[\phi(\boldsymbol{x}, t), \pi(\boldsymbol{y}, t)] = i\delta^3(\boldsymbol{x} - \boldsymbol{y}). \tag{2.219}$$

ここで δ はディラックのデルタ関数である．他の交換関係はゼロとする．こうして場は系の状態がつくる空間上の演算子となる．このことは場の展開 (2.217) において展開係数 $a(\boldsymbol{k})$ が演算子となるということである．上の交換関係から

$$[a(\boldsymbol{k}), a^\dagger(\ell)] = \delta^3(\boldsymbol{k} - \ell), \ [a(\boldsymbol{k}), a(\ell)] = [a^\dagger(\boldsymbol{k}), a^\dagger(\ell)] = 0. \tag{2.220}$$

ここで $a(\boldsymbol{k})$ は演算子になるので複素共役をエルミート共役に変えた．この交換関係から $a(\boldsymbol{k})$, $a^\dagger(\boldsymbol{k})$ はそれぞれ運動量 $\boldsymbol{k}$ の状態の消滅・生成演算子であることが分かる．そこで系の真空状態 $|0\rangle$ を

$$a(\boldsymbol{k})|0\rangle = 0 \tag{2.221}$$

として定義する.

式 (2.208) から 4 元運動量を計算すると

$$P^\mu = \int d^3x \left(\dot{\phi} \partial^\mu \phi - \eta^{\mu 0} \mathcal{L} \right)$$
$$= \int d^3k \frac{1}{2} k^\mu \left[a^\dagger(\boldsymbol{k})a(\boldsymbol{k}) + a(\boldsymbol{k})a^\dagger(\boldsymbol{k}) \right] \tag{2.222}$$

となるが,交換関係から

$$P^\mu = \int d^3k \, k^\mu n(\boldsymbol{k}) + \int d^3k \, \delta^3(\boldsymbol{0}) \frac{1}{2} k^\mu \tag{2.223}$$

となる.右辺第 1 項は考えている状態に存在する粒子のもっているエネルギー・運動量,右辺第 2 項は場の零点振動による寄与である.第 2 項の空間成分はゼロになるが時間成分,すなわちエネルギーはゼロとならず発散する.通常このエネルギーは,単にエネルギーの原点をずらすことで無視できるので,以下この項を無視できるとする.しかしこの零点振動によるエネルギーは宇宙定数の原因の可能性もあり,重力も含めたときどのように処理するかは未解決の問題である.ここでは重力は考慮しないので無視して考える.また $n(\boldsymbol{k}) \equiv a^\dagger(\boldsymbol{k})a(\boldsymbol{k})$ は個数密度演算子である.

またここで交換関係ではなく反交換関係を設定するとエネルギー・運動量は c 数(演算子ではない古典的量)となってしまうことに注意する.

さてこの系のとる状態の空間はどのようなものであろうか.それを見るためにまず真空状態に 1 個の生成演算子を作用させて

$$|\boldsymbol{k}\rangle = a^\dagger(\boldsymbol{k})|0\rangle \tag{2.224}$$

とすると,

$$n(\boldsymbol{k})|\boldsymbol{k}\rangle = |\boldsymbol{k}\rangle$$
$$P^\mu|\boldsymbol{k}\rangle = k^\mu|\boldsymbol{k}\rangle \tag{2.225}$$

となるから,この状態は 1 個の粒子が運動量 $\boldsymbol{k}$,エネルギー ω_k をもった 1 粒子状態とみなすことができる.同様にして次々に生成演算子 $a^\dagger$ を作用させると粒

子数・運動量が確定した状態がつくられる.

$$|\boldsymbol{k}_1, \boldsymbol{k}_2, \cdots, \boldsymbol{k}_\mathrm{n}\rangle \equiv a^\dagger(\boldsymbol{k}_1)a^\dagger(\boldsymbol{k}_2)\cdots a^\dagger(\boldsymbol{k}_\mathrm{n})|0\rangle \tag{2.226}$$

このような状態をフォック（Fock）基底，この線形結合で張られる空間をフォック空間という.

複素スカラー場の量子化

複素スカラー場の量子化も同様に行うことができるが，実数場に比べて自由度が 2 倍なので 2 種類の生成・消滅演算子が必要になる．自由な複素スカラー場のラグランジアン密度は次のようにとることができる.

$$\mathcal{L} = \eta^{\mu\nu}\partial_\mu\phi^*\partial_\nu\phi - m^2\phi^*\phi. \tag{2.227}$$

このとき場の展開は

$$\phi(x) = \int \frac{d^3k}{\sqrt{(2\pi)^3 2\omega_k}}\left[a(\boldsymbol{k})e^{-ikx} + b^\dagger(\boldsymbol{k})e^{ikx}\right]. \tag{2.228}$$

$\phi^\dagger(x)$ の展開はこのエルミート共役である．正準交換関係は

$$[a(\boldsymbol{k}), a^\dagger(\ell)] = [b(\boldsymbol{k}), b^\dagger(\ell)] = \delta^3(\boldsymbol{k} - \ell) \tag{2.229}$$

と他の交換関係はゼロである．真空状態は

$$a(\boldsymbol{k})|0\rangle = b(\boldsymbol{k})|0\rangle = 0 \tag{2.230}$$

で定義され，場の 4 元運動量を計算すると

$$P^\mu = \int d^3k\, k^\mu [n_\mathrm{a}(\boldsymbol{k}) + n_\mathrm{b}(\boldsymbol{k})] \tag{2.231}$$

となる．したがって演算子 $a^\dagger$ で生成される粒子と演算子 $b^\dagger$ で生成される粒子の 2 種類が存在することが分かる．ここで $n_\mathrm{a}(\boldsymbol{k}) \equiv a^\dagger(\boldsymbol{k})a(\boldsymbol{k})$, $n_\mathrm{b}(\boldsymbol{k}) \equiv b^\dagger(\boldsymbol{k})b(\boldsymbol{k})$ であり，それぞれ a 粒子，b 粒子の個数密度演算子である.

これらの粒子の違いは何だろう．それを見るためにこのラグランジアン密度が次の $U(1)$ 位相変換に対して不変であることに注意する.

$$\phi(x) \longrightarrow \phi'(x) = e^{i\theta}\phi(x)$$
$$\phi^*(x) \longrightarrow \phi^{*\prime}(x) = e^{-i\theta}\phi(x) \tag{2.232}$$

この対称性に付随するネーターカレントは式 (2.210) から

$$j^\mu(x) = -i\phi^* \partial^\mu \phi - \partial^\mu \phi^* \phi \tag{2.233}$$

となり，保存電荷は

$$Q = \int d^3k\, i(\dot{\phi}^* \phi - \phi^* \dot{\phi}) \tag{2.234}$$

となるから，実際に計算してみると

$$Q = \int d^3k (n_{\mathrm{a}}(\boldsymbol{k}) - n_{\mathrm{b}}(\boldsymbol{k})) \tag{2.235}$$

となるので，a 粒子，b 粒子は同じ質量で電荷 +1, −1 をもっていることが分かる．このような粒子をお互いの反粒子という．

ディラック場の量子化

次の例として電子の場の量子化を考えよう．

1932 年，ディラック（P. Dirac）は特殊相対論の要請と矛盾しない波動関数 ψ の満たすべき方程式として時間と空間に対してともに 1 階の微分しか含まない次の形の方程式を提唱した．

$$(i\gamma^\nu \partial_\mu - m)\psi = 0 \tag{2.236}$$

この方程式をディラック方程式という．この式が特殊相対論と矛盾しないためには，この方程式で記述される粒子の運動量と質量の間に $p^2 = m^2$ という関係が成り立たなければならない．このことは，$p_\mu = i\partial_\mu$ という置き換えをすることから波動関数がクライン–ゴルドン方程式を満たすということである．そのためには上式の γ^ν という 4 つの量がただの数ではいけない．それは上式の両辺に $i\gamma^\nu \partial_\nu$ をかけてみれば，

$$\left[-(\gamma^\nu \partial_\nu)(\gamma^\mu \partial_\mu) - i(\gamma^\nu \partial_\nu)m\right]\psi = 0 \tag{2.237}$$

すなわち

$$\left[\frac{1}{2}(\gamma^\nu \gamma^\mu + \gamma^\mu \gamma^\nu)\partial_\mu \partial_\nu + m^2\right]\psi = 0 \tag{2.238}$$

となるので，γ^μ が

$$\gamma^\nu \gamma^\mu + \gamma^\mu \gamma^\nu = 2\eta^{\mu\nu} \tag{2.239}$$

を満たせばよいということになる．この左辺を反交換関係といい，$\{\gamma^\mu, \gamma^\nu\}$ で表す．この反交換関係を満たす行列をガンマ行列という．ガンマ行列が 4 行 4 列の行列なので $\psi(x)$ は 4 成分量である．この ψ をディラックスピノルという．

ガンマ行列の一つの表現は，次のように与えられる．

$$\gamma^0 = \begin{pmatrix} 0 & I_2 \\ I_2 & 0 \end{pmatrix}$$

$$\gamma^i = \begin{pmatrix} 0 & -\sigma_i \\ \sigma_i & 0 \end{pmatrix} \quad (i = 1, 2, 3). \tag{2.240}$$

ここで I_2 は 2 次の単位行列，$\sigma_i (i = 1, 2, 3)$ はパウリ行列である．

$$\sigma_1 = \begin{pmatrix} 0 & 1 \\ 1 & 0 \end{pmatrix}, \quad \sigma_2 = \begin{pmatrix} 0 & -i \\ i & 0 \end{pmatrix}, \quad \sigma_3 = \begin{pmatrix} 1 & 0 \\ 0 & -1 \end{pmatrix} \tag{2.241}$$

他に非相対論的極限を考えるときに便利な表示もあるが，ここでは具体的な解の形は示さないので，より詳しくディラック方程式の性質を知りたければ，たとえば，西島和彦著『相対論的量子力学』(培風館) などの適当な教科書を参照してほしい．

ディラック方程式は，電子やクォークのようなスピン 1/2 の素粒子を記述するが，同時に反粒子の存在も予言する．それは粒子の静止系を考えると，ディラック方程式は

$$\gamma^0 \partial_0 \psi = m\psi \tag{2.242}$$

となり，γ^0 の固有値は $+1$ と -1 なので，負のエネルギー状態が現れる．そこでディラックは最初，真空とは無数の電子がこの負のエネルギー状態をとっている状態と考え，反粒子の存在や粒子・反粒子の生成・消滅現象を予言した．

ディラックの解釈はフェルミ統計に従う粒子に対してだけ可能である．しかし負のエネルギー状態はディラック方程式に従う粒子ばかりでなく，クライン–ゴルドン方程式に従う粒子にも現れる．なぜならその原因は運動量と質量の相対論的関係 $(p^0)^2 = \boldsymbol{p}^2 + m^2$ が 2 次式だからである．したがって負のエネルギー状

態をボソンに通用するように解釈しなければならない. またディラック方程式は電子 1 個の状態を記述するべく提案されたにもかかわらず, 電子とその反粒子である陽電子の対生成, 対消滅を予言するため粒子数の変化を記述できる理論形式の枠組みの中で議論されるべきものである. この理論こそ場の量子論である. 場の量子論においてはディラック方程式, クライン–ゴルドン方程式は 1 粒子波動関数に対する方程式ではではなく, それらを表す場の方程式とみなされ負のエネルギー状態は時間を逆行する粒子, すなわち反粒子状態として解釈される.

　左巻き, 右巻き成分を区別するためにガンマ行列から次の行列を定義する.

$$\gamma^5 = i\gamma^0\gamma^1\gamma^2\gamma^3. \tag{2.243}$$

この定義から γ_5 行列は次の性質を満たすことが分かる.

$$(\gamma^5)^2 = 1. \tag{2.244}$$

したがって γ^5 行列は射影行列とみなすことができる. 上のガンマ行列の表現では

$$\gamma^5 = \begin{pmatrix} I_2 & 0 \\ 0 & -I_2 \end{pmatrix}. \tag{2.245}$$

この表示では γ^5 行列が射影行列であることは一目瞭然であるが, より一般的には γ^5 行列から, 左巻き, 右巻き成分への射影行列を定義する.

$$P_L = \frac{1-\gamma^5}{2}, \quad P_R = \frac{1+\gamma^5}{2}. \tag{2.246}$$

これらは γ^5 行列の性質から

$$P_L^2 = P_L, \qquad P_R^2 = P_R, \qquad P_L P_R = P_R P_L = 0 \tag{2.247}$$

を満たす. この性質からディラックスピノル $\psi(x)$ を左巻き, 右巻き成分に分解する.

$$\psi(x) = (P_L + P_R)\psi(x) = \psi_L(x) + \psi_R(x). \tag{2.248}$$

　今, 考えている表示でディラック方程式を書き下すと

$$(i\partial_0 + i\sigma_i\partial_i)\psi_L - m\psi_R = 0 \tag{2.249}$$

$$(i\partial_0 - i\sigma_i\partial_i)\psi_R - m\psi_L = 0. \tag{2.250}$$

これから分かるように質量項は左巻きと右巻き成分を混ぜる働きをする. このような質量項をディラック型という. 一方, 左巻き（あるいは右巻き）成分 ψ_L（ψ_R）だけでも以下のような質量項をつくることができる.

$$m_M \bar{\psi}_L^c \psi_L \qquad (m_M \bar{\psi}_R^c \psi_R) \qquad (2.251)$$

ここで m_M はマヨラナ質量とよばれる質量, $\psi^c = i\gamma^2 \psi^*$ である. ただしこの質量項は, 粒子数を保存しないので電荷をもつフェルミオンの質量項にはなり得ない. この質量項をもてるのは電荷を持たないフェルミオンであるニュートリノだけである. このように左巻き（あるいは右巻き）成分だけでつくられる質量をマヨラナ質量という.

ディラック場の量子化は, 基本的にはスカラー場と同様に行うことができる. ディラック方程式を導くラグランジアンは

$$L = \int d^3x \bar{\psi}(x) \left(i\gamma^\mu \partial_\mu - m\right) \psi(x). \qquad (2.252)$$

ここで $\bar{\psi} = \psi^\dagger(x)\gamma^0$ である. これを用いてローレンツ変換に対する共変量を作ることができる. たとえば $\bar{\psi}\psi$ はローレンツ変換に対してスカラー, $\bar{\psi}\gamma^\mu\psi$ はローレンツ変換に対してベクトルとして変換する.

このラグランジアンを量子化しよう. まずラグランジアンから共役運動量が得られる.

$$\pi(x) = \frac{\delta L}{\delta \dot{\psi}(x)} = i\psi^\dagger(x). \qquad (2.253)$$

電子はフェルミオンであるから交換関係でなく, 同時刻反交換関係を設定する.

$$\{\psi_\alpha(\boldsymbol{x},t), \pi_\beta(\boldsymbol{y},t)\} = i\delta^3(\boldsymbol{x} - \boldsymbol{y}). \qquad (2.254)$$

他の反交換関係はゼロである.

粒子解釈をするため生成・消滅演算子を導入する. それにはディラック場を次のように展開する.

$$\psi(x) = \sum_{s=\pm} \int \frac{d^3k}{(2\pi)^2 \omega_k} \left[b(\boldsymbol{k},s)u(\boldsymbol{k},s)e^{-ikx} + d^\dagger(\boldsymbol{k},s)v(\boldsymbol{k},s)e^{ikx} \right]. \qquad (2.255)$$

ここで $u(\boldsymbol{k},s), v(\boldsymbol{k},s)$ はそれぞれディラック方程式の正エネルギー, 負エネル

ギー解であり次の式を満たす.

$$(\gamma^\mu k_\mu - m)u(\boldsymbol{k}, s) = 0, \qquad (\gamma^\mu k_\mu + m)v(\boldsymbol{k}, s) = 0 \qquad (2.256)$$

これらの式はおのおの 2 個の独立な解があるので, それらを $s = \pm$ で区別する. この s はたとえば進行方向へスピンを射影した値 $+1/2$, $-1/2$ を使う. するとこの u, v の適当な線形結合が左巻き ($s = -1/2$) 右巻き ($s = 1/2$) 成分となる. u, v の具体的な形は, 西島和彦著『相対論的量子力学』(培風館) などの適当な教科書を参照してほしい. 複素スカラー場の場合のように 2 種類の生成・消滅演算子が現れる. これらは電子とその反粒子である陽電子の生成・消滅演算子である.

場に対するこの表式を使うと上の反交換関係は, 演算子 $b(\boldsymbol{k}, s)$, $d(\boldsymbol{k}, s)$ に対する次のような反交換関係となる.

$$\{b(\boldsymbol{k}, s), b^\dagger(\ell, s')\} = \{d(\boldsymbol{k}, s), d^\dagger(\ell, s')\} = \delta_{ss'}\delta^3(\boldsymbol{k} - \ell). \qquad (2.257)$$

そのほかの反交換関係はすべてゼロ. また式 (2.207) から 4 元運動量を計算すると

$$\begin{aligned}
P^\mu &= \int d^3x \, (\psi^\dagger \partial^\mu \psi - \eta^{\mu 0}\mathcal{L}) \\
&= \int d^3k \sum_{s=\pm} k^\mu \, [\, b^\dagger(\boldsymbol{k}, s)b(\boldsymbol{k}, s) - d(\boldsymbol{k}, s)d^\dagger(\boldsymbol{k}, s)]
\end{aligned} \qquad (2.258)$$

反交換関係を用いると

$$\begin{aligned}
P^\mu &= \int d^3k \sum_{s=\pm} k^\mu \, [\, b^\dagger(\boldsymbol{k}, s)b(\boldsymbol{k}, s) + d^\dagger(\boldsymbol{k}, s)d(\boldsymbol{k}, s)] \\
&\quad + \int d^3k \, \delta^3(\boldsymbol{0}) \sum_{s=\pm}(-k^\mu).
\end{aligned} \qquad (2.259)$$

スカラー場の場合と同様に真空のエネルギーは無視するが, スカラー場と符号が反対であることに注意する. したがってディラック場一つに対して同じ自由度と同じ質量をもったスカラー場が存在すれば, 真空のエネルギーは相殺することになる. ボソンとフェルミオンの入れ替えに対する対称性を超対称性という. 超対称性をもつ理論では真空のエネルギーがゼロになる. 重力を含む素粒子の統一理論では超対称性が重要な役割を果たすと思われている. また宇宙の構造形成に重要な役割を果たすダークマターは超対称性理論に現れる質量のもっとも軽い中性

粒子と思われている．しかし現在の宇宙では宇宙定数（真空のエネルギー）が存在すると考えられているので，宇宙の進化のいずれかの段階で超対称性は破れているはずである．

ディラック場のラグランジアン密度も $U(1)$ 対称性をもっているので，それに対応するネーターカレントが存在する．

$$j^\mu(x) = -\frac{1}{2}[\bar\psi\gamma^\mu\psi - \gamma^\mu\psi\bar\psi]. \tag{2.260}$$

保存電荷は

$$Q = \int d^3k \sum_{s=\pm} [n_d(\boldsymbol{k}) - n_b(\boldsymbol{k})] \tag{2.261}$$

となる．$n_d = d^\dagger d, n_b = b^\dagger b$ であり，$b^\dagger, b$ が電子の生成・消滅演算子，$d^\dagger, d$ が陽電子の生成・消滅演算子であることが分かる．

電子・陽電子の存在しない真空状態は

$$b(\boldsymbol{k},s)|0\rangle = d(\boldsymbol{k},s)|0\rangle = 0 \tag{2.262}$$

で定義され，この状態に生成演算子を作用させることで 1 粒子状態をつくることができることはスカラー場の場合と同様であるが，これらの演算子が反交換関係を満たすことから 1 粒子状態に同じ運動量の状態の生成演算子を作用するとゼロになり，パウリの原理が成り立つことが分かる．

繰り込み理論と相互作用の統一

これまで見たように相互作用をもたない自由場の理論を量子化することは比較的容易である．しかし現実の世界では素粒子は自分自身や他の素粒子と複雑な相互作用をしており，そのような相互作用をもつ理論を量子化することは数学的にきわめて困難なことである．ほとんどの場合は相互作用が弱いとして摂動論的な計算が行われる．摂動を系統的に遂行する手段としてファインマン図が考案されている．ファインマン図による量子効果の具体的な計算については，ここで説明することはできないので，九後汰一郎著『ゲージ場の量子論 I, II』（培風館）などの場の理論の適当な教科書を参照されたい．

摂動計算で問題になるのは，一般に量子効果に発散量が現れることである．たとえば光と電子の場の量子論である量子電磁力学（Quantum Electrodynamics,

略して QED）で電子の質量や電荷を計算すると，電子が仮想的な光子を放出・吸収したり，放出した光子が仮想的な電子・陽電子を対生成するなどというさまざまな量子効果によって余分な質量，電荷を獲得する．この余分な質量や電荷を計算すると無限大になってしまう．

朝永振一郎（S. Tomonaga,），シュウィンガー（J. Schwinger），ファインマン（R. Fynman）の研究によって，このような無限大を処理する方法が確立したのは，1940 年代中頃になってからである．そこでようやく QED で量子効果が原理的に任意の高次まで可能になった．このこの無限大を処理する方法は，繰り込み（Renormalization）と呼ばれる．量子効果によって質量や電荷には無限大の補正が加わるが，最初のラグランジアンの中の質量と電荷として実際に観測される質量，電荷にくわえて量子補正で現れる無限大を相殺するような無限大を入れておくのである．量子電磁力学の場合，もう一種類の無限大が現れ，それは場を再定義することで繰り込めることが知られている．具体的な繰り込みの方法は場の理論の教科書にゆずる．このように有限の種類の無限大だけが量子補正で現れる理論を繰り込み可能な理論という．

繰り込み理論は無限大を処理するばかりでなく，より積極的な予言をする．それは相互作用の強さ（結合定数）がエネルギーに依存するこである．QED の場合の結合定数は，相互作用でやり取りされる光子のエネルギーを s とすると，微細構造定数 $\alpha = e^2/4\pi$ は次のように変化することが導かれる．

$$\alpha(s) = \frac{\alpha}{1 - \frac{\alpha}{3\pi} \log \frac{s}{m_e^2}} \tag{2.263}$$

ここで $\alpha = 1/137$ は低エネルギーでの値である．すなわち電磁相互作用は，エネルギースケールが大きくなるとともに強くなってくるのである．これは電子のまわりにできる電子・陽電子対による遮蔽効果が小さなスケール（すなわち大きなエネルギースケール）では小さくなるからである．弱い相互作用の結合定数もエネルギースケールとともに大きくなっていくが，大きくなるなり方は QED の場合よりも速い．そのためあるエネルギースケールで電磁相互作用と弱い相互作用の結合定数の値は一致する．これが 100 GeV 程度で，このエネルギースケールが電磁相互作用と弱い相互作用が統一的に記述されるスケールとなる．

これと反対に強い相互作用の結合定数はエネルギースケールが大きくなると小

さくなっていく. これは漸近的自由と呼ばれ, 強い相互作用の特徴である. 強い相互作用の結合定数がエネルギーの減少関数であるため, あるエネルギースケールで強い相互作用の結合定数と電弱相互作用（電磁相互作用と弱い相互作用を統一する相互作用）の結合定数の値が一致する. これが 10^{15} GeV 程度で, 強い相互作用と電弱相互作用が 1 つの相互作用として統一されることが期待される.

2.3.4 ゲージ理論と自発的対称性の破れ

なぜ自然界には何種類もの素粒子が存在するのだろう. そしてなぜ 4 種類の力が存在するのだろう. より少ない種類の素粒子, 1 つの力から現在の素粒子, 力がすべて説明できないだろうか？ このような挑戦は何十年も続けられてきた. アインシュタインは生涯をかけて重力と電磁気力の統一理論を模索したが成功しなかった. 1967 年, ワインバーグ（S. Weinberg）とサラム（A. Salam）は, 100 GeV 程度以上のエネルギーで電磁気力と弱い力が（非可換）ゲージ理論という枠組みの中で統一的に理解できることを示し, 統一理論への実質的第一歩が踏み出された. ゲージ理論とは, ゲージ変換と呼ばれる場の変換に対して不変な理論である. ゲージ理論の一般論は次の「$U(1)$ ゲージ理論としての電磁気学」の項で述べるとして, ここではもっとも単純なゲージ理論である電磁気学について述べ, さらにフェルミオンに質量を与えるメカニズムであるワインバーグ–サラム理論で重要な役割を果たす自発的対称性の破れについて説明する.

$U(1)$ ゲージ理論としての電磁気学

電子場のラグランジアン密度

$$\mathcal{L} = i\bar{\psi}\gamma^\mu\partial_\mu\psi - m\bar{\psi}\psi \tag{2.264}$$

は次の場の位相変換について明らかに不変である.

$$\psi' = e^{iq\xi}\psi. \tag{2.265}$$

ただし, ξ は定数である. ξ が定数の場合の上の変換を大域ゲージ変換という. ここで場の位相因子を時空の各点でばらばらに変えることを考えてみよう. これは ξ を時空座標 x の任意の関数とすればよい.

$$\psi' = e^{iq\xi(x)}\psi. \tag{2.266}$$

このような変換を，絶対値が 1 の複素数で 1 次元ユニタリー群 $U(1)$ の要素と考えることができるので $U(1)$ 局所ゲージ変換という（今後，ゲージ変換といった場合は局所ゲージ変換を指すことにして局所を省く）．上の変換で e を $U(1)$ 電荷という．さて理論がゲージ対称性をもつ，すなわちゲージ変換をおこなってもラグランジアン密度の形が変わらないことを要請してみよう．上のラグランジアン密度は，$\partial_\mu \psi' = e^{i\xi(x)}(\partial_\mu \psi - i\partial_\mu \xi(x)\psi)$ となるから，このままの形ではゲージ変換した後で形が変わってしまう．そこで余分に出てきた位相因子の微分を打ち消すようにゲージ変換で次のように変換するベクトル場を新たに導入する．

$$A'_\mu = A_\mu + \partial\xi(x). \tag{2.267}$$

そして次のようにラグランジアン密度を書き換える．

$$\mathcal{L} = i\bar{\psi}\gamma^\mu(\partial_\mu - iqA_\mu)\psi - m\bar{\psi}\psi. \tag{2.268}$$

すると，このラグランジアン密度はゲージ変換に対して形を変えないことが分かる．このように場に対する局所的な変換に対して不変になる理論をゲージ理論といい，ゲージ変換の不変性を保証するために導入したベクトル場をゲージボソンとかゲージ場という．上に現れた

$$\mathcal{D}_\mu = \partial_\mu - iqA_\mu \tag{2.269}$$

の組み合わせを，ゲージ変換に対する共変微分という．ゲージ変換に対して不変な理論をつくるには，もとのラグランジアンの偏微分を共変微分に変えればよい．全ラグランジアン密度はベクトル場の運動項を付け加える必要がある．それにはよく知られているようにゲージ不変な場の強さ $F_{\mu\nu} = \partial_\mu A_\nu - \partial_\nu A_\mu$ を使ってつくることができる．結局, 全ラグランジアン密度は次のようになる．

$$\mathcal{L}_{\text{QED}} = i\bar{\psi}\left(\gamma^\mu \mathcal{D}_\mu - m\right)\psi + \frac{1}{4}F^{\mu\nu}F_{\mu\nu}. \tag{2.270}$$

最後の項がベクトル場の運動エネルギーの項である．これは A_μ を電磁場，q を電荷とすれば，まさに量子電磁気学（QED）のラグランジアン密度である．このラグランジアンから電磁場と電子の相互作用が $iq\bar{\psi}A_\mu\psi$ で記述されることが分かる．

　ここで注意すべきことはベクトル場に対する質量項

$$\mathcal{L}_M = \frac{1}{2} M^2 A^\mu A_\mu \tag{2.271}$$

は，ゲージ変換に対して不変でないことである．したがってゲージ場の質量は，ゲージ不変性を要請すると存在できないことになる．

　こうして光子の質量がゼロであることも，電磁場と電子場（より一般には電荷を持った任意の場）の相互作用も，ゲージ変換に対する不変性を要請することで完全に決まってしまうのである．ゲージボソンの質量がゼロになることは，より一般のゲージ理論にも当てはまる．

自発的対称性の破れ

　力の統一理論はゲージ理論で記述されるが，弱い力に対するゲージボソンの質量は力の到達距離がごく短いことからゼロではないことが分かっている．したがって力の統一理論をつくるには，ラグランジアンの段階ではゲージ対称性を壊すことなく何らかの方法でゲージボソンの質量を与えるメカニズムを考える必要がある．このメカニズムが自発的対称性の破れと呼ばれるものである．このメカニズムを $U(1)$ ゲージ理論（2.270）を例にとって説明しよう．

　このラグランジアン密度にさらに，次のようなやはり $U(1)$ ゲージ対称性をもった複素スカラー場のラグランジアン密度を付け加える．

$$\mathcal{L}_\phi = \frac{1}{2}(\partial^\mu + ig Y_\phi A^\mu)\phi^\dagger (\partial^\mu - ig Y_\phi A_\mu)\phi - \lambda((\phi^\dagger \phi) - v^2)^2. \tag{2.272}$$

このときスカラー場は次のようにゲージ変換するとしている．

$$\phi' = e^{ig Y_\phi \xi(x)}\phi. \tag{2.273}$$

　ここでスカラー場のポテンシャルに注目しよう．

$$V(\phi) = \lambda((|\phi|^2 - v^2)^2. \tag{2.274}$$

このポテンシャルは，$|\phi| = v$ のときに最小値をとるので，スカラー場（の絶対値）がこの値をとったときが真空，すなわちエネルギー最低の状態になる．スカラー場の自己相互作用で空間にべったりと詰まった方が安定なのである．複素スカラー場を $\phi = \phi_r + i\phi_i$ と実数部分と虚数部分に分けて，ϕ_1 と ϕ_2 をある 2 次元平面のデカルト座標と考える．するとエネルギー最低の状態はこの平面で原点を中心とする半径 v の円周上となり，スカラー場はこの円周上のどこに落ちつ

いてもエネルギー的には同じである．円周上のどの位置もエネルギー的に同等であるということが，まさに $U(1)$ ゲージ対称性の表現になっている．ところが実際にはこの円周上のどこか一点にスカラー場が値をとることになり，すると $U(1)$ 対称性が破れてしまう．もともとのラグランジアンはゲージ対称性をもっていたのに，いったん真空状態としてある状態をとってしまうと見かけ上 $U(1)$ 対称性が見えなくなってしまう．このような現象を自発的対称性の破れといい，この現象を引き起こすスカラー場のことをヒッグス場という．

　自発的にゲージ対称性が破れたとき，ゲージ場が質量をもつことを見てみよう．いまヒッグス場の実数成分が v という値をとったとする．すると式 (2.272) から分かるようにゲージ場は次のような質量項をもつ．

$$g^2 Y_\phi^2 v^2 B^\mu B_\mu \tag{2.275}$$

このように自発的対称性の破れによって，もともと質量がゼロだったゲージ場はヒッグス場の真空期待値に比例した質量をもつことができるのである．これをヒッグス機構という．

　自発的対称性の破れはもともと物性物理学の分野で認識された機構であるが，素粒子論ばかりでなく宇宙論にも大きな影響を与える．自発的対称性の破れを初期宇宙に適用すると，宇宙初期の高密度・高温度において対称性が回復することが予言される．これはヒッグス場のポテンシャルエネルギーに熱エネルギーによる温度の 2 乗に比例する質量項 $\propto T^2 \phi^2$ が現れ，それによってヒッグス場の真空期待値がゼロになる．これを真空の相転移という．低温状態でヒッグス場との相互作用で質量を獲得していたゲージ粒子やフェルミオンが，高温状態では質量がゼロになってしまう．このことの宇宙論的意味については第 2 巻『宇宙論 I［第 2 版補訂版］』で詳しく議論される．

　また相転移の前後でヒッグス場のポテンシャルエネルギーが変わる．このエネルギー差は宇宙定数と同じ役割をする．これから現代宇宙論のもっとも重要な概念であるインフレーション膨張というアイデアが生まれた．現在，インフレーション膨張はヒッグス場の相転移によるのではなく，別のスカラー場によるものと考えられている．このスカラー場をインフラトンという．インフレーションについても第 2 巻『宇宙論 I［第 2 版補訂版］』を参照されたい．

非可換ゲージ理論

　上の例で述べたゲージ理論では，場の変換は可換群 $U(1)$ の要素によって与えられた．より一般に場が多成分の場合には，非可換群の要素で場の変換を考えることができる．このようなゲージ理論を非可換ゲージ理論という．非可換ゲージ理論の例として，クォーク間の強い相互作用を記述している $SU(3)$ ゲージ理論を説明しよう．$SU(3)$ の 3 は色電荷の種類の数である．強い相互作用は，色電荷をやり取りする相互作用ということで量子色力学（Quantum Chromo-dynamics, 略して QCD）とも呼ばれる．

　いま 1 つのフレーバーに着目して色電荷 α をもったクォーク場を q^α と書き，それらが $SU(3)$ の 3 重項をなすとする．

$$q = (q_i) = \begin{pmatrix} q^R \\ q^G \\ q^B \end{pmatrix}. \tag{2.276}$$

$SU(3)$ というのは 3 次元特殊ユニタリー群のことで，その要素は次の条件を満たす．

$$U^\dagger U = U U^\dagger = 1, \quad \det U = 1. \tag{2.277}$$

自由なラグランジアンは

$$\mathcal{L}_0 = \bar{q} \left(i\gamma^\mu \partial_\mu - m \right) q \tag{2.278}$$

であるが，次のような $SU(3)$ ゲージ変換

$$q^i \longrightarrow q'^i = U^i_j(x) q^j, \quad U \in SU(3) \tag{2.279}$$

に対して，不変ではない．ここで 3 重項に作用する $SU(3)$ の 3 次元表現 U は

$$U = \exp\left(i\frac{\lambda^a}{2} \theta_{\mathrm{a}}(x) \right) \tag{2.280}$$

と書ける．ここで $\frac{1}{2}\lambda^a \, (a = 1, 2, \cdots, 8)$ は，$SU(3)$ の基本表現の生成子で，トレースがゼロ，かつ次の交換条件を満たす．

$$\left[\frac{\lambda^a}{2}, \frac{\lambda^b}{2} \right] = i f^{abc} \frac{\lambda^c}{2}. \tag{2.281}$$

ここで f^{abc} は $SU(3)$ のリー代数の構造定数である.

このゲージ変換に対してラグランジアンを不変にするためには,$U(1)$ ゲージ理論と同様にベクトル場(グルーオン場)$G_\mu^a\,(a=1,2,\cdots,8)$ を導入して微分を共変微分

$$D_\mu = \partial_\mu + ig \sum_{a=1}^{3} G_\mu^a \frac{\lambda^a}{2} \tag{2.282}$$

に置き換えればよい.ここで g は強い相互作用の結合定数である.グルーオン場がゲージ変換で

$$G_\mu \longrightarrow \frac{1}{ig} U \partial_\mu U^{-1} + U G_\mu U^{-1} \tag{2.283}$$

のように変化することを要請すれば,

$$(D_\mu q)' = U D_\mu q \tag{2.284}$$

となり,$D_\mu q$ が4元ベクトルとして変換されることが保証される.

グルーオン場のラグランジアンをつくるには,グルーオン場に対する場の強さを次のように定義する.

$$G_{\mu\nu}^a = \partial_\mu G_\nu^a - \partial_\nu G_\mu^a + ig f^{abc} G_\mu^b G_\nu^c. \tag{2.285}$$

電磁気学の場合と比較すれば右辺第3項が非可換性のために現れることが分かる.この項はグルーオンが色自由度をもち,お互いに相互作用することを表す.この量は

$$G_{\mu\nu} \longrightarrow G_{\mu\nu}' = U G_{\mu\nu} U^{-1} \tag{2.286}$$

と変換するので,これからゲージ不変なグルーオンのラグランジアンが定義される.

$$\mathcal{L}_{\text{gluon}} = \frac{1}{2} \text{Tr}[G_{\mu\nu} G^{\mu\nu}] = -\frac{1}{4} \sum_{a=1}^{8} G_{\mu\nu}^a G^{a\mu\nu}. \tag{2.287}$$

以上から QCD のラグランジアンとして

$$\mathcal{L}_{\text{QCD}} = \bar{q}\left(i\gamma^\mu D_\mu - m\right)q + \mathcal{L}_{\text{gluon}}. \tag{2.288}$$

2.3.5 素粒子の標準理論

電磁気力と弱い力には表面上大きな違いがある．電磁気力の到達距離は無限大でありパリティ対称性をもつが，弱い力は到達距離が 10^{-15} cm 程度の短距離力であり，かつパリティ対称性を破っている．パリティ対称性というのは空間反転に対する対称性であり，弱い力は左巻きのフェルミオンにしか作用しないのである．この違いにもかかわらず，2 つの相互作用をゲージ理論として統一しようという試みは，1960 年代始めに成され，特にグラショウ（S.L. Glashow）はゲージ群として $SU(2) \times U(1)$ を採用することを提唱した．

このゲージ理論では，（いま第 1 世代だけを考えて）弱い相互作用は電子の左手成分をニュートリノ（当時は質量がなく左手成分しかないと考えられていた）に変えたり，その逆の反応を引き起こすので，これらを 1 つの粒子の別の状態とみなし，その状態を仮想的なスピン（弱いアイソスピン）の上下の向きで区別するため，弱いアイソスピン $SU(2)$ の 2 重項と考えた．すなわちアイソスピン $\boldsymbol{I}$ という仮想的なスピンを内部空間に考えて，それが上向きの状態をニュートリノ，下向きの状態を電子の左手成分と考え，アイソスピンの回転に対して理論が不変であることを要求するのである．すると電荷がプラスとマイナス，そして中性の 3 種類のゲージボソンが現れる．しかし中性のボソンを光子と同定することはできない．なぜなら光子は左手成分にも右手成分にも作用するし，電荷を持たないニュートリノとは相互作用しないからである．そこでもう一つ $U(1)$ ゲージ対称性を要求してゲージボソンを 1 種類付け加えることによって，$SU(2)$ ゲージ対称性によって現れる中性のゲージボソンと組み合わせて光子をつくろうとしたのである．ここで $U(1)$ 電荷を弱い超電荷（ハイパーチャージ）Y とする．したがってこのゲージ群を $SU(2)_I \times U(1)_Y$ と書いて，おのおののゲージ群の電荷を示す．しかし当時自発的対称性の破れは知られておらず，弱い相互作用を媒介するゲージボソンにだけ質量を与えることができなかった．

これを解決したのがワインバーグ（S. Weinberg）とサラム（A. Salam）で，1967, 8 年のことである．彼らは自発的対称性の破れたゲージ理論という枠組みの中で実際にこの 2 つの力が統一されることを示した．当初，この理論の繰り込み可能性は明らかではなかったが，その証明が 1970 年代前半にト・フーフト（G. t' Hooft）によって与えられた．また 1970 年中頃には強い力も上で見たよ

うに $SU(3)$ ゲージ理論で記述されることが明らかになり，それ以降，素粒子の統一理論がさかんに研究されるようになったのである．

ワインバーグ–サラム理論

いま簡単のため第 1 世代のレプトンだけを考えて，以下のように左手粒子は $SU(2)$ の 2 重項，右手粒子は 1 重項に属するとする．簡単のためニュートリノ質量はゼロとして左手成分があるだけとする．

$$\ell_L = \begin{pmatrix} \nu_{\mathrm e} \\ e_L \end{pmatrix}_L \quad (Y_L = -1), \qquad \ell_R = e_R \quad (Y_R = -2). \tag{2.289}$$

ここでおのおのの弱い超電荷 Y は，弱いアイソスピンの第 3 成分 I_3 と電荷 Q と次のような関係があるとして定義した．

$$Q = I_3 + \frac{Y}{2} \tag{2.290}$$

この種の関係は，もともと 1950 年代に中野董夫，西島和彦，ゲルマンによってハドロンの分類の研究で示唆された関係を弱い相互作用に当てはめたものである．

自由なラグランジアンは，

$$\mathcal{L}_{\mathrm{lepton}} = \bar{\ell}_L i\gamma^\mu D_\mu \ell_L + \bar{\ell}_R i\gamma^\mu D_\mu \ell_R. \tag{2.291}$$

ここで理論が次のゲージ変換に対して対称であるとする．

$$\ell_L \longrightarrow \ell'_L = e^{i\tau\cdot\lambda(x)} e^{iY_L\Lambda(x)} \ell_L \tag{2.292}$$

$$\ell_R \longrightarrow \ell'_R = e^{iY_L\Lambda(x)} \ell_R. \tag{2.293}$$

すると左手粒子，右手粒子に対する共変微分はおのおの以下のようになる．

$$D_\mu \ell_L = \left(\partial_\mu + ig_1 \frac{\tau^a}{2} W^a_\mu + i\frac{g_2}{2} Y_L B_\mu \right) \ell_L \tag{2.294}$$

$$D_\mu \ell_R = \left(\partial_\mu + i\frac{g_2}{2} Y_R B_\mu \right) \ell_R. \tag{2.295}$$

g_1 は $SU(2)_I$ ゲージ相互作用の結合定数，g_2 は $U(1)_Y$ ゲージ相互作用の結合定数，τ^a $(a=1,2,3)$ はパウリ行列で $SU(2)$ のリー代数の 2 次元表現の生成子である．こうして $SU(2)_I$ ゲージ対称性から 3 つのゲージボソン B^a_μ $(a=1,2,3)$，$U(1)_L$ ゲージ対称性から 1 つのベクトル場 B_μ が導入される．これら

のゲージ場に対する場の強さはそれぞれ

$$B_{\mu\nu} = \partial_\mu B_\nu - \partial_\nu B_\mu \tag{2.296}$$

$$W_{\mu\nu}^a = \partial_\mu W_\nu^a - \partial_\nu W_\nu^a - g_1 \varepsilon^{abc} W_\mu^b W_\nu^c \tag{2.297}$$

となる.

ゲージ場 W_μ^a とレプトンの左手成分 ℓ_L の相互作用を具体的に書き下してみよう.

$$\mathcal{L}^{CC} \equiv -\bar{\ell}_L \gamma^\mu g_1 \frac{\tau^a}{2} W_\mu^a \ell_L \tag{2.298}$$

であるが,

$$W_\mu^a \tau^a = \begin{pmatrix} W_\mu^1 - iW_\mu^2 & W_\mu^3 \\ -W_\mu^3 & W_\mu^1 + iW_\mu^2 \end{pmatrix} \tag{2.299}$$

であるから $W_\mu^\pm \equiv \dfrac{1}{\sqrt{2}}(W_\mu^1 \mp iW_\mu^2)$ と定義すれば,

$$\mathcal{L}^{CC} = -\frac{1}{\sqrt{2}} \left(\bar{\nu}_e \gamma^\mu W_\mu^+ e_L - \bar{e}_L \gamma^\mu W_\mu^- \nu_e - \frac{1}{\sqrt{2}} \bar{\nu}_e \gamma^\mu W_\mu^3 \nu_e + \frac{1}{\sqrt{2}} \bar{e}_R \gamma^\mu W_\mu^3 e_R \right) \tag{2.300}$$

となるから,$W_\mu^\pm$ を電子の左手成分とニュートリノを入れ替える通常の弱い相互作用を媒介するゲージボソンとみなすことができる. 一方,W_μ^3 は電荷を変えない反応を表す. この反応が起こることが $SU(2)_L$ ゲージ理論の特徴であり,1973 年に発見された. また W_μ^3 と e_L との相互作用と B_μ と e_R との相互作用を組み合わせることで電磁相互作用をつくることができる. それには

$$\begin{pmatrix} A_\mu \\ Z_\mu \end{pmatrix} = \begin{pmatrix} \cos\theta_W & \sin\theta_W \\ -\sin\theta_W & \cos\theta_W \end{pmatrix} \begin{pmatrix} B_\mu \\ W_\mu^3 \end{pmatrix} \tag{2.301}$$

として新たに定義した A_μ, Z_μ を使って W_μ^3 と e_L,B_μ と e_R の相互作用を書き換えてみると,

$$\mathcal{L}^{NC} \equiv -\bar{\ell}_L \gamma^\mu g_1 \frac{\tau^3}{2} W_\mu^3 \ell_L - \bar{\ell}_L \gamma^\mu g_2 \frac{Y_L}{2} B_\mu \ell_L - \bar{\ell}_R \gamma^\mu g_2 \frac{Y_R}{2} B_\mu \ell_R$$

$$= -q\bar{e}\gamma^\mu A_\mu Q e$$

$$+ \frac{q}{\sin\theta_{\rm W}\cos\theta_{\rm W}} \sum_{i=\ell_L,\ell_R} \bar{\ell}_i\gamma^\mu(T^3 - Q\sin^2\theta_{\rm W})\ell_i Z_\mu. \tag{2.302}$$

ただし e は次のよう定義される電子場でディラックスピノルである.

$$e = \begin{pmatrix} e_L \\ e_R \end{pmatrix} \tag{2.303}$$

ここで

$$q = g_1\sin\theta_{\rm W} = g_2\cos\theta_{\rm W} \tag{2.304}$$

に中野–西島–ゲルマンの関係を使った. この相互作用の形から A_μ を光子場と同定することができる. ゲージ場 W_μ^3 と B_μ を混ぜる角度 $\theta_{\rm W}$ をワインバーグ角といい, 実験では

$$\sin^2\theta_{\rm W} = 0.23 \tag{2.305}$$

と測定されている. 実験に関する詳細は, 巻末にあげる素粒子実験の教科書 [22] を参照されたい.

さて残る問題は, 光子 A_μ 以外のゲージ場 $W_\mu^\pm, Z_\mu$ に質量を与えることである. そこで $SU(2)$ の2重項としてヒッグス場を導入する.

$$\Phi = \begin{pmatrix} \phi^+ \\ \phi^0 \end{pmatrix}. \tag{2.306}$$

ヒッグス場のラグランジアンは以下のようにとる.

$$\mathcal{L}_{HG} = (D^\mu\Phi)^\dagger D_\mu\Phi - V(\Phi). \tag{2.307}$$

ただし

$$D_\mu\Phi = \left(\partial_\mu + i\frac{g_1}{2}W_\mu^a\frac{\tau^a}{2} + ig_2 B_\mu\frac{Y}{2}\right)\Phi. \tag{2.308}$$

ヒッグス場の1成分が真空期待値をとることを想定するので, その電荷はゼロにとらなければならず, また中野–西島–ゲルマンの関係を満たすことを要請するのでヒッグス場の超電荷は $Y = +1$ となる.

またヒッグスポテンシャルは

$$V(\Phi) = -\mu^2\Phi^\dagger\Phi + \lambda(\Phi^\dagger\Phi)^2 \tag{2.309}$$

である．ここで $\mu^2 > 0, \lambda > 0$ である．したがってヒッグス場は $SU(2)$ の適当な回転をすることで，その真空期待値が

$$\phi^0 = v \equiv \frac{\mu}{\sqrt{2}\lambda} \tag{2.310}$$

ととることができる．するとヒッグス場のラグランジアンからゲージ場の質量項が現れて

$$M_{W^{\pm}} = \frac{g_2 v}{2} \tag{2.311}$$

$$M_Z = \frac{\sqrt{g_1^2 + g_2^2}\, v}{2} \tag{2.312}$$

となることが分かる．

またレプトンはヒッグス場を介してゲージ不変な湯川型相互作用を付け足すことができる．

$$\mathcal{L}_{\text{YUKAWA}} = -f\bar{\ell}_L \Phi e_R + H.C \tag{2.313}$$

（$H.C$ はエルミート共役を表す）するとヒッグス場が真空期待値を取ることで電子がディラック型質量項を得ることが分かる．

$$m_{\text{e}} = \frac{1}{\sqrt{2}} f v. \tag{2.314}$$

現在，ウィークボソンの質量は実験で精密に測定されていて次のような値が測定されている．

$$M_Z = 91.1882 \pm 0.0022 \quad [\text{GeV}] \tag{2.315}$$

これからヒッグス粒子の真空期待値として $v = 125.10 \pm 0.14\,\text{GeV}$ が得られている．

この理論を第 2，第 3 世代のレプトンに拡張するのは容易である．

クォークへの拡張

クォークに対してワインバーグ–サラム理論を拡張するには，クォーク場を左手成分と右手成分に分け，左手成分，右手成分をそれぞれは $SU(2)$ の 2 重項，1 重項とする．たとえば第 1 世代に対しては，

$$q_L = \begin{pmatrix} u \\ d \end{pmatrix}_L \quad (Y = -1/3),$$

$$u_R = e_R \quad (Y = 4/3), \tag{2.316}$$

$$d_R \quad (Y = -2/3)$$

実際には世代間の混合があって弱い相互作用の固有状態としては

$$d_L' = \cos\theta_C d + \sin\theta_C s \tag{2.317}$$

である．この混合角をカビボ（N. Cabibbo）角という．これを3世代に一般化したのが小林 誠（M. Kobayashi）と益川敏英（T. Maskawa）で，

$$\begin{pmatrix} d' \\ s' \\ b' \end{pmatrix}_L = V_{\text{CKM}} \begin{pmatrix} d' \\ s' \\ b' \end{pmatrix}_L \tag{2.318}$$

この3行3列のユニタリー行列 V_{CKM} を小林–益川行列と呼ぶ．このとき，この行列は3つの角度と1つの位相で特徴づけられる．

2.3.6 標準理論を越えて

　素粒子の標準理論には，いくつかの不満な点がある．たとえば標準理論にはフェルミオンとヒッグス粒子の間の結合定数など18個のパラメータが存在し，それらの値を理論から決めることができない．なぜ世代が3つ存在するのかも答えられない．これらのことなどから大統一理論が追及された．

　重力を除いたすべての力の統一を，$SU(3)_c \times SU(2)_L \times U(1)_Y$ を部分群として含む1つの群に基づいた非可換ゲージ理論の枠組みで統一する試み（大統一理論）が1980年代以降盛んに行われるようになった．この研究の後押しをしたのは，繰り込み理論からの予想で $SU(2)_L$ の結合定数 g_1，$U(1)_Y$ の結合定数 g_2，強い相互作用の結合定数が 10^{16} GeV 程度でほぼ一致することが示されたからである．大統一理論ではクォークとレプトンを同じ粒子の別の状態と考えるため，$SU(3)_c \times SU(2)_L \times U(1)_Y$ を部分群として含む大統一群の同じ多重項に属するとする．するとクォークとレプトンを入れ替える相互作用が存在する．これから大統一理論では，クォークがレプトンに崩壊する過程が存在し，これまで安定だ

と考えられていた陽子が崩壊する現象が起こりえる．この崩壊の寿命は宇宙年齢よりはるかに長い 10^{33} 年以上であるが，物質はもはや絶対に安定ではないのである．

　現在までのところ陽子崩壊はまだ発見されていない．またこのことから現在の宇宙でなぜ物質（バリオン）と反物質（反バリオン）の非対称性が存在するかを説明する研究が始まったことは特筆に価する．宇宙におけるバリオン数生成の問題は，第 2 巻『宇宙論 I ［第 2 版補訂版］』で詳しく説明されている．

　大統一理論にもまた不満がある．ワインバーグ–サラム理論のエネルギースケール（$10^2\,\mathrm{GeV}$）と大統一理論，あるいは重力理論のエネルギースケール（$10^{15}\,\mathrm{GeV}$，あるいは $10^{19}\,\mathrm{GeV}$）との極端な違いが説明できない．量子効果によってワインバーグ–サラム理論のパラメータに大きな補正が生まれてしまう．ワインバーグ–サラム理論のパラメータを実験値にとどめておくには，パラメータ間に非常な精度の微調整が必要になる．この微調整を自然に説明するものとして超対称性という新たな対称性を理論に要請することが考えられている．超対称性とは理論の中のボソンとフェルミオンを交換することに対する対称性で，これによって量子効果が抑えられるのである．また超対称性を課すことで 3 つの相互作用の結合定数が $10^{15}\,\mathrm{GeV}$ で正確に一致する．

　さらにこの超対称性は重力場の量子論にも重要な役割を果たすことが期待されている．重力場の量子化は未解決の問題でいくつかの提案がなされている．そのうちもっとも有望と考えられているのは，超弦理論と呼ばれるものである．

2.4　星間化学

　2.3 節までは，原子またはそれよりも小さなスケールを支配する物理過程について解説した．本節では原子，分子，イオンなどの存在形態を決める基礎過程について考える．宇宙の元素組成は質量比で水素が約 70%，ヘリウムが約 30% である．水素・ヘリウム以外の重元素の存在量は宇宙の年齢および場所によって変化するが，太陽系近傍では約 2% である．宇宙の多くの領域においてこれらはプラズマまたは中性原子ガスとして存在する．しかし低温度星の周り，惑星大気，星間雲など比較的低温高密度な領域においては分子として存在する．この分子の組成はどのように決まるのだろうか．

2.4.1 化学平衡

ある元素組成のガスを密閉容器に閉じ込め，一定の温度と圧力のもとにおく．容器内が完全に平衡状態に達すると，質量作用の法則が成り立っている．すなわち，ν_1 モルの分子 R_1, ν_2 モルの分子 $R_2, \cdots$ が反応して ν_{i+1} モルの分子 P_{i+1}, ν_{i+2} モルの分子 $P_{i+2}, \cdots$ が生成する化学反応

$$\nu_1 R_1 + \nu_2 R_2 + \cdots + \nu_i R_i \rightleftharpoons \nu_{i+1} P_{i+1} + \nu_{i+2} P_{i+2} + \cdots + \nu_j P_j \quad (2.319)$$

が平衡状態にあるとき，反応物と生成物の分圧 $[R][P]$ は

$$\frac{[P_{i+1}]^{\nu_{i+1}}[P_{i+2}]^{\nu_{i+2}} \cdots [P_j]^{\nu_j}}{[R_1]^{\nu_1}[R_2]^{\nu_2} \cdots [R_i]^{\nu_i}} = K(T)$$

を満たす．$K(T)$ は反応を特定すると温度のみの関数であり，平衡定数という．容器内の各元素の存在量保存と上式を考え合わせると，系の温度と系内の物質の総量を与えれば各成分の存在量は一意的に決まることが分かる．

例として水素分子と酸素分子から水分子が生成される反応 $2H_2 + O_2 \rightleftharpoons 2H_2O$ を考えてみよう．質量作用の法則は

$$\frac{[H_2O]^2}{[H_2]^2[O_2]} = K(T) \quad (2.320)$$

となる．系内の温度および水素と酸素の総存在量を与えれば各分子の存在量が決まる．またこの式から各成分の存在比が系全体の圧力に依存することも分かる．たとえば系全体の温度と元素の存在比を変えずに圧力（密度）を 2 倍にしたとすると，$K(T)$ が変化しないということは水分子の割合が増えることを意味する．

なぜ分子の組成が一意に決まるのであろうか．さまざまな物理過程において平衡状態とは一般的にエネルギー極小の状態である．詳しい導出は省略するが，質量作用の法則は，系のギブス自由エネルギーが化学反応の進行に対して最小値をとるという条件から導かれる．平衡定数 $K(T)$ は反応物（反応（2.319）の $R_1, R_2, \cdots$）と生成物（$P_1, P_2, \cdots$）のギブス自由エネルギーの差

$$\Delta G = G_{P_1} + G_{P_2} + \cdots + G_{P_j} - G_{R_1} - G_{R_2} - \cdots - G_{R_i}$$

を用いて

$$K(T) = \exp\left(-\frac{\Delta G}{RT}\right)$$

と書くことができる．ここで R は気体定数である．

　質量作用の法則によると，反応の途中でおこる中間状態または素反応を知らなくても各成分の存在量が決まることに注意しよう．上記の水分子生成を例にとると，水素分子と酸素分子が直接反応するとは限らない．むしろ実験室では直接の反応は起きにくく

$$O_2 \rightarrow O + O \tag{2.321}$$

$$O + H_2 \rightarrow OH + H \tag{2.322}$$

$$OH + H_2 \rightarrow H_2O + H \tag{2.323}$$

$$H + O_2 \rightarrow OH + O \tag{2.324}$$

$$OH + H \rightarrow H_2O \tag{2.325}$$

といった一連の素反応によって水分子が生成される．しかしこのような素反応を知らなくても，反応系全体が $2H_2 + O_2 \rightleftharpoons 2H_2O$ と記述でき，系が平衡状態になっていれば，水素分子，酸素分子，水分子の存在比は式（2.320）で求まるのである．

2.4.2　化学反応速度論

　化学平衡はどんな系でも常に成り立っているわけではない．一般的に，任意の初期組成を与えたとき，系の温度と密度が低いほど化学平衡状態が達成されるまでに長い時間がかかる．天体の場合，化学平衡が成り立っているかどうかは平衡に至るまでの時間と天体の寿命や動的進化時間の比較で決まる．たとえば，星間雲は温度も密度も低く，化学平衡状態には達していないと考えられる．宇宙線や紫外線など非熱的なエネルギーの流入も，2.4.1 節で述べたような化学平衡とは異なる組成を実現する要因となる．惑星や褐色矮星の大気の研究においては，第ゼロ次近似として化学平衡での組成を求めることは有用であるが，実際には対流や雲形成などの影響により，化学平衡からの予測がそのまま実現されているわけではない．

　化学平衡が達成されていない，すなわち非平衡な系での組成を議論するためには，反応速度という概念を採り入れる必要がある．もっとも簡単な例として紫外線による炭素原子のイオン化 $C + h\nu \rightarrow C^+ + e$ を考える．系に入ってくる紫

外線の強度が一定ならば，反応の速度，すなわち炭素原子の数密度 n^{*14} の時間変化は

$$\frac{dn(\mathrm{C})}{dt} = -k'n(\mathrm{C}) \tag{2.326}$$

と書き表される．k' は反応速度係数（または速度定数）と呼ばれる．反応速度がこのように反応速度係数とあるひとつの成分の存在量との積で表される反応を一次反応と呼ぶ．式（2.326）を解くと，初期の炭素原子の数密度を $n_0(\mathrm{C})$ として

$$n(\mathrm{C}) = n_0(\mathrm{C})\exp(-k't)$$

となり，炭素原子の存在量が初期値から時間とともに指数関数的に減少することが分かる．

　一方反応（2.322）のように 2 つの成分が反応する場合の反応速度は，2 つの成分の数密度にそれぞれ比例するので

$$\frac{dn(\mathrm{O})}{dt} = \frac{dn(\mathrm{H_2})}{dt} = -kn(\mathrm{O})n(\mathrm{H_2}) \tag{2.327}$$

である．このように反応速度が kn^2 の形で書けるものを二次反応と呼ぶ．k も反応係数と呼ばれるが，k と k' では次元が異なることに注意しよう．cgs 単位系で表すと k' の単位は $\mathrm{s^{-1}}$，k は $\mathrm{cm^3 s^{-1}}$ である（表 2.4 参照）．O, $\mathrm{H_2}$ の存在量について式（2.327）を解くと

$$\frac{1}{n_0(\mathrm{O}) - n_0(\mathrm{H_2})}\left(\ln\frac{n_0(\mathrm{H_2})}{n(\mathrm{H_2})} - \ln\frac{n_0(\mathrm{O})}{n(\mathrm{O})}\right) = kt$$

となる．

　上記ではひとつの素反応のみに注目したが，実際には系内で複数の素反応が同時に進むのがふつうである．その場合は起こり得る素反応を列挙し，各成分について存在量の時間変化を求める必要がある．たとえば反応（2.321）–（2.325）において OH の時間変化は

$$\frac{dn(\mathrm{OH})}{dt}$$

$$= k_{322}n(\mathrm{O})n(\mathrm{H_2}) + k_{324}n(\mathrm{H})n(\mathrm{O_2}) - k_{323}n(\mathrm{OH})n(\mathrm{H_2}) - k_{325}n(\mathrm{OH})n(\mathrm{H}) \tag{2.328}$$

となる．反応係数は反応ごとに異なる．ここでは，反応 (2.322) の係数は k_{322} のように添え字を付けて区別した．各成分の数密度は独立でないので，同様の式を O, H, $\mathrm{O_2}$, $\mathrm{H_2}$, $\mathrm{H_2O}$ についても書き下し，6 つの常微分方程式を連立して解くことになる．連立方程式の数が多い場合，一般的にはこれらを数値的に解いて存在量の時間進化を求める．連立方程式の数が比較的少ない場合や，いくつかの成分の存在量がほぼ一定に保たれる（$dn(i)/dt = 0$ とおける）ことが分かっている場合には，連立方程式が解析的に解けることがある．

2.4.3　星間雲のガス組成と気相反応

星間空間は希薄なガスで満たされている．ガスの密度と温度は場所によって大きく異なり，比較的密度の高い領域を星間雲と呼ぶ．星間雲は大きく 2 つに分けられ，微散星間雲[*15]とよばれる領域では水素数密度が数 $10\,\mathrm{cm^{-3}}$，温度が $100\,\mathrm{K}$ 程度，分子雲とよばれる領域では 10^3–$10^4\,\mathrm{cm^{-3}}$，$10\,\mathrm{K}$ から数 $10\,\mathrm{K}$ である（一方，雲と雲の間では密度が $0.1\,\mathrm{cm^{-3}}$，温度は数 $1000\,\mathrm{K}$ 以上のイオンと原子のガスに満されている）．微散星間雲はおもに原子とイオンのガスで構成されているが，水素分子など単純な分子も存在する．分子雲はその名のとおりおもに分子ガスで構成されている．宇宙の元素存在度を反映してもっとも多いのは水素分子であるが，その他に 150 種を超える分子が電波・赤外望遠鏡による分光観測で検出されている．

表 2.3 におもな星間分子とおうし座分子雲での平均的な存在量を示す．地上でも馴染みのある $\mathrm{NH_3}$ や $\mathrm{H_2CO}$ もあるが，地上ではあまり存在しない CCS，$\mathrm{C_2}$ などの反応性の高い分子や $\mathrm{HCO^+}$ のような分子イオンも存在する．星間雲は地上の実験室で実現されるよりもずっと密度が低いので，反応性の高い分子や分子イオンもなかなか他の分子と反応せず，比較的高い存在量を保つことができる．化学的な視点では，分子雲は超高真空・極低温の非常にユニークな実験室となるのである．一方，分子雲はガスの重力収縮によって星が生まれる現場でもあり，

[*15] 英語名は diffuse cloud で，英語名の方が標準的に用いられる．

表 2.3　おうし座分子雲におけるおもな気相分子の水素分子に対する相対存在度（数密度比）. $a(-b)$ は $a \times 10^{-b}$ を表す.

分子種	相対存在度	分子種	相対存在度	分子種	相対存在度
CO	8(−5)	OH	3(−7)	C_2	5(−8)
C_2H	5(−8)	C_3H_2	3(−8)	CN	3(−8)
NO	3(−8)	HCN	2(−8)	HNC	2(−8)
H_2CO	2(−8)	NH_3	2(−8)	C_4H	2(−8)
CH	2(−8)	CS	1(−8)	C_2S	8(−9)
HC_3N	6(−9)	HCO^+	8(−9)	N_2H^+	5(−10)

表 2.4　星間雲でのおもな気相反応.

反応の種類		反応速度係数
宇宙線によるイオン化	$A \rightarrow A^+ + e$	10^{-17} s^{-1}
イオン–分子反応	$A^+ + BC \rightarrow AB^+ + C$	10^{-9} cm^3 s^{-1}
電荷移動	$A^+ + B \rightarrow A + B^+$	10^{-9} cm^3 s^{-1}
放射性結合（2原子分子）	$A + B \rightarrow AB + h\nu$	10^{-17} cm^3 s^{-1}
放射性結合（多原子分子）	$ABCD + F \rightarrow ABCDF + h\nu$	10^{-9} cm^3 s^{-1}
中性交換反応	$AB + C \rightarrow A + BC$	10^{-11} cm^3 s^{-1}
放射性再結合	$A^+ + e \rightarrow A + h\nu$	10^{-12} cm^3 s^{-1}
解離再結合	$AB^+ + e \rightarrow A + B$	10^{-7} cm^3 s^{-1}

盛んに観測が行われている（第6巻参照）. 分子雲の主要成分である水素分子は低温では輝線を出さないので，ガスの運動や温度，密度分布は CO や NH_3 などの輝線観測で調べられる. 観測結果の解釈には，観測で用いた分子の水素に対する相対存在度が必要となるが，これは温度・密度・時間によって変化する. すなわち星間雲の化学は化学的に興味深いだけでなく，星間雲の物理構造や進化を探る上でも重要である.

　上記で明らかなように，分子雲は化学的に非平衡な状態にある. 非平衡な系の化学組成の理解には，まずどのような素反応が起こるのかを考えなくてはならない. ここでは分子雲の化学組成を理解するために必要な素過程を中心に解説する. 分子雲で起こるおもな気相反応の種類とその典型的な反応速度係数を表 2.4 にまとめた. 個々の反応について以下で詳述する.

宇宙線によるイオン化

　宇宙空間には宇宙線とよばれる，高エネルギーに加速された陽子，ヘリウム原子核などの粒子が飛びまわっている．宇宙線は水素原子や水素分子を電離し，高エネルギーの電子を生成する．さらにこの電子も原子や分子と衝突して電離を引き起こす（二次電離）．低温で紫外線も入射できない分子雲内部では宇宙線が主要な電離源であり，化学反応を駆動するエネルギー源でもある．

　二次電離も含めて 1 秒間・水素原子 1 個あたりに宇宙線による電離の起こる割合を ζ_H と書く．宇宙線は地球にも降り注いでいるが，太陽風の影響で低エネルギー（10^9 eV 以下）の粒子は太陽系内に入れない．ガスの電離には 10^6–10^9 eV の比較的低エネルギーな粒子が効くので，地上での宇宙線の観測から星間空間での電離率 ζ_H を直接求めることはできない．地球上で測られた宇宙線のスペクトルを低エネルギー側へ外挿したり，分子雲で観測される分子イオン存在度をモデル計算で再現することにより電離率 ζ_H が推定されている．また宇宙線は星間ガスを加熱するので，ガスの温度からも ζ_H を見積もることができる．現在分子雲の理論モデルで用いられる標準的な値は $\zeta_H \sim 10^{-17}$ s^{-1} である．宇宙線はガスとの衝突・電離によって徐々にエネルギーを失い，ガスの柱密度が約 100 g cm^{-2} を超えると電離率が指数関数的に減衰する．分子雲の典型的な柱密度は 0.1 g cm^{-2} 以下なので電離率の減衰は無視できる．

　宇宙線による電離はどの原子，分子にも起こり得るが，星間化学を考える上で重要なのは水素原子，ヘリウム原子と水素分子の電離である．水素分子は電離でおもに H_2^+ になり，この分子イオンは H_2 分子と反応して H_3^+ を生成する．H_3^+ や He^+ は他の原子や分子と衝突してイオン–分子反応を起こす．

イオン–分子反応

　中性の原子や分子とイオンとの反応をイオン–分子反応と呼ぶ．その典型的な反応速度係数は 10^{-9} cm^3 s^{-1} 程度で温度によらず一定である．この値は以下のように，荷電粒子の運動軌道の簡単な計算で求めることができる．

　荷電粒子が中性粒子に近づく場合を考えよう（図 2.12）．衝突パラメータ b が小さければ荷電粒子は中性粒子に捕えられて化学反応を起こすが，b が十分に大きければ荷電粒子の軌道が曲げられるだけで反応は起きない．荷電粒子が接近す

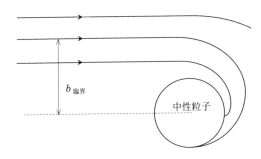

図 2.12 荷電粒子と中性粒子の衝突.

ると中性粒子は分極する. 分極した中性粒子とのクーロン力も考慮して, 反応が起こるための臨界衝突パラメータを求めると

$$b_{\text{臨界}} = \left(\frac{4e^2\alpha}{\mu v^2}\right)^{1/4}$$

となる. ここで e は電荷, μ は換算質量, v は衝突速度, α は中性粒子の分極率の平均値で $10^{-24}\,\text{cm}^3$ 程度である. よって反応速度係数は

$$k = \pi b_{\text{臨界}}^2 v = \pi \left(\frac{4e^2\alpha}{\mu v^2}\right)^{1/2} v = 2\pi e \left(\frac{\alpha}{\mu}\right)^{1/2}$$

となる. これをランジュバン速度係数と呼ぶ. ランジュバン速度係数は粒子の衝突速度 v に依存しないので, 温度にもよらない.

イオン–分子反応は多くの場合, 活性化エネルギー (「中性交換反応」の項参照) を持たず, 反応係数がランジュバン速度係数に等しい. これは反応速度が温度によらないことを意味し, 低温な分子雲で起きる化学反応として重要な特徴である.

反応の結果どのような分子が生成されるか——たとえば AB^+ と C が反応した結果 AC と B^+ ができるのか, AB と C^+ ができるのか——を理論的に予測するには個々の反応について量子化学計算が必要である. ただし実験結果をまとめてみると起こりやすい反応とそうでない反応が経験則として分かる. 宇宙の元素組成でもっとも多いのは水素なので水素や陽子を含む反応に注目すると, プロトン移動反応 $AH^+ + B \rightarrow BH^+ + A$ が起こりやすいことが知られている. ここで AH^+ としてもっとも重要な例は前項で述べた H_3^+ である. H_3^+ は水素原

子，窒素原子，ヘリウムを除くほとんどの原子，分子と反応する．

分子雲に特徴的な分子の多くはイオン–分子反応で生成される．たとえば C_4H のように炭素が直鎖状に連なり（炭素鎖），かつ水素をわずかしか含まない（不飽和）分子が多く存在する．炭素鎖は $C^+ + CH_4 \rightarrow C_2H_3^+ + H$ のような炭素イオンと炭化水素分子の反応を繰り返すことで生成される．炭素鎖には $C_iH_j^+ + H_2 \rightarrow C_iH_{j+1}^+ + H$ の反応で水素が付加されるが，水素の数 j が大きい場合はこれが吸熱反応[*16]になるので，低温の分子雲では不飽和な炭素鎖ができるのである．炭素鎖分子イオン（$C_iH_j^+$）と酸素原子が反応すると，分子雲でもっとも存在量の多い一酸化炭素分子 CO を生成する．さらに電波観測でよく用いられる HCO^+ は $CO + H_3^+ \rightarrow HCO^+ + H_2$ によって生成される．

中性交換反応

中性粒子同士にはクーロン力が作用しないので，剛体球同士の衝突と同様，臨界衝突パラメータは二つの粒子の半径で決まる．原子や分子の有効半径は数 Å であるから，衝突断面積 $\pi b_{臨界}^2$ は $\sim 10^{-15}\,\mathrm{cm}^2$ である．低温な分子雲でのガス粒子の熱速度は 10^4–$10^5\,\mathrm{cm\,s^{-1}}$ なので，反応速度係数は $k \sim 10^{-11}\,\mathrm{cm^3\,s^{-1}}$ と推定される．しかしこれは "衝突" 速度係数であり，衝突によって必ずしも反応が起きるわけではないことを考えると，反応速度係数はもっと小さい値となる可能性がある．

実際多くの反応において，実験で得られる反応速度係数は

$$k = AT^{1/2}\exp(-E_{\mathrm{act}}/k_\mathrm{B}T) \tag{2.329}$$

と表される．$T^{1/2}$ は反応速度がガス粒子の温度（熱速度）に依存することを表す．指数関数を除いた部分（$AT^{1/2}$）は，典型的には室温で $k \sim 10^{-11}$–$10^{-10}\mathrm{cm^3 s^{-1}}$ 程度の値となる．指数関数部の k_B はボルツマン係数，E_{act} は活性化エネルギーである．図 2.13 に活性化エネルギーをもつ反応 $AB + C \rightarrow A + BC$ における典型的なポテンシャル変化を示す．図中のエネルギー最大の状態は遷移状態という．熱速度による衝突のエネルギーが活性化エネルギーを越えた場合のみ反応が起きるので，反応速度係数は温度に指数関数的に依存する．

[*16] 反応前よりも反応後の方がエネルギーが高く，反応を起こすためにはエネルギーを加える必要がある．温度の高いガスであれば大きな運動エネルギーをもった分子や原子の衝突によって吸熱反応も起こりやすくなる．

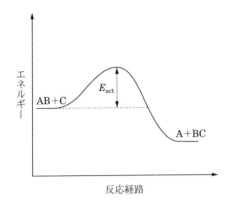

図 **2.13** 中性交換反応 AB + C → A + BC におけるポテンシャル変化.

　活性化エネルギー E_{act} の値は反応によって異なり，数 10 K の場合もあれば数 1000 K に達することもある．式（2.329）のような反応速度係数を得るためには，広い温度範囲での実験が必要であることに注意しなくてはならない．特に 100 K 程度以下の比較的小さな活性化エネルギーの存在は室温での実験では分からないが，低温な星間分子雲では反応速度係数を著しく低下させてしまう．

　分子雲で中性交換反応が重要な役割を果たす例としては窒素分子生成が挙げられる．

$$N + OH \rightarrow NO + H$$

$$N + NO \rightarrow N_2 + O$$

窒素分子はイオン–分子反応でも生成されるが，おもにこの中性反応でゆっくりと生成される．

放射性結合

　粒子 A と B の衝突を考える．A と B が跳ね返らずに安定な分子 AB が形成される，すなわち A と B が結合するためには，反応後の系のエネルギーが反応前に比べて粒子 A，B の相対運動のエネルギーと分子 AB の結合エネルギーの分だけ低くならなくてはいけない．このエネルギー差を余剰エネルギーという．

　放射性結合は粒子 A と B が衝突したとき，余剰エネルギーを放射（光）とし

て捨てることによって新しい分子 AB を生成する反応である．この過程を 2 段階に分けて記述すると

$$A + B \leftrightarrows AB^* \tag{2.330}$$

$$AB^* \rightarrow AB + h\nu \tag{2.331}$$

となる．第 1 段階の右向きの反応速度係数を k_1，左向きを k_{-1}，第 2 段階の反応係数を k_2' とすると，放射性結合の反応速度は

$$\frac{k_1 k_2'}{k_{-1} + k_2'} n(A)n(B)$$

と書ける．粒子 A, B が原子の場合，余剰エネルギーをもった 2 原子分子 AB^* は 10^{-14} s 程度で再び解離してしまう（すなわち k_{-1} は 10^{14} s^{-1}）．一方，2 原子分子 AB が自発的に放射を出す時間スケールは 10^{-8} s である．よって A と B の衝突で放射性結合の起こる確率は 10^{-6} である．k_1 は前述の中性粒子の衝突速度係数 $\sim 10^{-11}$ cm^{3}s^{-1} なので，放射性結合の反応速度係数は 10^{-17}cm^{3}s^{-1} と非常に小さい値となる．しかし分子 AB を作る反応が他にない場合には放射性結合が重要になる．

たとえばメタン生成反応が挙げられる．炭素原子と H_3^+ のイオン–分子反応から始まり，H_2 との反応によって水素原子が付加されていく：

$$C + H_3^+ \rightarrow CH^+ + H_2$$

$$CH^+ + H_2 \rightarrow CH_2^+ + H$$

$$CH_2^+ + H_2 \rightarrow CH_3^+ + H.$$

しかし $CH_3^+ + H_2 \rightarrow CH_4^+ + H$ の反応は吸熱反応であり，分子雲では起こらない．代わりに放射性結合 $CH_3^+ + H_2 \rightarrow CH_5^+ + h\nu$ で CH_5^+ を生成し，最後に解離性再結合 $CH_5^+ + e \rightarrow CH_4 + H$ によってメタンができる．

放射性結合が重要となり得るのは，星間雲の密度が低いためである．地上の実験室や惑星大気では，反応 (2.331) の代わりに他の粒子 M に余剰エネルギーを与えて分子 AB が安定化される．

$$AB^* + M \rightarrow AB + M$$

この反応は A，B，M の 3 粒子がほぼ同時に衝突することで起こるので 3 体反応と呼ばれる．星間雲は密度が低いため，AB* が再び解離する前に他の粒子 M と衝突する確率は非常に低く，3 体反応は重要ではない．

　粒子 A，B が分子の場合は原子の場合よりも放射性結合が起きやすい．AB* が 2 原子分子の場合は余剰エネルギーが A と B の間の結合に集中するのですぐに解離してしまうが，AB* がより大きな分子であれば余剰エネルギーが複数の結合に分散し，解離しにくくなるのである．

再結合

　イオンと電子が再結合すると余剰エネルギーが生じる．これを放射によって捨てるのが放射性再結合，生成した中性分子の解離によって捨てるのが解離性再結合である．原子イオンの再結合では前者，分子イオンの再結合ではおもに後者の反応が起きる．

　荷電粒子同士の衝突であるから衝突速度係数はイオン-分子反応の場合よりもさらに大きく $10^{-7}\,\mathrm{cm^3\,s^{-1}}$ 程度である．衝突中に放射によって余剰エネルギーが放出される確率を 10^{-5}–10^{-6} とすると，放射性再結合の反応速度係数は 10^{-12}–$10^{-13}\,\mathrm{cm^3\,s^{-1}}$ となる．再結合の結果生成した中性原子はさまざまなエネルギー状態を持ち，さらに光を出してより低いエネルギー状態へと遷移する．実際，宇宙空間の電離したガスからは $H\alpha$ 輝線（赤外に近い可視）から電波までさまざまな輝線が観測される（カバー裏表紙参照）．

　解離性再結合は放射性再結合よりも効率がよく，典型的な反応速度係数は衝突速度係数に近い（$10^{-7}\,\mathrm{cm^3\,s^{-1}}$）．

　ここで分子雲の電離度 $n_{\mathrm{e}}/n(\mathrm{H_2})$ について考えてみよう．分子雲はおもに宇宙線によって電離（イオン化）され，これが再結合反応とつりあっている．再結合の反応係数を k_{rec} と表すと

$$\zeta_{\mathrm{H}} n(\mathrm{H_2}) = k_{\mathrm{rec}} n_{\mathrm{ion}} n_{\mathrm{e}}$$

分子雲全体としては中性でありイオンと電子の数密度は等しいので

$$\frac{n_{\mathrm{e}}}{n(\mathrm{H_2})} = \sqrt{\frac{\zeta_{\mathrm{H}}}{k_{\mathrm{rec}} n(\mathrm{H_2})}}$$

となる．ζ_H は $10^{-17}\,\mathrm{s}^{-1}$ である．k_{rec} はおもなイオンが Mg^+ のような原子イオンであるか HCO^+ のような分子イオンであるかに依存する．分子イオンが主であるとすれば $k_{rec} \sim 10^{-7}\,\mathrm{s}^{-1}$ なので，電離度は $\sim 10^{-7}\,(n(H_2)/10^4\,\mathrm{cm}^{-3})^{-1/2}$ となる．

負イオンの化学反応

分子雲中には原子や分子の電離によって放出された電子が存在する．電子が中性のガス粒子に付着すれば負イオンが生成される．

$$X + e \to X^- + h\nu \tag{2.332}$$

余剰エネルギーは放射によって捨てられるので，この反応は放射性付着と呼ばれる．放射の出る時間スケール（$10^{-8}\,\mathrm{s}$）は，X と電子が衝突で相互作用している時間（$\sim 10^{-14}\,\mathrm{s}$）よりも非常に長いので，この反応速度係数は比較的小さく $10^{-15}\,\mathrm{cm}^3\,\mathrm{s}^{-1}$ 程度と推定されている．

負イオンが破壊される過程としては光脱離（$X^- + h\nu \to X + e$），相互中性化（$X^- + Z^+ \to X + Z$），結合性脱離（$X^- + Y \to XY + e$）が考えられる．このうち結合性脱離は分子を生成する．しかし，負イオンによる分子生成は（正）イオン–分子反応などによる分子生成よりも効率が悪く，分子雲全体での分子生成にはほとんど寄与しない．

例外として H^- による H_2 形成は初期宇宙で重要である．太陽系近傍の星間雲においてガスの温度は，星からの放射や宇宙線による加熱とダストや重元素原子・イオン・分子による放射冷却とのつりあいで決まる．初期宇宙には重元素やダストが存在しないので，ガスの冷却に H_2 が効く．太陽系近傍では H_2 はダスト上で効率よく生成される（「ダスト表面反応」の項（238 ページ）参照）が，初期宇宙ではおもに以下の気相反応で H_2 が生成される．

$$H + e \to H^- + h\nu$$

$$H^- + H \to H_2 + e$$

光電離と光解離

星は紫外線を放射する．特に質量の大きい O 型星や B 型星は強い紫外線を放射する．星近傍でなくても銀河系内にはこれら星の出す紫外線が星間紫外線とし

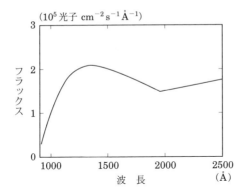

図 **2.14**　星間紫外線のスペクトル.

表 **2.5**　原子のイオン化ポテンシャル（I.P.）.

原子	I.P.（eV）	原子	I.P.（eV）	原子	I.P.（eV）	原子	I.P.（eV）
H	13.60	He	24.58	C	11.26	N	14.53
O	13.61	Mg	7.644	Si	8.149	S	10.36

て満ちている. 図 2.14 にモデル化された星間紫外線のスペクトルを示す. 分子
雲に入射した紫外線はおもにダストによって吸収され, 10^{21} cm^{-2} 程度のガス
柱数密度を越えると指数関数的に強度が減少する. これよりも表層で紫外線に
よってガスが電離/解離される領域は光解離領域とよばれる. OB 型星に照らさ
れた光解離領域の例として馬頭星雲をカバー裏表紙に示す. ここでは光電離と光
解離について解説する.

　まず原子ガスの電離について考える. 図 2.14 は星間紫外線が 912 Å よりも長
波長であることを示している. 大質量星からは 912 Å より短波長の光子も放射
されるが, これらは星の近傍において水素原子の電離に使われてしまう. 星間空
間に出てくるのは水素原子のイオン化ポテンシャル（13.6 eV）よりも低エネル
ギー光子であるから, 星間紫外線は水素原子よりもイオン化ポテンシャルの低
い原子を電離する. 表 2.5 におもな原子のイオン化ポテンシャルを示す. 炭素は
星間紫外線で電離されるが, 窒素や酸素は電離されないことが分かる.

　次に分子について考えよう. 紫外線によって分子がどのように電離/解離され
るかは, 分子のポテンシャルエネルギー曲線に依存する. 図 2.15（235 ページ）

に典型的な 4 つのパターンを示す．横軸は二つの原子核 A および B の間の距離，縦軸は分子 AB のエネルギーである．下にくぼんで極小値をもつエネルギー曲線は，AB が束縛状態にあり分子 AB を形成していることを示す．量子力学によれば，束縛状態にある AB のエネルギーは離散的な値——図中エネルギー曲線にのっているエネルギー一定の線——しかとれない．これをエネルギー準位という．一方，極小値をもたず破線で示されたエネルギー曲線は AB が非束縛状態，すなわちバラバラになっていることを示す．非束縛状態ではエネルギーは連続的な値をとることができる．束縛状態や非束縛状態は一つとは限らず，複数存在する．光の吸収放射といったエネルギーの変化により分子 AB は別の束縛状態あるいは非束縛状態へと変化（遷移）する．

　（a）は分子 AB が紫外線を吸収することで電離され AB^+ になる光電離である．AB^+ ではなく A^+ イオン，B 原子と電子に解離されることもある．図中の破線矢印は A のイオン化ポテンシャルを示す．（b）は分子 AB が紫外線を吸収することで非束縛状態に直接遷移する光解離を表す．これに対し（c）は前期解離と呼ばれ，分子がいったん高エネルギー準位に励起されてから非束縛状態に移る．

　（b）と（c）はどのような紫外線が解離を起こすかという点で大きく異なる．（b）は束縛状態から直接非束縛状態に遷移するので，広い波長範囲の紫外線が解離に寄与する．一方（c）には，束縛状態間のエネルギー差に相当する特定の波長の紫外線しか寄与しない．一酸化炭素の解離は主に（c）の過程で起こる．

　（d）では分子がいったん高エネルギー準位に励起され，その後放射を出すことによって低エネルギーの非束縛状態に遷移する．この場合も（c）と同様，特定の波長を持つ紫外線のみが解離を引き起こす．水素分子の解離は主に（d）の過程で起こる．

　分子雲の中で特に存在量の多い水素分子と一酸化炭素が特定の波長の紫外線によって解離されることは，星間化学において重要な結果をもたらす．一般的に星間雲の表面から入射した紫外線はおもにダスト粒子によって吸収され，雲の内部ほど紫外線は弱くなる．しかし水素分子と一酸化炭素を解離する波長の紫外線は，雲の表面付近でこれら分子の解離のために吸収され尽くしてしまう．すなわち，水素分子と一酸化炭素は他の分子と比較して雲のごく表面でしか光解離されない．

　紫外線の吸収が必ずしも電離/解離を起こすわけではないことに注意しなくて

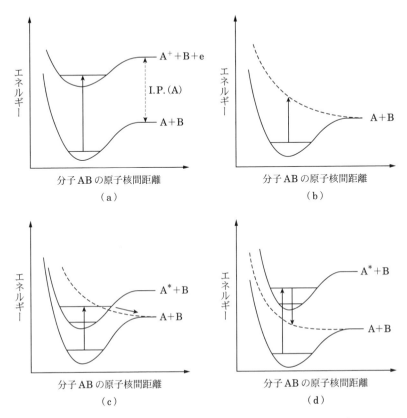

図 **2.15** 光化学反応の 4 つのパターンを示すポテンシャルエネ
ルギー曲線.

はならない．たとえば（c）において励起された束縛状態が非束縛状態よりも低
いエネルギー準位であれば，分子は励起されるだけで解離はしない．一般的に多
原子分子ほど分子内の振動モードが多く，吸収した紫外線のエネルギーが特定の
結合に集中しにくいので，解離しにくくなる．

2.4.4 星間ダストとダスト表面反応

ここまで分子雲におけるガスの分子組成と気相での化学反応について解説して
きたが，星間物質にはダストと呼ばれる固体微粒子も存在する．固体微粒子自体

表 **2.6** 分子雲内の氷組成.分子雲内の若い低質量星,大質量星,および分子雲の背後にある星(背景星)を光源とした観測値をもっとも多い水の氷に対する相対存在度(%)で示す(Öberg *et al.* 2011 より).

分子種	低質量星	大質量星	背景星	分子種	低質量星	大質量星	背景星
H_2O	100	100	100	CH_3OH	3	4	4
CO	29	13	31	NH_3	5	5	–
CO_2	29	13	38	CH_4	5	2	–

は質量放出星周囲で形成されるが,分子雲においてはさらにこの微粒子の表面に氷が存在することも赤外観測から分かっている.氷のおもな組成を表 2.6 に示す.CO のように気相にも多く存在し直接ガスがダスト表面に吸着したと考えられるものもあるが,水やメタノール(CH_3OH)などについては,観測された存在量を気相反応だけで説明するのは困難である.このためダストはガスを吸着するだけでなく,気相反応とは異なる反応を起こす場になっていると考えられる.

　ここではまずダスト自体の組成・存在量について概観し,次にガスのダストへの吸着と脱離,ダスト表面反応について解説する.

星間ダストの組成と存在量

　ダストの存在量は質量比にしてガスの約 100 分の 1 である.ダストの組成は微散星間雲の観測から推定される.微散星間雲ではダストに取り込まれていない原子の多くが気相の原子やイオンとして存在する.吸収線観測でこれら気相原子やイオンの量を求め,太陽や近傍星のスペクトルから得られる太陽系近傍の全元素存在度(宇宙存在度)と比較すると,各元素がどれくらいダストに取り込まれているかが分かる.実際の観測によると,炭素の約 65%,酸素の約 35%,マグネシウム,シリコン,鉄などの 90%以上がダストに取り込まれている.この元素組成から,ダストはおもにシリケイトと炭素系物質からできていることが分かる.

　ダスト粒子の大きさは,ダストによる星の光の減光および赤化から調べられる.減光の程度や波長依存性はダストの大きさによって異なるので,観測されている減光からダストのサイズ分布を推定できる.よく用いられるサイズ分布としてマティスらによるモデルが挙げられる.このモデルではダスト半径 a は

$0.005\,\mu\mathrm{m}$ から $0.25\,\mu\mathrm{m}$ までの値を取り，半径 a のダストの数密度 $n(a)$ は $a^{-3.5}$ に比例する．すなわち小さいダストほど数が多い．簡単のためダストのサイズがすべて $0.1\,\mu\mathrm{m}$ だとすると，ダストと水素の数密度比は 10^{-12} 程度になる．

ダストへの吸着と脱離

低温な分子雲においてガス粒子がダストに衝突すると，相対運動のエネルギーがダスト（の格子振動）に吸収され，高い確率でガス粒子がダスト表面に吸着すると考えられる．分子動力学の数値計算によると水素原子の吸着率は 10 K で 80%以上である．

一酸化炭素のような重元素分子がダストに衝突・吸着される時間スケールは，a をダストの半径，v_{th} をガスの熱速度，n_{dust} をダストの数密度として

$$\pi a^2 v_{\mathrm{th}} n_{\mathrm{dust}} \approx 3 \times 10^5 \left(\frac{10^4 \mathrm{cm}^{-3}}{n(\mathrm{H_2})}\right) \quad [\text{年}]$$

となる．ところで分子雲が自己重力で収縮する時間スケールは，簡単な等温収縮を仮定すると $\sqrt{3\pi/32G\rho} \sim 3 \times 10^5 (10^4\mathrm{cm}^{-3}/n(\mathrm{H_2}))^{1/2}$ 年[17]であるから，ガス吸着と重力収縮の時間スケールは，分子雲の典型的な密度において偶然一致する．すなわち分子雲の重力収縮によって星が形成される直前にガス分子のダストへの吸着が顕著になると考えられる．実際，星形成直前と考えられる高密度領域の中心部では一酸化炭素など気相分子の減少が観測されている[18]．

吸着された原子や分子は，そのままダスト表面に留まる，脱離（昇華）して気相に戻る，ダスト表面で他の原子と反応する，のいずれかを起こす．熱運動によって脱離する確率（昇華率）は，分子とダスト表面との吸着エネルギー E_{ads} とダストの温度 T により

$$\nu_{\mathrm{o}} \exp\left(-\frac{E_{\mathrm{ads}}}{k_{\mathrm{B}}T}\right)$$

で与えられる．格子振動数 ν_{o} は分子によって異なるがほぼ 10^{12} s^{-1} 程度である．吸着エネルギーは分子およびダスト表面の組成や性質により異なるが，ファ

---

[17] 第 6 巻 198 ページ参照．

[18] もっとも主要な成分である水素分子は吸着しても容易に脱離されるので，ダストへの吸着によってガス全体の量が著しく減少することはない．

ン・デル・ワールス力による物理吸着の場合は数 100 K から 2000 K 程度であり，化学結合による化学吸着や水素結合が生じる場合はもっと大きい．脱離率を吸着率とつりあわせると昇華温度が求められる．昇華温度はガス密度に依存するが，分子雲においては一酸化炭素の氷は 20 K，水素結合をもつ水の氷は 100 K 程度である．

　ダスト表面に吸着された分子は，宇宙線，X 線，紫外線などの高エネルギー粒子や放射によっても脱離すると考えられる．宇宙線粒子や X 線光子と衝突するとダストの温度は一時的に上昇し，分子の脱離が起こる．サイズの小さいダストほど熱容量が小さいので高い温度に達する．紫外線はダスト表面に吸着した分子を解離する．解離で生成した原子やラジカルが脱離したり，またはそれらとの衝突で周囲の分子がエネルギーを得て脱離する．次項で詳述するように，ダスト表面では，解離で生成したラジカルや気相から吸着してきた水素原子などが反応を起こす．その反応熱によっても脱離が起こると考えられている．

ダスト表面反応

　ダスト表面に吸着した原子や分子は熱運動やトンネル効果によって拡散する．吸着原子や分子同士が出会い，その組み合わせが発熱反応であれば化学反応が起こる．星間化学においてもっとも重要なダスト表面反応は水素分子生成である．気相では，水素原子同士が衝突しても電気的な偏りがないために余剰エネルギーを放射として捨てることができず，水素分子の生成率は非常に低い．ダスト表面で水素原子同士が出会った場合は，余剰エネルギーをダストの格子振動エネルギーや，生成した水素分子がダストから脱離するための運動エネルギーに変換できるため，水素分子を効率よく生成できるのである．

　水素原子は質量が小さくファン・デル・ワールス力によるダスト表面との吸着エネルギーも比較的小さいので，重元素粒子よりも素早くダスト上を拡散できる．よって低温なダスト表面では水素分子生成以外にも水素付加反応がよく起こると考えられる．たとえば，酸素原子に水素原子が付加すると OH に，さらに付加すると水（H_2O）ができる．同様に一酸化炭素に水素原子が逐次付加していくとホルムアルデヒド（H_2CO）やメタノール（CH_3OH）が生成される．

　一方ダストの温度が 20 K 以上になると，水素原子の熱的脱離が盛んになり水素付加反応が起こりにくくなる．代わりに重元素原子や分子が熱運動で拡散し反応を起こしやすくなると考えられる．

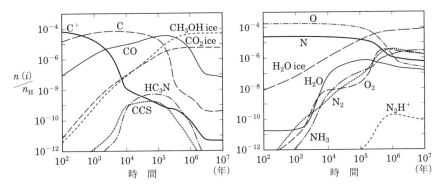

図 **2.16** 温度 10 K，密度 10^4 cm^{-3} における炭素，酸素，窒素を含む分子の時間進化.

2.4.5 分子雲の化学反応ネットワークモデル

　星間雲の分子組成およびその時間変化を理論的に調べるには，上記で詳述したさまざまな反応を考慮して個々の成分について式（2.328）のような反応速度式を作り，これらを連立して解く．反応速度式はガスの全数密度 n に依存し，反応速度係数は温度や紫外線強度の関数である．分子組成進化はこれらのパラメータに依存する．ここでは例として平均的な温度・密度の分子雲における組成進化について概観する．

　図 2.16 は温度 10 K，密度 10^4 cm^{-3} における炭素，酸素，窒素を含む分子の時間進化を表す．分子雲内部を想定し，紫外線は十分減光されているとする．実際の分子雲では重力収縮などによって温度や密度が時間とともに変化し得るが，ここでは簡単のため温度・密度は一定とした．分子雲自体の形成過程もここでは詳しく考慮しないが，星間紫外線にさらされた低密度ガスから形成されたと考え，初期に炭素はイオン（C$^+$），窒素と酸素は原子，水素は水素分子になっていると仮定する．

　分子の組成は時間とともに変化する．これは見方を変えれば，分子組成が分子雲の進化を探る指標となりうることを意味する．よって主要成分の存在度が変化する時間スケールを調べておくことは有用である．炭素は 10^3 年ほどで中性炭

素，10^5 年ほどで一酸化炭素へと変化する[*19]．また中性炭素が一酸化炭素へ変化しつつある 10^5 年頃には CCS や HC_3N などの炭素鎖分子の存在度が高くなる．これらの分子は前期型分子とよばれる．

　これに対しアンモニアや窒素分子は 10^6 年ほどかかってゆっくりと存在度が上昇する．これらの分子は後期型分子とよばれる．後期型分子が生成される 10^6 年という時間スケールは，分子雲の重力収縮の時間スケールと同程度である．また密度が高くなれば組成進化の時間スケールは短くなる．よって重力収縮によって密度の高くなった領域では後期型分子の存在度が特に高くなると考えられる．実際，星が生まれる直前の高密度領域ではアンモニアや N_2H^+[*20]の存在度が高いことが観測的に示唆されている．

[*19] モデル計算ではさまざまな反応の速度係数を用いる．反応速度係数は必ずしも分子雲に相当する低温実験で測られたものばかりではない．データのない反応については反応速度係数を理論的に推定しており，不定性がある．たとえば図 2.16 のモデルではダスト上での水素付加が効率よく起こると仮定しているため，一酸化炭素は最終的にメタノールの氷へと変化する．観測されるメタノール氷の存在度はこれほど高くないので，水素付加の効率はこのモデルよりも低いと考えられる．

[*20] 窒素分子は回転輝線を出さず電波望遠鏡で観測できない．代わりにプロトンの一つ付いた N_2H^+ が観測される．

第3章

流体

3.1 流体力学

　本節では流体力学，なかでも圧縮性流体の運動を支配する基礎方程式である，オイラー方程式およびナビエ–ストークス方程式の導出を主たる目標にする．導出方法としては，伝統的な巨視的な見地とともに，気体分子運動論に基づいた微視的な見地からの導出法を紹介する．この見地に従うと，粘性や熱伝導などの現象が，物理学の第1原理に基づいて導出できることを示す．また数値流体力学との関連性，方程式の記述法に関しての教科書間に見られる差違についても注意する．

3.1.1 気体力学

物質の3態

　物質はそのあり方によって，固体，液体，気体に分類できる．これを物質の3態とよぶ．これらの分類は，物質を構成する分子や原子のありようによって決まる．

　固体はさらに，岩石や金属のような結晶質のものと，ガラスのようなアモルファスなものに分類される．宇宙物理学においては，固体は宇宙塵や隕石，惑星のマントルといったところに登場するが，宇宙物理学における大きな部分を占める構成要素ではない．

　液体は，気体とは違って，固体と同様に構成分子の間隔が近いが，構成分子は自由に運動できるところが固体とは異なっている．液体が宇宙物理学に登場する場面は固体より少ない．中性子星や惑星の中心核に存在する流動核は液体である．

　気体は固体や液体と異なって，構成原子・分子の間隔が広く，それらは自由に運動することができる．気体はさらに，中性気体と電離気体に分類することもできる．電離気体はプラズマとも呼ばれ，固体，液体，（中性）気体，プラズマをさして物質の 4 態とよぶこともある．プラズマは中性気体と同様の運動法則に左右されるが，磁場が重要な役割を果たす．というのは，プラズマを構成するイオン（原子から電子の一部ないしは全部が電離したもの）や電子は，磁場によって運動の方向を曲げられるので，磁力線に巻き付いたような運動をするからである．

非圧縮性流体と圧縮性流体

　液体と気体，さらにはプラズマを総称して流体と呼ぶ．その意味では物質は，固体と流体に分類できる．もっとも，地球のマントルのような固体も，長い時間スケールでは流動するので，惑星内部での磁場の生成をあつかうダイナモ理論などでは，地球を流体として扱う．その意味では固体と流体の区別も厳密なものではない．そのようなわけで，流体の運動を扱う学問，流体力学は宇宙科学や惑星科学を研究する場合に，必須のツールである．

　流体はさらに液体のような非圧縮性流体と，中性気体やプラズマのような圧縮性流体に分類することができる．非圧縮性流体力学と圧縮性流体力学は，似ている側面と異なった側面をもち，その取り扱いは区別する必要がある．とくに数値流体力学の手法は，圧縮性流体と非圧縮性流体では非常に異なる．

　先に述べたマントル対流のような現象は非圧縮性流体力学で扱われる．対流は流体の密度変化に起因するので，マントルは完全な非圧縮性流体ではなく，膨張率の小さな，ほとんど非圧縮な流体と考えるべきである．

　宇宙科学に主として登場するのは，圧縮性流体であるので，以後では特に指定しない限り，圧縮性流体について考える．先に述べたようにプラズマは，磁場が重要な役割を果たす場合があるので，磁場の影響を考慮した流体力学「電磁流体力学」は，宇宙科学の応用において重要な一分野を形成する．しかし，本節では中性気体とプラズマを区別せず，気体と考える．電磁流体力学については，ここでは取り扱わない．

3.1.2 気体の巨視的性質

アボガドロ数

中性気体は電離していない原子・分子から構成されており，電離気体（プラズマ）はイオンと電子から構成されている．ここではこれらの構成粒子を気体分子または単に分子とよぶことにする（これは便宜的呼称であり，原子やイオン，電子などのプラズマ粒子も包含すると考えていただきたい）．あるいは単に粒子とよぶ場合もある．

気体分子は自由に運動して，ときどき他の分子と衝突して，運動方向を変える．重力や磁場などの外力がある場合，気体分子はそれらの力の影響も受ける．そこで気体分子の運動を計算すれば，原理的には流体運動が分かるはずである．

しかし気体分子の数は膨大である．具体的には 1 モルの気体の中には，気体分子がアボガドロ（定）数，$N_{\mathrm{A}} = 6.022 \times 10^{23}$ だけ存在する．ここで 1 モルとは 12 グラムの炭素 12 の中に存在する原子の数として定義されている．1 モルの理想気体は，標準状態では同じ体積，約 22.4 リットルをしめる．

理想気体の状態方程式

ここでは，理想気体の状態方程式について述べる．状態方程式など熱力学的な関係は，化学における用法と物理学の用法では異なる．天文学では物理的用法を主として採用している．教科書を参照した場合の混乱を避けるために，ここでは両方の記法について述べる．

先に理想気体という言葉を使ったが，後の議論で必要なので，その定義をしておく．理想気体（ideal gas）は完全気体（perfect gas）ともよばれ，気体分子自身の体積や，気体分子間の分子間力などを無視した仮想的な気体である．現実の気体は，厳密には理想気体ではなく，理想気体にない性質が表れてくるときには実在気体とよぶ．実在気体も低圧で高温の状態では理想気体として考えてよく，宇宙気体力学では通常は理想気体を考える．

理想気体においては，体積は圧力に反比例し，温度に比例するというボイル–シャルルの法則が成立する．したがって n_m モルの理想気体の状態方程式は次の式で表される．

$$pV = n_m R_0 T = N k_{\mathrm{B}} T. \tag{3.1}$$

ここで p は圧力, V は体積, n_m は物質量（モル）, R_0 $(= 8.31\,\mathrm{J\,K^{-1}\,mol^{-1}})$ は普遍気体定数（universal gas constant）, T は熱力学温度, あるいは絶対温度（以後, 単に温度という）, N は考えている気体の分子数, k_B はボルツマン定数 $(1.38 \times 10^{-23}\,\mathrm{J\,K^{-1}})$ である. 普遍気体定数とボルツマン定数の間には, 次のような関係がある.

$$R_0 = k_\mathrm{B} N_\mathrm{A} \tag{3.2}$$

したがって $n_m N_\mathrm{A} = N$ の関係がある.

式 (3.1) の状態方程式において普遍気体定数 R_0 が現れた. 化学や工学の本を参照すると, 普遍気体定数は単に R と表記されている場合がある（式 (1.48) の R はここの R_0 に対応する）. 物理学や宇宙物理学においては, 気体をモル単位ではなく, 単位体積あるいは単位質量で記述することが多い. 宇宙物理学では, 状態方程式は

$$p = \rho R T = n k_\mathrm{B} T \tag{3.3}$$

と記述される場合が多い（式 (1.48) 参照）. ここで n $(= N/V)$ は単位体積あたりの分子数, つまり分子数密度である. ρ は（質量）密度で m を分子の質量として $\rho = nm$ の関係がある.

式 (3.3) に現れる R は比気体定数あるいは固有気体定数とよび, 単位質量あたりのボルツマン定数 $R = k_\mathrm{B}/m$ である. 比気体定数と普遍気体定数の間には次の関係がある.

$$R = \frac{R_0}{m N_\mathrm{A}} = \frac{R_0}{M}. \tag{3.4}$$

ここで M $(= m N_\mathrm{A})$ は 1 モルあたりの気体の質量である. 定義から明らかなように, 比気体定数は考えている物質による固有の量であるが, 普遍気体定数は文字通り普遍量である.

冒頭で注意したように, 教科書を参照する場合に, ふつうは単に R と書かれた気体定数がどちらの意味で用いているかは, 注意する必要がある. 工学系の教科書は化学の用法, つまりモルあたり, 天文系の教科書は物理学の用法, つまり単位質量あたりで記述する場合が多い.

理想気体の比熱

気体分子の運動の自由度について述べる. 単原子分子の場合, その運動は質点の運動と考えてよいので, 運動の自由度の数は空間の次元数と同じく 3 である. 単原子分子は x, y, z の 3 方向に自由に運動できるからである. これを並進運動の自由度とよぶ.

原子が二つ結合した二原子分子の場合, 先に述べた並進の自由度の他に, 分子の回転の自由度を考慮する必要がある. 回転の方向を指定するには 2 つの変数を必要とするので, 自由度の数は並進の自由度 3 とあわせて 5 になる.

気体分子 1 個あたりの内部エネルギー（熱エネルギー）は熱平衡の場合, 自由度の数を f として

$$u = \frac{f}{2}k_\mathrm{B}T. \tag{3.5}$$

である. 1 モルあたりの気体の中には, 気体分子がアボガドロ数 N_A 個あるので, 1 モルの気体の内部エネルギー（熱エネルギー）は

$$U = N_\mathrm{A}u = \frac{f}{2}R_0T. \tag{3.6}$$

これは式（1.57）で $N = N_\mathrm{A}$ とおき, u_0 を無視した式と同等である. 同様に単位質量あたりの内部エネルギー（熱エネルギー）は

$$E_\mathrm{in} = \frac{u}{m} = \frac{f}{2}RT \tag{3.7}$$

である. 天文学では（3.7）の値を, 主として採用する.

比熱とは単位量の物質の温度を, 単位温度上げるのに必要な熱量のことである. 圧力一定の条件での比熱を定圧比熱, 体積一定の場合を定積比熱とよぶ. 単位質量あたりの定積比熱は次式で定義される.

$$C_V = \left(\frac{\partial E_\mathrm{in}}{\partial T}\right)_V = \frac{f}{2}R, \tag{3.8}$$

定圧モル比熱は

$$C_P = \left(\frac{f}{2}+1\right)R \tag{3.9}$$

の関係がある. 式（3.8）,（3.9）から次のマイヤーの法則が成り立つ.

$$C_P - C_V = R. \tag{3.10}$$

本節では C_P, C_V を単位質量あたりの比熱と定義した. 一方, 式 (1.58) では N 粒子の比熱として定義されている. 式 (1.58) で $N = 1$ とおいて, 分子質量 m で割ると式 (3.8) が導かれる. 式 (3.6) と (3.8) から

$$E_{\rm in} = C_V T. \tag{3.11}$$

つまり, 内部エネルギーは温度だけによる.

定圧比熱と定積比熱の比を比熱比 γ とよび, 式 (3.8), (3.9) から

$$\gamma = \frac{C_P}{C_V} = \frac{f+2}{f} \tag{3.12}$$

の関係がある. 単原子分子の比熱比は自由度が 3 だから 5/3, 2 原子分子の比熱比は, 自由度を 5 として, 7/5 = 1.4 である. 空気は 2 原子分子である酸素分子と窒素分子の混合気体なので, 常温では空気の比熱比は 1.4 である.

比熱比が一定であるような気体を熱量的に完全という. 一方 (3.1) の状態方程式で表される気体を熱的に完全ということがある. 熱的および熱量的に完全な気体は, 単に完全気体とよぶ. 熱的に完全でも, 熱量的に完全でないことはあり得る.

気体が熱の出入りがなく (断熱変化) で, かつエントロピー変化がない場合, 圧力と, 体積ないしは密度との間には次のような関係がある.

$$p \propto V^{-\Gamma} \propto \rho^{\Gamma}. \tag{3.13}$$

このような関係式を, 天文学ではポリトロープ関係とよぶ場合がある. 星の内部構造を計算する場合などに用いられる. その場合の Γ は気体の比熱比 γ とは必ずしも関係ない.

等温変化の場合, 状態方程式 (3.1), (3.3) から分かるように, 圧力は密度に比例するので $\gamma = 1$ に相当する.

理想気体の断熱音速 c_s は次の式で表される.

$$c_s = \sqrt{\left(\frac{\partial p}{\partial \rho}\right)_s} = \sqrt{\gamma R T}. \tag{3.14}$$

等温ガスの音速は式 (3.14) で $\gamma = 1$ と置けば得られる.

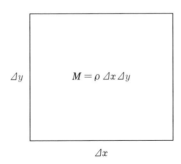

$$\Delta y \qquad M = \rho\, \Delta x\, \Delta y$$

$$\Delta x$$

図 **3.1**　2 次元空間内の微小領域.

3.1.3　気体の運動を支配する方程式——巨視的視点

　以降では巨視的な気体の運動を支配する方程式である，圧縮性流体力学方程式を導出する．流体力学方程式の導出の方法には巨視的なアプローチと微視的なアプローチがある．まず始めに巨視的なアプローチについて述べる．後で微視的なアプローチを紹介する．

　流体力学方程式は，粘性が重要である場合，ナビエ–ストークス（Navier–Stokes）方程式とよばれ，粘性が無視できる場合はオイラー（Euler）方程式とよばれる．天文学ではオイラー方程式で十分な場合が多い．というのは，天文学に現れる流れでは分子粘性はほとんど問題にならないからである．ここではオイラー方程式を導出する．

質量保存の式

　理想気体の状態は，二つの熱力学量，たとえば密度 ρ と温度 T で規定される．その他の熱力学量，たとえば圧力 p，エントロピー S，単位質量あたりの内部エネルギー E などは状態方程式などを用いて求めることができる．気体の運動を指定するためには，さらに流速，つまり流体の速度 $\boldsymbol{v} = (u, v, w)$ を指定する必要がある．

　まず質量保存の方程式を導出しよう．図で見やすくなるように，以下の導出では空間 2 次元の場合を考える．3 次元への拡張は容易である．デカルト座標 $\boldsymbol{x} = (x, y)$ で記述される空間の 1 点を頂点として，図 3.1 で示されるような一辺の長さがそれぞれ $\Delta x, \Delta y$ である微小な矩形領域を考える．この領域は非常に小さい

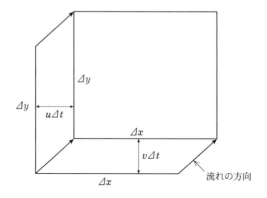

図 3.2 微小領域の左，下の辺から流入する分子の質量.

が，しかしそれでも非常にたくさんの分子を含んでおり，流体は連続体と見ることができるとする.

この微小領域にある気体の質量を M とすると，気体の密度を ρ として

$$M = \rho \Delta x \Delta y \tag{3.15}$$

と表される（空間 3 次元の場合は，さらに Δz も入れる）.

時刻 t から微小な時間 Δt たったときの質量を $M(t + \Delta t)$ とすると，その変化は矩形領域の表面（各辺）から流入/流出した質量で決まる. ここで x 軸の正の方向を右，y 軸の正の方向を上とする. その場合，質量の変化量は左と下の辺から流入した質量から，右と上の辺から流出した質量を差し引いたものである. たとえば左の辺から流入する質量は，図 3.2 で示されるように，一辺の長さが Δy で高さが $u\Delta t$ の平行四辺形に含まれる質量である.

質量は密度に体積（いまの 2 次元の例では面積）をかけたものであることを考慮すると，質量変化は次の式で近似できる.

$$M(t + \Delta t) - M(t) = \left[\rho(x,y)u(x,y) - \rho(x + \Delta x, y)u(x + \Delta x, y) \right] \Delta y \Delta t$$
$$+ \left[\rho(x,y)v(x,y) - \rho(x, y + \Delta y)v(x, y + \Delta y) \right] \Delta x \Delta t. \tag{3.16}$$

つぎに $\Delta t, \Delta x, \Delta y$ が微小量であることに注意すると，任意の関数 $f(x,y)$ は次のようにテイラー展開できる.

$$f\left(x + \Delta x, y\right) = f(x,y) + \frac{\partial f}{\partial x}\Delta x + O\left(\Delta x^2\right). \tag{3.17}$$

以下の議論では，2 次以上の項は無視する．すると式（3.16）の左辺は

$$M(t + \Delta t) - M(t) \equiv \Delta M = \frac{\partial M}{\partial t}\Delta t \tag{3.18}$$

右辺は

$$式（3.16）の右辺 = -\frac{\partial(\rho u)}{\partial x}\Delta x\Delta y\Delta t - \frac{\partial(\rho v)}{\partial y}\Delta y\Delta x\Delta t. \tag{3.19}$$

式（3.18）と式（3.19）を等しいとおいて，その式を $\Delta t\Delta x\Delta y$ で割ると次の式を得る．ただし式（3.15）を用いた．

$$\frac{\partial\rho}{\partial t} + \frac{\partial(\rho u)}{\partial x} + \frac{\partial(\rho v)}{\partial y} = 0. \tag{3.20}$$

以上の議論は空間 2 次元を仮定したが，3 次元の場合も同様であるので，質量保存の式は一般に次のように表される．

$$\frac{\partial\rho}{\partial t} + \frac{\partial(\rho u)}{\partial x} + \frac{\partial(\rho v)}{\partial y} + \frac{\partial(\rho w)}{\partial z} = 0. \tag{3.21}$$

一般的な記法

さまざまな教科書の記述を理解するために，方程式をさまざまな記法で書いてみよう．式（3.21）をベクトルの発散記号 div を用いて表すと，

$$\frac{\partial\rho}{\partial t} + \mathrm{div}\left(\rho\boldsymbol{v}\right) = 0 \tag{3.22}$$

あるいはナブラ記号

$$\nabla \equiv \left(\frac{\partial}{\partial x}, \frac{\partial}{\partial y}, \frac{\partial}{\partial z}\right) \tag{3.23}$$

を用いると

$$\frac{\partial\rho}{\partial t} + \nabla\cdot\left(\rho\boldsymbol{v}\right) = 0. \tag{3.24}$$

ここで・は，ベクトルの内積を表す．

テンソル記号を用いると，質量保存の式（3.21）は次のように簡単に書ける．

$$\frac{\partial \rho}{\partial t} + \frac{\partial (\rho v_i)}{\partial x_i} = 0. \tag{3.25}$$

ここで下付き添え字の i は空間次元に関するものであり，空間 3 次元の場合 $i = 1, 2, 3$ の値を取る．つまり $\boldsymbol{v} = (v_1, v_2, v_3) = (u, v, w)$，$\boldsymbol{x} = (x_1, x_2, x_3) = (x, y, z)$ である．同じ添え字が二度現れる場合は $i = 1, 2, 3$ に関する和を取るものと約束する．たとえば

$$\frac{\partial v_i}{\partial x_i} = \frac{\partial v_1}{\partial x_1} + \frac{\partial v_2}{\partial x_2} + \frac{\partial v_3}{\partial x_3} = \frac{\partial u}{\partial x} + \frac{\partial v}{\partial y} + \frac{\partial w}{\partial z} \tag{3.26}$$

となる．このような規則をアインシュタインの規約（縮約記法）とよぶ．ここで ii のように，同じ添え字が二度現れるとき，その添え字をダミーインデックスと呼び，jj あるいは kk と書いてもかまわない．一般相対性理論では，テンソルの添え字が上付きの場合と下付きの場合を区別する．しかしニュートン力学の範囲内で，かつデカルト座標を使う限り，上付きと下付きを区別する必要はない．テンソル記法は，一見難しいが，計算規則を覚えれば，式の導出は機械的であり一番簡潔である．たとえばベクトルのさまざまな公式を覚える必要がないのである．

保存形と非保存形

　以上に述べた方程式の形式は，保存形と呼ばれているものである．それはある体積内の保存量の変化が，その体積の表面における流入/流出で決まることを意味している．保存形の形式は，現代の数値流体力学では基本的な形式である．一方，多くの流体力学の教科書などでは，以下に述べる非保存形の形式がよく用いられる．それらをさまざまな形式で表してみよう．すべて同じ方程式である．

$$\frac{\partial \rho}{\partial t} + u\frac{\partial \rho}{\partial x} + v\frac{\partial \rho}{\partial y} + w\frac{\partial \rho}{\partial z} + \rho\left(\frac{\partial u}{\partial x} + \frac{\partial v}{\partial y} + \frac{\partial w}{\partial z}\right) = 0 \tag{3.27}$$

$$\frac{\partial \rho}{\partial t} + \boldsymbol{v} \cdot \operatorname{grad} \rho + \rho \operatorname{div} \boldsymbol{v} = 0 \tag{3.28}$$

$$\frac{\partial \rho}{\partial t} + \boldsymbol{v} \cdot \nabla \rho + \rho \nabla \cdot \boldsymbol{v} = 0 \tag{3.29}$$

$$\frac{\partial \rho}{\partial t} + v_i\frac{\partial \rho}{\partial x_i} + \rho\frac{\partial v_i}{\partial x_i} = 0. \tag{3.30}$$

　保存形と非保存形は，数学的には同等である．しかし数値流体力学において，方程式を差分法などで離散化する場合，厳密には同じにはならない．数値流体力

学の古典的な解法では，非保存形の方程式が基礎方程式として採用される場合がある．しかし，先に述べたように，最近では保存形が多用される．その理由は，方程式を保存形に書いておくと，それを離散化した場合でも，質量，運動量，全エネルギーのような保存量は，計算領域全体で積分すれば，保存するからである．一方，非保存形では数値誤差のために，保存量が必ずしも保存されない．その場合は，保存量が保存しているかどうかを見張ることにより，計算結果が正しいかどうかの判定基準となるという利点はある．

衝撃波の位置は，保存則であるランキン−ウゴニオ条件で決まる．保存形を用いると衝撃波の位置が正しく求められるが，非保存形の場合，衝撃波の位置が間違った場所に現れることがある．そのような理由で，現在では主として保存形が多用されている．

オイラー形式とラグランジュ形式

以上の数式に現れた偏微分は，空間の点を固定して計算したものである．方程式のこのような表現をオイラー（Euler）の見方による方程式，あるいはオイラー形式とよぶ．オイラーの見方とは，たとえて言えば，川の土手に立って，川の流れを眺めている人の視点に立った記述である．一方，流れに任せて流されている船があったとする．その船に乗った人の視点をラグランジュの見方，それにもとづく方程式の記述をラグランジュ（Lagrange）形式の方程式とよぶ．

ラグランジュ微分とは，上のたとえでは船に乗った観察者が見る，ものごとの変化率であり，オイラー微分とは土手の観察者の見る変化率である．ラグランジュ微分を D/Dt と書くと，オイラー微分との関係は

$$\frac{D}{Dt} = \frac{\partial}{\partial t} + \boldsymbol{v} \cdot \mathrm{grad} = \frac{\partial}{\partial t} + \boldsymbol{v} \cdot \nabla = \frac{\partial}{\partial t} + v_i \frac{\partial}{\partial x_i} \tag{3.31}$$

となる．

ラグランジュ形式で質量保存の方程式（3.22）を書くと

$$\frac{D\rho}{Dt} + \rho\,\mathrm{div}\,\boldsymbol{v} = 0 \tag{3.32}$$

となる．

先に質量保存の方程式を導いたが，この導き方はオイラー的な見方からの導き

方である．この方法では，保存形の方程式が得られる．他方，ラグランジュ的な見方から，質量保存の方程式を導くこともできる．その場合は，非保存形が導かれる．

　現代の数値流体力学において，差分法や有限体積法，有限要素法などでは，オイラー形式を主として用いる．ラグランジュ形式を用いると，2次元以上では格子が流れに乗って時間的に変化していき，ときには格子の形状がねじれて使いものにならなくなる場合が多いからである．格子を用いない手法，たとえばSPH法のような粒子法では，ラグランジュ的見方を採用する．

運動方程式のさまざまな形式

　以上の議論では質量保存の方程式に限定して，基礎方程式のさまざまな側面について述べた．つぎに運動方程式を導出しよう．ここでは導出に先立って，結論を先に述べる．非粘性の気体に対する運動方程式はテンソル形式を使って保存形で書くと

$$\frac{\partial (\rho v_i)}{\partial t} + \frac{\partial}{\partial x_j} (\rho v_i v_j + p \delta_{ij}) = \rho G_i \tag{3.33}$$

となる．ここで右辺の G_i は単位質量あたりの力（つまり加速度）の i 成分である．δ_{ij} はクロネッカーのデルタといい，次のように定義される．

$$\delta_{ij} = \begin{cases} 1 & i = j \\ 0 & i \neq j. \end{cases} \tag{3.34}$$

クロネッカーのデルタを使うときには，つぎの公式が有用である．

$$\delta_{ij} A_i = A_j. \tag{3.35}$$

これが成立することを見るには，たとえば $i = 1$ としてみると

$$\delta_{1j} A_j = \delta_{11} A_1 + \delta_{12} A_2 + \delta_{13} A_3 = A_1 \tag{3.36}$$

であることから分かる．また次の公式も成り立つ．

$$\delta_{ii} = 1 + 1 + 1 = 3. \tag{3.37}$$

テンソル式（3.33）の意味を理解するには，たとえば $i = 1$ として第1成分，つまり x 成分を取ってみると分かりやすい．

$$\frac{\partial\left(\rho v_1\right)}{\partial t} + \frac{\partial\left(\rho v_1 v_1 + p\right)}{\partial x_1} + \frac{\partial\left(\rho v_1 v_2\right)}{\partial x_2} + \frac{\partial\left(\rho v_1 v_3\right)}{\partial x_3}$$

$$= \frac{\partial\left(\rho u\right)}{\partial t} + \frac{\partial\left(\rho u^2 + p\right)}{\partial x} + \frac{\partial\left(\rho u v\right)}{\partial y} + \frac{\partial\left(\rho u w\right)}{\partial z} = \rho\, G_x \tag{3.38}$$

のようになる. y, z 成分も同様に求められる.

$$\frac{\partial\left(\rho v\right)}{\partial t} + \frac{\partial\left(\rho u v\right)}{\partial x} + \frac{\partial\left(\rho v^2 + p\right)}{\partial y} + \frac{\partial\left(\rho v w\right)}{\partial z} = \rho\, G_y \tag{3.39}$$

$$\frac{\partial\left(\rho w\right)}{\partial t} + \frac{\partial\left(\rho u w\right)}{\partial x} + \frac{\partial\left(\rho v w\right)}{\partial y} + \frac{\partial\left(\rho w^2 + p\right)}{\partial z} = \rho\, G_z. \tag{3.40}$$

式 (3.33) を変形して式 (3.30) を用いると非保存形の運動方程式が得られる.

$$\frac{\partial v_i}{\partial t} + v_j \frac{\partial v_i}{\partial x_j} + \frac{1}{\rho}\frac{\partial p}{\partial x_i} = G_i. \tag{3.41}$$

これをベクトル形式に書き直すと

$$\frac{\partial \boldsymbol{v}}{\partial t} + \left(\boldsymbol{v}\cdot\nabla\right)\boldsymbol{v} + \frac{1}{\rho}\nabla p = \boldsymbol{G} \tag{3.42}$$

となる. さらに流体素片の変位ベクトル ξ を導入すると. 運動方程式 (3.42) は
ラグランジュ形式では

$$\frac{D\xi}{Dt} = \boldsymbol{v}$$

$$\frac{D\boldsymbol{v}}{Dt} + \frac{1}{\rho}\nabla p = \boldsymbol{G}$$

と書き表される.

運動方程式の導出

さて運動方程式を導出してみよう. ここでも先と同様に 2 次元の微小矩形領域
に対して導出を行う. 一辺の長さが $\Delta x, \Delta y$ である矩形領域に密度 ρ のガスがあ
る. その領域内のガスの質量は式 (3.15) である. x 方向の単位質量あたりの運
動量は ρu である. 矩形領域内にある気体の運動量を P_x とすると

$$P_x = \rho u \Delta x \Delta y = M u \tag{3.43}$$

である. 運動量の変化は, 矩形領域への運動量の流入流出と, 圧力, 外力の力積
で決まることに注意して式を導出する.

運動量の時間的変化は式 (3.18) と同様に

$$P_x(t + \Delta t) - P_x(t) \equiv \Delta P_x = \frac{\partial P_x}{\partial t} \Delta t = \frac{\partial (\rho u)}{\partial t} \Delta x \Delta y \Delta t. \tag{3.44}$$

一方，領域内の運動量の変化はつぎの 4 つの寄与で決まる.

(1) 矩形領域の左の辺から流入した運動量（の x 成分）と，右の辺から流出した運動量の差,

(2) 矩形領域の下の辺から流入した運動量と上の辺から流出した運動量の差,

(3) 左の辺を押すガス圧と右の辺を押すガス圧の差,

(4) 外力による寄与,

である. それぞれの寄与を下付き添え字の 1,2,3,4 で表す.

$$\begin{aligned}
(\Delta P_x)_1 &= [P_x(x, y)\, u(x, y) - P_x(x + \Delta x, y)\, u(x + \Delta x, y)]\, \Delta y \Delta t \\
&= [\rho(x, y)\, u^2(x, y) - \rho(x + \Delta x, y)\, u^2(x + \Delta x, y)]\, \Delta y \Delta t \\
&= -\frac{\partial (\rho u^2)}{\partial x} \Delta x \Delta y \Delta t, \tag{3.45}
\end{aligned}$$

$$\begin{aligned}
(\Delta P_x)_2 &= [P_x(x, y)\, v(x, y) - P_x(x, y + \Delta y)\, v(x, y + \Delta y)]\, \Delta x \Delta t \\
&= [\rho(x, y)\, u(x, y)\, v(x, y) \\
&\quad - \rho(x, y + \Delta y)\, u(x, y + \Delta y)\, v(x, y + \Delta y)]\Delta x \Delta t \\
&= -\frac{\partial (\rho uv)}{\partial y} \Delta x \Delta y \Delta t, \tag{3.46}
\end{aligned}$$

$$(\Delta P_x)_3 = [p(x, y) - p(x + \Delta x, y)]\, \Delta y \Delta t = -\frac{\partial p}{\partial x} \Delta x \Delta y \Delta t, \tag{3.47}$$

$$(\Delta P_x)_4 = \rho G_x \Delta x \Delta y \Delta t. \tag{3.48}$$

式 (3.45) – (3.48) から次の式を得る.

$$\frac{\partial (\rho u)}{\partial t} = -\frac{\partial (\rho u^2)}{\partial x} - \frac{\partial (\rho uv)}{\partial y} - \frac{\partial p}{\partial x} + \rho G_x. \tag{3.49}$$

この式は 2 次元の場合の運動方程式である. 同様にして y 方向の運動方程式も求めることができる.

エネルギー保存則

　つぎにエネルギー保存則を求める．ガスの単位質量あたりの全エネルギー E_{tot} を，運動エネルギーと内部エネルギー（式（3.7）参照）の和として定義する．

$$E_{\mathrm{tot}} = \frac{1}{2}v^2 + E_{\mathrm{in}}. \tag{3.50}$$

単位体積あたりの全エネルギーは ρE_{tot} である．微小矩形領域内に含まれる気体の全エネルギーを ε とすると，体積は $\Delta x \Delta y$ であるから

$$\varepsilon = \rho E_{\mathrm{tot}} \Delta x \Delta y. \tag{3.51}$$

　ここでも議論の簡単化のために，空間 2 次元の場合を考えよう．一辺の長さが $\Delta x, \Delta y$ の矩形領域内にある気体の全エネルギーの時間変化は式（3.44）と同様に次のようにかける．

$$\varepsilon(t+\Delta t) - \varepsilon(t) \equiv \Delta\varepsilon = \frac{\partial\varepsilon}{\partial t}\Delta t = \frac{\partial(\rho E_{\mathrm{tot}})}{\partial t}\Delta x \Delta y \Delta t. \tag{3.52}$$

全エネルギーの変化はつぎの 5 つの寄与から決まる．

　（1）　矩形領域の左の辺から流入する全エネルギーと，右の辺から流出する全エネルギーの差，

　（2）　矩形領域の下の辺から流入する全エネルギーと，上の辺から流出する全エネルギーの差，

　（3）　矩形領域の左右の辺を押す圧力によりなされる仕事，

　（4）　矩形領域の上下の辺を押す圧力によりなされる仕事，

　（5）　外力のなす仕事，

である．それぞれの寄与を下付き添え字 1,2,3,4,5 で表す．第 1 項は，

$$\begin{aligned}
\Delta\varepsilon_1 &= [\rho(x,y)E_{\mathrm{tot}}(x,y)u(x,y) \\
&\quad - \rho(x+\Delta x,y)E_{\mathrm{tot}}(x+\Delta x,y)u(x+\Delta x,y)]\Delta y \Delta t \\
&= -\frac{\partial(\rho E_{\mathrm{tot}}u)}{\partial x}\Delta x \Delta y \Delta t \tag{3.53}
\end{aligned}$$

同様に第 2 項は

$$\Delta\varepsilon_2 = -\frac{\partial(\rho E_{\mathrm{tot}}v)}{\partial y}\Delta x \Delta y \Delta t. \tag{3.54}$$

　第 3 項は微小領域左右の辺に対して気体の圧力のなす仕事である。左右の辺にかかる力は，圧力と辺の面積，今の場合は Δy の積である。左の辺から流体が速度 u で，時間 Δt の間，流れ込むので，距離 $u\Delta t$ だけ領域内に入り込む。そのため外部の気体は微小領域に対して仕事をする。する仕事は力 × 距離である。右の辺では，逆に微小領域内の気体は外部に対して仕事をする。したがって第 3 項は

$$\Delta\varepsilon_3 = \left[p(x,y)u(x,y) - p(x+\Delta x,y)u(x+\Delta x,y)\right]\Delta y\Delta t$$
$$= -\frac{\partial(pu)}{\partial x}\Delta x\Delta y\Delta t. \tag{3.55}$$

同様にして第 4 項は

$$\Delta\varepsilon_4 = -\frac{\partial(pv)}{\partial y}\Delta x\Delta y\Delta t. \tag{3.56}$$

第 5 項は外力のなす仕事であるので

$$\Delta\varepsilon_5 = \left(uG_x + vG_y\right)\rho\Delta x\Delta y\Delta t. \tag{3.57}$$

結局，これらの式から

$$\frac{\partial(\rho E_{\text{tot}})}{\partial t} = -\frac{\partial\left\{(\rho E_{\text{tot}} + p)u\right\}}{\partial x} - \frac{\partial\left\{(\rho E_{\text{tot}} + p)v\right\}}{\partial y} + \rho\left(uG_x + vG_y\right). \tag{3.58}$$

ここでエンタルピー H を定義する。

$$H = E_{\text{in}} + \frac{p}{\rho}. \tag{3.59}$$

定義から分かるようにエンタルピーはエネルギーの次元を持っている。すると式 (3.58) の右辺の第 1 項，第 2 項に現れる式は次のようになる。

$$\rho E_{\text{tot}} + p = \rho\left(E_{\text{tot}} + \frac{p}{\rho}\right) = \rho\left(\frac{1}{2}v^2 + E_{\text{in}} + \frac{p}{\rho}\right) = \rho\left(\frac{1}{2}v^2 + H\right)$$
$$= \rho H_{\text{tot}}. \tag{3.60}$$

ただし

$$H_{\text{tot}} = \frac{1}{2}v^2 + H \tag{3.61}$$

は全エンタルピーと呼ばれる。したがって式 (3.58) は次のようにかける。

表 **3.1** 流体記述の 3 つの階層.

階層	状態の記述	支配方程式
1. N 個の分子	$(\boldsymbol{x}_i, \boldsymbol{c}_i), i = 1, \cdots, N$	ニュートンの運動方程式
2. 速度分布関数	$f(\boldsymbol{x}, \boldsymbol{c}, t)$	ボルツマン方程式
3. 巨視的流体	$\rho, \boldsymbol{v}, T$	流体力学方程式

$$\frac{\partial (\rho E_{\text{tot}})}{\partial t} + \frac{\partial (\rho H_{\text{tot}} u)}{\partial x} + \frac{\partial (\rho H_{\text{tot}} v)}{\partial y} = \rho \left(u G_x + v G_y \right). \tag{3.62}$$

ベクトル記号で書けば

$$\frac{\partial (\rho E_{\text{tot}})}{\partial t} + \nabla \cdot (\rho H_{\text{tot}} \boldsymbol{v}) = \rho \, \boldsymbol{v} \cdot \boldsymbol{G}, \tag{3.63}$$

テンソル記号で書けば

$$\frac{\partial (\rho E_{\text{tot}})}{\partial t} + \frac{\partial}{\partial x_j} (\rho v_j H_{\text{tot}}) = \rho \, G_j v_j. \tag{3.64}$$

3.1.4 ボルツマン方程式と気体の微視的記述

通常の流体力学の教科書では，基礎方程式の導出法として，巨視的アプローチのみを採用している．方程式の導出としてはそれで十分である．しかし，気体は多数の気体分子の集合体であるという点に着目すれば，微視的なアプローチで同じ方程式を導くことができる．その見方を採用すると，流体力学方程式がニュートンの運動方程式のような第 1 原理から導出できる．そのことを念頭に置いて，以下では微視的アプローチについて述べる．

気体の運動を記述する 3 つの階層

表 3.1 に示すように，気体運動の記述についての 3 つの階層を定義することができる．それぞれについて順に説明しよう．

(1) 気体運動の微視的な記述

まず階層 1 である．気体は多数の気体分子から構成されている（先にも注意したように，ここで分子とよぶのは便宜的な呼称で，プラズマの場合は原子やイオン，電子も含むとする）．これら分子の数は膨大で，1 モルの気体はアボガドロ数 $N_{\text{A}} = 6.022 \times 10^{23}$ だけの分子を含んでいる．

これらの分子は空間を自由に飛び交いながら，ときには他の分子と衝突して，飛行方向を変える．これらの分子の運動を完全に記述するには，全分子の位置 $\boldsymbol{x}_i$ と速度 $\boldsymbol{c}_i$ を知らなければならない[*1]．ここで i は分子の番号である．

分子の運動を規定する方程式は，量子論的効果を無視できる場合は，ニュートンの運動方程式である．以後は，分子の運動がニュートンの運動方程式に規定されるような古典的な場合に話を限定する．

(2) 状態方程式の微視的導出

微視的な見方の威力を見るために，完全気体の状態方程式を分子の運動から導出しよう．質量 m の分子が，図 3.3 に示すように一辺の長さが L である直方体の中を，分子同士は衝突せずに運動しているとする．分子は壁と衝突すると鏡面反射をすると仮定する．分子が右の壁に衝突して左に行き，左の壁に衝突してまた右の壁に戻るまでの時間 t は，分子速度の x 成分の大きさを C_1 とすると

$$t = \frac{2L}{C_1}. \tag{3.65}$$

以後 C_1 のように大文字で表した速度は分子の熱速度，小文字の c_1 などは，巨視的流速を含んだ速度とする．つまり $c_1 = C_1 + v_1$ である．今は $v_1 = v_2 = v_3 = 0$ の場合を考えている．

分子の運動量の x 成分は mC_1 である．分子が壁で鏡面反射をすると，運動量の x 成分は大きさは等しく，符号が反対になる．だから分子が右の壁に衝突して受ける運動量の変化は $2mC_1$ である．したがって，当該の分子が単位時間あたりに壁に与える力を F とすると

$$F = \frac{2mC_1}{t} = \frac{mC_1^2}{L}. \tag{3.66}$$

箱の中に分子が N 個あると，NF の力が壁に働く．圧力 p は単位面積あたりの力だから

$$p = \frac{NF}{L^2} = \frac{NmC_1^2}{L^3} = nmC_1^2 = \rho C_1^2. \tag{3.67}$$

[*1] 式 (1.49) では分子の速度を v_x, v_y, v_z で表している．本節では v_x などは式 (3.64) に見るように流体の巨視的速度を表すとする．

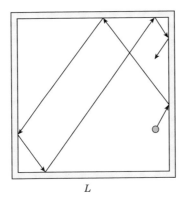

L

図 3.3　直方体の中の分子の運動. 分子間衝突は無視して, 壁と
の衝突は鏡面的とする.

ここで n は粒子の個数密度, ρ は質量密度である. 箱の体積が L^3 であることを
使った.

x, y, z 方向に区別はないので次の式が成り立つ.

$$C_1^2 = C_2^2 = C_3^2 = \frac{1}{3}\left(C_1^2 + C_2^2 + C_3^2\right) = \frac{1}{3}C^2. \tag{3.68}$$

式 (3.68) を式 (3.67) に代入すると

$$p = \frac{1}{3}\rho C^2 = \frac{2}{3}\rho\frac{1}{2}C^2 = \frac{2}{3}\rho E_{\text{kin}}. \tag{3.69}$$

ここで E_{kin} は単位質量あたりの運動エネルギーである.

エネルギーの等分配則によると, 分子 1 個の 1 自由度あたり $k_{\text{B}}T/2$ のエネル
ギーが配分される. ここで k_{B} はボルツマン定数, T は温度である. したがって
分子 1 個あたりの運動エネルギーを e_{kin} とすると, 空間の次元が 3 の場合,

$$e_{\text{kin}} = \frac{3}{2}k_{\text{B}}T. \tag{3.70}$$

ここで分子の内部自由度は無視した.

単位質量あたりの運動エネルギーは

$$E_{\text{kin}} = \frac{e_{\text{kin}}}{m} = \frac{3}{2}\frac{k_{\text{B}}T}{m} = \frac{3}{2}RT. \tag{3.71}$$

したがって式 (3.69) は

$$p = \frac{2}{3}\rho E_{\text{kin}} = \rho RT \tag{3.72}$$

となり，状態方程式が導出された．

式（3.7）で定義した内部エネルギー E_{in} は，単原子分子の場合 E_{kin} と等しい．

（3）平均自由行程

ここで分子の平均自由行程などの概念を説明しておこう．気体は多数の分子の集団で，それらは空間を自由に飛び交っている．そして時々，分子同士が衝突する．分子の（衝突）断面積を σ とする．分子が平均 λ の距離進んだときに，他の分子と衝突するとする．このような距離 λ を平均自由行程とよぶ．その分子が衝突するまでに掃く体積は $\sigma\lambda$ である．分子の平均個数密度を n とすると，ある分子が掃く体積内にある，他の分子の平均個数は $n\sigma\lambda$ である．λ を求めるには，その大きさを1と置けばよい．

$$n\sigma\lambda = 1. \tag{3.73}$$

つまり

$$\lambda = \frac{1}{n\sigma}. \tag{3.74}$$

式（3.74）の導出は，衝突される分子の運動を無視したので，厳密には正しくなく，正確には次のようになる．

$$\lambda = \frac{1}{\sqrt{2}n\sigma}. \tag{3.75}$$

もっとも，今後の議論に，厳密な値は必要ではない．

分子の平均熱速度を式（3.68）のように C とすると，分子が衝突する平均時間間隔 τ_{col} は次の式で表される．

$$\tau_{\text{col}} = \frac{\lambda}{C}. \tag{3.76}$$

τ_{col} は平均衝突時間ないしは平均自由時間と呼ばれる．後で説明する BGK 方程式に現れる緩和時間 τ は，平均衝突時間と同程度である．つまり分子の集団は，平均衝突時間の程度の時間で，局所熱平衡状態になる．簡単な議論では緩和時間と平均衝突時間を等しいと仮定しても，それほど間違いではない．

（4）速度分布関数による記述

次に階層 2 である．気体の巨視的な運動を記述するのに，全分子の運動を把握する必要はない．分子の数は膨大であるので，巨視的な観点では，分子の「つぶつぶ」性は無視して，空間に滑らかに分布していると考えることができる．その空間密度が ρ であった．それと同様に速度分布関数 $f(\boldsymbol{x}, \boldsymbol{c})$ という概念を導入しよう．$\boldsymbol{x}$ で表される 3 次元空間ではなく，$(\boldsymbol{x}, \boldsymbol{c})$ で表される 6 次元空間を考える．これを位相空間または μ 空間とよぶ．速度分布関数は μ 空間のなかの密度である．分子の位置が $\boldsymbol{x}$ と $\boldsymbol{x} + \Delta\boldsymbol{x}$ の間にあり，かつ分子の速度が $\boldsymbol{c}$ と $\boldsymbol{c} + \Delta\boldsymbol{c}$ の間にある分子の数は $f(\boldsymbol{x}, \boldsymbol{c})$ に比例する．速度分布関数 f の時間発展を記述する方程式がボルツマン（Boltzman）方程式である（1.3 節参照）．ボルツマン方程式を解けば速度分布関数が時間の関数として分かり，流体の運動が分かる．ボルツマン方程式は後で述べるように，主として希薄気体の運動を記述するのに用いられる．

（5）気体の巨視的な記述

次に階層 3 について述べる．速度分布関数は流体を構成する分子の速度の情報まで持っているので，巨視的な連続体の流体力学からみれば過剰な情報を持っている．巨視的な連続流を扱うには，分子速度に関する情報を消し去っても十分である．

速度分布関数を速度に関して積分して，分子の速度の情報を消し去ると，通常の気体密度が計算できる．速度分布関数に分子の速度をかけて積分すると流体の速度（流速）が計算できる．同様に温度や圧力といった巨視的な熱力学量は，速度分布関数の適当な積分をすれば得られる．ボルツマン方程式に適当な変数をかけて積分すれば（モーメント方程式），巨視的な流体力学方程式が導けるのである．後に，この方法で流体力学方程式を導く．

我々は階層 3 の巨視的な記述における流体の運動に興味がある．そのために通常は，流体力学方程式をさまざまな手法，たとえば差分法とか有限体積法，有限要素法といった手法を用いて解く．しかし以上の議論から分かるように，ボルツマン方程式を解いても，流体力学方程式を解くことと同じ効果が得られる．

次のことを指摘しておこう．完全気体では速度分布関数は，マクスウェル分

布という形をしていることが分かっている．速度分布関数がマクスウェル分布で表される場合，気体は局所熱平衡状態にある，または緩和しているという．完全気体は空間の至るところで局所熱平衡状態にある気体で，粘性，熱伝導といった散逸現象は生じない．この場合，気体はオイラー方程式で記述される．速度分布関数が局所熱平衡状態にない場合，気体には粘性，熱伝導といった散逸現象が生じる．局所熱平衡からのずれが小さい場合，気体はナビエ–ストークス方程式で記述される．

希薄気体と自由分子流

流れの代表的な長さを L とする．ここで代表的な長さとは，たとえば飛行機の翼周りの計算をしているなら，翼の幅である．平均自由行程と代表長の比をクヌッセン数（Kn）とよぶ．

$$Kn = \frac{\lambda}{L}. \tag{3.77}$$

通常，我々の身の回りに現れる流れでは，平均自由行程が非常に短く，クヌッセン数は 1 に比べて非常に小さい．しかし平均自由行程が長いか，代表長が短い場合は，クヌッセン数は大きくなる．たとえば大気の上層部にいくと，空気分子の密度が減るので，式（3.74）から分かるように平均自由行程は長くなる．あるいはハードディスクの表面と磁気ヘッドの間隔は非常に短いので，この間の流れでもクヌッセン数は大きくなる．

経験的にはクヌッセン数が 0.01 より小さい流れは，連続流と見なすことができる．その場合，流れを解析するのにナビエ–ストークス方程式またはオイラー方程式のような巨視的な連続流の流体力学方程式をもちいることができる．クヌッセン数が 0.01 と 1 の間の流れを希薄気体流とよぶ（もちろん，この数値は厳密なものではない）．希薄気体の運動を解くには，ボルツマン方程式を解く必要がある．クヌッセン数が 1 より大きい場合は，自由分子流とよばれる．この場合は，個々の分子の運動をニュートン力学で解く．これらの関係を表にまとめる．

天文学で我々がおもに出くわすのは連続流である．また気体密度がきわめて低い場合は自由分子流の近似が有効になる．希薄気体力学は工学的には有用であるが，天文学ではそこまでの精度を要する問題が少ないので，それほど重要ではない．希薄気体の力学でクヌッセン数の小さい極限をとると，連続体の流体力学に移行するということが重要である．

表 **3.2** クヌッセン数による気体流れの 3 分類.

クヌッセン数	流れ	支配方程式
$Kn < 0.01$	連続流	流体力学方程式
$0.01 < Kn < 1$	希薄気体流	ボルツマン方程式
$1 < Kn$	自由分子流	ニュートンの運動方程式

ボルツマン方程式

本節の目的は，流体力学方程式をボルツマン方程式から導出することにある．しかしボルツマン方程式の厳密な形とか，厳密な導出法は 1.3 節を参照のこと（巻末の参考文献［33］，［34］参照）．ここでは簡単な議論に留める．

ボルツマン方程式は次のように導出できる．いま N 個の分子が空間に分布して，乱雑な速度で運動しているとしよう．ただし N は非常に膨大な数なので，粒子の「つぶつぶ」性は無視して，滑らかに分布していると考える．速度分布関数は μ 空間のなかの分子を表す点の密度なので，その連続の式を書き下す．

$$\frac{D(nf)}{Dt} = \frac{\partial(nf)}{\partial t} + \frac{dx_i}{dt}\frac{\partial(nf)}{\partial x_i} + \frac{dc_i}{dt}\frac{\partial(nf)}{\partial c_i} = 衝突項 \tag{3.78}$$

ここで n は分子の個数密度である．右辺は分子間衝突に由来する項で，衝突項と呼ばれている．それについては後で述べる．

ここでは，速度分布関数の規格化を次のように定義する．

$$\int f(\boldsymbol{x}, \boldsymbol{c}, t)\, d\boldsymbol{c} = 1. \tag{3.79}$$

ただしここで積分は速度空間に関する 3 重積分であり，次のような意味である．

$$\int f(\boldsymbol{x}, \boldsymbol{c}, t)\, d\boldsymbol{c} = \iiint f(\boldsymbol{x}, \boldsymbol{c}, t)\, dc_1 dc_2 dc_3 \tag{3.80}$$

教科書によっては，式（3.79）とは異なる規格化を採用するものもある．たとえば

$$\int f(\boldsymbol{x}, \boldsymbol{c}, t)\, d\boldsymbol{c} = n(\boldsymbol{x}, t) \tag{3.81}$$

（式（1.194）参照）．その場合，ボルツマン方程式（3.78）に n は陽には現れない．

式 (3.78) において，分子の速度の定義から

$$\frac{dx_i}{dt} = c_i. \tag{3.82}$$

分子に対するニュートンの運動方程式から

$$m\frac{dc_i}{dt} = F_i. \tag{3.83}$$

ここで F_i は分子に働く外力で，m は分子の質量である．G_i を単位質量あたりの力，つまり加速度とすると $F_i/m = G_i$ であるので，式 (3.78) は次のように書き換えられる．

$$\frac{\partial (nf)}{\partial t} + c_i\frac{\partial (nf)}{\partial x_i} + G_i\frac{\partial (nf)}{\partial c_i} = 衝突項 \tag{3.84}$$

右辺の衝突項の具体的な形の導出は，1.3.5 節を参照のこと．その形は次のようなものである．

$$衝突項 = n^2 \int d^3c_1 \int d\Omega\, |\boldsymbol{c} - \boldsymbol{c}_1| \sigma(\Omega)\,(f'f_1' - ff_1) \tag{3.85}$$

（式 (1.257) 参照）．速度 $\boldsymbol{c}$ と $\boldsymbol{c}_1$ の分子が衝突して，それぞれ，$\boldsymbol{c}', \boldsymbol{c}_1'$ になるとする．式 (3.85) の右辺に現れる f, f_1, f', f_1' は，速度の引数が $\boldsymbol{c}, \boldsymbol{c}_1, \boldsymbol{c}', \boldsymbol{c}_1'$ であるような速度分布関数である．Ω は立体角，σ は衝突微分断面積である．以後の議論では，式 (3.85) の具体的な形は問題にしない．

衝突項が 0 の場合のボルツマン方程式を無衝突ボルツマン方程式と呼ぶ．星が多数あるとき，その「つぶつぶ」性を無視して，星の集団の運動を計算するのに用いられる．星相互間の重力は，遠隔力であり，星同士の相互作用は，衝突とは見なさない．分子間力のような近接力のみが衝突を引き起こすとする．

BGK 方程式

ボルツマン方程式の衝突項は分布関数の積分を含んでいるので，ボルツマン方程式は微積分方程式である．6 次元空間の方程式であることとも相まって，その解析的な解法はほとんど知られていない．そこで衝突項を線形にして，簡単化した次のような方程式が提案された．

$$\frac{\partial (nf)}{\partial t} + c_i\frac{\partial (nf)}{\partial x_i} + G_i\frac{\partial (nf)}{\partial c_i} = -n\frac{f - f_0}{\tau}. \tag{3.86}$$

τ は緩和時間である．この方程式を提唱者の頭文字を取って BGK（Bhartnagar, Gross and Krook）方程式とよぶ．ここで f_0 は局所熱平衡のマクスウェル分布関数である．マクスウェルの分布関数は次のような形をしている．

$$f_0(\boldsymbol{x}, \boldsymbol{c}, t) = \left[\frac{m}{2\pi k_{\mathrm{B}} T(x,t)}\right]^{\frac{3}{2}} \exp\left[-\frac{m\{\boldsymbol{c} - \boldsymbol{v}(x,t)\}^2}{2k_{\mathrm{B}} T(x,t)}\right]. \tag{3.87}$$

この式の導出については 1.3.6 節を参照．ここで k_{B} はボルツマン定数，m は分子の質量，$\boldsymbol{v}$ は流速，T は温度である．

ここで f で記述される分子の系の質量，運動量，エネルギーなどの保存量の平均値が熱平衡状態 f_0 のときの平均値と同じであることを要求する．式に書くと

$$\bar{Q} = \int f(c_i, t) Q(c_i) d\boldsymbol{c} = \int f_0(c_i, t) Q(c_i) d\boldsymbol{c}. \tag{3.88}$$

ここで Q は分子速度 c_i の関数である．文字の上にバーをつけた量は，速度分布関数で平均を取った平均値である（1.2.1 節では平均値を $\langle\ \rangle$ で表している）．

BGK 方程式は見ての通り，きわめて簡単な形をしている．分子間の複雑な衝突現象を，たった一つのパラメータ τ で表している．（3.86）の右辺の意味することは，非平衡度というべき量，$f - f_0$ が，緩和時間 τ で 0 に近づく，つまり τ 時間経てば，非平衡が解消して，系が局所熱平衡状態に近づくということである．厳密に言えば，このような簡単化は正しくないが，BGK 方程式はボルツマン方程式の主要な特徴を多く再現するので，好んで用いられている．

ボルツマン方程式の意味

ボルツマン方程式（3.78）または BGK 方程式（3.86）の意味を考えよう．この式は要するに μ 空間内での分子数の保存則である．簡単のために空間が x のみで表される 1 次元の場合を考える．ただし速度空間は最低でも 2 次元でなければならない．なぜなら，速度空間が 1 次元であると，分子同士が弾性衝突した場合，衝突していないのと区別がつかないからである．しかしここでは図で説明しやすいように，速度空間も 1 次元とする（2 次元速度空間を c_x に射影したと見なしても良い）．

図 3.4 で示すように，μ 空間のなかで，(x, c_x) を頂点として一辺の長さが $(\Delta x, \Delta c_x)$ の微小な矩形領域を考える．ボルツマン方程式（3.78）または BGK

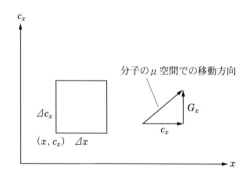

図 **3.4** μ 空間での分子の移動.

方程式（3.86）の左辺の第 1 項は，その微小領域に含まれる分子を表す点の数の変化率である．

　左辺第 2 項は，速度を持つ分子が位置を変えることで生じる．分子に外力が働かないとすると，分子は等速直線運動をする．その場合，分子は速度を変えずに，位置だけ変化する．図 3.4 でいえば，分子を表す点は，水平に移動する．第 2 項の大きさは矩形領域の左の壁から入る分子の数と，右の壁から出る数の差できまる．

　左辺第 3 項は，分子が外力を受けることにより，速度が変わることを意味する．速度が変わるということは，分子が図 3.4 の速度空間の中で上下に移動することである．そのため矩形領域内の上下の壁を通して分子が出入りする．第 3 項の大きさは，下の辺から入る分子の数と，上の辺から出ていく分子の数の差である．

　ここでのボルツマン方程式の導出はオイラー的見方によるものである．一方 1.3.2 節ではラグランジュ的見方を採用している．

　ボルツマン方程式における衝突項（3.85）の意味は，先の微小領域内にある分子が，他の速度を持つ分子と衝突して，領域の外に出る数，逆に領域外の 2 分子の衝突で，領域内に飛び込んでくる分子の数，これらの差である．衝突直後は速度は変わるが，位置は変化しない．だから衝突項によっては，分子は幅が Δx の帯の中を上下に移動する．ボルツマン方程式の衝突項では，分子を表す点は帯の中を跳躍する．

　BGK 方程式における衝突項の意味は，ある時刻の速度分布関数がどんなもの

であれ，緩和時間 τ だけ経てば，速度分布関数は，流体の流速を中心速度とするマクスウェル分布に漸近するということだ．

3.1.5 流体力学方程式の微視的導出

速度空間での平均値

（3.88）において Q として $nm, nmc_i, nmc^2/2$ をとると，速度分布関数という微視的量から，流体力学に現れる密度，運動量，エネルギーなどの巨視的量が計算できる．

$$\overline{nm} = \int nmf d\boldsymbol{c} = \int nmf_0 d\boldsymbol{c} = nm \int f d\boldsymbol{c} = nm = \rho \tag{3.89}$$

$$\overline{nmc_i} = \int nmc_i f d\boldsymbol{c} = \int nmc_i f_0 d\boldsymbol{c} = nm \int c_i f d\boldsymbol{c} = \rho \overline{c_i} = \rho v_i \tag{3.90}$$

$$\overline{\frac{1}{2}nmc^2} = \frac{1}{2} \int nmc^2 f d\boldsymbol{c} = \frac{1}{2} \int nmc^2 f_0 d\boldsymbol{c} = \frac{1}{2}\rho \overline{c^2}. \tag{3.91}$$

モーメント方程式

ボルツマン方程式ないしは BGK 方程式に適当な変数をかけて，速度空間で積分したものをモーメント方程式と呼ぶ．ここでは BGK 方程式のモーメントを取ることにより，巨視的な流体力学方程式が導出できることを示そう．

BGK 方程式に Q をかけて速度空間で積分すると，右辺からの寄与は（3.88）から 0 になる．左辺は次のようになる．

$$\int Q \left[\frac{\partial (nf)}{\partial t} + c_i \frac{\partial (nf)}{\partial x_i} + G_i \frac{\partial (nf)}{\partial c_i} \right] d\boldsymbol{c} = 0. \tag{3.92}$$

式（3.92）の左辺のそれぞれの項を評価する．第 1 項目は，Q は c_i のみの関数であること，積分領域は時間的に一定であることに注意して

$$\int Q \frac{\partial (nf)}{\partial t} d\boldsymbol{c} = \int \frac{\partial (nQf)}{\partial t} d\boldsymbol{c} = \frac{\partial}{\partial t} \int nQf d\boldsymbol{c}. \tag{3.93}$$

第 2 項目は，部分積分して

$$\int Qc_i \frac{\partial (nf)}{\partial x_i} d\boldsymbol{c} = \frac{\partial}{\partial x_i} \int nQc_i f d\boldsymbol{c} - \int nc_i f \frac{\partial Q}{\partial x_i} d\boldsymbol{c}. \tag{3.94}$$

第 3 項目も，同様な手法で

$$\int QG_i \frac{\partial (nf)}{\partial c_i} d\boldsymbol{c} = \int \frac{\partial}{\partial c_i} (nfQG_i) d\boldsymbol{c} - \int \frac{\partial Q}{\partial c_i} nfG_i d\boldsymbol{c} - \int \frac{\partial G_i}{\partial c_i} nfQ d\boldsymbol{c}. \tag{3.95}$$

式 (3.95) の右辺の第1項は0である．それを見るために，ガウスの発散定理を用いて体積積分を面積積分に変更する．その体積積分の境界を無限大の位置に移動する．f は速度の大きいところで急速に0に近づくので，面積積分からの寄与は0になる．力として，速度の大きさに依存しないようなものを考えると，式 (3.95) の右辺第3項も0になる．この条件は外しても良いが，ここでは簡単のためにそう仮定する．

式 (3.93) – (3.95) を式 (3.92) に代入すると，次の式を得る．

$$\frac{\partial \overline{nQ}}{\partial t} + \frac{\partial}{\partial x_i}\overline{nQc_i} - \overline{nc_i\frac{\partial Q}{\partial x_i}} - \overline{\frac{\partial Q}{\partial c_i}nG_i} = 0. \tag{3.96}$$

この式は，要するに保存量の保存則なのであるが，これから流体力学方程式が導かれる．

質量保存の式

ここではまず式 (3.96) で $Q = m$ とする．m は定数であるので，式 (3.96) の第3項，第4項からの寄与は0である．$nm = \rho$ であるので，式 (3.96) から，次の式を得る．

$$\frac{\partial \rho}{\partial t} + \frac{\partial}{\partial x_i} (\rho\overline{c_i}) = 0. \tag{3.97}$$

分子の速度の平均は流体の巨視的な流速である．

$$\bar{c}_i = v_i. \tag{3.98}$$

この関係を使うと，(3.97) は質量保存の式 (連続の式) になる．

$$\frac{\partial \rho}{\partial t} + \frac{\partial}{\partial x_i} (\rho v_i) = 0. \tag{3.99}$$

運動方程式

分子の速度から分子の平均速度を差し引いたものを分子の熱速度 C_i と定義する．

$$C_i = c_i - \overline{c_i} = c_i - v_i. \tag{3.100}$$

この式から熱速度に関して，次のような関係式が導かれる．

$$\bar{C}_i = \bar{c}_i - v_i = v_i - v_i = 0 \tag{3.101}$$

$$\overline{c_i c_j} = \overline{(C_i + v_i)(C_j + v_j)} = \overline{C_i C_j + C_i v_j + C_j v_i + v_i v_j}$$

$$= \overline{C_i C_j} + \overline{C_i} v_j + \overline{C_j} v_i + v_i v_j = \overline{C_i C_j} + v_i v_j. \tag{3.102}$$

式 (3.96) において $Q = mc_i$ とする．式 (3.96) の第 1 項は

$$\frac{\partial \overline{nQ}}{\partial t} = \frac{\partial \overline{nmc_i}}{\partial t} = \frac{\partial}{\partial t}(\rho \bar{c}_i) = \frac{\partial}{\partial t}(\rho v_i). \tag{3.103}$$

第 2 項は

$$\frac{\partial}{\partial x_j}\overline{nQc_j} = \frac{\partial}{\partial x_j}\overline{nmc_i c_j} = \frac{\partial}{\partial x_j}\rho\overline{c_i c_j} = \frac{\partial}{\partial x_j}\rho v_i v_j + \frac{\partial}{\partial x_j}\rho\overline{C_i C_j}. \tag{3.104}$$

第 3 項は Q が x_i の関数でないから 0 である．

第 4 項は

$$\overline{\frac{\partial(mc_i)}{\partial c_j}nG_j} = \overline{nm\delta_{ij}G_j} = \rho\delta_{ij}G_j = \rho G_i. \tag{3.105}$$

結局，次式を得る．

$$\frac{\partial}{\partial t}(\rho v_i) + \frac{\partial}{\partial x_j}[\rho v_i v_j + \rho\overline{C_i C_j}] = \rho G_i. \tag{3.106}$$

ここで次のような圧力テンソルを定義する．

$$p_{ij} = \rho\overline{C_i C_j}. \tag{3.107}$$

すると式 (3.106) は次のように書き直される．

$$\frac{\partial}{\partial t}(\rho v_i) + \frac{\partial}{\partial x_j}(\rho v_i v_j) = -\frac{\partial p_{ij}}{\partial x_j} + \rho G_i. \tag{3.108}$$

まず圧力テンソルが対称テンソルであることは，定義式 (3.107) から分かる．

$$p_{ij} = p_{ji}. \tag{3.109}$$

圧力テンソルは 2 階のテンソルであるので行列と見ることもできる．行列の対角

項の和をトレースと呼ぶ. 圧力テンソルのトレースの $1/3$ を p と定義する.

$$p = \frac{1}{3}\left(p_{11} + p_{22} + p_{33}\right) = \frac{1}{3}p_{ii}. \tag{3.110}$$

そして圧力テンソルを形式的に次のように分離する.

$$p_{ij} = p\delta_{ij} - \tau_{ij}. \tag{3.111}$$

式 (3.111) の右辺第 2 項を粘性テンソルと呼ぶ. 粘性テンソルのトレースは 0 である. そのようなテンソルをトレースレスであるという. 実際, 粘性テンソルのトレースが 0 であることは, 式 (3.111) のトレースを取ると

$$\tau_{ii} = p\delta_{ii} - p_{ii} = 3p - 3p = 0 \tag{3.112}$$

であるので, すぐに分かる.

　粘性テンソルが実際, 気体の粘性に関係する量であることは, 後の節でみる. ここでは圧力テンソルの対角項が圧力に関係した量であることだけを示す. 局所熱平衡状態の場合, 対角項の各項は等しく, それは実際, 式 (3.107) の定義式で, 分布関数としてマクスウェル分布を用いて計算すると熱力学的な圧力になる.

$$p_{11} = p_{22} = p_{33} = p. \tag{3.113}$$

　式 (3.111) を式 (3.108) に代入すると

$$\frac{\partial \rho v_i}{\partial t} + \frac{\partial}{\partial x_j}\left(\rho v_i v_j + p\delta_{ij}\right) = \frac{\partial \tau_{ij}}{\partial x_j} + \rho G_i. \tag{3.114}$$

式 (3.49) では, 粘性のないオイラー方程式を導いたが, ここでは粘性のあるナビエ–ストークス方程式 (のようなもの) が導かれた. ただし, この段階ではまだ粘性テンソルと名付けただけなので, 厳密な意味ではナビエ–ストークス方程式にはなっていない. なぜなら, ここまでの導出には, 衝突項は関係ないからである.

分子の熱運動と巨視的熱力学量の関係

$$\overline{C_i C_j} \equiv \int C_i C_j f \, d\boldsymbol{c} \tag{3.115}$$

のような量が出てきたが, この量の意味は数学的には分子の熱速度の相関である. しかし, それだけではよく分からないので, 物理的な意味を考えよう. 分子

の速度の大きさを C とすると，それは次の式で求められる．

$$C_i C_i = C_1^2 + C_2^2 + C_3^2 = C^2. \tag{3.116}$$

気体が局所熱平衡状態にある場合は，式（3.115）に現れる分布関数 f はマクスウェル分布になり，それは速度空間で球対称的であるので，i と j が等しいときのみ値を持つ．なぜなら i と j が等しくない場合，被積分関数は C_i などに関して奇関数になるからである．

$$\rho \overline{C_i C_j} = p\, \delta_{ij} \tag{3.117}$$

空間の等方性から，次の関係も成り立つ．

$$\overline{C_1^2} = \overline{C_2^2} = \overline{C_3^2} = \frac{1}{3}\overline{C^2}. \tag{3.118}$$

式（3.117）で $i = j = 1$ とすると

$$p = \rho \overline{C_1^2} = \frac{1}{3}\rho \overline{C^2}. \tag{3.119}$$

分子の質量を m とすると，分子 1 個の平均的な運動エネルギーは，次の式で表される．

$$e_{\mathrm{kin}} = \frac{1}{2}m\overline{C^2}. \tag{3.120}$$

熱平衡状態では，運動の自由度ごとに $k_{\mathrm{B}}T/2$ のエネルギーが等分配される．1 原子分子を考えると，運動の自由度は空間の 3 次元性に対応して 3 である．したがって次の関係がある．

$$e_{\mathrm{kin}} = \frac{1}{2}m\overline{C^2} = \frac{3}{2}kT. \tag{3.121}$$

単位質量あたりの運動エネルギーを E_{kin} とすると

$$E_{\mathrm{kin}} = \frac{e_{\mathrm{kin}}}{m} = \frac{1}{2}\overline{C^2} = \frac{3}{2}\frac{k}{m}T = \frac{3}{2}RT. \tag{3.122}$$

気体の単位体積あたりの運動エネルギーは式（3.122）に ρ をかけて得られる．

$$\rho E_{\mathrm{kin}} = \frac{1}{2}\rho \overline{C^2} = \frac{3}{2}\rho RT. \tag{3.123}$$

この式と式（3.119）を比較すると

$$p = \rho RT \tag{3.124}$$

という完全気体の状態方程式が導かれる. つまり式 (3.117) で対角項を圧力としたことは正しかったわけだ. 後で出てくるので, エンタルピーも求めておこう.

$$H = E_{\text{kin}} + \frac{p}{\rho} = \frac{5}{2} RT. \tag{3.125}$$

エネルギー保存の方程式

式 (3.96) において Q を分子 1 個の運動エネルギーとする. つまり $Q = mc_i c_i / 2 = mc^2 / 2$ とおく. 第 1 項は

$$\frac{\partial \overline{nQ}}{\partial t} = \frac{1}{2} \frac{\partial}{\partial t} nm \overline{c^2} = \frac{1}{2} \frac{\partial}{\partial t} \rho \overline{c^2}. \tag{3.126}$$

ここで式 (3.100) の関係を使うと

$$\overline{c^2} = \overline{c_i c_i} = \overline{(C_i + v_i)(C_i + v_i)} = \overline{C_i C_i} + 2\overline{C_i} v_i + v_i v_i = \overline{C^2} + v^2. \tag{3.127}$$

流体の運動エネルギーと分子の熱運動による運動エネルギーの和を全エネルギー E_{tot} と呼ぶことにする.

$$E_{\text{tot}} = \frac{1}{2} \overline{c^2} = \frac{1}{2} v^2 + \frac{1}{2} \overline{C^2} = \frac{1}{2} v^2 + E_{\text{kin}}. \tag{3.128}$$

式 (3.128) の右辺第 1 項は, 流体運動による運動エネルギー, 第 2 項は分子運動による運動エネルギー (それは内部エネルギーに等しい) を意味する. すると

$$\frac{\partial \overline{nQ}}{\partial t} = \frac{\partial (\rho E_{\text{tot}})}{\partial t}. \tag{3.129}$$

式 (3.96) の第 2 項を計算するために, 次の計算をしておく.

$$\begin{aligned}
\overline{nQc_j} &= \frac{1}{2} \overline{nmc_i c_i c_j} = \frac{1}{2} \rho \overline{c_i c_i c_j} = \frac{1}{2} \rho \overline{(C_i + v_i)(C_i + v_i)(C_j + v_j)} \\
&= \frac{1}{2} \rho \overline{(C^2 + 2C_i v_i + v^2)(C_j + v_j)} = \frac{1}{2} \rho \left(\overline{C^2 C_j} + \overline{C^2} v_j + 2\overline{C_i C_j} v_i + v^2 v_j \right) \\
&= \frac{1}{2} \rho \overline{C^2 C_j} + \rho E_{\text{tot}} v_j + \rho \overline{C_i C_j} v_i = \frac{1}{2} \rho \overline{C^2 C_j} + \rho E_{\text{tot}} v_j + (p\delta_{ij} - \tau_{ij}) v_i \\
&= \frac{1}{2} \rho \overline{C^2 C_j} + (\rho E_{\text{tot}} + p) v_j - \tau_{ij} v_i. \tag{3.130}
\end{aligned}$$

ここで熱流束ベクトルを次のように定義する.

$$q_i \equiv \frac{1}{2}\rho\overline{C^2 C_i}. \tag{3.131}$$

Q は c_i のみの関数だから，式 (3.96) の第 3 項が 0 であることは，すぐに分かる．

第 4 項は

$$-\overline{\frac{\partial Q}{\partial c_i} n G_i} = -\frac{1}{2}\rho\overline{\left(\frac{\partial}{\partial c_i} c_j c_j\right) G_i} = -\rho\overline{c_i}G_i = -\rho v_i G_i. \tag{3.132}$$

結局，次の方程式が得られる．

$$\frac{\partial (\rho E_{\mathrm{tot}})}{\partial t} + \frac{\partial}{\partial x_j}\left[v_j \left(\rho E_{\mathrm{tot}} + p\right)\right] = \frac{\partial}{\partial x_j}\left(\tau_{jk}v_k - q_j\right) + \rho G_j v_j. \tag{3.133}$$

ここで式 (3.133) の左辺第 2 項の括弧の中を次のように書き換える．

$$
\begin{aligned}
v_j \left(\rho E_{\mathrm{tot}} + p\right) &= \rho v_j \left(E_{\mathrm{tot}} + \frac{p}{\rho}\right) = \rho v_j \left(\frac{1}{2}v^2 + E_{\mathrm{kin}} + \frac{p}{\rho}\right) \\
&= \rho v_j \left(\frac{1}{2}v^2 + H\right) = \rho v_j H_{\mathrm{tot}}.
\end{aligned} \tag{3.134}
$$

ここで H_{tot} は全エンタルピーと呼ばれる量である．

式 (3.133) の左辺第 2 項から分かることは，移流で運ばれる全エネルギーの流束は全エンタルピーである．式 (3.133) の右辺第 1 項は，粘性による発熱と熱伝導によるエネルギー輸送を表している．最後の項は外力による仕事である．

ここまでにしたことをまとめると，BGK 方程式の 3 種のモーメント方程式を計算することにより，質量保存，運動量保存，全エネルギー保存の式が導かれた．さらに，運動量保存，全エネルギー保存の式には，粘性，熱伝導に対応する項が自動的に導入された．そのため，導かれた式はナビエ–ストークスの方程式であるように見える．これらの方程式を再度まとめて書くと以下のようになる．

$$\frac{\partial \rho}{\partial t} + \frac{\partial}{\partial x_j}\left(\rho v_j\right) = 0 \tag{3.135}$$

$$\frac{\partial \rho v_i}{\partial t} + \frac{\partial}{\partial x_j}\left(\rho v_i v_j + p\delta_{ij}\right) = \frac{\partial \tau_{ij}}{\partial x_j} + \rho G_i \tag{3.136}$$

$$\frac{\partial (\rho E_{\mathrm{tot}})}{\partial t} + \frac{\partial}{\partial x_j}\left(\rho v_j H_{\mathrm{tot}}\right) = \frac{\partial}{\partial x_j}\left(\tau_{jk}v_k - q_j\right) + \rho G_j v_j. \tag{3.137}$$

ただし，以前に注意したように，まだこの段階では厳密にはナビエ–ストー

クスの方程式ではない. 以上の式の導出には衝突項が役割をはたしていないからだ. 実際, 粘性テンソル, 熱流束ベクトルを巨視的な量で表さなくては, 式 (3.136), (3.137) の右辺を計算できない.

　以上の式は星の多体系を支配する無衝突ボルツマン方程式にも適用できる. 星の系と流体が異なるのは, 流体では粒子間衝突を通じて, 速度分布関数がマクスウェル分布に近づこうとしていることだ. 星の系を記述する速度分布関数は, 球対称なマクスウェル分布ではなく, たとえば 3 軸不等の楕円体で近似できる.

　じつは上記の式は粘性テンソルとか, 熱流束ベクトルなどが導入されたので, 変数の数が方程式の数より多くて, 解くことができないのである. それを解くためには, さらに高次のモーメント方程式が必要になり, 方程式系は閉じない. そこでなんらかの方法で式を閉じさせなければならない. 真のナビエ–ストークス方程式を導くためには, 粘性テンソルと流れのシアー (3.1.6 節参照) の関係, 熱流束ベクトルと温度勾配の関係をつける必要があるのだ. 巨視的な見方では, その関係は実験事実としてニュートン–ストークスの法則, フーリエの法則として, 経験的に導入された. ここで議論した微視的なアプローチでは, 衝突項を考慮することにより, これらの関係が導けるのである. しかしその導出は, チャップマン–エンスコッグ展開という, かなり複雑な手続きを踏まねばならない. したがって, あとで概要を述べるだけに留める.

3.1.6　粘性, 熱伝導と輸送現象

シアー流と粘性テンソル

　3.1.3 節では巨視的な観点から, 粘性, 熱伝導のないオイラー方程式を導出した. また 3.1.5 節では微視的な観点から, 粘性, 熱伝導を含んだナビエ–ストークス方程式 (らしきもの) を導出した. ここでは式 (3.111) で定義された粘性テンソルについて論じる. 式 (3.111) をもう一度書くと

$$p_{ij} = p\delta_{ij} - \tau_{ij}. \tag{3.138}$$

ここで右辺第 2 項を粘性テンソルと呼ぶ. 粘性テンソルを流れの巨視的な変数で表さなければ式 (3.136) を解くことができない. それについてまず巨視的視点から考える.

　図 3.5 に示すように x 方向に沿って流体が, 速度 u で流れているとする. そ

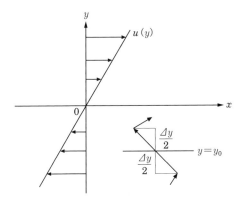

図 **3.5** シアー流.

して速度 u は y のみの関数であるとする. つまり $u = u(y), v = 0$ とする. この
ような流れを剪断流またはシアー流とよぶ.

剪断流には粘性が働き, それは流れのシアーをなくす方向に働く. ニュートン
は流れにシアーがあるとき, 粘性力は流れのシアーの大きさ, つまり速度勾配に
比例することを見いだした. 式で書けば

$$\tau_{xy} = \mu \frac{\partial u}{\partial y}. \tag{3.139}$$

ここで μ を粘性係数と呼ぶ. 式 (3.139) をもう少し一般的に書けば

$$\tau_{12} = \mu \frac{\partial v_1}{\partial x_2}. \tag{3.140}$$

このことから次のような一般形が予想される.

$$\tau_{ij} = \mu \frac{\partial v_i}{\partial x_j}.$$

しかし, この予想はじつは正しくない.

右辺の速度勾配を次のように形式的に変形してみる.

$$\frac{\partial v_i}{\partial x_j} = \frac{1}{2}\left(\frac{\partial v_i}{\partial x_j} + \frac{\partial v_j}{\partial x_i}\right) + \frac{1}{2}\left(\frac{\partial v_i}{\partial x_j} - \frac{\partial v_j}{\partial x_i}\right) = \Lambda_{ij} + \frac{1}{2}\left(\frac{\partial v_i}{\partial x_j} - \frac{\partial v_j}{\partial x_i}\right). \tag{3.141}$$

ただし

$$\Lambda_{ij} = \frac{1}{2}\left(\frac{\partial v_i}{\partial x_j} + \frac{\partial v_j}{\partial x_i}\right) \tag{3.142}$$

は，ひずみ速度テンソルと呼ばれる．式（3.141）の右辺第 1 項は流れのシアーを，第 2 項は，流れの回転を表す．剛体回転している流れに対しては，粘性は働かないはずである．なぜなら，同じ角速度で回転している観測者にとっては，流れがないからである．だから粘性テンソルはひずみ速度テンソルの関数でなければならない．すると次の形が予想できる．

$$\tau_{ij} = \mu \Lambda_{ij}.$$

ところがこれも正しくない．というのは式（3.112）で見たように粘性テンソルはトレースレスであるが，ひずみ速度テンソルはそうではないからだ．

　そこで次の形を予想する．

$$\tau_{ij} = a\Lambda_{ij} + b\delta_{ij}\Lambda_{kk}. \tag{3.143}$$

右辺のテンソルがトレースレスであるためには

$$\tau_{ii} = a\Lambda_{ii} + b\delta_{ii}\Lambda_{kk} = a\Lambda_{ii} + 3b\Lambda_{ii} = (a + 3b)\,\Lambda_{ii} = 0. \tag{3.144}$$

つまり

$$b = -\frac{1}{3}a. \tag{3.145}$$

結局

$$\begin{aligned}
\tau_{ij} &= a\left(\Lambda_{ij} - \frac{1}{3}\delta_{ij}\Lambda_{kk}\right) = a\left[\frac{1}{2}\left(\frac{\partial v_i}{\partial x_j} + \frac{\partial v_j}{\partial x_i}\right) - \frac{1}{3}\delta_{ij}\frac{\partial v_k}{\partial x_k}\right] \\
&= \frac{a}{2}\left(\frac{\partial v_i}{\partial x_j} + \frac{\partial v_j}{\partial x_i} - \frac{2}{3}\delta_{ij}\frac{\partial v_k}{\partial x_k}\right) = \mu\left(\frac{\partial v_i}{\partial x_j} + \frac{\partial v_j}{\partial x_i} - \frac{2}{3}\delta_{ij}\frac{\partial v_k}{\partial x_k}\right) \tag{3.146}
\end{aligned}$$

とすれば良いことが分かる．ひずみ速度テンソルのトレースは，じつは流れの発散であることに注意する．

$$\Lambda_{ii} = \frac{1}{2}\left(\frac{\partial v_i}{\partial x_i} + \frac{\partial v_i}{\partial x_i}\right) = \frac{\partial v_i}{\partial x_i} = \mathrm{div}\,\boldsymbol{v} \tag{3.147}$$

ナビエ–ストークス方程式

　以上の考察から，ナビエ–ストークス方程式らしきものの式（3.136）は真のナ

ビエ–ストークス方程式になる.

$$\frac{\partial \rho v_i}{\partial t} + \frac{\partial}{\partial x_j}\left(\rho v_i v_j + p\delta_{ij}\right) = \frac{\partial}{\partial x_j}\left[\mu\left(\frac{\partial v_i}{\partial x_j} + \frac{\partial v_j}{\partial x_i} - \frac{2}{3}\delta_{ij}\frac{\partial v_k}{\partial x_k}\right)\right] + \rho G_i.$$
(3.148)

粘性係数 μ が一定であるとき,式 (3.148) の右辺第 1 項はさらに簡単化できる.

$$\frac{\partial}{\partial x_j}\left[\mu\left(\frac{\partial v_i}{\partial x_j} + \frac{\partial v_j}{\partial x_i} - \frac{2}{3}\delta_{ij}\frac{\partial v_k}{\partial x_k}\right)\right] = \mu\frac{\partial}{\partial x_j}\left(\frac{\partial v_i}{\partial x_j} + \frac{\partial v_j}{\partial x_i} - \frac{2}{3}\delta_{ij}\frac{\partial v_k}{\partial x_k}\right)$$
$$= \mu\left[\frac{\partial^2 v_i}{\partial x_j^2} + \frac{\partial}{\partial x_i}\left(\frac{\partial v_j}{\partial x_j}\right) - \frac{2}{3}\frac{\partial}{\partial x_j}\left(\delta_{ij}\frac{\partial v_k}{\partial x_k}\right)\right]$$
$$= \mu\left[\frac{\partial^2 v_i}{\partial x_j^2} + \frac{1}{3}\frac{\partial}{\partial x_i}\left(\frac{\partial v_k}{\partial x_k}\right)\right]$$
(3.149)

多くの教科書にあるように,式 (3.149) の右辺をベクトル形式で書くと

$$\text{式 (3.149) の右辺} = \mu\left[\nabla^2\boldsymbol{v} + \frac{1}{3}\nabla\left(\nabla\cdot\boldsymbol{v}\right)\right]$$
(3.150)

熱流束ベクトル (3.131) に関しては,つぎのように温度勾配という巨視的量で表すことができる.

$$q_i = -K\frac{\partial T}{\partial x_i}.$$
(3.151)

ここで K は熱伝導係数である.式 (3.151) をフーリエの法則と呼ぶ.

第 2 粘性係数

ここではかなり微細な点を議論するので,読み飛ばしてかまわない.式 (3.148) を導く議論は,これはこれで正しいのだが,教科書によっては違う結論を導いているものもある.それは第 2 粘性係数の導入である.どこで差が生じるのか.

式 (3.111) において圧力を圧力テンソルのトレースの 1/3 として定義した.この定義の圧力は局所熱平衡の場合は,実際の熱力学圧力と一致するのだが,局所熱平衡でない場合,微妙な差が生じることがある.そこで式 (3.138) の圧力を熱力学圧力とする.その場合,粘性テンソルはトレースレスにはならない.その微小な残差を考慮して粘性テンソルを次のように定義する.

$$\tau_{ij} = \mu\left(\frac{\partial v_i}{\partial x_j} + \frac{\partial v_j}{\partial x_i} - \frac{2}{3}\delta_{ij}\frac{\partial v_k}{\partial x_k}\right) + \zeta\delta_{ij}\frac{\partial v_k}{\partial x_k}.$$
(3.152)

右辺第 2 項に現れる係数 ζ を第 2 粘性係数と呼ぶ．第 2 粘性係数は通常の流れでは無視してかまわない．

式 (3.152) をさらに次のように書き換える．

$$\tau_{ij} = \mu\left(\frac{\partial v_i}{\partial x_j} + \frac{\partial v_j}{\partial x_i}\right) + \left(\zeta - \frac{2}{3}\mu\right)\delta_{ij}\frac{\partial v_k}{\partial x_k}. \qquad (3.153)$$

式 (3.153) の右辺第 1 項をシアー粘性，第 2 項を体積粘性とよぶことがある．体積粘性は，普通は大きな役割を果たさない．しかし伝播していく音波が減衰するのは体積粘性のせいである．

粘性係数の微視的理論による定性的な導出

図 3.5 で表されるようなシアー流を考える．微視的に見ると気体は，熱によりランダムな運動をしている分子の集合である．さて流れの中に $y = y_0$ という面を考える．そこから $\Delta y/2$ だけ下で，ある分子が他の分子と衝突して，その後，上の方向に自由に飛行して $y = y_0 + \Delta y/2$ において，また他の分子と衝突したとする．ここで Δy の大きさは平均自由行程の程度である．この過程で気体分子は x 方向の運動量を y 方向に運ぶ．逆に $y = y_0 + \Delta y/2$ で衝突した分子が下に飛んで，$y = y_0 - \Delta y/2$ で他の分子と衝突するとする．この場合，運動量は下に運ばれる．$y = y_0$ にある単位面積を単位時間に通過する分子の数は $n\overline{C}$ の程度である．したがって，単位面積，単位時間あたり，y 方向に運ばれる正味の x 方向運動量は，次のようになる．ここで a は大きさが 1 の程度の定数である．

$$-an\overline{C}\left[mu\left(y_0 - \frac{\Delta y}{2}\right) - mu\left(y_0 + \frac{\Delta y}{2}\right)\right].$$

これはじつは粘性テンソルの xy 成分である．符号は運動量の輸送の方向と，粘性（シアーストレス）の方向は逆であることを考慮した．Δy が小さいとしてテイラー展開すると次のようになる．

$$\begin{aligned}\tau_{xy} &= -an\overline{C}\left[mu\left(y_0 - \frac{\Delta y}{2}\right) - mu\left(y_0 + \frac{\Delta y}{2}\right)\right] \\ &= amn\overline{C}\frac{\partial u}{\partial y}\Delta y = a\rho\overline{C}\frac{\partial u}{\partial y}\Delta y\end{aligned} \qquad (3.154)$$

ここで $\Delta y = b\lambda$ と仮定する．ただし b は 1 の程度の大きさの定数であり，λ は平均自由行程である．式 (3.139) と比較して，粘性係数 μ は次のように評価で

きる.

$$\mu = ab\rho\overline{C}\lambda \equiv \beta\rho\overline{C}\lambda \tag{3.155}$$

ここで $\beta \equiv ab$ はやはり 1 程度の大きさの定数である.

空間の 3 次元性を考慮して $\Delta y = \lambda/\sqrt{3}$, $\overline{C}$ の代わりに $\overline{C}/\sqrt{3}$ とおくと

$$\beta = \frac{1}{3} \tag{3.156}$$

となる. さらにもっと詳しい計算によれば

$$\beta = \frac{1}{2} \tag{3.157}$$

である. しかしいずれにせよ, ここでの議論は定性的なものであり, 得られた β の値をあまり厳密に考える必要はない.

粘性係数の微視的理論による厳密な導出

以下ではチャップマン–エンスコッグ展開の理論と呼ばれるものの概要を説明する. 式 (3.107) と式 (3.111) から粘性テンソルは次のように表される.

$$\tau_{ij} = -mn\overline{C_iC_j} \qquad (\text{ただし } i \neq j). \tag{3.158}$$

この式の意味することは, τ_{ij} とは i 方向の運動量の j 方向への輸送, あるいは j 方向の運動量の i 方向への輸送ということだ.

式 (3.158) で平均を計算するには, 速度分布関数が必要である. 速度分布関数として局所熱平衡のそれ, つまりマクスウェル分布を用いると式 (3.158) は 0 になる. なぜなら, 被積分関数が速度成分の奇関数になるからである.

局所熱平衡でないが, 速度分布関数がマクスウェル分布から少しだけずれている状況を考える.

$$f = f_0 + g \tag{3.159}$$

ここで f_0 はマクスウェル分布で, g はそれからの小さなずれである. すると粘性テンソルは次のように表される.

$$\tau_{ij} = -mn\int C_iC_jg\,d\boldsymbol{c} \tag{3.160}$$

BGK 方程式 (3.86) を再掲する.

$$\frac{\partial (nf)}{\partial t} + c_i \frac{\partial (nf)}{\partial x_i} + G_i \frac{\partial (nf)}{\partial c_i} = -n\frac{f - f_0}{\tau} = -\frac{ng}{\tau} \tag{3.161}$$

式 (3.161) の左辺に式 (3.159) を代入して，主要な項だけを残すと

$$g = -\frac{\tau}{n} \left[\frac{\partial (nf_0)}{\partial t} + c_i \frac{\partial (nf_0)}{\partial x_i} + G_i \frac{\partial (nf_0)}{\partial c_i} \right] \tag{3.162}$$

となる．式 (3.162) を式 (3.160) に代入すると，粘性係数が計算できる．この計算はかなり複雑であり本書の範囲をこえるので，ここでは結果のみ示す（巻末の参考文献 [33], [34] 参照）．

$$g = -\tau \left[\frac{1}{T} \frac{\partial T}{\partial x_i} C_i \left(\frac{C^2}{2RT} - \frac{5}{2} \right) + \frac{1}{RT} \Lambda_{ij} \left(C_i C_j - \frac{1}{3} \delta_{ij} C^2 \right) \right] f_0. \tag{3.163}$$

(3.163) の右辺の大括弧中の第 1 項は熱伝導に関する項であり，第 2 項が粘性に関する項である．この式から分かることは，熱伝導は温度勾配に，粘性はひずみ速度テンソルに関係することである．これらの事実は，巨視的にはフーリエの法則やニュートンの法則として，実験事実として明らかになったことであるが，気体分子運動論的には論理的帰結として導かれる．この点が微視的な記述の威力である．

(3.163) にマクスウェル分布の式 (3.87) を代入して計算すると，粘性係数，熱伝導係数が計算で求まる．(3.87) を再掲すると

$$f_0 = \left[\frac{1}{2\pi RT} \right]^{\frac{3}{2}} \exp \left[-\frac{C_i C_i}{2RT} \right] \tag{3.164}$$

粘性係数を求めると

$$\mu = \tau n k T = \tau \rho R T \tag{3.165}$$

熱伝導係数は

$$K = \frac{5}{2} \tau n \frac{k^2 T}{m} \tag{3.166}$$

となる．

緩和時間 τ が分子の平均自由時間と等しいと仮定すると

$$\tau \overline{C} = \lambda \tag{3.167}$$

とおくことができる．分子の平均速度として，たとえばマクスウェル分布で f_0 の値が最大になる最確速度

$$\overline{C} = C_m = \sqrt{2RT} \tag{3.168}$$

を選んだとすれば（3.165）から

$$\mu = \tau\rho RT = \frac{\lambda}{\overline{C}}\rho\frac{\overline{C}^2}{2} = \frac{1}{2}\rho\overline{C}\lambda \tag{3.169}$$

となり，$\beta=1/2$ が得られる．しかし，以上の計算は BGK 近似をもととしており，より正確なボルツマン方程式を用いると，少し異なった結果が得られる．

3.2 流体の不安定性と乱流

　天体を構成するガスは粘性が小さいために，レイノルズ数（より正確な議論は，3.2.3 乱流の節で記述）が大きい．このため流れが不安定な場合，成長したゆらぎは乱流へと成長しやすい．この節では最初に流体が不安定となる条件，ゆらぎの典型的な成長率と波長を求めたのちに，乱流および対流について基礎的な事柄をまとめる．

　本節では対流不安定性やケルビン–ヘルムホルツ不安定など，純粋に流体力学的な不安定だけを取り扱う．自己重力に起因する不安定（ジーンズ不安定）については続く 3.3 節で，磁気流体での不安定（磁気回転不安定, MRI）については第 12 巻 2.3 節で扱う．

3.2.1　対流不安定

安定性条件

　重いものが上に乗っている状態は力学的に不安定である．これと同様に，密度の高いガスが低密度のガスの上に乗っている状態は不安定である．

　日常的な用語で「上」とは，「重力と反対の向き」と解釈することができる．直観に従えば，対流不安定の条件は重力ポテンシャル ϕ と密度 ρ の勾配を使って，

$$\boldsymbol{g}\cdot\nabla\rho = -\nabla\phi\cdot\nabla\rho < 0 \tag{3.170}$$

と書けそうに思える．流体の各部分（専門用語では流体素片）の体積が変化しな

い場合は（つまり非圧縮性の流体の場合には），この推測が正しいことを次のような議論により示すことができる.

　最初に簡単な例として，重力と圧力がつりあった平衡状態を考えよう. このときの密度分布 ρ_0 と圧力分布 p_0 の間には，

$$\nabla p_0 = \rho_0 \, \boldsymbol{g} \tag{3.171}$$

という関係が得られる. ここで密度や圧力の添え字 0 はゆらぎのない状態であることを表している. ここで $\boldsymbol{r} = \boldsymbol{r}_0$ にある流体（素片）を $\boldsymbol{r} = \boldsymbol{r}_0 + \boldsymbol{\xi}$ に移動させた場合に，この流体に働く力を考えよう. 流体の各部分は膨張も収縮もせず密度は ρ_0 のまま変化しないと仮定したので，単位体積あたりにかかる重力は変わらないが，位置が変化したために圧力勾配は変化する. このことを考慮すると運動方程式は，ラグランジュ的表現で，

$$\rho_0 \frac{d^2 \boldsymbol{\xi}}{dt^2} = \rho_0 \boldsymbol{g} \left(\boldsymbol{r}_0 + \boldsymbol{\xi} \right) - \nabla p \left(\boldsymbol{r} = \boldsymbol{r}_0 + \boldsymbol{\xi} \right) \tag{3.172}$$

と求められる. 式（3.172）の左辺に現れる変位ベクトル $\boldsymbol{\xi}$ の時間 2 階微分は慣性力を表す. 式（3.171）を使うと式（3.172）の左辺に現れる圧力勾配は，

$$\nabla p \left(\boldsymbol{r} = \boldsymbol{r}_0 + \boldsymbol{\xi} \right) = \rho_0 \left(\boldsymbol{r}_0 + \boldsymbol{\xi} \right) \boldsymbol{g} \left(\boldsymbol{r}_0 + \boldsymbol{\xi} \right) \tag{3.173}$$

$$= \left[\rho_0(\boldsymbol{r}_0) + \nabla \rho_0 \cdot \boldsymbol{\xi} \right] \boldsymbol{g} \left(\boldsymbol{r}_0 + \boldsymbol{\xi} \right) \tag{3.174}$$

と評価することができる. ここで変位ベクトル $\boldsymbol{\xi}$ は十分に小さいと考え，2 次以上の微小量は無視した. 式（3.174）を式（3.172）に代入し整理すると，

$$\rho_0 \frac{d^2 \boldsymbol{\xi}}{dt^2} = - \left(\nabla \rho_0 \cdot \boldsymbol{\xi} \right) \boldsymbol{g} \tag{3.175}$$

が得られる. すなわち重力と平行な方向には変位に比例した力が働く. 条件（3.170）が成立する場合は変位と力の向きが同じになるため，変位をさらに増大させる方向に力が働くので不安定である. これに対して上ほど密度が低い（$\boldsymbol{g} \cdot \nabla \rho_0 > 0$）場合，変位と力の向きと反対なので，変位は一定の振幅で振動し，安定である.

　ここまでは簡単のため流体の各部分は膨張も収縮もしないと仮定してきたが，ガス（圧縮性流体）の場合は変位に伴ってふつう密度も変化する. とくに圧力の高い場所から低い場所にガスが移動すると，膨張する. 周囲のガスと圧力平衡を

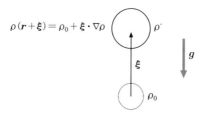

図 **3.6** 流体の一部が r から ξ だけ移動すると，密度は ρ_0 から ρ' に変化する．変位した場所に元からあるガスの密度 $\rho_0 + \xi \cdot \nabla\rho$ は移動してきたガスの密度と異なるので，変位した流体には変位量 ξ に比例した力が働く．

保ちつつ，断熱的（単位質量あたりのエントロピー s を保ったまま）変位すると，ガスの圧力は $\nabla p_0 \cdot \xi$ だけ変化するので，ガス密度 ρ' は

$$\rho' = \rho_0 + \left(\frac{\partial\rho}{\partial p}\right)_s (\nabla p_0 \cdot \xi) \tag{3.176}$$

となる（図 3.6 を参照）．式（3.172）の ρ_0 を ρ' に置き換えて整理すると，

$$\rho' \frac{d^2\xi}{dt^2} = -\left[\left\{\nabla\rho_0 - \left(\frac{\partial\rho}{\partial p}\right)_s \nabla p_0\right\} \cdot \xi\right] g \tag{3.177}$$

が得られる．式（3.175）と（3.177）を比べると，圧力勾配による密度変化による補正が加わることが分かる．化学組成は一様とする[*2]と，式（3.177）は

$$\rho' \frac{d^2\xi}{dt^2} = -\left(\frac{\partial\rho}{\partial s}\right)_p (\nabla s_0 \cdot \xi) g \tag{3.178}$$

と書き換えられる．通常の気体では熱を加えると膨張して密度が下がる（$(\partial\rho/\partial s)_p < 0$）ので，安定である条件は

$$g \cdot \nabla s_0 < 0 \tag{3.179}$$

である．圧力差によりガスが膨張・収縮することを考慮すると，式（3.179）のように重力が働く方向に向かってエントロピー s が減少するのが，（対流）安定である条件として得られる．

　式（3.171）を代入すると，式（3.179）は

[*2] 化学組成が不均質な場合は「化学組成が不均一な場合」の項（290 ページ）で扱う．

$$\nabla p_0 \cdot \nabla s_0 < 0 \tag{3.180}$$

と書き表すことができる．式（3.180）は熱力学関数の分布だけから安定性を議論できるという意味で有用である．

変分原理

　前項で得られた安定性の条件は正しいが，数学的な取り扱いが少しぞんざいである．流体（ガス）の中で着目した小部分が変位したにもかかわらず，圧力分布には変化がないとして圧力勾配を求めた．

　このような曖昧さは変分原理を使うことにより避けられる．密度分布は $\rho_0 + \delta\rho$，圧力は $p_0 + \delta p$ というように，平衡状態から微小な変化があったと考えると，流体力学の運動方程式は

$$(\rho_0 + \delta\rho)\frac{d^2\boldsymbol{\xi}}{dt^2} + \nabla(p_0 + \delta p) - (\rho_0 + \delta\rho)\boldsymbol{g} = 0 \tag{3.181}$$

となる．ここで $\boldsymbol{\xi}$ はラグランジュ的に考えた流体の変位である（密度や圧力の変化はオイラー的になっていることに注意）．この方程式と式（3.171）の差をとり，1次の微小量だけを残すと，摂動方程式

$$\rho_0\frac{d^2\boldsymbol{\xi}}{dt^2} + \nabla\delta p - \delta\rho\boldsymbol{g} = 0 \tag{3.182}$$

が得られる．質量の保存則である式（3.24）を時間で積分すると，変位分布よりオイラー的な密度変化

$$\delta\rho = -\nabla\cdot(\rho_0\boldsymbol{\xi}) \tag{3.183}$$

を求めることができる．また熱の出入りがないので，初期のエントロピー分布 s_0 によりエントロピーの変化は

$$\delta s = -\boldsymbol{\xi}\cdot\nabla s_0 \tag{3.184}$$

のように求められる．式（3.183）と（3.184）とに熱力学の関係式を用いると，圧力の変化も

$$\delta p = -\rho_0\left(\frac{\partial p}{\partial\rho}\right)_s \nabla\cdot\boldsymbol{\xi} - \boldsymbol{\xi}\cdot\nabla p_0 \tag{3.185}$$

と求めることができる．これらを摂動方程式に代入すれば，変位の加速度（流体

素片に働く力）を求めることができる.

さきほどの議論と同様に，加速度 $d^2\boldsymbol{\xi}/dt^2$ と変位 $\boldsymbol{\xi}$ の内積が正であれば不安定，負であれば安定である．次のように数式を変形させると加速度と変位の内積の符号が判別しやすくなる.

$$\rho_0\boldsymbol{\xi}\cdot\frac{d^2\boldsymbol{\xi}}{dt^2} = (\boldsymbol{\xi}\cdot\boldsymbol{g})\delta\rho - \boldsymbol{\xi}\cdot\nabla\delta p \tag{3.186}$$

$$= \frac{\delta\rho}{\rho_0}\boldsymbol{\xi}\cdot\nabla p_0 + (\nabla\cdot\boldsymbol{\xi})\,\delta p - \nabla\cdot(\delta p\boldsymbol{\xi}) \tag{3.187}$$

$$= -\frac{1}{\rho_0}\left(\frac{\partial\rho}{\partial s}\right)_p(\boldsymbol{\xi}\cdot\nabla s_0)(\boldsymbol{\xi}\cdot\nabla p_0) - \left(\frac{\partial\rho}{\partial p}\right)_s\frac{(\delta p)^2}{\rho_0}$$
$$+ \nabla\cdot(\delta p\boldsymbol{\xi}) \tag{3.188}$$

式（3.188）を考えている領域全体で積分して考えよう．領域の境界で変位の垂直成分がない（固定境界，$\boldsymbol{\xi}\cdot\boldsymbol{n}=0$）か，圧力変化がない（自由境界，$\delta p=0$）であれば最後の右辺の最後の項（＝仕事）が落とせるので，

$$\int\rho_0\boldsymbol{\xi}\cdot\frac{d^2\boldsymbol{\xi}}{dt^2}dV = -\int\left[\left(\frac{\partial\rho}{\partial s}\right)_p(\boldsymbol{\xi}\cdot\nabla s_0)(\boldsymbol{\xi}\cdot\nabla p_0) + \left(\frac{\partial\rho}{\partial p}\right)_s(\delta p)^2\right]\frac{dV}{\rho_0} \tag{3.189}$$

が得られる．任意の $\boldsymbol{\xi}$ に対して式（3.189）の右辺が必ず負であれ（半負定値）ば，考えている平衡状態は安定である．普通の（熱力学的に安定な）ガスでは $(\partial\rho/\partial s)_p < 0$ で $(\partial\rho/\partial p)_s > 0$ なので，圧力勾配とエントロピー勾配の方向が平行で，$\nabla s_0\cdot\nabla p_0 < 0$ であれば安定である．言い換えると，圧力，密度，エントロピーなど熱力学的物理量が一定の面が一致し，圧力が高いところほどエントロピーが低ければ安定である[*3].

式（3.189）は，圧力変動 $|\delta p|$ が小さいとそのゆらぎは成長しやすくなることも教えてくれる．式（3.174）をみると，変位が下に向いている（$\boldsymbol{\xi}\cdot\nabla p > 0$）ところでは収縮（$\nabla\cdot\boldsymbol{\xi} < 0$）し，変位が上に向いている（$\boldsymbol{\xi}\cdot\nabla p < 0$）ところで膨張（$\nabla\cdot\boldsymbol{\xi} > 0$）していれば，そのようなゆらぎをつくれることが分かる．実

[*3] 回転する流体では遠心力があるために，圧力一定の面に対して密度一定の面が傾くことがある．このような場合は傾圧不安定（baloclinic instability）がおこる．気象学では台風の渦をつくる要因として知られている.

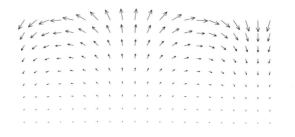

図 **3.7** 対流不安定による流れ.

際にそのような流れ（図 3.7）がレイリー–テイラー不安定（対流不安定）な場合のガスの動きである.

　このように流体の安定性についていろいろな示唆を与えてくれる式（3.189）は一般に変分原理と名付けられている. これは式がエネルギーの 2 次の変分を表しているからである.

　変分原理を導くためには，摂動方程式が自己随伴形式である必要がある. 具体的には，任意の変位 $\boldsymbol{\xi}$ と $\boldsymbol{\xi}'$ に対して

$$\rho_0 \left(\boldsymbol{\xi}' \cdot \frac{d^2\boldsymbol{\xi}}{dt^2} - \boldsymbol{\xi} \cdot \frac{d^2\boldsymbol{\xi}'}{dt^2} \right) = \nabla \cdot [\mathcal{G}\left(\boldsymbol{\xi},\ \boldsymbol{\xi}' \right)] \tag{3.190}$$

が成立していることが大切である. これは変位から加速度を求める演算子がエルミート（実数の場合は対称）であることと同等であり，摂動が時間反転に対して対称である場合には普遍的に成立する. 摂動方程式が自己随伴である場合，いろいろな性質が数学的に導かれるが，それらについての詳細は割愛する.

基準モード解析

　不安定が発生した場合にどのような擾乱が発生するかを知りたいとき，基準モード（normal mode）解析が有効である. 平衡状態に対する摂動方程式は時間を陽に含まない偏微分方程式なので，一般解は

$$\boldsymbol{\xi}\left(\boldsymbol{r},\ t\right) = \sum_k a_k \exp(\sigma_k t)\boldsymbol{\xi}_k(\boldsymbol{r}) \tag{3.191}$$

という基準モード形で書き表すことができる. ここで σ_k は一般に複素数の定数で，その実部は成長率（または減衰率）を，虚部は角振動数を表す. このように

$\exp(\sigma_k t)$ に比例して時間変化する攪乱（$\boldsymbol{\xi}_k$）を基準モード（あるいは固有モード）という．基準モードと複素成長率 σ_k は，固有値境界値問題の解として求めることができる．式（3.191）に現れる a_k は k 番目の基準モードの振幅を表す．

対流不安定の場合に限らず最も興味があるのは，σ_k のうち実部が正で大きな基準モードである．すべての基準モードを探し尽くす必要は普通ない．

簡単のため重力が z 方向にだけ $\boldsymbol{g} = -g\boldsymbol{e}_z$ 掛かっている場合を考えよう．この平衡状態の圧力と密度は z のみに依存し，x や y に依存していないと考えてよい．平衡状態が x にも y にも依存していないので，

$$\boldsymbol{\xi}(x, y, z, t) = [\xi_x(z),\ 0,\ \xi_z(z)] \exp(\sigma t + ikx) \tag{3.192}$$

という形の攪乱だけを考えれば充分である．また $\delta\rho$ や δp も $\exp(\sigma t + ikx)$ に比例するので，以下では $\delta\rho$ や δp も z のみの関数として基準モードを求める．式（3.192）を式（3.182）に代入すると，

$$\sigma^2 \rho_0 \xi_x = -ik\delta p \tag{3.193}$$

$$\sigma^2 \rho_0 \xi_z = -\delta\rho g - \frac{d}{dz}\delta p \tag{3.194}$$

が得られる．同様に式（3.183）は，

$$\delta\rho = -ik\rho_0 \xi_x - \frac{d}{dz}(\rho_0 \xi_z) \tag{3.195}$$

と書き換えられる．また熱力学の関係式と式（3.184）を用いると，

$$\delta\rho = \left(\frac{\partial\rho}{\partial p}\right)_s \delta p + \left(\frac{\partial\rho}{\partial s}\right)_p \delta s \tag{3.196}$$

$$= \left(\frac{\partial\rho}{\partial p}\right)_s \delta p - \left(\frac{\partial\rho}{\partial s}\right)_p \frac{ds_0}{dz}\xi_z \tag{3.197}$$

が得られる．式（3.193）から（3.197）を整理し，$\delta\rho$ と ξ_x を消去すると，

$$\frac{d}{dz}(\mathcal{P}\rho_0 \xi_z) = -\mathcal{P}\left[\frac{k^2}{\sigma^2} + \frac{1}{c_s^2}\right]\delta p \tag{3.198}$$

$$\frac{d}{dz}(\mathcal{Q}\delta p) = -\mathcal{Q}\left[\sigma^2 + N^2\right]\rho_0 \xi_z \tag{3.199}$$

$$c_s^2 \equiv \left(\frac{\partial p}{\partial\rho}\right)_s \tag{3.200}$$

$$N^2 \equiv -\frac{1}{\rho_0}\left(\frac{\partial \rho}{\partial s}\right)_p \frac{ds_0}{dz} g \tag{3.201}$$

$$\mathcal{P} = \exp\left[-\int^r \frac{1}{\rho_0}\left(\frac{\partial \rho}{\partial s}\right)_p \frac{ds_0}{dz} dz\right] \tag{3.202}$$

$$\mathcal{Q} = \exp\left[\int^r \left(\frac{\partial \rho}{\partial p}\right)_s g dz\right] = \frac{1}{\rho_0 \mathcal{P}} \tag{3.203}$$

が得られる．ここで c_s は音速，N はブラント–バイサラ（Brunt–Väisälä）振動数を表す．連立方程式（3.198）と（3.199）は

$$\left(\frac{k^2}{\sigma^2} + \frac{1}{c_s^2}\right)(\sigma^2 + N^2) < 0 \tag{3.204}$$

であれば波動的な解をもち，ゆらぎがその場所に局在できる．対流不安定な場合は $N^2 < 0$ なので，$0 < \sigma^2 < |N^2|$ で指数関数的に増大する基準モードが存在する．波動方程式の近似解法である WKB 法を用いて $d/dz = ik_z$ を代入すると

$$\left(\frac{k^2}{\sigma^2} + \frac{1}{c_s^2}\right)(\sigma^2 + N^2) + k_z^2 = 0 \tag{3.205}$$

が得られる．したがって k_z が小さく，z 方向には節のない擾乱がもっとも成長しやすい．対流不安定な領域が z 方向に広い場合 $k_z \simeq 0$ とみなせるので，$\sigma \simeq |N|$ となる．

式（3.205）は摂動方程式が音波と重力波も記述していることを示唆している．対流安定（$N^2 > 0$）で波数が小さい（$kc_s \ll N$）場合，$\sigma \simeq \pm iN$ の重力波の分散関係を与える．一方で k や k_z が充分に大きいところでは $\sigma \simeq c_s\sqrt{k^2 + k_z^2}$ という音波の分散関係を与える．対流不安定は，重いものが上にのっているため，復元力が失われた重力波が起こす現象である．対流不安定な場合にも音波は存在する．

密度が不連続に変わる場合については，平衡状態での x 方向の速度も考慮してケルビン–ヘルムホルツ不安定の項（3.2.2 節）で記述する．

臨界温度勾配

対流安定である条件を温度分布に対する条件として書き換えると，有用な関係式が得られる．熱力学的に安定なガスでは比熱が正（$Tds/dT > 0$）なので，熱力学の関係式

$$\nabla T_0 = \left(\frac{\partial T}{\partial p}\right)_s \nabla p_0 + \left(\frac{\partial T}{\partial s}\right)_p \nabla s_0 \qquad (3.206)$$

を使うと, 式 (3.180) は

$$\nabla T_0 \cdot \nabla p_0 \leqq \left(\frac{\partial T}{\partial p}\right)_s |\nabla p_0|^2 \qquad (3.207)$$

と書き換えられる. これは温度勾配がある上限を越えると対流不安定になること
を示している. 恒星構造論では対流安定な条件として式 (3.207) を

$$\frac{d\ln T}{d\ln p} \leq \frac{p}{T}\left(\frac{\partial T}{\partial p}\right)_s \qquad (3.208)$$

と書き換え, シュワルツシルド (M. Schwartzschild) の条件と呼ぶことが多い.
ここで式 (3.208) の左辺は $\nabla \ln T$ と $\nabla \ln p$ の比を表す.

熱伝導によりエネルギーが輸送されている場合, エネルギー流束 ($\boldsymbol{f}$) は温度
勾配に比例する ($\boldsymbol{f} = -K\nabla T$). 熱伝導係数を K とすると, 対流安定な状況で
輸送できるエネルギー流束の臨界値

$$\boldsymbol{f}_{\mathrm{cri}} = -K\left(\frac{\partial T}{\partial p}\right)_s \nabla p = -K\left(\frac{\partial T}{\partial p}\right)_s \rho\boldsymbol{g} \qquad (3.209)$$

が求められる. したがって「圧力の高いほうから低い方に, 臨界値を越して熱を
流そうとすると対流が起こる」と対流不安定の条件を言い換えることができる.
実際に恒星で対流不安定が発生するのは, 圧力の高い中心部で核反応が盛んにな
りエネルギー流束が大きくなるときと, 中性化した表面層が放射冷却により冷や
され内部からのエネルギー流束が大きくなるときである. 対流による熱輸送につ
いては第 7 巻 3.1 節に記されている.

脈動不安定

この節の前半の対流不安定性の解析 (「変分原理」の項 (284 ページ)) では簡
単のためにゆらぎは断熱的であると仮定したが, 現実の系では熱の出入りがあ
る. 熱の出入りまで考慮すると, 重力波の振幅は変化する. 振幅の変化を考える
には, カルノーサイクルのときと同様 (1.2 節参照), pV 図を使うのが便利であ
る. 図 3.8 は横軸に単位質量あたりの体積 $V = 1/\rho$ をとり, 縦軸に圧力 p を
とったものである. 断熱的な場合, 振動するガスはこのグラフでエントロピー s

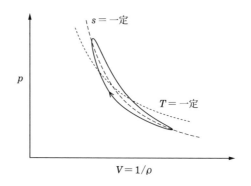

図 **3.8** ガス素片の相図上での動き．熱の出入りを考えると，ガ
ス素片は断熱線（$s =$ 一定）の周りを時計回りあるいは反時計
回りに相図上を動く．時計回りの場合は，吸熱と発熱により，振
幅が徐々に大きくなる．

一定の線上を往復するが，熱の出入りを考慮するとわずかにずれる．図 3.8 のよ
うに時計回りに変化する場合，この振動は外に仕事をするので振幅が大きくな
る．逆に反時計回りに振動する場合，振動は減衰する．時計回りのときは，圧力
が高く温度も高いときに熱を吸収し，圧力が低く温度も低いときに熱を放射して
いる．これに対して温度が高いときに熱を放射し，温度が低いときに熱を吸収す
ると，pV 図上で反時計回りとなる．

　振動が 1 周すると内部エネルギー（U）は元の状態に戻り，変化がない．した
がって，エネルギー保存則より，1 周期あたりガスが周囲にする仕事（W）は，
ガスが吸収した熱（Q）と等しいことが導かれる．

$$W = \oint p\, dV = -\oint \frac{p}{\rho^2}\, d\rho = \oint T\, ds = Q \qquad (3.210)$$

通常は温度が上がると放熱量が増える（$ds = dQ/T$ が負のとき温度が高い）の
で，$Q < 0$ となり，振動は減衰する．しかし吸収係数 κ の変化などにより，温
度が上昇すると熱の放射効率が落ちることがある．このような場合に振幅が増大
する脈動不安定が起こる．脈動不安定による星の振動については第 7 巻 1.4 節に
記載されている．

化学組成が不均一な場合

　ここまでは密度 ρ がエントロピー s と圧力 p により一意に定まることを暗黙

のうちに仮定してきた．しかし恒星内部の熱核反応が進んだ領域では，水素の含有率が下がり，化学組成が空間的に非一様になっている．このような場合は，安定性の条件が少し変わってくる．

化学組成の空間変化を考慮すると密度勾配は

$$\nabla \rho_0 = \left(\frac{\partial \rho}{\partial p}\right)_{s,\boldsymbol{y}} \nabla p_0 + \left(\frac{\partial \rho}{\partial s}\right)_{p,\boldsymbol{y}} \nabla s_0 + \sum_i \left(\frac{\partial \rho}{\partial y_i}\right)_{p,s} \nabla y_{i,0} \tag{3.211}$$

と表現できる．ここで y_i は i 番目の成分の濃度で，右辺の最終項は化学成分の変化を表している．「安定性条件」の項（281 ページ）の議論を踏襲すると，ルドゥー（P. Ledoux）の判定条件

$$\left[\nabla \rho_0 - \left(\frac{\partial \rho}{\partial p}\right)_{s,\boldsymbol{y}} \nabla p_0\right] \cdot \nabla p_0 < 0 \tag{3.212}$$

または

$$\left[\left(\frac{\partial \rho}{\partial s}\right)_{p,\boldsymbol{y}} \nabla s_0 + \sum_i \left(\frac{\partial \rho}{\partial y_i}\right)_{s,p} \nabla y_{i,0}\right] \cdot \nabla p_0 < 0 \tag{3.213}$$

が不安定となるための条件として得られる．恒星の中では中心に近いほど重い元素が多いので，化学組成の勾配（∇y_i）に比例した項は，一般に安定化に作用する．

しかし「脈動不安定」の項で考慮した熱の出入りを考えると，ルドゥーの条件で安定でも振幅が次第に増大することがある．図 3.8 から分かるように，振動が大きくなるのは，膨張するときのほうが，収縮するときに比べ圧力が高い場合である．このようなことが起こるのは，密度が高いときに周囲より熱を得て，低いときに熱を失う場合である．熱の出入りが小さいと近似して考えると，振動する流体素片の温度はほぼ断熱的に変化するので，温度変化 δT は

$$\delta T = \left(\frac{\partial T}{\partial p}\right)_s \delta p \tag{3.214}$$

と評価できる．圧力変化が正（$\delta p > 0$）のときに流体素片の温度が周囲より高いと振幅が成長する．これはシュワルツシルド（M. Schwartzschild）条件に他ならない．

簡単な計算により，化学組成が一様な場合，ルドゥーの条件とシュワルツシル

ドの条件は一致することが確かめられる．圧力の高いところに重い元素ができて
いる恒星の場合，ルドゥーの条件に従えば安定であるが，シュワルツシルドの条
件に従うと不安定な場合がある．このような場合，半対流という現象が起こる．
短い力学的な時間尺度では安定であるが，熱を交換するのに十分な時間が経過す
ると大振幅の波が発生し，不安定となる．このため，半対流な領域では時間尺度
により安定であったりなかったりする．

　化学組成として「上に」重いガスが乗っている場合，これをレイリー–テー
ラー不安定と呼ぶ．ある面を境に化学組成の違いにより密度が急激に変化する場
合は，ケルビン–ヘルムホルツ不安定の項（3.2.2節）で例を示す．

リヒトマイヤー–メシュコフ不安定

　衝撃波が密度の異なるガスの境界（接触不連続面）を通過したあとにも，リヒ
トマイヤー（R.D. Richtmyer）–メシュコフ（E.E. Meshkov）不安定と呼ばれ
る対流不安定とよく似た不安定が発生する．接触不連続面で衝撃波は，順方向に
透過するものと逆方向に反射されるものの2つに分かれる．このため接触不連続
面の両側には，透過衝撃波と反射衝撃波に囲まれた膨張する2層ができる．この
2層の境界が初期にうねっていると，リヒトマイヤー–メシュコフ不安定により，
うねりが増幅される．

　この不安定が発生するのは，衝撃波の通過によるガスの加速が重力と同じよう
な働きをするからである（等価原理）．ただしこの加速度は衝撃波の通過による
一時的なものなので，不安定の成長を見積もるためには時間変化する重力を考え
なくてはならない．

　不安定であるかどうかを判断するのであれば，対流不安定のときと同様に，圧
力勾配とエントロピー勾配（あるいは圧縮による変化を折り込んだ密度勾配）を
考慮すれば良い．衝撃波が通過したあとの接触不連続面で，エントロピーが低く
密度が高い側で圧力が高い場合には不安定が発生する．

3.2.2　ケルビン–ヘルムホルツ不安定

不安定性の機構

　湖で風が吹くとさざ波がたち，静止していた水が持ち上げられる．この例のよ
うに横向きの速度が高さによって異なることによって励起される波をケルビン–

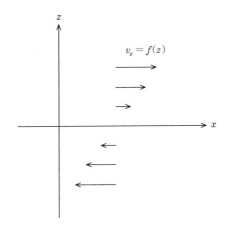

図 **3.9** 水平方向の速度 (v_x) が高さ (z) により異なる流れの例.

ヘルムホルツ不安定と呼ぶ.

図 3.9 に示すように,速度が高さによって異なると,粘性の働きにより速度差が解消する方向に運動量の輸送が起こる.しかし粘性が無視できるほど小さいとき,大きな速度勾配が残る.速度勾配が大きいときに,速度一定の面がうねると,速度の異なるガスが同じ高さで前後する.速いガスは遅いガスを後ろから押すので,両者の速度が同じになろうとする.この運動量輸送により余剰のエネルギーが生み出され,上下の運動が増加させられる.

この不安定の本質は,流れに垂直な速度勾配である.速度勾配が大きいほど,不安定が速く成長する.このことを簡単な例により示そう.

線形安定性解析

もっとも簡単な例として,高さ $z = 0$ を境に密度 (ρ) と横向きの速度 (v_x) が異なる場合の基準モード解析を行ってみよう.このとき平衡状態での密度は

$$\rho_0 = \begin{cases} \rho_+ & (z \geqq 0) \\ \rho_- & (z < 0) \end{cases} \tag{3.215}$$

速度は

$$\boldsymbol{v}_0 = (v_{0x},\ 0,\ 0) = \begin{cases} (U_+,\ 0,\ 0) & (z \geqq 0) \\ (U_-,\ 0,\ 0) & (z < 0) \end{cases} \tag{3.216}$$

とする．ここで ρ_+ と ρ_- および U_+ と U_- は定数である．このように $z = 0$ で不連続であることを除いて，密度が一定であると考えて良いのは圧力勾配尺度より十分に狭い領域である．このように圧力勾配尺度より十分に狭い領域で，十分に低速度の流れは非圧縮と見なせる．このことを利用して，この例ではゆらぎは非圧縮で粘性は働かないと仮定する．

　ケルビン–ヘルムホルツ不安定では，平衡状態での流れの方向と速度が変化する方向が大事である．上の例では y 方向はそのどちらでもないので，その方向へのゆらぎを無視すると，速度は

$$\boldsymbol{v} = \boldsymbol{v}_0 + (\delta u,\ 0,\ \delta w) \exp\left[i\left(kx - \omega t\right)\right] \tag{3.217}$$

と表される（$k > 0$）．ここで δu と δw は z だけの関数である．このように x 方向や時間方向には正弦波的に変化すると仮定できるのは，平衡状態が x や t に依存しないからである．同様に密度や圧力も

$$\rho = \rho_0 + \delta\rho \exp\left[i\left(kx - \omega t\right)\right] \tag{3.218}$$

$$p = p_0 + \delta p \exp\left[i(kx - \omega t)\right] \tag{3.219}$$

と書き表すことができる．

　運動方程式について 1 次の微小量だけを残すと，

$$i\rho_0\left(-\omega + kv_{x0}\right)\delta u + ik\delta p = 0 \tag{3.220}$$

$$i\rho_0\left(-\omega + kv_{x0}\right)\delta w + \frac{d}{dz}\,\delta p - \delta\rho g_z = 0 \tag{3.221}$$

が得られる．非圧縮の条件（$\nabla \cdot \boldsymbol{v} = 0$）より

$$ik\delta u + \frac{d}{dz}\delta w = 0 \tag{3.222}$$

が得られる．式（3.222）を質量保存則に代入し，1 次の微小量だけを残すと，

$$(-i\omega + ikv_{x0})\delta\rho + \delta w \frac{d\rho_0}{dz} = 0 \tag{3.223}$$

が導かれる．平衡状態では 2 層の境界（$z = 0$）を除いて $d\rho_0/dz = 0$ なので，

$z = 0$ 以外では密度ゆらぎ（$\delta\rho$）は存在しないことが分かる．このことを使い，方程式（3.220），（3.221），（3.222）を整理すると，

$$\frac{d^2}{dz^2}(\delta p,\ \delta u,\ \delta w) = k^2(\delta p,\ \delta u,\ \delta w) \qquad (3.224)$$

が得られる．2層の境界から充分遠方ではゆらぎが小さいという条件を用いると方程式（3.224）の解は

$$(\delta p,\ \delta u,\ \delta w) = \begin{cases} (\delta p_+,\ \delta u_+,\ \delta w_+)\exp(-kz) & (z > 0) \\ (\delta p_-,\ \delta u_-,\ \delta w_-)\exp(kz) & (z < 0) \end{cases} \qquad (3.225)$$

と求められる．

式（3.225）で δw_+ と δw_- は $z = 0$ の面の上下での速度ゆらぎを表すが，2つの値は等しくない．この2つの変数の関係は，境界面の移動距離を求めることにより求められる．境界面よりわずかに上に位置する流体素片の高さ（δz_s）は，

$$\frac{dz_s}{dt} = \frac{\partial z_s}{\partial t} + U_+\frac{\partial z_s}{\partial x} = \delta w_+ \qquad (3.226)$$

にしたがって変化するので，

$$z_s = \frac{i\,\delta w_+}{(\omega - kU_+)} \qquad (3.227)$$

と求められる．同様の議論を行うと

$$z_s = \frac{i\delta w_-}{(\omega - kU_-)} \qquad (3.228)$$

が得られる．境界面の高さは一致しなくてはならないので，

$$\frac{\delta w_+}{\omega - kU_+} = \frac{\delta w_-}{\omega - kU_-} \qquad (3.229)$$

である．ここで式（3.222）を使うと，2層の境界にだけ現れる密度変化

$$\delta\rho = \frac{d\rho_0}{dz}\delta z_s \qquad (3.230)$$

が求められる．平衡状態での密度勾配（$d\rho_0/dz$）は境界で発散するので $\delta\rho$ も発散する．このような発散は境界をはさむ狭い区間（$-\varepsilon \leqq z < +\varepsilon$）で積分し，

$$\int_{-\varepsilon}^{+\varepsilon} \delta\rho dz = (\rho_+ - \rho_-)\delta z_s \tag{3.231}$$

とすると扱いやすくなる. 式 (3.221) を同じ領域で積分すると

$$\delta p_+ - \delta p_- + g(\rho_+ - \rho_-)\delta z_s = 0 \tag{3.232}$$

が得られる[*4]. 式 (3.221) を $z \neq 0$ で考えると,

$$i\rho_+(-\omega + kU_+) - k\delta p_+ = 0 \tag{3.233}$$

$$i\rho_-(-\omega + kU_-) - k\delta p_- = 0 \tag{3.234}$$

が得られる. 式 (3.229) – (3.234) が自明 ($\delta z_s = 0$) でない解を持つための条件を整理すると, 分散関係

$$\omega = k\frac{\rho_+ U_+ + \rho_- U_-}{\rho_+ + \rho_-} \pm i\sqrt{\frac{k^2\rho_+\rho_-}{(\rho_+ + \rho_-)^2}(U_+ - U_-)^2 + gk\frac{\rho_+ - \rho_-}{\rho + \rho_-}} \tag{3.235}$$

が得られる. 式 (3.235) の右辺第 2 項の根号の中が正であれば不安定である.

分散関係 (3.235) を吟味すると次のような教訓が得られる. 波数 k が充分に大きければ, $U_+ = U_-$ でない限り, 流れは不安定になる. その不安定なゆらぎの位相速度 ($\mathrm{Re}\,\omega/k$) は, 密度で重み付けた「平均速度」と一致する. すなわちケルビン–ヘルムホルツの不安定は, 2 層の境界付近を流体とともに流れる. レイリー–テイラー安定 ($\rho_+ < \rho_-$) の場合, (k が小さい) 長波長のゆらぎに対しては安定となる. そよかぜでは湖面に細かい波がたち, 強い風がふくと大きなゆらぎが立つことも, この分散関係から容易に理解できる.

この例題に磁場がある場合に拡張した問題については第 12 巻で取り上げられる.

速度変化が滑らかな場合

前項では速度がある高さを境に不連続に変化する場合を扱ったが, 速度が滑らかに変化する場合にもケルビン–ヘルムホルツ不安定は発生しうる. 本項ではこのことを圧縮性も考慮して示そう. 特に断らない限り, 変数は前項と同じ意味をもつ.

[*4] 式 (3.221) の第 1 項は発散しない量なので狭い区間で積分をすると無視できる小さい量となる.

圧縮性も考慮すると質量保存則（3.24）は,

$$i\left(-\omega + k v_{0x}\right)\delta\rho + ik\rho_0 \delta u + \frac{\partial}{\partial z}(\rho_0 \delta w) = 0 \qquad (3.236)$$

と書き表される. また簡単のためゆらぎは断熱的（$Ds/Dt = 0$）とすると,

$$i\left(-\omega + k v_{x0}\right)\delta s + \frac{ds_0}{dz}\delta w = 0 \qquad (3.237)$$

が得られる. 式（3.236）と（3.237）を運動方程式（3.220）および（3.221）と状態方程式を組み合わせると閉じた方程式が得られるが, 簡単には解けない. ここでは不安定が発生する条件や, 不安定な場合の成長率の上限を求めるために有益な関係式を求める.

まず方程式 $\zeta = -\omega + k v_{x0}$ と置き, 方程式を整理すると

$$i\zeta\rho_0 \delta u + ik\delta p = 0 \qquad (3.238)$$

と書き表される. これを式（3.236）に代入し,

$$\delta\rho = \left(\frac{\partial\rho}{\partial p}\right)_s \delta p + \left(\frac{\partial\rho}{\partial s}\right)_p \delta s \qquad (3.239)$$

と式（3.237）を使い整理すると

$$\left[i\zeta\left(\frac{\partial\rho}{\partial p}\right)_s - \frac{ik^2}{\zeta}\right]\delta p - \left(\frac{\partial\rho}{\partial s}\right)_p \frac{ds_0}{dz}\delta w + \frac{\partial}{\partial z}(\rho_0 \delta w) = 0 \qquad (3.240)$$

が得られる. 同様に式（3.201）などを使って式（3.221）を変形すると

$$\left[i\zeta - \frac{iN^2}{\zeta}\right]\rho_0 \delta w + \rho_0 \frac{\partial}{\partial z}\left(\frac{\delta p}{\rho_0}\right) + \frac{1}{\rho_0}\left(\frac{\partial\rho}{\partial s}\right)_p \frac{ds_0}{dz}\delta p = 0 \qquad (3.241)$$

と書き換えられる. これに $\zeta^{-1/2}$ をかけて変形すると

$$\left[\zeta\left(\frac{\partial\rho}{\partial p}\right)_s - \frac{k^2}{\zeta}\right]\frac{i\delta p}{\rho_0\sqrt{\zeta}} - \left(\frac{\partial\rho}{\partial s}\right)_p \frac{ds_0}{dz}\frac{\delta w}{\sqrt{\zeta}}$$
$$+ \frac{\partial}{\partial z}\left(\frac{\rho_0 \delta w}{\sqrt{\zeta}}\right) + \frac{k}{2\zeta}\frac{dv_{x0}}{dz}\frac{\rho_0 \delta w}{\sqrt{\zeta}} = 0 \qquad (3.242)$$

$$\left[\zeta - \frac{N^2}{\zeta}\right]\frac{\delta w}{\sqrt{\zeta}} - \frac{\partial}{\partial z}\left(\frac{i\delta p}{\rho_0\sqrt{\zeta}}\right) - \frac{k}{2\zeta}\frac{dv_{x0}}{dz}\left(\frac{i\delta p}{\rho_0\sqrt{\zeta}}\right)$$

$$-\left(\frac{\partial \rho}{\partial s}\right)_p \frac{ds_0}{dz} \frac{i\delta p}{\rho_0 \sqrt{\zeta}} = 0 \tag{3.243}$$

が得られる. 式 (3.242) と (3.243) にそれぞれ $-i\delta p^*/(\rho_0\sqrt{\zeta^*})$ と $\rho_0\delta w^*/\sqrt{\zeta^*}$ をかけて, その和を求めると,

$$\zeta\rho_0\left[\left|\frac{\delta w}{\sqrt{\zeta}}\right|^2 + \left(\frac{\partial \rho}{\partial p}\right)_s \left|\frac{\delta p}{\rho_0\sqrt{\zeta}}\right|^2\right] - \frac{\rho_0}{\zeta}\left[N^2 - \left(\frac{1}{2}\frac{dv_{0x}}{dz}\right)^2\right]\left|\frac{\delta w}{\sqrt{\zeta}}\right|^2$$

$$+ \frac{i}{|\zeta|}\left(\frac{\partial \rho}{\partial s}\right)_p \frac{ds_0}{dz}(\delta p^*\delta w - \delta w^*\delta p) - \frac{1}{\zeta}\left|\frac{ik\delta p}{\sqrt{\rho_0\zeta}} + \frac{\sqrt{\rho_0}}{2}\frac{dv_{x0}}{dz}\frac{\delta w}{\sqrt{\zeta}}\right|^2$$

$$+ i\rho_0\left[\frac{\delta w}{\sqrt{\zeta}}\frac{\partial}{\partial z}\left(\frac{\delta p^*}{\rho_0\sqrt{\zeta^*}}\right) - \frac{\delta w^*}{\sqrt{\zeta^*}}\frac{\partial}{\partial z}\left(\frac{\delta p}{\rho_0\sqrt{\zeta}}\right)\right]$$

$$- i\frac{\partial}{\partial z}\left(\frac{\delta p^*\delta w}{|\zeta|}\right) = 0 \tag{3.244}$$

が得られる. この式を z 方向に積分して虚数部だけを残すと, $\mathrm{Im}\,\zeta = \omega_i$ なので,

$$\omega_i \int |\zeta|^{-2}\rho_0 A dz = 0 \tag{3.245}$$

$$A = |\zeta|^2\left[\left|\frac{\delta w}{\sqrt{\zeta}}\right|^2 + \left(\frac{\partial \rho}{\partial p}\right)_s\left|\frac{\delta p}{\rho_0\sqrt{\zeta}}\right|^2\right] + \left|\frac{ik\delta p}{\rho_0\sqrt{\zeta}} + \frac{1}{2}\frac{dv_{0x}}{dz}\frac{\delta w}{\sqrt{\zeta}}\right|^2$$

$$+ \left[N^2 - \left(\frac{1}{2}\frac{dv_{0x}}{dz}\right)^2\right]\left|\frac{\delta w}{\sqrt{\zeta}}\right|^2 \tag{3.246}$$

が得られる. ここでは式 (3.244) の最後の項は, 積分の端点が自由境界 ($\delta p = 0$) あるい固定境界 ($\delta w = 0$) を満たすとして消去した. 不安定な場合は $\omega_i > 0$ なので, 式 (3.246) より被積分関数 A は積分領域のどこかで負でなくてはならない. このことより不安定であるための必要条件

$$N^2 < \frac{1}{4}\left(\frac{dv_{0x}}{dz}\right)^2 \tag{3.247}$$

が得られる. 対流安定 ($N^2 > 0$) な場合にこの条件は

$$N^2\left(\frac{dv_{0x}}{dz}\right)^{-2} \leqq \frac{1}{4} \tag{3.248}$$

とも書き表される. 式 (3.248) の左辺はリチャードソン (L.F. Richardson)

数と呼ばれている.

また $|\zeta| \geqq |\sigma_i|$ であることに注意すると,式(3.246)より不安定な場合のゆらぎの成長率の上限

$$\sigma_i \leqq \sqrt{\left(\frac{1}{2}\frac{dv_{0x}}{dz}\right)^2 - N^2} \qquad (3.249)$$

が求められる.対流不安定の成長率の上限もこの関係式から与えられる.さらに式(3.246)を考察すると不安定なゆらぎは $|\zeta|$ が小さいところ,すなわち $\sigma_r = kv_{0x}$ の付近だけで大きな振幅をもつことが分かる.つまり波の位相速度 σ_r/k と流れの速度 v_{0x} がほぼ等しいところで,不安定なゆらぎが発生することが読み取れる.

回転する系での不安定

回転系では遠心力やコリオリ力が働くので,安定性の解析は容易でない.一般的な問題を扱う前にもっとも簡単な問題として,平衡での流れもゆらぎも回転軸に対して対称な場合を考えよう.

ゆらぎも回転軸に対して対称な場合,軸を中心とした流体の単位質量あたりの角運動量（$j = rv_\varphi$, 比角運動量）は一定に保たれる.このことからゆらぎの安定性を議論することができる.円筒座標を使うと r 方向の力のつりあいは

$$\frac{1}{\rho}\frac{\partial p}{\partial r} - \frac{j^2}{r^3} + \frac{\partial \phi}{\partial r} = 0 \qquad (3.250)$$

と表される.この流体で $r = r_0$ で平衡状態にある流体素片を $r = r_0 + \xi$ に移動させたと考えて,加わる力を求めよう.対流不安定性を考えたときと同じく,流体素片は小さく,周りの流体は変化しないと考えよう.したがって重力や圧力は周囲のガスと同じく力が働いているとみなせるので,もともと $r = r_0 + \xi$ にあったガスと比べ,r 方向の力では遠心力だけが異なる.遠心力は j^2 に比例するので,$\xi > 0$ のとき,周囲のガスに比べ比角運動量が小さければ,遠心力が小さいために流体素片には元に戻そうとする復元力が働く.逆に周囲のガスに比べ比角運動量が大きければ,さらに変位が大きくなる方向に力が働く.すなわち

$$\frac{dj^2}{dr} > 0 \qquad (3.251)$$

であれば安定である．これをレイリーの安定条件という．レイリーの安定性が成り立たない場合，流れはきわめて不安定であり，たとえ一時的に実現しても短寿命なはずである．このため現実に存在する流体ではレイリーの安定条件はいつも満たされていると考えて差し支えない．

安定な場合も上記の考えに従うと，流体素片の運動方程式

$$\frac{d^2\xi}{dt^2} = -\frac{1}{r^3}\frac{dj^2}{dr}\xi \tag{3.252}$$

が立てられる．式（3.252）より安定な場合はエピサイクリック周波数

$$\kappa = \sqrt{\frac{1}{r^3}\frac{dj^2}{dr}} \tag{3.253}$$

で流体素片は平衡状態の周りを振動することが読み取れる．圧力変化が大きい場合，ゆらぎの振動数はエピサイクリック周波数からずれる．

一般のゆらぎでは軸対称性が破れるので，さきほどのように比角運動量の保存から安定性を導くことはできない．全体のエネルギー変化を考えると安定性についての指針が得られる．閉じた系を考えると，全角運動量は保存している．このためにある流体素片が角運動量を失うと，その分だけ流体のどこかで角運動量が増加する．角運動量の移動量を $\Delta j > 0$ とすると，回転エネルギーの変化 ΔE_{rot} は

$$\Delta E_{\mathrm{rot}} = (\Omega_+ - \Omega_-)\,\Delta j \tag{3.254}$$

と表される．ここで Ω_+ と Ω_- はそれぞれ角運動量が増加した場所と減少した場所の角速度である．回転エネルギーが減少すると，そのエネルギーにより回転でない運動をもつゆらぎが発生しうるので不安定となる（可能性がある）．このようなことが起きないための条件は $\Omega_+ \geqq \Omega_-$ であるが，角運動量の移動を反転させると $\Omega_+ > \Omega_-$ のときにエネルギーが減少する．角運動量の移動方向や移動場所によらずエネルギーが減少しないのは回転角速度が一定のときだけである．角速度が一定でない場合は，ケルビン–ヘルムホルツ不安定が発生する．

回転系でのケルビン–ヘルムホルツ不安定の成長率の上限は

$$\sigma_i \leqq \left|\frac{1}{2}r\nabla\Omega\right| \tag{3.255}$$

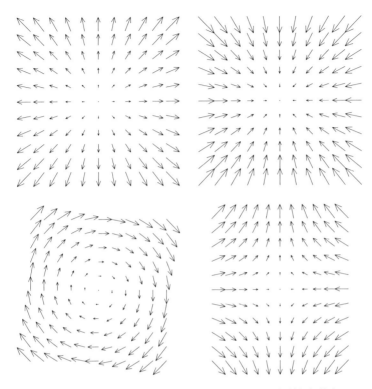

図 **3.10**　3種類の速度場. 左上と右上はそれぞれ膨張と収縮を表す. 左下と右下は回転と速度シアーを表す.

により与えられることが知られている. 速度勾配には,

(1)　膨張・収縮,

(2)　回転,

(3)　シアーの3種類

があることを考えると, この結果は理解しやすくなる. 図3.10は3種類の速度場を, 着目する点を中心にして描いたものである. 見やすくするため, 着目する点を中心に置き, その速度を0としてある. 膨張や収縮では, 速度はその中心となる点からの距離に比例して増大する. 回転の場合も速度はその中心からの距離に比例して変化するが, 速度は中心からの変位に対して垂直である. ケルビン–ヘルムホルツ不安定で見た速度シアーは, これら2種類とは異なり, ある方向に

は膨張，もう一方には収縮という図 3.10 の右下に表したような速度分布をしている．純粋な回転では隣あう流体素片間の距離は変わらないのに対し，速度シアーがあると隣あう流体素片の間の距離が伸びたり縮んだりする．

この 3 種類の流れの強さは速度の空間変化を計算することにより分離できる．膨張や収縮は速度場の発散

$$\nabla \cdot \boldsymbol{v} = \frac{\partial v_x}{\partial x} + \frac{\partial v_y}{\partial y} + \frac{\partial v_z}{\partial z} = \frac{\partial v_i}{\partial x_i} \tag{3.256}$$

と評価できる．これに対して回転は

$$\nabla \times \boldsymbol{v} = \begin{pmatrix} \dfrac{\partial v_z}{\partial y} - \dfrac{\partial v_y}{\partial z} \\ \dfrac{\partial v_x}{\partial z} - \dfrac{\partial v_z}{\partial x} \\ \dfrac{\partial v_y}{\partial x} - \dfrac{\partial v_x}{\partial y} \end{pmatrix} = \varepsilon_{ijk} \frac{\partial v_j}{\partial x_i} \boldsymbol{e}_k \tag{3.257}$$

と表される．ここで ε_{ijk} はエディントン（A. Eddington）の記号である．これらはそれぞれ速度勾配を表すテンソルのトレース（対角要素の和）および反対称成分である．これに対して速度シアーは速度勾配テンソルのトレースのない対称成分，つまり

$$\frac{1}{2} \left(\frac{\partial v_i}{\partial x_j} + \frac{\partial v_j}{\partial x_i} \right) - \frac{1}{3} \frac{\partial v_k}{\partial x_k} \delta_{i,j} \tag{3.258}$$

として評価できる（粘性との関係については 3.1.6 節を参照のこと）．

角速度が一定（剛体回転）の場合は純粋に回転だけが含まれるが，ケルビン–ヘルムホルツ不安定の項で例題にあげた流れも含め，一般の流れには回転とシアーが含まれる．角速度が一定の流れは安定なので，ケルビン–ヘルムホルツ不安定を発生させるのはシアーと同定できる．不安定の成長率はシアーの大きさを見積もることにより得られる．

3.2.3 乱流

星や銀河を構成するガスはスケールが大きいために，粘性が働きにくい．以下では 3.1 節で定義した粘性係数 μ と密度の比を動的粘性係数 $\nu = \mu/\rho$ と表す．系の特徴的な大きさを L，典型的な速度を v とすると，粘性の相対的な強さはレ

イノルズ数

$$\mathrm{Re} = \frac{Lv}{\nu} \qquad (3.259)$$

により特徴付けられる. レイノルズ数が小さいと, 粘性の作用が強く, 速度場が滑らかに変化する層流となる. 反対にレイノルズ数が大きいと, 慣性の作用が強く, 速度場が時間・空間ともに変化の甚だしい乱流となる. 宇宙では特徴的な長さ L が大きいためにレイノルズ数が大きく, 一般に流れは乱流となりやすい. 乱流では密度や速度場が時間的にも変動するので, その詳細を決定論的に記述することはできない. 代わりに適当なスケールを考え, 細かい変動については時間・空間について平均をとり, 統計的な性質について論じるしか手段はない.

　層流にくらべ乱流は取り扱いが難しく, その理解は進んでいない. 地球の大気や実験室での流れのように, 非圧縮性が良い近似である場合ですら, 私たちの理解は十分でない. いまだにその基礎的な性質について研究されている段階である. 天体の場合は流れの中で圧力が桁違いに変化したり, 乱流の典型的速度が音速を超える場合があるなど, 理解をさらに難しくする要因がある. これらの事情を考え, ここでは地上での研究に基づいた乱流理論の基礎について紹介するに留める.

　乱流の発生と, 流れの不安定性は深く関連している. 不安定性のために成長したゆらぎは, 流れの非線形性により副次的なゆらぎを生み出す. 副次的なゆらぎの波長はゆらぎの元の波長と異なるだけでなく, 副次的なゆらぎがさらに副次的なゆらぎを生むため, 流れはさまざまな波長のゆらぎをもった乱流となる. このような乱流を特徴づけるため, 流れがどのような波長成分のゆらぎを含んでいるかが調べられている.

　多くの乱流では, 慣性領域と呼ばれる波長域にゆらぎのエネルギーの大半が集中する. 慣性領域の片方の端は, 不安定性により成長するゆらぎの典型的な波長である. これはしばしば系全体を特徴づける長さスケールとなる. もう一方の端より短い波長では, 粘性によりゆらぎのエネルギーが熱へと変換される. これは不安定により成長したゆらぎが, 非線形効果によりその波長を短くしながら, 最終的に熱に変換されるためだと考えられている. このようにゆらぎの波長が短くなる変化をカスケードと呼ぶ.

　十分に発達した乱流では, 不安定によるゆらぎの生成と熱への散逸がつりあっ

た定常状態にある．これにつりあうよう，慣性領域では長波長から短波長へと，ゆらぎのエネルギーが一定の割合でカスケードしている．波長が λ となる典型的な速度ゆらぎを v_λ とすると，流体力学方程式の移流項 $(v \cdot \nabla)$ より，カスケードにより波長が変化する時間尺度は λ/v_λ と見積もられる．波長 λ のゆらぎのエネルギーは単位質量あたり $v_\lambda^2/2$ なので，これと時間尺度の比

$$\varepsilon \simeq \frac{v_\lambda^3}{2\lambda} \tag{3.260}$$

が，ある波長でのカスケードによるエネルギー変換率を表す．定常状態ではこの値が波長によらないので，

$$v_\lambda \propto \lambda^{1/3} \tag{3.261}$$

が満たされる．波数が $k \sim k+dk$ の範囲に含まれる単位質量あたりのエネルギーを $E(k)dk$ とすると，

$$E(k)k \approx v_\lambda^2 \propto \lambda^{2/3} \propto k^{-2/3} \tag{3.262}$$

なので，コルモゴロフ（A.N. Kolmogorov）則

$$E(k) \propto k^{-5/3} \tag{3.263}$$

が得られる．

　乱流のエネルギーが注入される波長を L，その波長での乱流の典型的な速度を U とすると，

$$v_\lambda \approx \left(\frac{\lambda}{L}\right)^{1/3} U \tag{3.264}$$

が得られる．この関係式より波長 λ のゆらぎに対するレイノルズ数は

$$\mathrm{Re}(\lambda) \approx \frac{v_\lambda \lambda}{\nu} \approx \left(\frac{UL}{\nu}\right)\left(\frac{\lambda}{L}\right)^{4/3} \tag{3.265}$$

と見積もられる．したがって波長が

$$\lambda_0 \approx \left(\frac{UL}{\nu}\right)^{-3/4} L = (\mathrm{Re})^{-3/4} L \tag{3.266}$$

より短いゆらぎは，レイノルズ数が小さいために，粘性により熱へと変換される．したがって波長で見ると λ_0 から L，波数 $(k = 2\pi/\lambda)$ では $2\pi/\lambda_0$ から $2\pi/L$

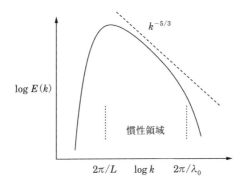

図 **3.11** 乱流のエネルギースペクトルの概念図.

が慣性領域となる．これらのことを踏まえると，乱流は図 3.11 に示すようなエネルギースペクトルをもつと推定される．式（3.266）は，レイノルズ数が大きいほど慣性領域のダイナミックレンジ（$= L/\lambda_0$）が広いことを示している．

乱流はエネルギーや運動量を輸送する．保存形式で表すと，運動量の輸送率（運動量流束テンソル）は

$$T_{ij} = p_{ij} + \rho v_i v_j \tag{3.267}$$

と表される．この右辺第 2 項を乱流の波長に比べて広い領域で平均をとったものがレイノルズ応力テンソルである．速度勾配のある領域で乱流が発生すると，流体素片の交換を通じて，実効的な粘性や圧力が生じる．レイノルズ応力テンソルは，このような実効的な粘性や圧力を，運動量交換から見積もっている．したがって，レイノルズ応力テンソルを正しく見積もることができれば，大局的な流れを知ることができるので，いろいろなモデルがさまざまな研究者により提案されている．降着円盤での粘性を表す α 粘性も，そのようなモデルの 1 つである．レイノルズ応力は，一般的に（角）速度勾配を減らす方向に（角）運動量を輸送する．

レイノルズ応力を見積もるモデルについては多くの研究が成されているが，どのような状況にも適用できるものは知られていない．むしろさまざまな乱流に対しそれぞれ，半現象論的な理論が提案されている段階である．これらの理論の多くは，実験室や地球大気での乱流を元に構築されていることに注意すべきであ

る．非圧縮性が顕著であることや，乱流の速度ゆらぎが大きいこと，系が圧力勾配尺度に比べて大きいことなど，天体に特有の事情により実験室や地球大気では成功したモデルが必ずしも適用できない可能性が残っている．乱流の速度が大きくなり音速に近づくと，圧縮性が顕著となり，ゆらぎからは音波が放射されやすくなる．また圧力勾配尺度に近い長波長のゆらぎは，重力や熱の流れのために，方向依存性が強い．コルモゴロフの理論は，ゆらぎが非圧縮性で等方的であることを暗に仮定しているので，その妥当性が保証されなくなる．

　乱流は運動量だけでなくエネルギーも輸送する．恒星内部構造論では，ヴィテンゼ（E. Vitense）が提案した混合距離理論と呼ばれる半経験的な公式が，エネルギー輸送の推計に使われている（第9巻3.1節「対流によるエネルギー輸送」の項を参照のこと）．

3.3　重力系の平衡状態と不安定性

　電磁気力においては，正と負の電荷が作る電場が打ち消しあって，大きな空間スケールでは電場の影響が弱まる傾向にある（デバイ遮蔽，第12巻2.1.2節参照）．それとは対照的に，完全に打ち消しあうことができない重力は，大きな構造であればあるほど，積算的に強くなるという性質を持つ．したがって，宇宙における種々の階層構造においては重力の役割は本質的である．

　この後の節では，重力の基本的な性質について理解しよう．なお，以下の節で，同じ文字の下付きの添え字が2個付いている項は空間 x, y, z 成分の値を代入して和を取ることにする（例: $A_j B_j \equiv A_x B_x + A_y B_y + A_z B_z$）．

3.3.1　自己重力系の平衡状態とビリアル定理

　巨視的な物質（流体）の運動を記述する方程式は以下の連続の式，運動方程式，エネルギー方程式である．

$$\frac{\partial}{\partial t}\rho = -\frac{\partial}{\partial x_i}\rho v_i, \tag{3.268}$$

$$\left(\frac{\partial}{\partial t} + v_j\frac{\partial}{\partial x_j}\right)v_i = -\frac{1}{\rho}\frac{\partial p}{\partial x_i} - \frac{\partial \Phi}{\partial x_i}, \tag{3.269}$$

$$\left(\frac{\partial}{\partial t} + v_j\frac{\partial}{\partial x_j}\right)e = -\frac{p}{\rho}\frac{\partial}{\partial x_j}v_j + \Gamma - \Lambda. \tag{3.270}$$

ここで, e, Γ, Λ, Φ はそれぞれ, 流体の単位質量あたりの熱エネルギー, 放射などによる流体の加熱率, 冷却率, 重力ポテンシャルである. 重力ポテンシャルが従う式は以下のポアソン方程式である.

$$\nabla^2 \Phi = 4\pi G \rho. \tag{3.271}$$

この式を解いて, Φ を積分形で表すこともできる.

$$\Phi = -G \int \frac{\rho(\boldsymbol{x}')}{|\boldsymbol{x} - \boldsymbol{x}'|} d^3 x'. \tag{3.272}$$

これらに加えて, 圧力と密度・内部エネルギーの関係を与える状態方程式, $p = p(\rho, e)$ が必要であるが, 理想気体の近似が使えるときは, γ を比熱比として,

$$p = (\gamma - 1)\rho e, \tag{3.273}$$

と簡単な形となる.

　(準) 平衡状態においては, 時間発展の方程式 (3.268), (3.269), (3.270) において, 左辺の時間微分を 0 とした式が満たされる.

　たとえば, 第 7 巻『恒星』において説明しているように, 球対称のガス球の平衡形状は自己重力と圧力勾配力のつりあいにより記述される. それは, 式 (3.269) を極座標で表して, 時間微分を 0 とおいた静水圧平衡の式,

$$\frac{1}{\rho} \frac{dp}{dr} = -\frac{d\Phi}{dr}, \tag{3.274}$$

をポアソン方程式 (3.271) に代入して得られるものであり, ガス球の各半径においての力のつりあいを表している式であった.

　ここでは, 一般的な自己重力系の全体に対して成り立つ重要な法則を導いてみよう. そのため, 式 (3.269) と等価な以下の式からはじめる.

$$\frac{\partial}{\partial t} \rho v_i = -\frac{\partial}{\partial x_j} \rho v_i v_j - \frac{\partial p}{\partial x_i} - \rho \frac{\partial \Phi}{\partial x_i}. \tag{3.275}$$

簡単のため, 流体の占める体積は有限だと仮定して, その境界での圧力はゼロ ($p_{\mathrm{ex}} = 0$) としよう. まず, この式の両辺に x_k を乗じて流体の全体積で積分する.

$$\int x_k \frac{\partial}{\partial t} \rho v_i d^3 x = - \int x_k \frac{\partial}{\partial x_j} \rho v_i v_j d^3 x - \int x_k \frac{\partial p}{\partial x_i} d^3 x - \int \rho x_k \frac{\partial \Phi}{\partial x_i} d^3 x. \tag{3.276}$$

右辺の各項は部分積分を用いて以下のように変形できる.

$$(第 1 項) = \int \delta_{k,j} \rho v_i v_j d^3 x = \int \rho v_i v_k d^3 x \equiv 2K_{ik}, \tag{3.277}$$

$$(第 2 項) = \delta_{i,k} \int p d^3 x \equiv \Pi_{ik}, \tag{3.278}$$

$$(第 3 項) = - \int \rho x_k \frac{\partial}{\partial x_i} G \int \frac{\rho(\boldsymbol{x}')}{|\boldsymbol{x} - \boldsymbol{x}'|} d^3 x' d^3 x \equiv W_{ik}. \tag{3.279}$$

ここで, 3 つのテンソル K_{ik}, Π_{ik}, W_{ik} を定義した. さらに, 慣性モーメント・テンソルを以下のように定義する.

$$I_{ik} = \int \rho x_i x_k d^3 x. \tag{3.280}$$

この式を時間微分すると,

$$\frac{d}{dt} I_{ik} = \int \frac{\partial \rho}{\partial t} x_i x_k d^3 x = - \int \frac{\partial \rho v_j}{\partial x_j} x_i x_k d^3 x$$

$$= \int \rho v_j (\delta_{jk} x_i + \delta_{ji} x_k) d^3 x = \int \rho (v_k x_i + v_i x_k) d^3 x,$$

となるので, さらにもう一度時間微分をして,

$$\frac{d^2}{dt^2} I_{ik} = \int \left(x_i \frac{\partial \rho v_k}{\partial t} + x_k \frac{\partial \rho v_i}{\partial t} \right) d^3 x, \tag{3.281}$$

を得る. この式の右辺に上で得た式を代入することにより, テンソル・ビリアル方程式と呼ばれる以下の式を得る.

$$\frac{1}{2} \frac{d^2}{dt^2} I_{ik} = 2K_{ik} + \Pi_{ik} + W_{ik}. \tag{3.282}$$

また, この式のトレース ($i = k = 1, 2, 3$ の場合の和) は, スカラー・ビリアル方程式と呼ばれる. $I = \sum_{i=1}^{3} I_{ii}$ として,

$$\frac{1}{2} \frac{d^2}{dt^2} I = 2K + \Pi + W. \tag{3.283}$$

ここで, $K = \sum_{i=1}^{3} K_{ii}, W = \sum_{i=1}^{3} W_{ii}$, は, それぞれ, 系の全運動エネルギー, 全重力エネルギーである. Π は式 (3.273) を使えば, 系の全熱エネルギー E_{th} と以下のように関係付けられる.

$$\Pi \equiv \sum_{i=1}^{3} \Pi_{ii} = 3\int p\,d^3x = 3(\gamma-1)\int \rho e\,d^3x = 3(\gamma-1)E_{\text{th}}. \qquad (3.284)$$

平衡状態や（準）定常状態では, 式 (3.283) の左辺は 0 となり,

$$2K + 3(\gamma-1)E_{\text{th}} = -W \qquad (3.285)$$

となる. 流体を構成する粒子が単原子ガスのように内部自由度がない場合は $\gamma = 5/3$ であり, $2(K+E_{\text{th}}) = -W$ となるので, 力学の教科書[*5]で説明されるビリアル定理と同等であることが分かる.

銀河内の星間ガス雲などを記述する際には, ガス雲の外側に存在する低密度かつ高温のガスの外圧が重要である. 一般に, 流体の外部が重力を無視できるほど低密度（高温）の媒質で満たされていて, その圧力 $p_{\text{ex}} \neq 0$ が無視できない場合は, 上記の導出の際に (3.278) 式において, 部分積分の表面項 $-\delta_{ik}p_{\text{ex}}\int d^3x$ がゼロにならずに残り, テンソル・ビリアル方程式は, V を系の体積として,

$$\frac{1}{2}\frac{d^2}{dt^2}I_{ik} = 2K_{ik} + \Pi_{ik} + W_{ik} - \delta_{ik}p_{\text{ex}}V, \qquad (3.286)$$

となる. それに対応して, 定常状態の（スカラー）ビリアル定理は,

$$3p_{\text{ex}}V = 2K + 3(\gamma-1)E_{\text{th}} + W. \qquad (3.287)$$

となる. 通常, 熱エネルギーは温度の関数である. たとえば, 単原子ガス（$\gamma = 5/3$）で $K = W = 0$ と近似できる場合は $E_{\text{th}} = (3/2)Nk_{\text{B}}T$（$N$ は全ガス粒子数, k_{B} はボルツマン定数）なので, 上式は $p_{\text{ex}}V = Nk_{\text{B}}T$ となり, いわゆる理想気体の状態方程式となる. つまり, 式 (3.287) は系全体に対する一種の状態方程式と見なすことが可能であり, 全体的な運動エネルギーによる補正項（K）や自己重力による補正項（W）が含まれていると思えばよい.

全体としての回転などの流体の運動の効果が無視でき, ガスの温度がほぼ等

---

*5 たとえば, ランダウ, リフシッツ著『力学』（参考文献 [30]）第 10 節.

温（$T = $ 一定）で近似できる場合は，式（3.284）と理想気体の状態方程式 $p = nk_{\mathrm{B}}T$（n はガスの数密度）を用いて，(3.287) 式は以下のようになる.

$$p_{\mathrm{ex}}V = \frac{k_{\mathrm{B}}TM}{\mu m_{\mathrm{H}}} - a\frac{GM^2}{3R}. \tag{3.288}$$

ここで，μ は平均分子量である．また，右辺の第 2 項は重力エネルギー（$\times 1/3$）を表しており，a は大きさ 1 程度の定数で，密度一様球の場合は $a = 3/5$ である．さらにもし，ガス雲の表面での圧力が小さくて（3.288）式の左辺が無視できる場合は，

$$M = \frac{3k_{\mathrm{B}}TR}{aG\mu m_{\mathrm{H}}} = \frac{3R(\Delta v)^2}{8(\ln 2)aG}, \tag{3.289}$$

というようにガス雲の質量は温度 T と雲の半径 R とで決定される．ここで，Δv はガス粒子の分布関数の半値幅であり，温度 T とは $(\Delta v)^2 = 8(\ln 2)k_{\mathrm{B}}T/(\mu m_{\mathrm{H}})$ の関係がある．この速度幅に観測される輝線のドップラー速度幅を代入して導出される質量を自己重力系のビリアル質量と呼ぶことが多い.

　平衡状態のガス雲の質量がこのビリアル質量よりも小さい場合はガス雲は重力だけで閉じ込められているのではなく，外圧 p_{ex} が無視できないほど大きいことになる．また実際には磁場の力などもあることに注意しなければならない.

3.3.2　自己重力系の負の比熱と星の輝き

　3.3.1 節で得られたビリアル定理を使って，自己重力系がエネルギーを失ったときに，どのような変化をするかを見てみよう.

　たとえば太陽のような恒星は自己重力系であり，ある一定の光度で輝いているため，エネルギーを常に失っている状態にある．現在は星の中心部での熱核反応のおかげで，この失われたエネルギーを補うことができるので，ほぼ定常状態にある．しかし，中心での燃料が枯渇した場合にはどうなるであろうか？　この場合，簡単化して考えると，熱核反応がエネルギーの減少分を補ってくれないので，全エネルギー（$E = E_{\mathrm{th}} + W$）は減るはずである.

$$\Delta E = \Delta E_{\mathrm{th}} + \Delta W < 0. \tag{3.290}$$

ただし，準静的な進化をするならば，常にビリアル定理は成り立つだろう.

$$3(\gamma - 1)E_{\mathrm{th}} + W = 0 \implies \Delta W = -3(\gamma - 1)\Delta E_{\mathrm{th}}. \tag{3.291}$$

これを（3.290）式に代入すると，

$$\Delta E = -(3\gamma - 4)\Delta E_{\mathrm{th}} < 0 \implies \gamma > 4/3 \text{ の場合は } \Delta E_{\mathrm{th}} > 0, \tag{3.292}$$

となる．普通の星の場合は $\gamma > 4/3$ になる*6ので，ΔE_{th} は正となることが分かる．つまり，エネルギーを失うと内部エネルギー（つまり温度）が上がるということになり，自己重力系としての比熱は負であることが理解できる．もちろん，このとき，重力エネルギーは大きく減少しており，失った全エネルギーと増加した内部エネルギーの両方に分配されるようになっているのである（$\gamma = 5/3$ の場合は $\Delta E_{\mathrm{th}} = -\Delta E,\ \Delta W = 2\Delta E$）．天体において，この性質は非常に重要であり，このおかげで，はじめの燃料が枯渇しても輝き続ける（エネルギーを失い続ける）ことで内部エネルギー（温度）が上がり，より高い温度で燃焼する次の燃料を燃やし始めることができるのである．このようにして，星の中心部では核反応を次々と継続させてより重い元素を作り続けることになる（詳細については，第7巻『恒星』を参照せよ）．

3.3.3 自己重力系の特徴的時間スケール

ここでは自己重力系のダイナミクスを扱う際には，自己重力系に固有の重要な時間スケールを理解する必要がある．そのために，ガス圧によって支えられない自己重力系の重力収縮現象に着目しよう．基本的な性質を理解するために，大胆に簡単化して，ガス圧が存在しない一様密度球のダイナミクスを考えてみる（図3.12の左側）．初期の密度を $\rho(0)$ とし，初期（$t = 0$）の半径が a で静止している球殻の時刻 t での半径を $f(t = 0, a) = 1$ となる関数 $f(t, a)$ を用いて $R(t, a) = f(t, a)a$ と書けば，球殻の時間発展を記述する運動方程式は以下のようになる．

$$\frac{d^2 R}{dt^2} = \frac{d^2 f}{dt^2}a = -\frac{GM(a)}{R^2} = -\frac{4\pi G\rho(0)a}{3f^2}. \tag{3.293}$$

ここで $M(a)$ は半径 a の内側の質量である．f の時間発展を記述する式（$d^2 f/dt^2 = \cdots$）は a に依存しない式になっているので，じつは f は初期半径

---

*6 $\gamma < 4/3$ の場合は動的に不安定となることを 3.3.4 節で説明する．

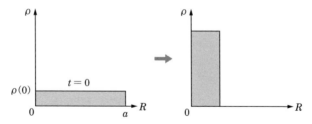

図 **3.12** 球対称で一様密度の自己重力系の収縮過程. 圧力が無
視できる場合は一様密度状態を保って収縮し, 密度は有限の時
間で無限大となる.

a には依存せず, 時間 t だけの関数である. つまり, 球殻の運動は自己相似的で
あることが分かる. したがって, 図 3.12 に示したように, 初期に一様密度状態
静止系から収縮を始めたら, 一様密度状態を保ち続けることになる. $d^2 f/dt^2$ の
式の両辺に df/dt をかけて積分すると,

$$\frac{df}{dt} = -\left[\frac{8\pi G\rho(0)}{3}\left(\frac{1}{f}-1\right)\right]^{1/2}, \tag{3.294}$$

となるので, $f = \cos^2 \beta$ という置き換えをして再度積分すると,

$$\beta + \frac{1}{2}\sin(2\beta) = t\left(\frac{8\pi G\rho(0)}{3}\right)^{1/2}, \tag{3.295}$$

と解くことができる. ここで, 初期に静止していた球殻を考え, $t=0$ で $df/dt =$
0 とした. $\beta = \pi/2$ となる時間にすべての球殻が中心に達することになる. その
時間 t_{ff} は自由落下時間 (free fall time) と呼ばれ, 自己重力が支配する現象の
特徴的な時間スケールに対応している.

$$t_{\mathrm{ff}} = \left(\frac{3\pi}{32G\rho(0)}\right)^{1/2}. \tag{3.296}$$

　球対称の物質分布であれば, 初期の密度分布が一様でない場合でも, 上式の密
度を半径 a の内側の平均密度で置き換えることで, 同様な解が得られる. この式
は密度が大きければ大きいほど落下が速いことを意味している. したがって, 中
心ほど密度が大きな球対称の構造をもつ形状が重力収縮した場合は, 中心部分が
周りを置いてけぼりにして収縮することになり, 密度分布はますます中心集中す

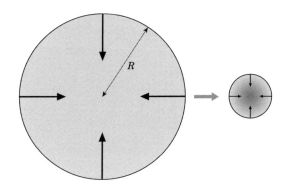

図 **3.13** 球対称のガス雲における力のつりあい．ガス雲が球対称性を保ちつつ収縮する場合に，重力や圧力勾配力は半径 R の関数としてどのように増加するか？

ることになる．このような非一様の収縮現象は自己重力系に特有の現象であり，逃走的収縮（run-away collapse）[*7]と呼ばれ，天体物理の種々の現象に見られる．

3.3.4 球対称系の臨界比熱比

重力系の平衡状態の安定性を調べるために，ガスの圧力 p と密度 ρ とに

$$p = K\rho^{\gamma_{\mathrm{eff}}}, \tag{3.297}$$

という簡単な関係がある場合を考える．ここで，K は適当な定数，γ_{eff} はガスの実効的な比熱比であり，2 原子分子が断熱的な場合には $\gamma_{\mathrm{eff}} = 1.4$，等温ガスでは $\gamma_{\mathrm{eff}} = 1$ である．

自己重力の性質を理解するために，質量 M，半径 R の球対称形状の雲を想定して，その外縁部の流体素片の単位質量あたりに及ぼされる自己重力（F_g）と圧力勾配の力（F_p）を比べよう（図 3.13）．

$$F_g = \frac{GM}{R^2}, \tag{3.298}$$

$$F_p = \frac{1}{\rho}\frac{\partial p}{\partial r} \approx \frac{K\rho^{\gamma_{\mathrm{eff}}-1}}{R}. \tag{3.299}$$

ここで，雲が収縮して半径 R が小さくなることを考えると，密度は $\rho \propto R^{-3}$ で

[*7] 暴走的収縮と訳される場合もある．

あるから, F_p は

$$F_p \propto \frac{1}{R^{3\gamma_{\mathrm{eff}}-2}}, \tag{3.300}$$

となる. つまり,

$$\frac{F_p}{F_g} \propto R^{4-3\gamma_{\mathrm{eff}}}, \tag{3.301}$$

である. そのため, その後の進化は以下のように分類される.

- $\gamma_{\mathrm{eff}} < 4/3$ の場合, もし重力が圧力に打ち勝ち, 収縮して半径 R が小さくなると, 重力の方がますます圧力より大きくなり, 収縮が止まらなくなる. つまり不安定である. 効率的な放射加熱・冷却に強く依存していて, 温度が密度変化に強く依存しない星間ガスがこの場合に対応している.

- $\gamma_{\mathrm{eff}} = 4/3$ の場合, 重力と圧力勾配力がつりあうような雲の臨界質量が存在する. 雲の自己重力と圧力がつりあうかどうかは雲の質量が大きいか小さいかによる. 放射エネルギー優勢の状態や相対論的な縮退圧が優勢の場合がこれに対応し, 進化した大質量星の中心部分やコンパクト星で重要となる.

- $\gamma_{\mathrm{eff}} > 4/3$ の場合, 充分に収縮すれば圧力勾配力の方が重力よりも大きくなるので, 雲はそれ以上収縮できない. つまり安定である. 通常の安定な星の状態がこの場合に対応している.

- $\gamma_{\mathrm{eff}} = 4/3$ の場合は, 圧力勾配力と重力が同じスケーリングを満たすので, じつは系全体が一様 (homologous) に収縮したり膨張したりする状態が可能である.

実際, それを表す簡単な解が自己相似解の形で得られるため, 理論的な解析が容易となる.

この臨界比熱比 $\gamma_{\mathrm{crit}} = 4/3$ は球形状の場合に特有の値であり, 重力系の形状が変わると違う値となることを次に見てみよう.

3.3.5　円柱形状・平板形状の臨界比熱比

細長く伸びた構造に対しての重力的安定性を理解するため, 一様かつ無限に伸びた軸対称円柱状の構造を考えてみよう (図 3.14). この系に対するポアソン方程式は以下のように円柱座標で表すのが便利である.

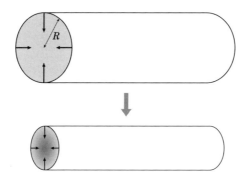

図 3.14 円柱形状のガス雲における力のつりあい．ガス雲が軸対称性を保ちつつ収縮する場合に，重力や圧力勾配力は半径 R の関数としてどのように増加するか？

$$\nabla^2 \Phi = \frac{1}{r}\frac{d}{dr}r\frac{d\Phi}{dr} = 4\pi G\rho, \tag{3.302}$$

この式に r をかけて中心 $r = 0$ から円柱の外径 $r = R$ まで積分すると，

$$R\left.\frac{d\Phi}{dr}\right|_{r=R} = 2G\int_0^R 2\pi r\rho dr = 2GM_{\text{line}} \tag{3.303}$$

となる．ここで $M_{\text{line}} = \displaystyle\int_0^R 2\pi r\rho dr$ は円柱の単位長さあたりの質量であり，収縮していても定数である．つまり，円柱の外縁部 $r = R$ に働く重力 $F_{g,\text{cylinder}}$ は

$$F_{g,\text{cylinder}} = \left.\frac{d\Phi}{dr}\right|_{r=R} = 2\frac{GM_{\text{line}}}{R} \propto \frac{1}{R}, \tag{3.304}$$

と表せる．一方，圧力勾配力は（3.299）式と同じであるため，

$$\frac{F_p}{F_{g,\text{cylinder}}} \propto R^{3-3\gamma_{\text{eff}}}, \tag{3.305}$$

となり，この場合の臨界比熱比は $\gamma_{\text{crit,cylinder}} = 1$ となる．したがって，等温の円柱状ガス雲においては（密度には依存しない）特別な線密度の場合にのみ平衡状態になることが可能である．実際，等温（$p = c_s^2\rho$，c_s は等温音速）の場合，静水圧平衡を表す式（3.274）と（3.302）式を満たす平衡形状分布は以下のように簡単な形となる．

$$\rho(r) = \rho_{\rm c}\left[1+\left(\frac{r}{H_0}\right)^2\right]^{-2}, \quad H_0 \equiv \left(\frac{2}{\pi G\rho_{\rm c}}\right)^{1/2} c_{\rm s}. \tag{3.306}$$

したがって，この場合の線密度は

$$M_{\rm crit} \equiv \int_0^\infty 2\pi\rho(r)rdr = \frac{2c_{\rm s}^2}{G}, \tag{3.307}$$

となり，中心密度の値には依存しないことになる．ここで，$M_{\rm crit} = \pi H_0^2\rho_{\rm c}$ となるので，H_0 は円柱の実効的な半径を表している．

星形成の現場である分子雲では，放射冷却の効果が大きいため，ガスの実効的な比熱比は 1 よりわずかに小さい量である．そのため，円柱状の分子雲は安定な形状ではなく，収縮しやすい状態になっていることが重要な意味を持っている（3.3.12 節参照）．

同様にして，平板形状の場合の臨界比熱比は $\gamma_{\rm crit,sheet} = 0$ となる．つまり，平板形状の構造においては，十分に厚みが小さくなれば圧力勾配力が重力につりあうことが可能である．つまり，平板状の構造の重力安定性を調べるときは，準平衡形状について調べれば良いことが分かる．平板状の平衡状態は，静水圧平衡を表す式と 1 次元のポアソン方程式

$$\frac{1}{\rho}\frac{dp}{dz} = -\frac{d\Phi}{dz}, \quad \frac{\partial^2\Phi}{\partial z^2} = 4\pi G\rho(z), \tag{3.308}$$

を解いて求めることができる．たとえば等温の場合は，

$$\rho(z) = \rho_{\rm c}\,{\rm sech}^2\left(\frac{z}{H_0}\right), \quad H_0 \equiv \frac{c_{\rm s}}{(2\pi G\rho_{\rm c})^{1/2}}, \tag{3.309}$$

であり，平板の面密度は

$$\Sigma \equiv \int_{-\infty}^\infty \rho(z)dz = 2H_0\rho_{\rm c}, \tag{3.310}$$

となるので，$2H_0$ が平板の実効的な厚みであることが分かる．

円柱の場合も平板の場合も，平衡形状においては，その特徴的な長さスケール H_0 がジーンズ波長（3.3.7 節参照）と同様に"音速 × 自由落下時間"程度になっていることに注意してほしい．

3.3.6 外場のある場合の安定性

ここで外場としての重力場の効果を考えてみよう．今問題にしているガス成分とは別の成分の重力源が広がって分布していると仮定する．簡単のため，外場の密度は一様 $\rho = \rho_B$ で時間変化はない場合を考えると，球対称に分布しているガス球に働く重力は（3.298）式ではなく，

$$F'_g = \frac{G}{R^2} \left(M + \frac{4\pi}{3} R^3 \rho_B \right), \tag{3.311}$$

となる．外場と安定性の関係を見るため，$M \ll \frac{4\pi}{3} R^3 \rho_B$ という極限を考えると，圧力勾配力と重力の比は，

$$\frac{F_p}{F'_g} \propto R^{1-3\gamma_{\text{eff}}}, \tag{3.312}$$

となり，（$\gamma_{\text{eff}} > 1/3$ である限り）収縮すると，圧力が勝るようになる．つまり，外場が時間的に変化しない場合は系を安定化することになる．

銀河スケール以上の構造においては通常の物質以外に，より大質量の暗黒物質（ダークマター）が大きく広がって存在すると考えられている．この場合，上で見たように，それが作る重力場が外場となり，ガスなどの通常の物質系は大域的な重力安定性を得ていると思われている．

3.3.7 ジーンズ不安定性

重力系の構造形成を考える際に，重力的な分裂現象の理解は欠かせない．ここでは，ジーンズによるもっとも簡単な重力不安定性の解析からはじめる．

まず，簡単のため，無限一様に広がって静止している媒質を考え，その圧力を p_0，密度を ρ_0 とする．この状態に微小なゆらぎを断熱的に加えると，圧力・密度・速度は，$p(\boldsymbol{r},t) = p_0 + p_1(\boldsymbol{r},t), \rho(\boldsymbol{r},t) = \rho_0 + \rho_1(\boldsymbol{r},t), \boldsymbol{v}(\boldsymbol{r},t) = \boldsymbol{v}_1(\boldsymbol{r},t)$ となる．ここで添え字 0 と 1 は，それぞれ，非摂動状態と摂動状態に対応している．これらを流体力学の基礎方程式（3.268），（3.269）に代入して方程式を線形化する．連続の式と運動方程式はそれぞれ，

$$\frac{\partial \rho_1}{\partial t} + \rho_0 (\nabla \cdot \boldsymbol{v}_1) = 0, \tag{3.313}$$

$$\frac{\partial \boldsymbol{v}_1}{\partial t} = -\frac{c_{\mathrm{s}}^2}{\rho_0} \nabla \rho_1 - \nabla \Phi_1, \tag{3.314}$$

となる．ここで c_{s} は（実効的な）音速である（$c_{\mathrm{s}}^2 \equiv dp/d\rho$）．線形化された重力場を表すポアソン方程式

$$\nabla^2 \Phi_1 = 4\pi G \rho_1, \tag{3.315}$$

を用いると，上の式は以下のような一本の方程式に帰着できる．

$$\frac{\partial^2 \rho_1}{\partial t^2} = c_{\mathrm{s}}^2 \nabla^2 \rho_1 + 4\pi G \rho_0 \rho_1. \tag{3.316}$$

重力が無視できる場合，右辺第 2 項がなくなって簡単な波動方程式となり，流体中を伝わる音波を記述している．ここで分かりやすくするため，1 次元平面波を考え，ゆらぎの関数系を $\rho_1 \propto \exp(ikx - i\omega t)$ と仮定すると，

$$\omega^2 = c_{\mathrm{s}}^2 k^2 - 4\pi G \rho_0. \tag{3.317}$$

という重力不安定性に対する分散関係式が得られる．$k < k_{\mathrm{J}} \equiv (4\pi G \rho_0)^{1/2}/c_{\mathrm{s}}$ の場合には，ω が純虚数となり，不安定となる．重力不安定性の臨界波長 λ_{J} は，

$$\lambda_{\mathrm{J}} = \frac{2\pi}{k_{\mathrm{J}}} = \left(\frac{\pi}{G \rho_0}\right)^{1/2} c_{\mathrm{s}}, \tag{3.318}$$

となり，これをジーンズ波長と呼ぶ．ゆらぎの波長がこの臨界波長よりも長い場合，圧力による復元力が自己重力の効果に打ち勝つことができず重力収縮が起こる．直径が臨界波長に等しい球の質量は

$$M_{\mathrm{J}} = \frac{4}{3}\pi \left(\frac{\lambda_{\mathrm{J}}}{2}\right)^3 \rho_0 \propto T^{3/2} \rho_0^{-1/2}, \tag{3.319}$$

となり，ジーンズ質量と呼ばれており，自己重力系の安定性の簡単な指標としてよく用いられている．

　上の解析によると，波長が無限大のゆらぎがもっとも速く成長することになり，媒質全体が重力で潰れることが期待されるため，重力的な分裂現象を議論することは困難である．さらに，上で述べたジーンズの解析の非摂動状態には問題がある．ポアソン方程式の右辺は密度であるため，常に正の値である．この場合，左辺を見ると，ポテンシャルの空間 1 回微分である加速度項は空間的に一様に 0 にはなり得ない．かならず 0 でない重力は存在するはずである．つまり，媒

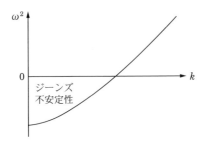

図 **3.15** ジーンズ不安定性の分散関係. 縦軸はゆらぎの振動数
の 2 乗で, 横軸はゆらぎの波数を表す.

質が一様に広がっていて静的であるという非摂動状態についての仮定は, 基礎方
程式系を満たしておらず, 厳密な解析にはなり得ないのである. そのため, こ
の解析は「ジーンズのごまかし (Jeans Swindle)」などと呼ばれることもある.
それにもかかわらず, 重力不安定性の目安として λ_J や M_J がしばしば使われる
のは, 3.3.8 節で見るように, 適切な解析においても同じ程度の大きさの値が得
られるからである.

1950 年代にホイル (F. Hoyle) らは, M_J が密度の減少関数であることに着
目し, 自己重力系は収縮が進んで密度が上がれば上がるほど, より小さな質量素
片に分裂することで, 階層的な構造を作る「階層的分裂現象」の可能性を提唱し
た. しかし, 3.3.3 節で説明されるように, 自己重力系が収縮する場合には中心
付近の高密度の部分が逃走的に収縮をするという性質があるため, ホイルらの単
純な描像での階層的な分裂はきわめて難しいことが現在では分かっている. この
ことについては, 3.4 節以降で触れる.

3.3.8 平板形状の重力不安定性

この節では, 平板形状の重力不安定性について解析してみよう. すべての物理
量を厚み (z) 方向に積分した変数を考える.

$$\Sigma(x,y) = \int \rho(x,y,z)dz, \tag{3.320}$$

$$\boldsymbol{v}(x,y) = \frac{1}{\Sigma(x,y)} \int \rho(x,y,z)\boldsymbol{v}(x,y,z)dz, \tag{3.321}$$

$$\frac{\partial \Sigma}{\partial t} + \nabla \cdot (\Sigma \boldsymbol{v}) = 0, \tag{3.322}$$

$$\frac{\partial \boldsymbol{v}}{\partial t} + (\boldsymbol{v} \cdot \nabla)\boldsymbol{v} = -\frac{\nabla p}{\Sigma} - \nabla \Phi, \tag{3.323}$$

$$\nabla^2 \Phi(x, y, z) = 4\pi G \Sigma(x, y)\delta(z). \tag{3.324}$$

もっとも簡単な空間的に一様状態の非摂動状態を考えたいので，$\Sigma = \Sigma_0$（定数），$p = p_0$（定数），$\boldsymbol{v} = 0$ とすると，これは連続の式を満たす．ただし，3.3.7 節で述べたように，ポアソン方程式を満たすためには，Φ_0 は一様ではありえない．したがって，空間的に一様ではない Φ_0 を考える必要があるが，実際，以下のような解があることが分かる．

$$\Phi_0(x, y, z) = 2\pi G \Sigma_0 |z|, \tag{3.325}$$

この Φ_0 は (x, y) 空間では一様なので，$\partial \Phi_0/\partial x = 0$，$\partial \Phi_0/\partial y = 0$ であり，運動方程式をみたしている．

この非摂動状態に対して，以下のような摂動を考える．

$$\Sigma = \Sigma_0 + \Sigma_1, \quad p = p_0 + p_1, \quad \boldsymbol{v} = \boldsymbol{v}_1, \quad \Phi = \Phi_0 + \Phi_1. \tag{3.326}$$

無限小摂動を考え，基礎方程式において摂動の 1 次の量までを残し，2 次以上を小さいとして無視すると，以下の方程式が得られる．

$$\frac{\partial \Sigma_1}{\partial t} + \Sigma_0 \nabla \cdot \boldsymbol{v}_1 = 0, \tag{3.327}$$

$$\frac{\partial \boldsymbol{v}_1}{\partial t} = -\frac{c_\mathrm{s}^2}{\Sigma_0} \nabla \Sigma_1 - \nabla \Phi_1, \tag{3.328}$$

$$\nabla^2 \Phi_1(x, y, z) = 4\pi G \Sigma_1(x, y)\delta(z), \tag{3.329}$$

方程式は (x, y) 空間において特別な方向はないので，摂動として x 座標に依存した以下のような関数形を考慮する．図 3.16 のように，ゆらぎの成長は平板の分裂過程に対応し，$k = 2\pi/\lambda$ である．

$$\Sigma_1(x, y) = \delta\Sigma \exp[i(kx - \omega t)], \tag{3.330}$$

$$\boldsymbol{v}_1(x, y) = \delta\boldsymbol{v} \exp[i(kx - \omega t)]. \tag{3.331}$$

ポアソン方程式は $z \neq 0$ では簡単になり，これを満たすためには，以下のようになっていればよい．

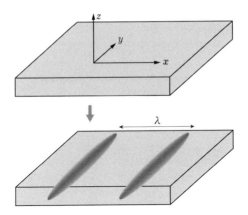

図 **3.16** 平板状の自己重力系の分裂現象. ゆらぎの成長率はゆ
らぎの波数 $k = 2\pi/\lambda$ の関数として求められる.

$$\Phi_1(x, y, z) = \delta\Phi \exp[i(kx - \omega t) - |kz|] \qquad (z \neq 0). \qquad (3.332)$$

次に,$\delta\Phi$ と $\delta\Sigma$ の関係を決めるため,式(3.329)を $z = -\varepsilon$ から $z = \varepsilon$ まで積分しよう.

$$\int_{-\varepsilon}^{\varepsilon} \left(\frac{\partial^2\Phi_1}{\partial x^2} + \frac{\partial^2\Phi_1}{\partial y^2}\right) dz + \int_{-\varepsilon}^{\varepsilon} \frac{\partial^2\Phi_1}{\partial z^2} dz = 4\pi G\Sigma_1(x, y). \qquad (3.333)$$

この式で,$\varepsilon \to +0$ の極限を取ると,左辺の第 1 項は被積分関数が z の関数としては連続なので 0 になる.第 2 項は,

$$\lim_{\varepsilon\to+0} \int_{-\varepsilon}^{\varepsilon} \frac{\partial^2\Phi_1}{\partial z^2} dz = \lim_{\varepsilon\to+0}\left[\frac{\partial\Phi_1(+\varepsilon)}{\partial z} - \frac{\partial\Phi_1(-\varepsilon)}{\partial z}\right] = -2|k|\Phi_1. \qquad (3.334)$$

これより,$\delta\Phi$ と $\delta\Sigma$ の間の関係が決まり,

$$\Phi_1 = -\frac{2\pi G\delta\Sigma}{|k|}\exp[i(kx - \omega t) - |kz|]. \qquad (3.335)$$

となる.これらの式を連続の式と運動方程式の x 成分に代入すると,

$$-i\omega\delta\Sigma = -ik\Sigma_0\delta v_x, \qquad (3.336)$$

$$-i\omega\delta v_x = -ik\frac{c_s^2}{\Sigma_0}\delta\Sigma + ik\frac{2\pi G}{|k|}\delta\Sigma, \qquad (3.337)$$

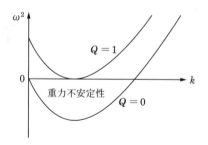

図 3.17 平板状自己重力系の重力不安定性の分散関係．縦軸は
成長率で，横軸はゆらぎの波数を表す．

となる．これらの式が $\delta\Sigma = 0$, $v_{1x} = 0$ という自明な解以外の解を持つ条件と
して以下の分散関係式が得られる．

$$\omega^2 = k^2 c_\mathrm{s}^2 - 2\pi G\Sigma_0 |k|. \tag{3.338}$$

以下の式で決まる波数よりも小さな波数（大きな波長）に対しては不安定となる
ことが分かる．

$$|k| < k_\mathrm{crit} \equiv \frac{2\pi G\Sigma_0}{c_\mathrm{s}^2} \longrightarrow 不安定. \tag{3.339}$$

等温ガスの場合，平板の実効的な厚みは $H_0 = \Sigma_0/(2\rho_\mathrm{c}) = c_\mathrm{s}(2\pi G\rho_\mathrm{c})^{-1/2}$ と
書けるので，平板の重力不安定性の臨界波長は，

$$\lambda_\mathrm{crit} \equiv \frac{2\pi}{k_\mathrm{crit}} = \sqrt{\frac{\pi}{2G\rho_\mathrm{c}}}c_\mathrm{s} = \pi H_0 \sim \lambda_\mathrm{J}, \tag{3.340}$$

となり，3.3.7 節で得たジーンズ波長程度となることが分かる．また，摂動の成
長率が最大となる波長は $2\lambda_\mathrm{crit} \sim 2\lambda_\mathrm{J}$ である．

3.3.9　回転円盤の重力不安定性

ここでは，3.3.8 節では考慮しなかった回転の効果を考えてみよう．ただし，
簡単のため，z 軸を中心に角速度 Ω で一様回転する場合を考え，解析的に取り
扱えるようにするために問題設定を工夫する．基礎方程式のうち，3.3.8 節と異
なるのは運動方程式だけである．

$$\frac{\partial \boldsymbol{v}}{\partial t} + (\boldsymbol{v} \cdot \nabla)\boldsymbol{v} = -\frac{\nabla p}{\Sigma} - \nabla\Phi - 2\Omega\boldsymbol{e}_z \times \boldsymbol{v} + \Omega^2(x\boldsymbol{e}_x + y\boldsymbol{e}_y). \tag{3.341}$$

ここで，右辺第 3 項はコリオリ力であり，右辺最後の項は遠心力を表し，e_x，e_y，e_z は x, y, z 方向の単位ベクトルである．空間的に一様状態の非摂動状態が取り扱いやすいので，非摂動状態は，$\Sigma = \Sigma_0$（定数），$p = p_0$（定数），$v = 0$ としよう．運動方程式を満たすために，遠心力とつりあう力が必要であるので，非摂動状態の重力場 (Φ_0') として，$z = 0$ において以下のような性質が必要である．

$$\nabla \Phi_0' = \Omega^2 (x e_x + y e_y). \tag{3.342}$$

この性質を満たす重力場ポテンシャルとして，以下のような簡単なものを用いることにしよう．

$$\Phi_0' = \Phi_0 + \frac{\Omega^2}{2}(x^2 + y^2 + z^2). \tag{3.343}$$

ここで，Φ_0 は式（3.325）で定義したものである．この重力ポテンシャルを生み出す質量分布は以下のように求められる．

$$\nabla^2 \Phi_0' = 4\pi G[\Sigma_0 \delta(z) + \rho_{\mathrm{DM}}], \qquad \rho_{\mathrm{DM}} = \frac{3}{4\pi G}\Omega^2 \quad （定数） \tag{3.344}$$

つまり，ρ_{DM} は定数であり，式（3.343）を満たすために，存在しているある種のダークマターだとみなそう．さらに，この外場としての ρ_{DM} は時間的にも変化しない定数だと仮定して，以下は流体（ρ）の摂動を議論する．摂動に関して 1 次の量が満たす方程式は 3.3.8 節と同様に，

$$\frac{\partial \Sigma_1}{\partial t} + \Sigma_0 \nabla \cdot v_1 = 0, \tag{3.345}$$

$$\frac{\partial v_1}{\partial t} = -\frac{c_{\mathrm{s}}^2}{\Sigma_0}\nabla \Sigma_1 - \nabla \Phi_1 - 2\Omega e_z \times v_1, \tag{3.346}$$

$$\nabla^2 \Phi_1(x, y, z) = 4\pi G \Sigma_1(x, y)\delta(z), \tag{3.347}$$

となる．ここで，流体に摂動がある場合でも，遠心力の項は常に外場（ρ_{DM}）の作る重力と打ち消しあうため，運動方程式にはコリオリ力しか現れないのである．3.3.8 節と同様に，式（3.330），（3.331），（3.335）の関係式を使うと，摂動が従う式として，

$$\begin{pmatrix} \omega & -k\Sigma_0 & 0 \\ -ikc_{\mathrm{s}}^2/\Sigma_0 + 2\pi iGk/|k| & i\omega & 2\Omega \\ 0 & -2\Omega & i\omega \end{pmatrix} \begin{pmatrix} \delta\Sigma \\ \delta v_x \\ \delta v_y \end{pmatrix} = \begin{pmatrix} 0 \\ 0 \\ 0 \end{pmatrix}.$$

この式が, $\delta\Sigma = 0$, $\delta v_x = 0$, $\delta v_y = 0$ という自明な解以外の解を持つためには, 左辺の行列の行列式が 0 にならなければならない. その条件として以下の分散関係式が得られる.

$$\omega^2 = k^2 c_{\mathrm{s}}^2 - 2\pi G\Sigma_0|k| + (2\Omega)^2. \tag{3.348}$$

この式から平板状の重力系が不安定となる条件を求めることができる.

ここでは, 簡単のため, 一様回転する系を考えたが, 回転角速度が回転中心からの距離 r に依存する場合(差動回転, $\Omega = \Omega(r)$)にも一般化することができ, その結果の分散関係式は上式の 2Ω をエピサイクル振動数 κ で置き換えたものになる.

$$\omega^2 = k^2 c_{\mathrm{s}}^2 - 2\pi G\Sigma_0|k| + \kappa^2. \tag{3.349}$$

このエピサイクル振動数は回転系での基本的な摂動の振動数であり,

$$\kappa^2 = \left(\frac{1}{r^3} \frac{d}{dr} r^4 \Omega^2 \right), \tag{3.350}$$

と計算される量である. 宇宙物理の問題においては, 回転数 Ω との関係がおおよそ

$$\Omega \leqq \kappa \leqq 2\Omega, \tag{3.351}$$

となっており, 下限がケプラー回転, 上限は一様回転に対応している. 式 (3.349) から分かるように,

$$Q \equiv \frac{\kappa c_{\mathrm{s}}}{\pi G\Sigma_0} < 1, \tag{3.352}$$

である場合は不安定な波数が存在し, この平板状の構造は不安定である. しかし, エピサイクル振動数 κ が大きくて Q が 1 より大きくなるほど速い回転の場合は完全に安定となる. この安定化は運動方程式の摂動に現れたコリオリ力によるものである. このように, 安定性の指標 Q は非常に便利な量であり, トゥームレ(A. Toomre)の Q パラメータと呼ばれて, 広く使われている.

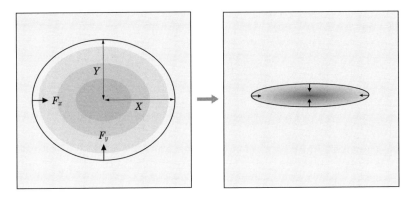

図 **3.18** 平板状ガス雲の分裂の様子. 平板面を上から見た図を表す.（等温）平衡形状に対するゆらぎの進化を調べると，初期に $k_x \neq k_y$ のゆらぎはゆがみ（X/Y）を助長しながら成長し，やがて細長い（filamentary）形で収縮することが分かる.

3.3.10 分裂素片の形状

3.3.9 節までで見てきた線形解析において，ゆらぎの関数系を $\propto \exp[i(k_x x + k_y y - \omega t)]$ として解析しなおすと，ゆらぎの時間発展（ω）は $k^2 \equiv k_x^2 + k_y^2$ にしか依存しないことが分かる. よって，k の値が同じゆらぎであれば，k_x, k_y の相対的な大きさが違っても同じ成長率を与えることになる.

分裂素片の形の進化について考察するため，以下のような面密度ゆらぎの初期条件を考えてみよう.

$$\delta\Sigma(x,y) = \mathrm{Re}[e^{i(k_x x + k_y y)} + e^{i(k_x x - k_y y)}] = 2\cos(k_x x)\cos(k_y y). \qquad (3.353)$$

平板形状のガス雲にこのゆらぎを与えた場合の面密度の等高線の概略は図 3.18 の左図のような形になるだろう（$Y/X = k_x/k_y$）. 3.3.9 節までに学んだ線形解析によると，このゆらぎの時間進化は $k^2 \equiv k_x^2 + k_y^2$ として，$e^{i\omega(k)t}$ に比例することが分かるので，時間が経過しても同じような等高線が描ける. つまり，このような線形解析ではゆらぎの形の進化は予言できないことになる.

平板形状の自己重力系の分裂の結果として形成される構造を調べるため，観山正見・成田真二・林 忠四郎は平板形状の等温ガス雲に与えられたゆらぎの進化について，2 次の摂動解析と非線形数値流体シミュレーションの手法により詳し

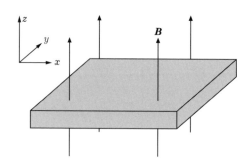

図 **3.19**　平板状のガス構造に磁場が貫いている場合. 磁場が強いと安定になる.

く解析した. その結果, 図 3.18 のようにゆがみが成長することが示された. この結論の本質は, ゆがみが大きくなればなるほどゆらぎ形状の短軸と長軸方向の重力の大きさ (F_x, F_y) の違いが大きくなることである.

$$\frac{F_y}{F_x} \propto \frac{X}{Y}. \tag{3.354}$$

その結果, 初期に $k_x \neq k_y$ のゆらぎについては, 一般的にゆがみが大きくなるようにゆらぎが成長し, 最終的には細長い（filamentary）形に分裂する. このように平板形状の自己重力系が分裂する場合, 細長い分裂素片が多数形成される.

3.3.11　磁場を含む平板形状の安定性

磁力線が平板面に垂直の場合

　宇宙に存在している天体の多くは自己重力系であり, 磁場を含んでいることが知られている. たとえば, 星形成の現場である分子雲には数 μG 以上の磁場が貫いていることが観測により分かっている. かなり低温（$\sim 10\,\mathrm{K}$）であり電離度が非常に低い分子雲においてさえ, この磁場による力は無視できない（第 6 巻参照）. そこで, この節では, 自己重力系の不安定性・分裂現象における磁場の効果について述べる. なお, 本節での扱いは磁気流体力学近似に基づいており, その詳細については第 12 巻 2 章を参照してほしい.

　3.3.10 節までに平板形状の自己重力系の安定性を見たので, 磁場があるときの平板構造の安定性を考えてみよう. まず, 図 3.19 に示したように, 平板に垂直

に一様磁場が貫いている場合を考えよう. この場合は磁場強度が強いとガスは分裂・収縮運動を妨げられるので, ゆらぎの成長率は小さくなるはずである. 簡単化するため 3.3.8 節と同様に厚みを無視して, 平板形状でもっとも不安定となる波数 $k = k_{\rm crit}/2 = 1/H_0$ のゆらぎに対する重力と磁気圧を比べてみよう. 式 (3.335) によれば, 単位体積当たりの重力 F_G は

$$|F_G| = \left| \rho \frac{\partial \Phi}{\partial x} \right| = |2\pi G \rho \delta \Sigma|, \tag{3.355}$$

である. 面密度ゆらぎと磁場のゆらぎは $\delta \Sigma/\Sigma_0 = \delta B/B_0$ の関係があるので, 単位体積あたりの磁気圧勾配 F_M は

$$|F_M| = \left| \frac{\partial}{\partial x} \left(\frac{B^2}{8\pi} \right) \right| = \left| k \frac{B_0 \delta B}{4\pi} \right| = \left| \frac{B_0^2 \delta \Sigma}{4\pi H_0 \Sigma_0} \right|, \tag{3.356}$$

となり, $|F_G| < |F_M|$ の場合はゆらぎは安定なはずである. 実際, 中野武宣・中村卓史らは等温ガスの平板の場合, 面密度 Σ_0 の関数として以下の式で決まる臨界強度よりも磁場強度が強い場合はゆらぎに対して完全に安定になることを示した.

$$B_{\rm crit}^2 \equiv 4\pi^2 G \Sigma_0^2. \tag{3.357}$$

したがって, 強い磁場が貫いた分子雲は重力的に安定となり, 自由落下時間に比べて長い時間存在することが可能となる.

磁力線が平板面に平行の場合

一方, 平板状のガス雲の形成メカニズムとしては, 種々の原因で発生する 1 次元的 (一方向的) なガスの圧縮運動が考えられる. 圧縮させる力が圧縮前のガス中に存在した磁気圧よりもはるかに大きい場合は, 圧縮とともに磁力線も束ねられ, 結果として形成される平板状ガス雲には, 平均的には平板内に (法線に垂直に) 磁場が貫いた形状となる. 実際, 超新星残骸の膨張や電離領域の膨張に伴う衝撃波による星間ガスの圧縮の場合は, 圧縮流の及ぼす圧力 (ラム圧) が星間磁場の磁気圧よりもはるかに大きいため, このような磁場を面内に含む平板状ガスが形成される.

磁力線を面内に含む場合の重力不安定性の解析は, 永井智哉・犬塚修一郎・観山によりなされた. その結果, 平板の中心でのガス圧力と外での圧力の比に依存

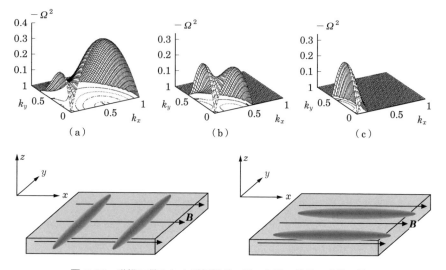

図 **3.20** 磁場に貫かれた平板状ガス雲の分裂の様子. 磁場に貫かれた等温平衡形状に対する線形摂動を解析した結果の分裂モードの分散関係を表している. 縦軸は自由落下時間で規格化した成長率で, 横軸 (底面) は波数ベクトルを表す. 非摂動状態で磁場は x 軸の方向で一様である. (a) は外圧が小さい場合で, (c) は外圧が大きい場合に相当し, (b) はその中間である. 下の図はそれらの成長率から予想されるそれぞれの分裂の様子を模式化したものである. (a) では, 平板は磁場に垂直な円柱になるように分裂し (下左図), (c) では, 平板は磁場に平行な円柱になるように分裂する (下右図) ことを表す (永井ら 1998, *ApJ*, 506, 306).

して, 重力的な分裂の様子が変わることが分かった. 図 3.20 で示すように, 外圧が小さい場合 (a) は, 速く成長する分裂モードは自己重力的圧縮が顕著なモードであり, 流体の運動は磁力線に沿った方向が大きく, 結果として, 平板は磁場に垂直な円柱になるように分裂する. 逆に, 外圧が大きい場合 (c) は, 平板は磁場に平行な円柱になるように分裂する. その理由は以下のように理解できる. まず, 平板面の圧力に比べて外圧が小さい場合は平板が十分に分厚い場合に相当し, 自己重力に支配されて分裂して円柱状形状で収縮することにより不安定となる. しかし, 式 (3.354) によれば, $k_x \ll k_y$ のモードは, $F_x \ll F_y$ であり, 磁気圧に逆らって磁力線を束ねる必要があるため, 成長率が小さくなる. 図

3.20 の左下の図のように，磁力線に沿った運動に対しては磁場は運動を妨げないので，$k_x \gg k_y$ のモードは磁場がないときと同様に流体素片がおもに磁力線に沿って移動することにより円柱状の高密度領域を作り分裂することになる．

　一方，平板中心面の圧力と外圧がほぼ同程度の場合は，薄い平板に相当し，自己重力に比べて圧力の寄与が大きい場合である．このときの分裂を理解するために，その時間スケールが平板中心面の密度で定義した自由落下時間程度になるということに着目しておく必要がある．これはこのような分裂現象において自己重力が本質的であるからである．

　一方，最大成長率となる分裂の長さスケールは，3.3.8 節で理解したように平板厚みの数倍程度になる．つまり，外圧が増えて平板が薄くなればなるほど，密度（圧力）の濃淡である音波はこの分裂の長さスケールを分裂時間スケールの間に往復できる回数が増えるようになる．つまり，平板が十分に薄い場合の自己重力的分裂モードは非圧縮流体での運動と同じになるのである．非圧縮流体の場合の運動においては，流体素片の圧縮ではなく，配置換えによって平板を円柱状構造に変形して分裂するモードとなるが，$k_x \gg k_y$ のモードは磁力線を曲げて動く必要があるものの，磁力線の張力により妨げられるため，成長率が小さくなる．$k_x \ll k_y$ の非圧縮モードは磁力線とともに流体素片が移動するだけであり，磁力線を曲げることも束ねることもしないため，磁場からの力を一切受けないことになる．したがって，成長率は $k_x \ll k_y$ のモードの方が大きいことになり，図 3.20 の右下の図のように分裂することが結論されるのである．

3.3.12　円柱状構造の安定性

　これまでに，平板状の形状は自己重力的に不安定であり，一般的に多数の円柱状の構造に分裂することを説明した．ここでは円柱状の構造の進化についてまとめる．

　図 3.21 で表しているように，この円柱状の構造もゆらぎに対して不安定である．犬塚・観山は円柱状の構造の安定性を一般的に調べた．図 3.22 に平衡形状の円柱状自己重力系における重力的分裂モードの成長率を示す．不安定となるモードは軸対称モードであり，成長率は円柱の状態方程式にはあまり依存せず，最大不安定となる波長は円柱の直径の 4–5 倍程度である．

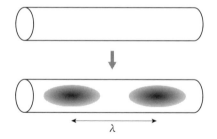

図 3.21　円柱状ガス雲の分裂過程. 円柱状の構造は軸対称の摂動に対して不安定となり, 直径の 4 倍程度の間隔で分裂する.

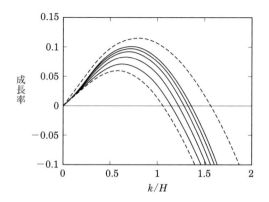

図 3.22　円柱状ガス雲の分裂モードの分散関係. 円柱状平衡形状に対する線形摂動を解析した結果の（軸対称）分裂モードの分散関係を表している. 縦軸は自由落下時間で規格化した成長率で, 横軸は円柱の半径（H_0）で規格化した波数ベクトルを表す. 実線は上からそれぞれ, $P = K\rho^{(1+1/n)}$ としたときのポリトロープ指数が, $n = 5, 4, 3, 2, 1$ に対応する. 上の破線は等温の場合で, 下の破線は非圧縮の場合である.

　平板形状から出発して, それが円柱状に分裂し, さらにそれが分裂した場合の分裂素片の質量はどのくらいになるのだろうか？　この問いに答える際に, 3.3.5 節で述べた円柱状の構造の特徴に着目する必要がある. 星形成の舞台となる星間分子雲では放射冷却が有効なため, 実効的な比熱比 γ_{eff} は 1 よりも若干小さな値で近似できる. この場合, 円柱の線密度が平衡形状となる線密度よりも大きいか小さいかが運命を決めるのである. 分厚い平板が分裂して形成された円柱状の

構造の線密度 M_{line} は平板分裂の最大不安定波長 $\sim 2\lambda_{\text{J}}$ から推測可能であり、以下のように平衡線密度の 2 倍程度以上となることが分かる。

$$M_{\text{line}} \sim \Sigma_0 \lambda \sim 4\frac{c_{\text{s}}^2}{G} = 2M_{\text{crit}}. \tag{3.358}$$

したがって、平板が分裂した円柱形状では、円柱半径が一方的に小さくなるような収縮を続け、状態方程式が変わるほどの高密度になってから円柱の分裂が顕著になることが期待される。犬塚・観山はこの過程の実際の非線形進化を詳しく調べ、最終的な分裂素片が太陽質量の 10 分の 1 程度の値になることを示した。また、増永浩彦・犬塚はこの過程における分裂素片の最終質量を分子雲の温度や重元素量の関数として明らかにしている。

3.3.13　回転流体の安定性

　3.3.9 節で論じた回転する平板の重力的不安定性は薄い構造を持つ円盤の安定性を理解する上で重要である。一方、回転する星や、球状星団・楕円銀河のような星の集まりとしての自己重力系の安定性にも興味が持たれる。ここでは、自己重力系の回転平衡形状のうち、3 次元的に膨らんだ構造を持つ場合の安定性についてまとめる。

　圧力が密度の関数 $p = p(\rho)$ で表せる（バロトロピック）ような状態方程式をもつ球対称の平衡形状で表面での圧力・密度がゼロになるものは、非軸対称の摂動に対して安定であることが知られている（アントノフ–レボビッツの定理）。したがって、球対称の構造の安定性を調べるときは、球対称の摂動のみを調べれば十分である。

　一方、回転する平衡形状では、非軸対称の摂動が重要になってくる。特に、球面調和で展開したときの $l = m = 2$ のモード（以下はバーモードと呼ぶ）が不安定になる場合が多い。このモードはミカンのような球の形をしたものが横方向に伸びてラグビーボールのような形に変形することに対応している。さらにゆらぎが非線形成長すると渦状腕構造を示すことになる。

　どのような場合にこのような変形モードが重要になるのであろうか？　もっとも簡単な場合は、非圧縮流体において自己重力が遠心力と圧力のつり合いで決まる平衡形状の安定性を調べることであろう。非圧縮流体で剛体回転する軸対称の

ot5lot5ot5otot

平衡形状はマクローリン楕円体と呼ばれる．この平衡形状は回転速度が大きくなるとバーモードが動的に不安定になる．粘性などの散逸過程がない場合は，安定である条件は系の回転エネルギー T と重力エネルギー W を用いて，近似的に

$$\frac{T}{|W|} < 0.27, \tag{3.359}$$

と書ける．しかし，粘性等がある場合は渦度を変更してより低いエネルギー状態に移ることが可能となるため，より遅い回転でも変形が可能となり，安定のための（近似的）条件は

$$\frac{T}{|W|} < 0.14, \tag{3.360}$$

と厳しくなる．

圧縮性を考慮した回転流体の安定性の解析はきわめて難しい．特に，回転則が差動回転を含む場合は，種々の不安定性が現れるため，その解釈も難しいものとなる．

回転エネルギーや重力エネルギーという量は本来は空間的な分布を持つ物理量を積分して得たものであり，上記の判定式は一般の場合に安定性が判別できるというほどの十分な情報を持っているとは言えないが，自己重力平衡形状の回転運動に対する安定性の基準としては有効である場合が多い．

また，回転エネルギーを指標とする安定性の近似的基準 $T/|W| < 0.14$ が，じつは，星の集団としての平衡形状の安定性においても有効であることが，N 体計算により調べられている．そのため，これは実用的な指標としてよく使われている．

3.4 重力収縮

3.4.1 自己相似的収縮

3.3.3 節の終わりで述べたように，自己重力収縮する系は一般に密度の中心度が増大しながら収縮するという進化をたどる．実際，3.3.12 節で説明した円柱状平衡形状の自己重力系が分裂する場合も，最終的には中心部分がほぼ球対称的に収縮する進化となる．図 3.23 は星間ガスの高密度部分である分子雲コアが重力

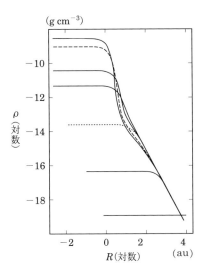

図 **3.23** 分子雲コアからファーストコアと呼ばれる原始星の前
駆体が形成される現象の時間発展結果. 初期の進化はペンスト
ン–ラーソン解と呼ばれる等温の自己相似解でよく近似できる
(増永ら 1998, *ApJ*, 495, 346).

収縮して生まれたての星 (原始星) の前駆体が形成する過程の放射流体力学に基
づく数値シミュレーション結果を示している. この図から分かるように等温の状
態方程式でよく近似できる収縮の初期段階 ($\rho < 10^{-12}\,\mathrm{g\,cm^{-3}}$) の密度分布は
自己相似的であることが分かる. このような逃走的進化過程を記述する際に便利
な理論的枠組みとして自己相似解というものがある. ここではまず簡単のため,
等温で回転なし球対称の自己相似解を紹介しよう.

等温の状態方程式 $p = c_\mathrm{s}^2 \rho$ を用いれば, 時間発展を記述する基礎方程式は以下
の二つである.

$$\frac{\partial \rho}{\partial t} = -\frac{1}{r^2}\frac{\partial}{\partial r}r^2 \rho v, \tag{3.361}$$

$$\frac{\partial v}{\partial t} + v\frac{\partial v}{\partial r} = -\frac{c_\mathrm{s}^2}{\rho}\frac{\partial \rho}{\partial r} - \frac{GM}{r^2}. \tag{3.362}$$

ここで半径 r の内側の質量 $M(r)$ は

$$\frac{\partial M}{\partial r} = 4\pi r^2 \rho, \tag{3.363}$$

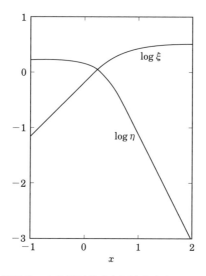

図 **3.24** 等温球の自己相似的重力収縮を表すペンストン–ラーソン解. 横軸は自己相似座標 x を表す.

を満たす. これからの式で時間依存性と空間依存性を変数分離するため, 以下のような変数変換をする.

$$r = c_{\rm s} t x, \quad M = \frac{c_{\rm s}^3 \zeta t}{G}, \quad v = c_{\rm s} \xi, \quad \rho = \frac{\eta}{4\pi G t^2}. \qquad (3.364)$$

すると, 上述の 3 本の式は ξ, η, ζ の空間分布を決める以下の式に変形できる.

$$\zeta = (x - \xi)x^2 \eta, \qquad (3.365)$$

$$\frac{d\xi}{dx} = \frac{(x - \xi)^2 \eta - 2(x - \xi)/x}{(x - \xi)^2 - 1}, \qquad (3.366)$$

$$\frac{d\eta}{dx} = \frac{(x - \xi)\eta^2 - 2(x - \xi)^2 \eta/x}{(x - \xi)^2 - 1}. \qquad (3.367)$$

この方程式を球の中心で物理量が滑らかになるという条件で解いたものを図 3.24 に示す. この解は最初に解いた人にちなんで, ペンストン–ラーソン解（M. Penston, R. Larson）と呼ばれている.

ところで, 上の方程式には右辺の分母がゼロになる点（臨界点）が存在している. この特異点は通常, 鞍点（saddle）ではなく, 節点（node）と呼ばれる点で

あるため，滑らかという条件だけでは解は一意に決定されない．したがって，解はペンストン–ラーソン解だけではなく無数にあり，その中にはたとえばハンター解と呼ばれる解の系列を含んでいる．ハンター解は，物理的にいうと，ペンストン–ラーソン解の上で外側に伝播する有限振幅の音波を含むような解になっている．じつは，これらの解は球対称の摂動に対して不安定であることが分かっており，球対称の解の中ではペンストン–ラーソン解だけが安定だと考えられている．実際，数値実験により，球対称的に重力収縮するガス塊の中心部分はペンストン–ラーソン解に収束していくことが分かっている．したがって，密度が何桁にもわたって大きくなるような収縮現象を扱う際に，この自己相似解を用いた解析は大変有用なものとなっている．

3.4.2 重力収縮に対する回転・磁場の効果

現実的な重力収縮過程においては，回転の効果は無視できない場合が多い．初期の回転速度は小さくて遠心力が収縮初期には無視できるような場合でも，比角運動量を保存した収縮に伴って，遠心力が急速に増加することになるからである．特に星形成理論の観点から，回転する自己重力系の収縮過程は盛んに調べられている．特に 1970 年代から盛んになった多次元の数値流体計算により，このような回転収縮でも一般に自己相似的になるという傾向が示されていた．じつはこの現象も，3.4.1 節で使った自己相似座標を用いて考察することが可能である．実際，松本倫明・花輪知幸らは自己相似座標で表した方程式で等温ガスの回転収縮現象の数値シミュレーションを行うことにより，有限時間に中心密度が発散する自己相似収縮の解があることを明解に示した．しかし，この解を 3.4.1 節と同様に，自己相似解として求めることが困難である．なぜなら，自己相似解の基礎方程式に現れる臨界点が 2 次元の膜状に存在するからである．そのため，成田・観山・林や西合一矢・花輪らは，自己相似解の形状を厚みが無視できる無限に薄い円盤形状として近似して解を求めている．

それでは，磁場と回転がともに存在するときの重力収縮はどのようなものになるだろうか？ 町田正博・松本・富阪幸治・花輪の数値シミュレーションによれば，じつはこのような場合も，磁場の強さと回転の速さの比に相当する量をパラメータとした自己相似解の系列が存在し，実際の重力収縮はその一つの解に向かって収束していくことが示されている．

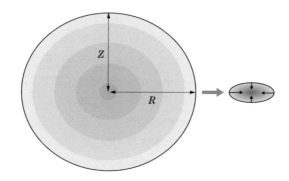

図 3.25　孤立系の一様密度軸対称扁平形状の自己重力系の収縮.
長軸と短軸の比は時間とともに増大するが，その効果は，大き
な構造から分裂して形成される際のゆがみの成長（図 3.18）に
比べてはるかに遅い.

3.4.3　一様密度楕円体形状の収縮

　自己重力系が重力不安定となり，加速度を増しながら収縮する現象において，
形状はどのように進化するのであろうか？　この問題を理解するために，まずは
一様収縮する簡単な場合を考察しよう. 3.3.3 節において，圧力が無視できる一様
密度の球が初速度 0 から収縮する場合は，密度の空間分布を一様に保ったまま密
度増加するように収縮し，全体が 1 点に集まることを見た. そこでは，球の各点
での内向きの重力加速度が各点の半径座標に比例していることが本質的であった.

　じつは，初期に密度一定の楕円体形状の流体も，球の場合と同様に，密度の空
間分布を一定に保ったまま収縮することが分かる. これは一様密度楕円体内にお
いても各点での重力が各点の（デカルト）座標値に比例しているからである. し
たがって，収縮過程は 3.3.3 節と同様に常微分方程式を解くだけで分かること
になる. リンデンベル（Lynden-Bell）やリン–メステル–シュー（Lin, Mestel,
Shu）らはこの場合の楕円体の軸比の進化を調べ，形のゆがみが増すように収縮
することを示した. そのメカニズムは楕円体における各方向の力の大きさの違
いで理解できる. 図 3.25 で示された楕円体の表面での単位質量あたりの R 方向
の力 F_R と Z 方向の力 F_Z を以下の式で表そう.

$$F_R = f_R \frac{GM}{R_S^2}, \quad F_Z = f_Z \frac{GM}{R_S^2}. \tag{3.368}$$

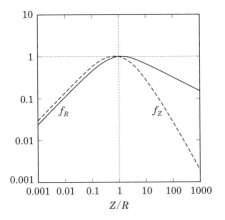

図 **3.26** 孤立系の一様密度軸対称扁平形状の重力. r 軸上と z 軸上の表面での力を同密度・同質量の球の表面での力で割った値 f_R, f_Z を z 軸と r 軸の比 Z/R の関数として表示している. $Z/R < 1$ の場合が偏平楕円型形状に対応する.

ここで, M は楕円体の質量で, R_S は同じ質量, 同じ密度の球の半径を表す. 図 3.26 に係数 f_R, f_Z を軸比 Z/R の関数として示している. 図 3.25 に示したような偏平楕円型形状は, $Z/R < 1$ の場合に対応する ($Z/R > 1$ の場合はラグビーボールの形状である). この図で分かるように, $Z/R < 1$ の場合は Z 軸方向の力のほうが強いので, Z 軸方向に速く収縮し, ゆがみが増してゆくことになるのである.

しかしながら, この図は, これらの力が大きくは違わないことも示している. 実際, 十分にゆがんだ (つぶれた) 偏平楕円型形状の場合でも力の比は 1.27 程度の大きさにしかならない.

$$\frac{f_Z}{f_R} \longrightarrow \frac{4}{\pi} \approx 1.27 \quad (Z/R \longrightarrow 0). \tag{3.369}$$

そのため, 孤立した自己重力系が収縮する際の形の歪みの成長は緩やかである. このことは, 平板状の雲の分裂素片の形の歪みが顕著に成長することとはかなり違っていて対照的である. 平板の場合には, 分裂素片が孤立系ではないために, 歪みを持つ構造において, 異なる向きの力の比が大きくなり (式 (3.354) 参照), 形の歪みが急速に成長できたのであった. したがって, 回転の効果が効

かない重力崩壊する自己重力系においては重力的な分裂現象は期待されない．あくまで，遠心力が十分に大きくなり，円盤状などの構造ができて初めて，分裂過程が重要となるのである．

3.4.4 自己相似的収縮の安定性

球対称で密度の中心集中度が大きな系が収縮すると，自己相似的な運動形状になることを 3.4.1 節で見た．また，その解は，球対称の摂動に対しては安定的であることを見た．では，この系に加えられた非球対称の摂動（形の歪み）に対する安定性はどうであろうか？ 花輪・松本らは，じつはペンストン-ラーソン解に対する非球対称のゆらぎには増大するものがあるが，せいぜい密度の 1/6 乗に比例する増加であることを見出している．つまり，密度が百万倍に上昇すると振幅が 10 倍になるという遅い成長である．

このように，3.4.3 節の一様密度で収縮する系と同様に，孤立した系である（密度の中心集中度を持って）自己相似収縮する解もゆらぎの成長が遅く，動的な収縮中には分裂現象があまり期待されないことが分かる．結局，重力的な分裂現象が重要となるのは，遠心力が効いて円盤形状となり動的かつ自己相似的な収縮が止まった後である，ということができる．

3.4.5 自己重力的収縮段階での分裂現象

3.4.4 節までに，重力的な分裂過程が重要となるのは回転の効果が動的かつ収縮が止まった後であることを見た．分子雲から原始星が生まれるという星形成過程においては，このような機会は二度存在し，それぞれ第 1 コア（First Core）と第 2 コア（Second Core）の形成時期に対応している．第 1 コアとは，分子雲の密度の大きな部分が収縮して初めに形成される短寿命の準静水圧平衡の天体であり，水素ガスはおもに分子状態にある．第 2 コアとはいわゆる原始星のことである．第 1 コアの中心では徐々に温度が高くなり，吸熱反応である水素分子の解離が進むことでガスの実効的な比熱比が 4/3 を下回り重力不安定となって（3.3.4 節参照），動的な収縮を開始する．その後，再度衝撃波とともに収縮が止まる場所が第 2 コアの表面である（第 6 巻『星間物質と星形成』参照）．図 3.27 に増永らによる高密度分子雲コアから原始星が形成される過程の放射流体力学計

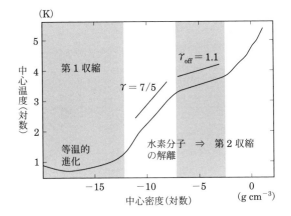

図 **3.27** 高密度分子雲コアから原始星が形成される過程での天体中心温度の時間進化. 球対称収縮の放射流体力学計算に基づき, 横軸は中心密度, 縦軸は中心温度を示す.

算で明らかになった中心温度の時間進化を示す.

　この 2 種類の天体の形成時期には回転の効果によるゆらぎの成長が重要となり, 連星や多重星などに分裂することが期待され, それぞれ, 長周期の連星と近接連星の形成過程として重要となることを町田・富阪・松本・犬塚は結論している. 図 3.28 (340 ページ) に実際の分裂現象の様子を示す. これは, 初期に低速度で一様回転する球対称の高密度分子雲コアが重力収縮して第 1 コア・第 2 コアを形成する際に, それぞれの段階で分裂し, 階層的な多重連星になる現象の数値シミュレーション結果である. 初期条件は, 中心数密度 $n_{c,0} = 10^4$ 個 cm^{-3}, 角速度 $\Omega = 1.63 \times 10^{-14}$ s^{-1}, 一様磁場強度 $B_0 = 1.71\,\mu$G であり, 密度分布は等温平衡状態からわずかにずれた重力不安定状態に対応する.

　さらに, 町田・犬塚・松本らの一連の研究によると, 磁場を伴う分子雲が収縮した場合には, 多くの場合, この 2 種類の天体の形成時期に対応して, 性質が多少異なる高速ガス流 (アウトフローとジェット) が発生することも分かっている. 図 3.29 (341 ページ) はその計算結果のスナップショットである. もちろん, これら高速ガス流のエネルギーの起源は, 重力収縮に伴う重力エネルギーの解放である. 類似の現象は, 銀河中心核近傍にも観測され, その中心天体はブラックホールであると考えられている.

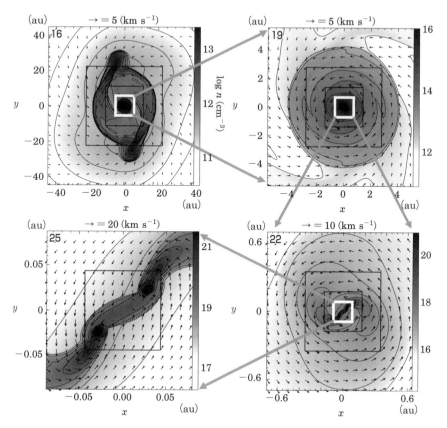

図 **3.28** 階層的多重連星の形成過程. 初期に低速度で一様回転する球対称の高密度分子雲コアが重力収縮して第 1 コア・第 2 コアを形成する際に, それぞれの段階で分裂し, 階層的な多重連星になる現象の数値シミュレーション結果である.

3.4.6 自己重力的進化の類似性

3.4.5 節で説明したように, 重力収縮過程における重力エネルギーの解放がジェット放出などの天体現象のエネルギー源となっている例は他にもある. たとえば, 超新星爆発前の大質量星中心部の重力崩壊や, 進化した球状星団中心部の重力熱力学的崩壊過程などが挙げられる. ここでは, その前者について考えてみよう.

進化した大質量星の中心部では, 継続した核反応の最後の燃えかすとして多量

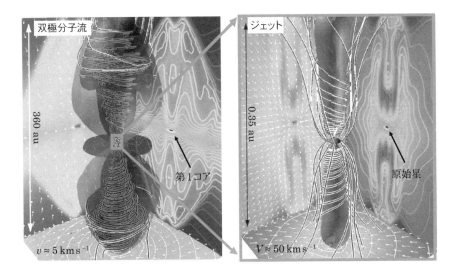

双極分子流

360 au

第1コア

$v \approx 5\,\mathrm{km\,s^{-1}}$

ジェット

0.35 au

原始星

$V \approx 50\,\mathrm{km\,s^{-1}}$

図 **3.29** 第 1 コアが形成されたときに駆動される双極分子流（左）と第 2 コア（原始星）が形成されたときに駆動する高速ジェット（口絵 1 参照）．いずれの高速流もそれぞれの天体表面での脱出速度程度の速度を持って放出される．

の鉄が生成される．鉄の原子核よりも安定な重元素はないため，鉄を燃焼させることはできず，3.3.2 節で述べたように，ビリアル定理にしたがって，エネルギーの放出に伴う重力収縮と温度の上昇が起こる．その結果，（陽子やヘリウム原子核から長時間かけて生成した）鉄の光解離反応が起こる．もちろん，この反応は吸熱反応であるため，中心部分のエネルギーを効果的に吸収することになる．結果的にガスの実効的な比熱比が 4/3 より小さい重力不安定状態（3.3.4 節参照）になり，動的な重力収縮を開始することになる．この物理過程は（重力）熱力学的には星形成における第 1 コアの収縮と類似であるといえる．その鉄のコアの重力収縮で解放される大きな重力エネルギーが II 型超新星の爆発エネルギーだと考えられている（詳細は第 7 巻『恒星』参照）．

　このように，天体の自己重力的進化過程の類似点に着目することで自己重力系の際立った性質が明らかになるのである．

参考文献

第 1 章

[1] L.D. ランダウ，E.M. リフシッツ著，広重 徹，水戸 巌訳『力学』，東京図書，1974
[2] H. ゴールドスタイン，C. ポール，J. サーコフ著，矢野 忠，江沢康生，渕崎員弘訳『古典力学（上・下）』，吉岡書店，2006, 2009
[3] 木下 宙著，『天体と軌道の力学』，東京大学出版会，1998
[4] 久保亮五著『統計力学（新装版）』，裳華房，2003
[5] 久保亮五編『大学演習 熱学・統計力学（修訂版）』，裳華房，1998
[6] ズバーレフ著，久保亮五監訳，鈴木増雄，山崎義武訳『非平衡統計熱力学（上）』，丸善，1976
[7] 後藤憲一著『プラズマ物理学』，共立出版, 1967
[8] L.D. ランダウ，E.M. リフシッツ著，恒藤敏彦，広重 徹訳『場の古典論』，東京図書，1978
[9] B. シュッツ著，江里口良治，二間瀬敏史訳『相対論入門（上・下）』，丸善，1988

第 2 章

[10] J.P. Cox and R.T. Giuli, *Principles of Stellar Structure*, Gordon and Breach, 1968
[11] A. Bohr and B.R. Mottelson, *Nuclear Structure*, W.A. Benjamin, 1969
[12] H. Frauenfelder and E.M. Henley, *Subatomic Physics* (2nd ed.), Prentice Hall, 1991
[13] 八木浩輔著『原子核物理学』，基礎物理科学シリーズ 4，朝倉書店，1971
[14] G.R. Satchler, *Introduction to Nuclear Reactions* (2nd ed.), Macmillan, 1990
[15] A. Arima and S. Kubono, *Treatise on Heavy Ion Science* vol.1, chapter 6, Plenum Press, 1984
[16] 河合光路，吉田思郎著『原子核反応論』，朝倉物理学大系，朝倉書店，2002
[17] 市村宗武，坂田文彦，松柳研一著『原子核の理論』，岩波講座現代物理学 9, 1993; 『宇宙物理学』，岩波講座現代物理学の基礎 12, 岩波書店, 1973
[18] D.D. Clayton, *Principles of Stellar Evolution and Nucleosynthesis*, The University of Chicago Press, 1983
[19] C.E. Rolfs and W.S. Rodney, *Cauldrons in the Cosmos*, The University of Chicago Press, 1988
[20] B.E.J. Pagel, *Nucleosynthesis and Chemical Evolution of Galaxies*, Cambridge University Press, 1997
[21] R.N. Boyd, *An Introduction to Nuclear Astrophysics*, The University of Chicago press, 2008
[22] F. Harzen and A.D. Martin, *Quarks and Leptons*, John Wiley and Sons, 1984; 邦訳: F. ハルツェン，A.D. マーチン著，小林澈郎，広瀬立成訳『クォークとレ

プトン—現代素粒子物理学入門』, 培風館, 1986

[23] W.W. Duley and D.A. Williams, *Interstellar Chemistry*, Academic Press, 1984

[24] T.J. Millar and D.A. Williams, *Dust and Chemistry in Astronomy*, Inst of Physics Pub Inc, 1993

[25] A.G.G.M. Tielens, *The Physics and Chemistry of the Interstellar Medium*, Cambridge University Press, 2005

第3章

[26] 富阪幸治・花輪知幸・牧野淳一郎編『シミュレーション天文学』, シリーズ現代の天文学 14, 日本評論社, 2007

[27] 保原 充, 大宮司久明編『数値流体力学 基礎と応用』, 東京大学出版会, 1992

[28] 日本機械学会編『原子・分子の流れ——希薄気体力学とその応用』, 共立出版, 1996

[29] 日本機械学会編『原子・分子モデルを用いる数値シミュレーション』, コンピュータアナリシスシリーズ, コロナ社, 1996

[30] L.D. ランダウ, E.M. リフシッツ著, 広重 徹, 水戸 巌訳『力学』, 東京図書, 1974

[31] 巽 友正著『流体力学』, 培風館, 1995

[32] 今井 功著『流体力学（前編）』, 物理学選書 14, 裳華房, 1973

[33] A.R. Choudhuri, *The Physics of Fluids and Plasmas: an Introduction for Astrophysicists*, Cambridge University Press, 1998

[34] W.G. Vincenti and C.H. Kruger, *Introduction to Physical Gas Dynamics*, Kriger Publishing Company, 1965

[35] G.A. Bird, *Molecular Gas Dynamics and the Direct Simulation of Gas Flows*, Oxford University Press, 1994

[36] 坂下志郎, 池内 了著『宇宙流体力学』, 培風館, 1996

[37] 加藤正二著『天体物理学基礎理論』, ごとう書房, 1989

[38] J.E. Pringle and A. King, *Astrophysical Flows*, Cambridge University Press, 2007

[39] S. Chandrasekhar, *Hydrodynamic and Hydromagnetic Stability*, International Series of Monographs on Physics, Oxford University Press, 1981

[40] 『宇宙物理学』, 岩波講座現代物理学の基礎 12, 岩波書店, 1973

[41] J. Binney and S. Tremaine, *Galactic Dynamics*, Princeton University Press, 1987

[42] L. Spitzer. Jr, *Physical Processes in the Interstellar Medium*, John Wiley & Sons, 1978; 邦訳: ライマン・スピッツァー著, 高窪啓弥訳『星間物理学』, 共立出版, 1980

[43] S. Chandrasekhar, *Ellipsoidal Figures of Equilibrium*, Dover, 1987

インターネット天文学辞典，日本天文学会編，https://astro-dic.jp/
　天文・宇宙に関する 3000 以上の用語をわかりやすく解説．登録不要・無料．

索引

日本天文学会第 2 版化ワーキンググループ

茂山　俊和（代表）　　岡村　定矩　　熊谷紫麻見　　桜井　　隆　　松尾　　宏

日本天文学会創立 100 周年記念出版事業編集委員会

岡村　定矩（委員長）

家　　正則　　　池内　　了　　　井上　　一　　　小山　勝二　　　桜井　　隆

佐藤　勝彦　　　祖父江義明　　　野本　憲一　　　長谷川哲夫　　　福井　康雄

福島登志夫　　　二間瀬敏史　　　舞原　俊憲　　　水本　好彦　　　観山　正見

渡部　潤一

11 巻編集者　観山　正見　　岐阜聖徳学園大学・岐阜聖徳学園大学短期大学部，
　　　　　　　　　　　　　　　　国立天文台名誉教授（責任者）

　　　　　　　野本　憲一　　東京大学カブリ数物連携宇宙研究機構，東京大学
　　　　　　　　　　　　　　　名誉教授（1 章）

　　　　　　　二間瀬敏史　　東北大学名誉教授（2 章）

執　筆　者　相川　祐理　　東京大学大学院理学系研究科（2.4 節）

　　　　　　　浅田　秀樹　　弘前大学大学院理工学研究科（1.1 節）

　　　　　　　犬塚修一郎　　名古屋大学大学院理学研究科（3.3–3.4 節）

　　　　　　　江里口良治　（1.4 節）

　　　　　　　梶野　敏貴　　国立天文台名誉教授（2.2 節）

　　　　　　　久保野　茂　　東京大学名誉教授（2.2 節）

　　　　　　　郷田　直輝　　国立天文台（1.3 節）

　　　　　　　花輪　知幸　　千葉大学先進科学センター（3.2 節）

　　　　　　　藤本　正行　　北海道大学大学院理学研究院（1.2, 2.1 節）

　　　　　　　二間瀬敏史　　東北大学名誉教授（2.3 節）

　　　　　　　松田　卓也　　中之島科学研究所（3.1 節）

天体物理学の基礎 I [第2版]
シリーズ**現代の天文学**　**第II巻**

発行日　2009年12月30日　第I版第I刷発行
　　　　2023年7月15日　　第2版第I刷発行

編　者　観山正見・野本憲一・二間瀬敏史
発行所　株式会社 日本評論社
　　　　170-8474 東京都豊島区南大塚3-12-4
　　　　電話　03-3987-8621(販売)　03-3987-8599(編集)
印　刷　三美印刷株式会社
製　本　牧製本印刷株式会社
装　幀　妹尾浩也